PFERDEMUSKELN MANAGEN

Muskulatur und Wohlbefinden optimieren

Kirsten Guthöhrlein

PFERDEMUSKELN MANAGEN

Muskulatur und Wohlbefinden optimieren

FNbuch

IMPRESSUM

Bibliografische Information der Deutschen Nationalbibliothek
Die Deutsche Nationalbibliothek verzeichnet diese Publikation in der Deutschen Nationalbibliografie; detaillierte bibliografische Daten sind im Internet über http://dnb.dnb.de abrufbar.

Autorin
Kirsten Guthöhrlein

2. Auflage 2024

Redaktion/Fachlektorat/Lektorat/Korrektorat
Dipl.-Ing. Dr. Julienne Meints, Dr. Peter Richterich, Ulrike Sahm-Lütteken sowie Lena Rindermann,
Dr. Carla Mattis, Beate Winterberg vom FNverlag, Warendorf

Titelfoto
Christiane Slawik, Würzburg

Quelle Fotos und Illustrationen
siehe Inhalt an der jeweiligen Abbildung

Gesamtgestaltung
Nicola van Ravenstein, www.ravenstein2.de

Druck und Verarbeitung
Grafisches Centrum Cuno GmbH & Co. KG, Calbe

MIX
Papier | Fördert gute Waldnutzung
FSC www.fsc.org FSC® C043106

ISBN 978-3-88542-862-6

Haftung
Die Benutzung dieses Buches und die Umsetzung der darin enthaltenen Informationen erfolgt ausdrücklich auf eigenes Risiko. Alle textlichen, tabellarischen und grafischen Angaben in diesem Buch, insbesondere Angaben zur Fütterung und Rationsgestaltung und zu medizinischen Sachverhalten, erfolgen nach bestem Wissen und Gewissen. Sie sind als Beispiele zu verstehen und entbinden nicht von der Eigenverantwortung der Leserin beziehungsweise des Lesers. Jede Umsetzung muss individuell geprüft werden. Ratschläge und Informationen zur Gesunderhaltung und zum Training können überdies nicht Tierärzte beziehungsweise Trainer ersetzen! Verlag und Autorin übernehmen keine Haftung und keinerlei Gewährleistung für Schäden jedweder Art. Die Namen der befragten Besitzer wurden aus Gründen der Privatsphäre anonymisiert.
Verlag und Autor übernehmen keine Gewähr für die Aktualität, Korrektheit, Vollständigkeit und Qualität der bereitgestellten Informationen. Druckfehler und Falschinformationen können nicht vollständig ausgeschlossen werden. Verlag und Autor übernehmen keinerlei Haftung für Schäden die sich aus solchen ergeben.

Haftung für Links
Unser Angebot enthält Links zu externen Webseiten Dritter, auf deren Inhalte wir keinen Einfluss haben. Deshalb können wir für diese fremden Inhalte auch keine Gewähr übernehmen. Für die Inhalte der verlinkten Seiten ist stets der jeweilige Anbieter oder Betreiber der Seite verantwortlich. Die verlinkten Seiten wurden zum Zeitpunkt der Verlinkung auf mögliche Rechtsverstöße überprüft. Rechtswidrige Inhalte waren zum Zeitpunkt der Verlinkung nicht erkennbar. Eine permanente inhaltliche Kontrolle der verlinkten Seiten ist jedoch ohne konkrete Anhaltspunkte einer Rechtsverletzung nicht zumutbar. Bei bekannt werden von Rechtsverletzungen werden wir derartige Links umgehend entfernen.

Haftung für Inhalte
Als Diensteanbieter sind wir gemäß § 7 Abs.1 TMG für eigene Inhalte auf diesen Seiten nach den allgemeinen Gesetzen verantwortlich. Nach §§ 8 bis 10 TMG sind wir als Diensteanbieter jedoch nicht verpflichtet, übermittelte oder gespeicherte fremde Informationen zu überwachen oder nach Umständen zu forschen, die auf eine rechtswidrige Tätigkeit hinweisen.
Verpflichtungen zur Entfernung oder Sperrung der Nutzung von Informationen nach den allgemeinen Gesetzen bleiben hiervon unberührt. Eine diesbezügliche Haftung ist jedoch erst ab dem Zeitpunkt der Kenntnis einer konkreten Rechtsverletzung möglich. Bei bekannt werden von entsprechenden Rechtsverletzungen werden wir diese Inhalte umgehend entfernen.

Hinweis
Wenn die männliche Form verwendet wird, meint sie die Funktion und nicht die konkrete Person und spricht gleichberechtigte Angehörige jeden Geschlechts an. Alle erwähnten Bestimmungen gelten für Pferde und Ponys, sofern für Ponys nicht ausdrücklich eine andere Regelung aufgeführt ist.

INHALT

Vorwort von Christina Wessling

Ich freue mich wirklich sehr, dass die Erstauflage dieses hervorragenden Ratgebers bereits in so kurzer Zeit so viele Leser gefunden hat. Und so halte ich nach nur einem Jahr bereits die 2. Auflage in den Händen. Harmonisches Reiten und ein fairer Umgang mit dem Partner Pferd liegen mir sehr am Herzen. Dieses Buch hat und wird weiterhin hierzu einen wichtigen Beitrag leisten, da es Praxistipps zur klassischer Reit- und moderner Trainingslehre verbindet und Hintergrundwissen zum Muskelaufbau und zur Fütterung liefert, um ein besseres Eingehen auf die Besonderheiten unserer Pferde zu ermöglichen.
Als Tierärztin wünsche ich mir, dass Reiter eine bessere Vorstellung von der Funktionsweise der Muskulatur bekommen und die Ausbildungs- und Trainingslehre verstehen. Dies trägt zu einem besseren Gesundheits- und Trainingsmanagement der Pferde bei. Reitpferde, die nun aus verschiedenen Gründen muskuläre Probleme oder erbliche Muskelerkrankungen wie PSSM 2/MIM (Muskel-Integritäts Myopathie) aufweisen, benötigen ein optimiertes Management. Training und Ausbildung, Haltung und Fütterung in-

teragieren wie Zahnräder und sollten systematisch aufeinander abgestimmt werden. Hierzu kann dieses Buch Besitzern, Trainern und Ausbildern eine Orientierungshilfe an die Hand geben. Die möglichen Symptome unter dem Sammelbegriff PSSM 2/MIM (Muskel-Integritäts Myopathie) und die verschiedenen Ausprägungen und Krankheitsbilder dieser erblichen, myopathischen Veränderungen werden im Buch so verständlich wie möglich, aber auch in der erforderlichen fachlichen Tiefe dargestellt. Insofern ist durch diese spannende Zusammenführung von Medizin, Genetik, Biologie, Fütterung, Training und Reitlehre ein sehr guter Ratgeber sowohl für den interessierten Laien als auch für den aufgeschlossenen Tierarzt entstanden.

Christina Wessling und Dr. Andreas Wessling
(Foto: Rita Zimmermann)

Als Tierärztin und Reiterin brenne ich wie das gesamte Expertennetzwerk dieses Buchs für gutes Reiten, so wie es in den FN-Richtlinien gelehrt wird. Im Mittelpunkt steht für mich die Liebe zum Pferd. Die Autorin vermittelt genau das – zentrales Wissen für jeden Pferdeliebhaber, der sein Pferd gesund erhalten will. Da viele Pferde die Anlagen für die Entwicklung einer Muskelerkrankung in sich tragen oder in irgendeiner anderen Weise gehandicapt sind, müssen wir lernen damit verantwortungsvoll umzugehen. Ich habe mit diesen von PSSM 2 betroffenen Pferden sowohl im Dressursattel als auch in unserer tierärztlichen Praxis gemeinsam mit meinem Mann Dr. Andreas Wessling umfangreiche praktische Erfahrungen gesammelt und mich sehr intensiv in die Thematik eingearbeitet.
Auch wenn die potenziell verursachenden Gene, die zur Ausprägung einer Muskelkomplexerkrankung führen können, wohlgemerkt aber eben nicht müssen, noch weiter erforscht werden müssen, ist es der Autorin gelungen, einen Praxisratgeber zu schaffen, um für betroffene Pferde und deren Besitzer konkrete Hilfestellungen und Lösungsansätze zur Verfügung zu stellen. Systematisches Trainieren, korrektes Ausbilden und Reiten nach den FN-Richtlinien und die tägliche freie Bewegung sind die Grundlagen für die Gesundheit und das Wohlbefinden aller Pferde. Für gehandicapte Pferde ist es zwingend erforderlich. Ich stehe mit Kirsten Guthöhrlein in einem engen Austausch. Sie hat es geschafft viele Menschen, die sich seit langem mit dem Thema Muskelkomplexerkrankungen befassen, in einem konstruktiv-kritischen Netzwerk zu bündeln. Diese Zusammenarbeit von Experten unterschiedlicher Fachrichtungen ist auch in die 2. Auflage ihres Buches eingeflossen.

Christina Wessling, Tierärztin
Siegen, im Mai 2024

Einleitung

Kein Lebewesen entspricht in allen Körperformen dem absoluten Idealbild. Pferde überwinden aufgrund ihres leistungsbereiten und menschenbezogenen Wesens ihre körperlichen und mentalen „Hindernisse", um gemeinsam mit uns Menschen Wunderbares zu vollbringen. Nicht nur deshalb ist es der Mensch dem Pferd schuldig, es entsprechend seiner Natur verantwortungsvoll zu versorgen, auszubilden, zu trainieren und somit gesund zu erhalten, ohne es zu überfordern.

Eine gute Bemuskelung gilt bei Mensch und Pferd als Schönheitsideal und als Merkmal von Gesundheit. Wenn beim Pferd eine ausgewogene und funktionale Muskulatur auf ein gutes Exterieur und Fundament trifft, können aktiver und passiver Bewegungsapparat wie die Zahnräder eines Uhrwerks zusammenwirken (aktiver = beweglicher Teil → Muskeln, Sehnen und Faszien[G] (ein hochgestelltes G bedeutet, dass Sie diesen Begriff im Glossar ab Seite 326 finden); passiver = unbeweglicher Teil → Knochen, Gelenke, Bänder und Bandscheiben). So können optimale Bewegungsabläufe entstehen. Der größte Teil des Bewegungsapparates sind die Muskeln. Auf diese haben Sie als Besitzer großen Einfluss und können dadurch die Gesunderhaltung maßgeblich beeinflussen. Die passende Trainingsintensität, die richtige Systematik der Übungen und eine angepasste Fütterung verbessern die Aussicht auf ein langes und gesundes Leben als Reitpferd und unterstützen das Pferd dabei, die erforderliche Muskulatur auszuprägen. Richtiges Kraft- und Ausdauertraining und die korrekte Bewegungsausführung in den Übungsabfolgen und Lektionen sind erforderlich, damit die Muskulatur in ihrer natürlichen Funktion beansprucht wird und durch die anregenden Trainingsreize wachsen kann. Die passende Fütterung des Pferdes stellt nicht nur die Energie für die Muskelkraft bereit, sondern liefert die Bausteine des Organismus und ermöglicht die Regenerationsprozesse. Das systematische Wechselspiel aus abwechslungsreicher Beanspruchung und Erholung, das Kondition und Muskelwachstum fördert und alle Körperpartien gleichmäßig einbezieht, ist durchaus eine herausfordernde Aufgabe. Köpfchen und Plan sind erforderlich. Erbliche Veranlagungen, die ein Pferd für die Ausprägung einer Muskelerkrankung empfänglich machen, können diese Herausforderung erschweren.

Der Oldenburger Totti Junior genießt den täglichen Weidegang auf dem Hofgut Kaltenherberge. (Foto: Christiane Slawik)

Anna-Lisa Guthöhrlein und Luke entspannt und zufrieden nach dem Training (Foto: Sabrina Doll)

Nicht jedes Pferd verfügt über eine ausgewogene Bemuskelung und ein ideales Exterieur. Ein schwieriges Nervenkostüm, Erschwernisse im Exterieur oder beim individuellen Lernprozess von Reiter und Pferd können das Erreichen von Ausbildungszielen und ebenso den Muskelaufbau verzögern. Im Mittelpunkt muss immer ein gewaltfreier und artgerechter Umgang mit dem Pferd stehen, um Entwicklungswege gemeinsam mit Experten und vor allem gemeinsam und im Einklang mit unserem Pferd zu beschreiten. Wer hätte geahnt, dass effektives Muskeltraining mit Pferden Denksport ist und Wissen um die Reitlehre und ebenso um die Trainingslehre erfordert? Und das nicht nur beim Reiten selbst, sondern auch bei der Fütterung, Haltung und beim gesamten Trainings- und Gesundheitsmanagement des geliebten Vierbeiners. Man kennt es von sich selbst. Wer rastet, der rostet! Oder anders ausgedrückt: Von nichts, kommt nichts! Kaum hat man die Muskulatur mühevoll aufgebaut, reicht schon eine längere Erkältung und der gestählte Körper hat sich, zumindest teilweise, wieder verabschiedet. Man kann aber auch nicht sagen: Viel hilft viel! Denn das führt schnell zu Übertraining[G], Überlastung, Muskelverspannungen und letztlich einer negativen Spirale für die Muskulatur. Der Weg führt über systematische und regelmäßige Bewegung. Freie Bewegung auf galoppierfähigen Flächen und vor allem passende Trainingsreize und eine individuelle Nährstoffzufuhr. Und nicht zu vergessen, was Paul Stecken bereits lehrte: „Richtig reiten reicht!" Dieses schlichte Motto erweist sich in der Umsetzung als komplex. Letztlich basiert dieses Leitbild auf dem Verantwortungsgefühl gegenüber dem Partner Pferd und dem Verständnis, dass gutes Reiten ein wichtiger Bestandteil der Gesunderhaltung ist – ganz egal, welche Reitsportdisziplin Sie ausüben, ob Sie turnier- oder freizeitmäßig reiten. Das Pferd verdient den gleichen respektvollen und korrekten Umgang.

Im Verlauf des Buchs treffen Sie immer wieder auf blaue Hinweise . Sie enthalten vertiefende Informationen. Probieren Sie es gleich mal aus!

Equine Myopathien

Erbliche bedingte Myopathien[G] bilden eine klinisch und genetisch heterogene Gruppe von Muskelerkrankungen, bei denen Genmutationen[G] unterschiedliche Auswirkungen auf die Physiologie der Muskelzelle haben. Diese können zu einem teilweisen oder kompletten Verlust der Funktion wichtiger Proteine[G] führen.

Der Pferdesport bewegt sich seit jeher in einem Spannungsfeld von Emotionalität und Wirtschaftlichkeit zwischen Tradition und Wandel. Dies betrifft unter anderem die Pferdezucht, Haltungs- und Fütterungsformen, aber auch Tierschutzaspekte und ein zunehmendes Bewusstsein für Tierethik und das Wohlbefinden von Tieren. Ein effektives und pferdegerechtes Muskeltraining kann hierzu einen wertvollen Beitrag liefern und ist ein wichtiger Bestandteil der lebenslangen Gesunderhaltung und Optimierung der Leistungsfähigkeit unseres Partners Pferd. Doch die möglichen Erschwernisse auf dem Weg zum gestählten Muskelprotz sind vielfältig:

- Probleme beim Muskelaufbau
- lokale Muskelprobleme (z.B. Muskelsteifheit, Muskelschmerz, Muskelentzündung, Muskelzerrung)
- systemische Muskelprobleme (z.B. Atypische Weidemyopathie[G], Myalgie[G])
- Durchblutungsstörungen des Muskels
- Krankheiten mit muskulären Übererregungszuständen, sogenannte neuromuskuläre Dysfunktionen (z.B. Hahnentritt: siehe Seite 272 f., Shivering: siehe Seite 271 f.)
- Muskelerkrankungen mit episodischer Schwäche (z.B. HYPP[G], Botulismus[G])
- erbliche Muskelerkrankungen (Myopathien; z.B. als mögliche Ursache verschiedener Krankheitsbilder wie: PSSM 1[G], PSSM 2[G], Maligne Hyperthermie[G])

All diese Themen betreffen einen nicht unwesentlichen Teil der Pferdepopulation. Muskelsteifheit hört sich erstmal nicht so dramatisch an, doch bereits verspannte und verkürzte Muskeln belasten die Muskelansätze, führen zu unphysiologischen Zugwirkungen an den Sehnen und Gelenken und erhöhen das Verletzungsrisiko. Ganz abgesehen davon, dass eine steife Muskulatur dem Pferd Schmerzen bereiten kann!

In den letzten Jahren sind erbliche Veranlagungen und Krankheitsbilder, die sich unter anderem auf die Muskulatur des Pferdes auswirken, unter dem Sammelbegriff PSSM 2 zunehmend in den Fokus gerückt. Während Wissenschaftler zu Beginn der Erforschung vorrangig bestimmte Rassen, wie Quarter Horses, Araber, Kaltblutpferderassen, Noriker oder auch Haflinger im Blick hatten, gehen mittlerweile verschiedene Experten davon aus, dass auch einige der Warmblutrassen in Deutschland bestimmte genetische Veranlagungen aufweisen könnten, die zu muskulären Problemen führen können. Und an dieser Stelle schließt sich der Kreis von Emotionalität und Wirtschaftlichkeit. Ob nun Probleme im Muskelaufbau oder erbliche bedingte Muskelerkrankung: Die Gesundheit des geliebten Vierbeiners kann dem verantwortungsbewussten Besitzer Sorgen und sogar schlaflose Nächte bereiten.

Auch ungewollte oder unwissentliche Fehler in Fütterung und Training beim gesunden Pferd erhöhen möglicherweise den Betreuungsaufwand, führen zu Rittigkeitsproblemen, produzieren Tierarztkosten oder „Nutzungsausfall". Ein schlecht bemuskeltes Pferd kann ebenso beim potenziellen Käufer Skepsis auslösen und erweist sich als wenig vertrauenserweckende gesundheitliche Visitenkarte des zukünftigen Sport- oder Freizeitpartners.
Das vorliegende Buch will Handlungskompetenzen rund um das Muskelmanagement vermitteln und liefert hierzu Einblicke und praxisrelevantes Wissen sowie vertiefte Einblicke. Es versucht einerseits zu einer fachlichen Grundlage für das effektive Muskeltraining aller Pferde und andererseits zu einem sachlichen Diskurs über PSSM 2/MIM/MFM beizutragen.

Vorweg möchte ich Ihnen folgende Informationen zu erblichen Veränderungen (Mutationen) geben: Aus der Humangenetik ist bekannt, dass bestimmte Mutationen für den Gesamtorganismus auch unproblematisch sein können. Mancher führt in diesem Zusammenhang an, dass durch Mutation(en) irgendwann einmal aus primitiven Einzellern der Mensch entstanden ist. Ob sich die Natur damit nun wirklich einen Gefallen getan hat, bleibt abzuwarten. Einerseits kann man also festhalten: Mutationen sind der Motor der Evolution. Anderseits sind Verbesserungen durch die Mutation eines Proteins, so wie bei Equinen Myopathien, überaus selten. Und noch so ein Mysterium, das Ihnen bereits in der Einleitung dieses Buchs zeigen soll, dass eine Veranlagung zu einer (Muskel-)Erkrankung **keinesfalls** das „Aus" für ein Reitpferd bedeutet:

Gleiche genetische Veranlagung und doch verschiedene Ausprägungstypen? Oh, ja! Denn nicht nur die Gene spielen eine Rolle, sondern auch sogenannte epigenetische Mechanismen[G]. Man macht es uns Pferdeliebhabern aber auch nicht leicht. Fakt ist: Sie reiten nur indirekt auf der genetischen Visitenkarte Ihres Pferdes! Sie müssen das Produkt der Erbanlagen, nämlich den tatsächlich entstandenen Körper und natürlich die Muskulatur Ihres Lieblings, auch verstehen und passend versorgen.

Epigenetische Mechanismen
sind äußere Faktoren. Sie übertragen die Einflüsse der Umwelt und der tatsächlichen Lebensumstände in die zellulären Prozesse des Pferdes. Schadstoffe, Stress, Ernährung und weitere Umweltfaktoren gehören zu den wesentlichen epigenetischen Einflussfaktoren. Diese führen zu chemischen Anhängseln, mit der die Zelle die DNA-Moleküle und die Proteine in den Chromosomen versieht, die aber nicht direkt mit der DNA-Sequenz zu tun haben. Die Mechanismen verändern nicht die Basenabfolge der DNA[G], sondern die chemische Struktur der DNA-Basen und/oder die Proteine, die die DNA verpacken. Diese chemischen Veränderungen haben Einfluss auf die Genexpression[G]. Einer von vielen Gründen, warum wir den Themen Training, Fütterung und Haltung einen hohen Stellenwert schenken sollten!
Es ist noch nicht erwiesen, ob epigenetische Phänomene von Generation zu Generation weitervererbt werden können.

Epigenetik: alle Vorgänge, die auf die Genexpression Einfluss nehmen, aber zu keiner Veränderung der DNA-Struktur führen

Genexpression: die Bildung von einem Proteinprodukt[G] (z.B. Aminosäuren[G] = Teilstücke oder Bauteile der Proteine, siehe Seiten 146, 282) aus einem Gen[G] (verändertes Gen → verändertes Genprodukt)

PSSM 2 heißt jetzt MIM?

Den PSSM-Typ-2-Komplexerkrankungen werden verschiedene Begriffe zugeordnet. PSSM 2 bezeichnet eine Muskelerkrankung, deren Ursache noch nicht abschließend untersucht ist. MIM (Muskel-Integritäts-Myopathie) bezeichnet eine klinische Symptomatik, die den bisher testbaren Gen-Varianten zugeordnet wird (aktuell in Europa nur testbar beim Labor Generatio). Der Begriff MIM wurde im März 2023 durch das Labor Generatio eingeführt, um eine bessere sprachliche Abgrenzung zu PSSM Typ 1 zu gewährleisten. MIM wird als eine Form der Belastungsmyopathie beschrieben, bei der die Funktion und/oder Struktur der Muskulatur geschädigt ist.
Auch die Myofibrilläre Myopathie (MFM) wird unter dem nach wie vor gängigen, wissenschaftlich geprägten, Sammelbegriff PSSM 2 subsumiert. Ganz egal, wie man es nun nennt, darin kommen der Hannoveraner-, Oldenburger-, Holsteiner-, Westfälische und Trakehner Verband in einer gemeinsamen Presseverlautbarung zu den sogenannten PSSM-Typ-2-Variationen überein:

> „Die Relevanz ist in jedem Fall da und kann nicht wegdiskutiert werden."
>
> (J. Aretz in Cavallo 05/2021)

Das Amt der Steiermärkischen Landesregierung führt bereits in seinem Förderungsbericht 2016 das Projekt „PSSM 2 – Diagnose und Prävention des PSSM-Erbfehlerkomplexes in der Zucht österreichischer Noriker und Haflinger" an. Während Veröffentlichungen zum Themenkreis PSSM 2 bisher in wissenschaftlichen Fachzeitschriften zu finden sind, wird der Begriff MIM nun auch sehr stark in Online-Beiträgen aufgegriffen. In den Sozialen Medien gibt es sehr viele Gruppen, in denen sich betroffene Besitzer über die Fütterung, Haltung und Training ihrer Pferde austauschen. Ein angepasstes Ausbildungs- und Trainingsmanagement sowie eine bedarfsgerechte Nährstoffzufuhr sind für alle Pferde von Bedeutung. Bei Pferden mit einer PSSM-2-Veranlagung oder einem bereits ausgebildeten Krankheitsbild sind sie sogar maßgeblich und entscheiden über ein beschwerdefreies Pferdeleben (vgl. Pagan & Valberg 2020).

Der erste Verdacht

Betroffene berichten ihrem Tierarzt über – auf den ersten Blick – unerklärliche, mitunter wechselnde oder unspezifische Symptome des Pferdes, die lange nicht zugeordnet werden können. So mancher

Kirsten Guthöhrlein und Woody (Foto: Sabrina Doll)

Besitzer hat mit seinem Pferd eine Odyssee an Diagnostik und oftmals mehrere Klinikaufenthalte hinter sich gebracht. Der Besitzer spürt es: Mit dem Pferd stimmt etwas nicht! Nur was?!
Die Symptome der Tiere erscheinen teilweise diffus und bis es Jahre später zur Diagnose kommt, fühlen sich die Besitzer manchmal hilflos oder von ihrem Umfeld „belächelt“ und teilweise auch „nicht ernst genommen“.

> „In meiner tierärztlichen Pferdepraxis sind mir in den letzten Jahren viele Pferde mit unklarer Diagnose und langem Leidensweg begegnet, bei denen erst jetzt ein Behandlungsansatz und Linderung durch das heutige Wissen über diese komplexen Muskelerkrankungen ermöglicht wurde.“
>
> (Fachtierarzt für Pferde Dr. Andreas Wessling)

Was alle diese Pferdemenschen gemeinsam haben

Sie wollen ihren Pferden helfen! Sie suchen nach Lösungen bei Kliniken, Medizinern, Fütterungsberatern, sammeln Erfahrungen und tauschen sich intensiv aus. Wenn man sich in den Sozialen Medien bewegt, wird schnell deutlich, wie viel Zeit investiert werden muss, um die notwendigen Informationen zusammenzutragen, um Verbesserungen zu erzielen, Linderung zu schaffen oder überhaupt wieder ein reitbares Pferd zu haben, das Freude an der Bewegung hat.

Kommunikation fängt schon beim Putzen an

Das geht schon beim Putzen und Satteln los. Testen Sie verschiedene Lösungswege, wenn es zu kommunikativen Missverständnissen kommt, und Sie werden Veränderung bemerken und spüren, wie „gesprächig" ihr Pferd im Umgang und beim Reiten wird. Die Forscher Dr. Rachele Malavasi aus Italien und Dr. Ludwig Huber vom Messerli Forschungsinstitut der Veterinärmedizinischen Universität Wien konnten erstmals nachweisen, dass Pferde mit Menschen absichtsvoll und zweckorientiert kommunizieren und alles Mögliche unternehmen, um Botschaften zu übermitteln (vgl. Malavasi & Huber 2016). Das Ergebnis der Studie mag viele flüsternde Pferdemenschen nicht verwundern, dennoch wird man oft belächelt, wenn man seinem Tierarzt oder Trainer versucht, verständlich zu machen, dass das Pferd einem zu verstehen gibt, dass es beispielsweise nicht vorwärtsgehen kann, aber kein fehlender Arbeitswille vorliegt. Wir haben unserem Pferd nämlich gut zugehört und richtig übersetzt! Pferde sind sogar nachweislich in der Lage, die Aufmerksamkeit eines Menschen ihnen gegenüber einzuschätzen und können sehr hartnäckig das Ziel verfolgen, die Aufmerksamkeit durch visuelle und taktile Signale auf sich zu ziehen. Eine derart zielorientierte Kommunikation konnte man bisher nur noch bei Hunden nachweisen. Die Studie zeigt auf, dass Pferde in der Lage sind, planvoll zu handeln und zu durchdachten, kreativen Problemlösungen fähig sind. Natürlich sind Pferde Individuen und ihre kommunikativen Fähigkeiten sind unterschiedlich ausgeprägt. Da ein Reiterleben schlicht zu kurz ist, um dieses faszinierende Hobby Pferdesport vollumfänglich zu erlernen, sollten wir jede Möglichkeit nutzen, etwas über unser Pferd zu lernen und ihm zuhören, um eine möglichst genaue Einschätzung seines Gesundheitszustandes, Wohlbefindens und seiner aktuellen Belastbarkeit zu haben. Die Kehrseite, so Dr. Malavesi: Pferde können ihre Kommunikationsversuche mit dem Menschen auch aufgeben, weil ihnen niemals zugehört wurde. Damit gesundheitliche Unregelmäßigkeiten möglichst früh auffallen, gilt es, achtsam zu sein und Widerständen auf den Grund zu gehen!

Große Fortschritte in der Diagnostik von muskulären Problemen und ein zunehmend besseres Verständnis der Entstehung und Behandlung ermöglichen uns heute in der Human- und Veterinärmedizin ein zielgerichtetes und lösungsorientiertes Management. Dieses Wissen soll Ihnen in den nächsten Kapiteln zugänglich gemacht werden, denn kein Pferd sollte wegen Muskelproblemen oder PSSM 2 aufs Abstellgleis geraten! Aus den Erkenntnissen der Forschung, in Verbindung mit den praktischen Erfahrungen von Tierärzten, insbesondere Dr. Peter Richterich (Praxis für Pferde auf Boyenstein, Beckum) und Dr. Andreas Wessling und Christina Wessling (Tierärztliche Praxis für Pferde und Kleintiere, Siegen) sowie den bisherigen Erfahrungen von Fütterungsexperten, insbesondere Dipl.-Ing. Dr. Julienne Meints, werden konkrete Empfehlungen abgeleitet. Insofern ist dieses Praxisbuch ein gemeinsamer Kraftakt und gleichzeitig ein Herzensprojekt für alle beteiligten Experten, bei denen ich mich an dieser Stelle von Herzen bedanken möchte.

Bitte haben Sie keine Angst vor der Theorie!

> „Die Theorie ist die Mutter der Praxis."
>
> (nach Louis Pasteur, zitiert nach Pasteur 1939, Seite 139)

Dieses Handbuch möchte nicht nur zu einer Steigerung der Leistungsbereitschaft beitragen, sondern vielmehr mit einem umfassenden Blick das Wohlbefinden des Pferdes verbessern. Das vertiefte theoretische Wissen ist insbesondere bei einem noch nicht abschließend erforschten Thema, wie PSSM 2 von besonderer Bedeutung. Das Wissen über gesundheitliche und trainingsphysiologische Zusammenhänge, denen Sie und Ihr Pferd unterliegen, kann Ihrer Perspektive auf den Reitsport und Ihr Pferd einen anderen Blickwinkel geben.

Sich auf den Weg zu machen, um Training, Haltung und Fütterung anders zu managen, erfordert innere Größe und ist ein Prozess, der Zeit braucht. Ich hoffe, dieses Buch kann Sie auf Ihrem Weg begleiten.

Alle Angaben zur PSSM-2- beziehungsweise MIM-Gendiagnostik in diesem Buch beziehen sich auf Ergebnisse eines Gentests, dessen Validierung für das Pferd und somit seine vollständige Aussagekraft noch aussteht. Nach dem aktuellen Stand der Wissenschaft ist es notwendig, die hier aus den Ergebnissen des Gentests erwähnten Angaben zur Erkrankung und zu den Prävalenzen und Auswirkungen auf die Pferdezucht etc. im Zusammenhang mit den aktuellen diagnostischen Einschränkungen des Tests zu verstehen.

Luke Skywalker, Träger von 5 verschiedenen MIM-Varianten – der Grund dafür, dass dieses Buch entstanden ist, mit meiner Tochter Anna-Lisa Guthöhrlein (Foto: Sabrina Doll)

1 Vom Erkennen zum Verstehen

Foto: Christiane Slawik

„Muskelprobleme entstehen in erster Linie durch ein Missverhältnis zwischen Belastung und Belastbarkeit."

(Dr. Peter Richterich, Fachtierarzt für Reproduktionsmedizin, Zuchthygiene und Biotechnologie der Fortpflanzung, Allgemeiner FN-Richter Zucht, Züchter)

Für das Fluchttier Pferd ist seine Bewegungsfähigkeit und Muskelkraft von jeher wesentlich. Ob Freizeitpartner, sportlicher Athlet oder Rentnerleben auf der Weide – Bewegung ist und bleibt die Voraussetzung für das Wohlbefinden. Muskeln leisten durch das Zusammenwirken ihrer Strukturen mechanische Arbeit und sind die aktiven Organe der Bewegung. Jeder Bewegung des Körpers liegen Muskelkontraktionen zugrunde. Eine gute Bemuskelung schützt und stützt die Gelenke und sorgt für die Durchblutung des Bindegewebes. Mangelnde Bewegung macht Pferde auf Dauer krank. Mit Schmerzen will sich das Pferd weder frei noch unter dem Sattel bewegen. Der Muskelabbau ist vorprogrammiert. Muskelstoffwechselstörungen, Nährstoffmängel und Bewegungsmangel[G] können den Muskelaufbau bremsen oder verhindern. Kommt alles zusammen, wird dies oft sehr schnell in einem reduzierten Gesamtzustand des Pferdes deutlich. Und so leiden nicht nur die Gesundheit und Schönheit des Pferdes, sondern auch die Nerven des Besitzers. Der Muskel- und Zellstoffwechsel kann ebenso wie andere Stoffwechselvorgänge von internen und externen Faktoren beeinflusst und somit gefördert, aber auch gestört werden. Eine unzureichende Nährstoffversorgung und/oder nicht adäquate Beanspruchung, zum Beispiel durch fehlerhaftes Training, kann dem Ziel einer gesunden und gut arbeitenden Muskulatur dabei ebenso im Wege stehen wie physiologische oder pathologische Faktoren.
Die Gründe für den Abbau von Muskelmasse, Kraftverlust und eine Minderung der Muskelfunktion, die sich eventuell in Lahmheiten ausdrückt, können beim jeweiligen Pferd sehr vielfältig sein. Neben den bereits beschriebenen sind auch natürliche Alterungsprozesse ein Faktor. Am Abbau des Muskelgewebes sind fehlende Signalstoffe beteiligt, die durch die Kontraktion der Muskeln gebildet werden und auch zu funktionsgestörten Mitochondrien[G] (Kraftwerke der Zelle) führen. Diese Funktionsstörung führt langfristig zum Zelltod in Muskelfasern[G]. Klingt kompliziert und lässt sich in einen ganz einfachen Satz konzentrieren: Wer rastet, der rostet! Das Lauftier Pferd ist besonders empfindlich für Muskelprobleme. Die Formen der Muskelprobleme sind so vielfältig wie ihre Ursachen selbst. Übersäuerung[G] und Kreuzverschlag[G], Shivering bis hin zu genetisch bedingten Equinen Myopathien. Eines ist ihnen allen gemeinsam: Muskelprobleme führen zu einem Leistungsabfall und einem verminderten Wohlbefinden des Pferdes. Schlimmstenfalls resultiert daraus auch die Untauglichkeit als Reitpferd.

1.1 Muskeltraining – ein universelles Medikament

„Die aktive Muskulatur erfüllt vielfältige und zentrale Aufgaben für die aufeinander abgestimmten und sich ergänzenden Anpassungen der davon abhängigen Gewebe und Organsysteme, den Entzündungsstatus und die Immunfunktionen."

(Laube 2022, Seite 84; vgl. dazu auch Laube 2020)

Die Genetik des Pferdes ist der Ausdruck seiner stammesgeschichtlichen Entwicklung. Diese Entwicklung verlangt bei Mensch und Pferd nach physischer Belastung. Zur Gesunderhaltung des Herz-Kreislaufsystems wird ein motorischer Energieverbrauch aus medizinischer Sicht als erforderlich betrachtet. Muskelaktivität ist somit nicht nur die Ausdrucksform des Bewegungskünstlers Pferd. Durch Muskelarbeit werden körpereigene Signalstoffe (Myokine[G]) ausgeschüttet, die ein geniales, körpereigenes Medikament sind – ganz ohne Nebenwirkungen. Durch Interaktionsprozesse sorgen diese Myokine für den „crosstalk" zwischen den Geweben und Organen (Knochen, Gehirn, Bauchfett, Immunsystem, Blutgefäßen, Nieren, Bauchspeicheldrüse).

Myokine
- regen Stoffwechselprozesse an.
- stärken den Aufbau von körpereigenem Gewebe und das Immunsystem durch eine verstärkte Proteinsynthese[G].
- wirken antientzündlich.
- hemmen die Schmerzwahrnehmung.

Die kontrahierenden Muskeln liefern, neben den Myokinen, in Abhängigkeit von der beteiligten Muskelmasse, der Aktivitätsdauer und der Intensität, Interleukine (antientzündliche Signalstoffe), die in allen Geweben entzündungshemmende Abfolgen von Stoffwechselreaktionen aktivieren. Ein entzündungshemmendes Netzwerk entsteht, das zudem Diabetes entgegenwirkt. Doch Muskelarbeit kann noch viel mehr: Signalstoffe kommunizieren mit dem Gehirn und haben positive Effekte auf Motivationen, Emotionen, Leistungsfähigkeit sowie die Schmerzverarbeitung und Schmerzhemmung.
Mehr über die Zusammenhänge von Bewegung und Schmerzhemmung erfahren Sie im Kapitel Kapitel 2.3 „Schmerz – das Warnsignal des Körpers, Bewegungsmangel als Schmerzursache" (siehe Seite 47 ff.).
Körperliche Bewegung hält auch geistig fit. Ein verletzungsbedingter Funktionsverlust der rechten Vordergliedmaße verursacht innerhalb von 16 Tagen eine Reduzierung des zugehörigen linken Teils der Großhirnrinde. Die Muskeln Ihres Pferdes reiterlich in Gang zu halten, ist also gut für das Gehirn und die Gesundheit von Pferd und Reiter. Wenn das kein Synergieeffekt ist?!

1.2 Muskelprobleme – Myopathische Veränderungen

Die Skelettmuskulatur, als größter Teil des aktiven Bewegungsapparates, hat neben der Bewegungsfunktion auch eine Stütz- und Haltefunktion:

- Die Rücken- und Rumpfmuskulatur trägt die inneren Organe.
- Teile des langen Rückenmuskels tragen Kopf und Hals (in Abbildung rot, orange) oder haben stützende Aufgaben (in Abbildung braun).

- die tragende Bauchmuskulatur (in Abbildung hell- und dunkelgrün)
- Die muskulären Gegenspieler (Antagonisten[G]) der Beuge- und Streckmuskulatur (hellrot, blau) sorgen für die motorischen Funktionen des Lauftiers.
- Die thorakale Schlinge dient der Stabilisierung der Schulter, verbindet Vorhand und Rumpf und trägt das Reitergewicht, da das Pferd kein Schlüsselbein hat (in der folgenden Abbildung nicht eingezeichnet; siehe dazu Seiten 33, 100).

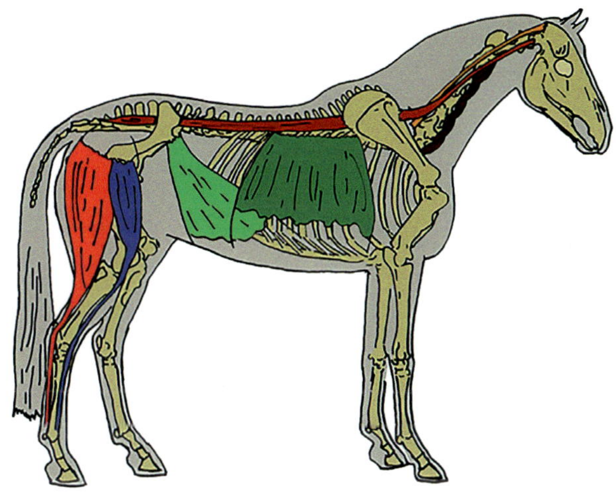

Schematische Darstellung: Teile der Muskulatur des aktiven Bewegungsapparates des Pferdes (Grafik: Pferdepraxis auf Boyenstein, Dr. Peter Richterich 2022)

> „Um Störungen, beziehungsweise Erkrankungen der Muskulatur zu erkennen, muss eine gründliche medizinische Untersuchung erfolgen."
>
> (Dr. Peter Richterich 2022, Seite 13)

Bei menschlichen Patienten ist Bewegungsmangel als Ursache chronischer Erkrankungen vielfach untersucht und bestätigt worden. Warum sollte es beim Lauftier Pferd anders sein? Die logische Konsequenz: Regelmäßiges Training ist das A und O der Gesundheitsprävention. Bewegung ist die Intervention der Wahl im nicht-akuten Stadium von Erkrankungen und bei chronischen Schmerzen. Bei Bewegungsmangel hat die optische Muskelmasse eine vergleichsweise geringe Bedeutung. Denn vor dem Muskelschwund kommt der Mangel an Kraft und Muskelleistung.
Erblich bedingte Myopathien des Pferdes betreffen heute schon eine Vielzahl der Warmblutpferde, so die Einschätzung von Fachtierarzt Dr. Peter Richterich von der Pferdepraxis auf Boyenstein in Beckum. Richterich führt mit unterschiedlichen wissenschaftlichen und universitären Einrichtungen Projekte durch, die das Ziel haben, die Gesundheit der Pferde zu fördern. Ebenso pflegt er Kooperationen mit einzelnen Zuchtverbänden und Forschungslaboren. Mit verschiedenen Tierärzten, universitären Einrichtungen und Pathologen hat

Richterich Arbeitsgemeinschaften gegründet, um wissenschaftliche Erkenntnisse über myopathische Veränderungen bei Pferden zu gewinnen. Auch Tierärztin Christina Wessling und ihr Mann, Pferdefacharzt Dr. Andreas Wessling, haben sich in den Themenkomplex Myopathien intensiv eingearbeitet und betreuen gemeinsam betroffene Freizeit- und Sportpferde. Diese Veränderungen zeigen oft über Jahre einen milden Verlauf, treten schubweise oder vorrübergehend auf. Nur einige wenige Myopathien nehmen mit der Zeit einen heftigen Verlauf und beenden den Einsatz als Reitpferd. Eine Kombination bestimmter Symptome und eine zielgerichtete Diagnostik (siehe Seite 276 ff.) können Aufschluss über das Vorliegen des vielgestaltigen Krankheitsbildes geben, das unter den Begriffen PSSM 2/MIM/MFM geführt wird. Es spricht nichts dagegen und schadet nicht, einem Symptomkomplex einen Namen zu geben. Die Bezeichnung PSSM 2 sorgt für Missverständnisse in der Abgrenzung zu PSSM 1, ist aber aus der Forschungshistorie begründet – dazu später mehr.

Wenn Sie nun neugierig sind, dann probieren Sie den PSSM-2-Leseverweis auf Seite 213 in diesem Buch aus. Diese Seitenverweise ermöglichen Ihnen das **Querlesen und Hin- und Herspringen im Buch.** Da das Buch in einigen Abschnitten den Charakter eines Nachschlagewerks hat und mit vertieftem theoretischen Hintergrundwissen gleichermaßen dem interessierten Laien und einem Fachpublikum ein Leseangebot macht, ermöglichen Ihnen die farblich abgesetzten Kästen das „Abpflücken" von Inhalten, ohne den Gesamttext chronologisch lesen zu müssen. Verweise, Zusammenfassungen und theoretische Vertiefungen sind Leseangebote und Sie entscheiden, welche Inhalte Sie überfliegen oder genau lesen möchten. Deshalb biete ich Ihnen zusätzlich stichwortartige Zusammenfassungen an („**Kurz & knapp**"). Und noch etwas von meiner Seite: Ob Sie selbst sich nun als Laie oder Fachpublikum zuordnen, für mich sind Sie die Leserin oder der Leser, die sich/der sich, wie ich, für Pferde und deren Wohlbefinden zutiefst interessiert. Deshalb sind SIE für mich „Fachpublikum"!

Die Humanmedizin beschäftigt sich schon lange mit erblichen Erkrankungen der Muskulatur und des Muskelstoffwechsels. Dazu zählen die genetisch bedingten Myofibrillären Myopathien[G] (MFM), die auch beim Pferd auftreten können. Gemeinsames Leitsymptom der MFM bei Mensch und Pferd sind Muskelschwäche und Muskelschwund, die häufig erst mit zunehmendem Alter eintreten. Diese Erkrankungen unterscheiden sich auch bei Menschen durch höchst unterschiedliche Ausprägungen, Verläufe, Formen und Schweregrade.

Kurz & knapp

Die Erkrankungen der Muskeln werden unter dem Begriff Myopathien zusammengefasst. Eine Form sind myofibrilläre Muskelerkrankungen (Myofibrillen = Bausteine des Muskels). Diese haben keine neurologische Ursache und zeichnen sich aus durch:

- strukturelle Veränderungen in den Muskelfasern
- eine Schwäche des betroffenen Muskels oder Muskelgruppen
- funktionelle Beeinträchtigungen der betroffenen Muskeln
- zeitweise Muskelschmerzen oder Muskelsteifheit

Auch die Veterinärmedizin beschäftigt sich seit mehreren Jahrzehnten mit den genetisch bedingten Myopathien des Pferdes. Mittlerweile konnten bestimmte Veränderungen im Erbgut von Pferden entdeckt werden, die die gleichen Genorte[G] wie beim Menschen betreffen. Obwohl der Erbgang und die vorliegende Mutation identifiziert sind und aus der Humanmedizin die Auswirkungen der Genmutationen auf den Muskelstoffwechsel bekannt sind, können Forschungsergebnisse aus der Humanmedizin nicht 1:1 auf das Pferd übertragen werden. Deshalb wird der direkte Zusammenhang von Genmutationen zu Symptomen beziehungsweise zum Krankheitsbild teilweise noch kontrovers diskutiert, und es besteht weiterhin Forschungsbedarf. Während einige Tierärzte in Deutschland das Krankheitsbild PSSM 2 bereits seit längerem anerkennen und die Pferde entsprechend behandeln, sprechen andere von fehlenden wissenschaftlichen Belegen. Auch in den USA sind die mit Muskelerkrankungen verbundenen Gendefekte ein großes Thema in der Pferdezucht und werden auch in Reitsportkreisen diskutiert. Noch vor wenigen Jahren bestand bei der PSSM-Typ-1-Erkrankung (Polysaccharid-Speicher-Myopathie 1, 1992 erstmalig von Valberg et al. beschrieben) ein unabgeschlossener Validierungsstatus, wie heute bei PSSM Typ 2. Die PSSM-Typ-1-Mutation gehört mittlerweile zu den anerkannten Myopathien des Pferdes. Der Gentest für PSSM 1 ist nach wie vor nur für Westernpferderassen validiert, so Dr. Peter Richterich.

Kurz & knapp

PSSM bedeutet Polysaccharid-Speicher-Myopathie. Polysaccharide sind Kohlenhydrate, also Zucker in Karotten, Getreide, aber auch Pektine und Fruktane. Der Oberbegriff PSSM bezeichnet verschiedene Formen genetisch bedingter Muskelstoffwechselstörungen. Nur PSSM Typ 1 ist eine wirkliche Speichermyopathie, genauer gesagt eine Glykogen[G]-Speicherstörung im Muskel, während PSSM Typ 2 zu unterschiedlichen Muskelstörungen führen kann, deren Ursachen noch nicht abschließend untersucht sind. Die von PSSM 1 betroffenen Pferde können Kohlenhydrate, die beispielsweise in Getreide, Melasse oder Äpfeln, aber auch in Weidegras vorhanden sind, nicht korrekt speichern und dürfen deshalb nur mit einem Gesamt-Stärke-Zucker-Fruktan-Anteil unter 10 Prozent ernährt werden. Die genetische Mutation PSSM 1 ist wissenschaftlich untersucht, der Zusammenhang zu den Symptomen bei Westernpferden nachgewiesen und anerkannt.

Neben PSSM 1 sind bereits einige weitere Muskelerkrankungen des Pferdes mit empirisch belegter genetischer Ursache bekannt:

- Hyperkalämische Periodische Paralyse (HYPP; Übertragung von Nervensignalen zum Muskel gestört, Herzrhythmusstörungen, Atemlähmungen)

- Glycogen Branching Enzyme Deficiency (GBED; Glykogenspeicherkrankheit Typ IV)
- Maligne Hyperthermie (MH; lebensbedrohliche Komplikation bei Narkose oder bestimmten Medikamenten)
- Myosin Heavy Chain Myopathy (MYHM) oder Immunvermittelte Myositis[G] (IMM; schwere degenerative Muskelerkrankungen mit Auswirkungen auf Herz und Immunsystem)

Zuchtpferde und -ponys werden bereits auf verschiedene genetische Defekte hin untersucht und diese Ergebnisse finden Berücksichtigung in den jeweiligen Zuchtprogrammen der verschiedenen Rassen. Nach der Tierzuchtverordnung der EU sind diese Ergebnisse in den Tierzuchtbescheinigungen anzugeben sowie zu veröffentlichen. Die Teilnahme am Gemeinschaftsprojekt der Deutschen Reiterlichen Vereinigung e.V. (FN) angeschlossenen Zuchtverbände, der Verbandstierärzte, der Wirtschaftsvereinigung „Vit" (Vereinigte Informationssysteme Tierhaltung w.V.) der Deutschen Reiterlichen Vereinigung e.V. und der Wissenschaft ist für Pferdehalter und Tierärzte jedoch freiwillig. In dieser Gesundheitsdatenbank sind Informationen zu den folgenden Gendefekten eingestellt, die Bestandteil in den Zuchtprogrammen der Zucht-Verbands-Ordnung (ZVO) sind. Die Ergebnisse der Untersuchungen sind bei der Deutschen Reiterlichen Vereinigung e.V. (FN) als Downloads zu finden. Von den Zuchtverbänden liegen der FN Informationen zu folgenden Erbkrankheiten des Pferdes vor:

- Polysaccharid-Speicher-Myopathie (PSSM Typ 1; degenerative Muskelerkrankung)
- Warmblood Fragile Foal Syndrom (WFFS[G]; erbliche Bindegewebsschwäche)
- Caroli-Leberfibrose (CLF; angeborene Erkrankung der Gallenwege)
- Cerebelläre Abiotrophie (CA; Kleinhirnatrophie mit Ataxie[G])
- Fohlen-Immundefekt-Syndrom (FIS; keine Antikörperbildung, Blutarmut)
- Hoof Wall Separation Disease (HWSD; Hufwandabtrennung)
- Myotonie[G] (Sammelbegriff für verschiedene Muskelerkrankungen)

PSSM 2 befindet sich noch in der Erforschung und wurde noch nicht in diese Liste aufgenommen. Der Begriff PSSM 2 oder PSSM Typ 2 wird in Fachpublikationen als ein Sammelbegriff für mehrere Muskelerkrankungen verwendet. Forscher gehen davon aus, dass die Anzahl der damit in Zusammenhang stehenden Gene beim Pferd in den nächsten Jahren noch weiter steigen wird. Aktuell können sechs genetische MIM-Risikovarianten unter dem Begriff „MIM-6 Var. (vormals „PSSM 2")" bei einem lizensierten Labor getestet werden.

> „Es werden bislang sechs MIM-Varianten diskutiert, die eine potenziell negative Auswirkung auf die Muskulatur haben können. Für viele, aber nicht alle Pferde sind diese Daten plausibel, jedoch ist die Datengrundlage sehr inhomogen und vermeintliche Symptome werden vermischt oder falsch interpretiert, was eine wissenschaftliche Grundlagenforschung deutlich erschwert."

(Dr. Peter Richterich 2022, Seite 15)

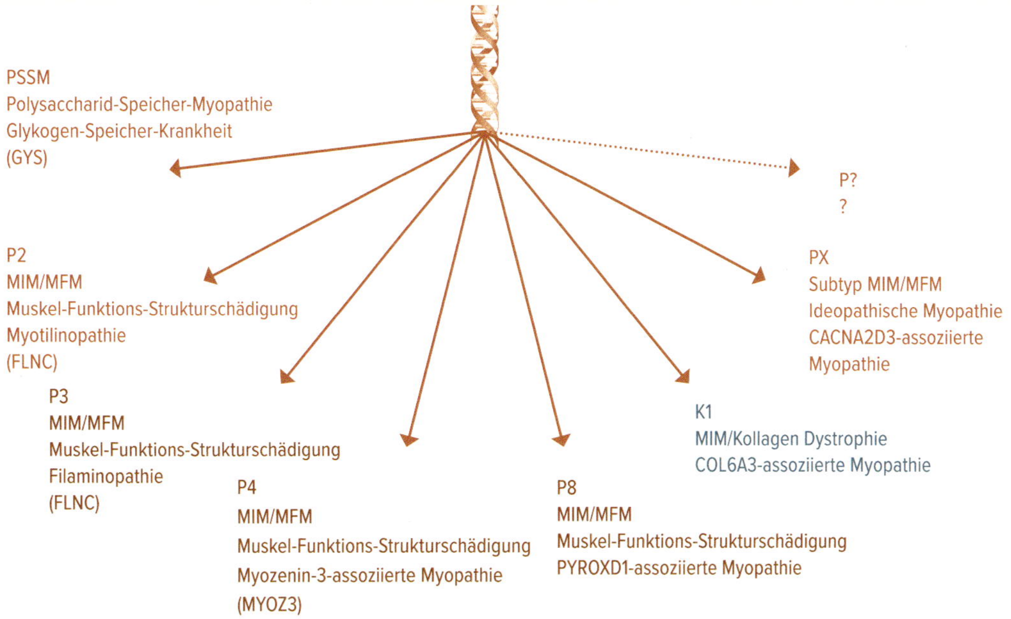

Genetische Varianten, die mit PSSM/MIM/MFM in Verbindung gebracht werden.

> „In der Humangenetik sind bislang über 300 Mutationen bekannt, die eine pathologische Muskelfunktion und damit einen massiv gestörten Bewegungsablauf erzeugen. Viele dieser humanen Gene wurden in genetischen Untersuchungen herangezogen, um Gene beim Pferd zu finden, die durch ihre Variation eine schadhafte Wirkung haben und damit eine klinisch relevante Muskelstörung erzeugen können."

(Dr. Peter Richterich 2022, Seite 15)

PSSM 2/MIM/MFM: Was wird darunter verstanden?
Die PSSM-2-MIM-MFM-Muskelkomplexerkrankungen stellen sich für viele Reiter, aber auch Tierärzte als eine diagnostisch schwer greifbares Krankheitsbild mit vielgestaltiger Ausprägung dar.

P2[G] ist eine Abkürzung für einen Gendefekt, der mit dem Krankheitsbild PSSM 2 in Verbindung gebracht wird (siehe Seite ab 228).
Es wird angenommen, dass bei der Variante P2 (n/P2 = mischerbige Form von P2; P2/P2 = reinerbige Form von P2) eine Störung der sogenannten Z-Scheibe[G] im Muskel vorliegt (siehe Seite 42 ff.), wobei unphysiologische Verklumpungen (Proteinaggregationen) vorliegen, die auch Bestandteil des Muskelzellskeletts betreffen.

P3[G], P4[G] und P8[G] sind ebenso Kürzel für Gendefekte, die mit Myofibrillären Myopathien (MFM) in Verbindung gebracht werden. Bei MFM handelt es sich um eine Gruppe angeborener Muskelerkrankungen (siehe ab Seite 230).
Mutationen in einigen dieser Gene wurden beim Menschen als Verursacher von Muskelerkrankungen nachgewiesen. Deshalb wurde von Forschern die Hypothese aufgestellt, dass Mutationen in denselben Genen bei Pferden ebenso Muskelerkrankungen verursachen können.

PX[G] ist das Kürzel für einen Gendefekt, der zu einer Störung des sogenannten Calcium-Kanals[G] führt. Dieser Gendefekt wird mit einer Neigung zu einer kreuzverschlagsartigen Symptomatik in Verbindung gebracht. In einer sehr ausgeprägten Form heißen diese Krankheitsbilder RER (= Recurrent Exertional Rhabdomyolysis[G]), SER (= Sporadic Exertional Rhabsomyolysis[G]) und Tying-up[G] (milde Form des Kreuzverschlags). Das Vorliegen der PX-Variante darf nicht mit RER, SER oder Tying up gleichgesetzt werden. Es geht um eine ähnliche Symptomatik.

RER wird auch als schwere Form von Tying-up bezeichnet, von der auch Pferde mit dem Gendefekt PSSM 1 betroffen sein können (Lentz et al. 1999; MacLeay et al. 1999, 2000; McKenzie et al. 2003, 2004). Mögliche Symptome treten nach circa 30 Minuten Belastung oder auch nach einer schweren Geburt auf. Die Pferde wirken ängstlich, bleiben plötzlich stehen und zeigen Anzeichen von Schmerzen. Auch kaffeebrauner Harn ist möglich. Die Kruppen- und Rückenmuskulatur zeigt einen hohen Muskeltonus und ist hochgradig schmerzhaft. Es können eine erhöhte innere Körpertemperatur, gerötete Kopfschleimhäute, eine gesteigerte Herz- und Atemfrequenz und fehlende Darmgeräusche vorliegen.

SER wird auf Übertraining, zu hohe Muskelbelastung und fütterungsbedingte Mängel an Elektrolyten, Vitamin E und Selen oder auf sportliche Belastung in Verbindung mit Herpes- oder Influenzavirusinfektionen zurückgeführt.

Tying-up ist eine eher milde Form des Kreuzverschlags. Die ersten Symptome treten hier nach 5 bis 10 Minuten Belastung auf (Unruhe, milde Kolik, steifer Gang, gekrümmter Rücken, übermäßige Streckung des Sprunggelenks, Harn strohgelb). Bei einer mittelschweren Form treten Symptome nach 20 bis 30 Minuten Belastung auf (reduziertes Bewegungstempo, Pferd bewegt sich steif, bleibt stehen, unverhältnismäßiges Schwitzen, erhöhter Muskeltonus an der Kruppe, schmerzhafte Muskulatur, Harn strohgelb, Besserung meist nach 3 bis 4 Stunden).

K1[G] (siehe ab Seite 237)
Die K1-Variante schädigt beziehungsweise schwächt das Bindegewebe, welches die Aufgabe hat, die Muskelzellen zu stützen. Ist das Bindegewebe geschwächt oder dysfunktional, wird die Muskelarbeit erschwert. Vergleichbare Mutationen beim Menschen (Bethlem-Myopathie, Ullrich-Muskeldystrophie) führen zu Muskelschwäche. Es werden in Europa und den USA Fallstudien durchgeführt. Weitere Forschung ist erforderlich, um mögliche Auswirkungen der K1-Variante besser zu verstehen.

„Da es bei Pferden mit genetischem Nachweis einer P-Variante noch nicht genügend Daten aus Muskelbiopsien, also Gewebeentnahmen aus betroffenen Muskeln gibt", so Dr. Melissa Luanne Cox, „können Forschende aktuell noch nicht mit absoluter empirischer Gewissheit sagen, dass es sich bei Pferden wie beim Menschen um angeborene Muskelerkrankungen handelt" (persönliche Kommunikation). Dennoch gehen Forscher zurzeit von einer genetischen Ursache aus (vgl. Szauter 2019ec.; Valberg, Nicholson, Lewis et al. 2017).

> „Bei Warmblutpferden gibt es eine ausgeprägte und wahrscheinlich vererbbare Form der MFM, die sich durch Belastungsintoleranz und ein abnormes Gangbild der Hintergliedmaßen auszeichnet. Das Muskelgewebe ist durch eine ektopische [= nicht physiologische] Anhäufung von Desmin [= Strukturkomponente des Muskelzellskeletts] und Z-Scheiben [= Begrenzen zu beiden Seiten die kleinsten kontraktilen Einheiten des Muskels] sowie einer Degeneration der Muskelfasern gekennzeichnet."
>
> (Valberg, Nicholson, Lewis et al. 2017, aus dem Englischen übersetzt)

Eine Diagnose eines milden PSSM 2 (z.B. bei einer beginnenden Krankheitsausprägung) liegt in der Muskelbiopsie[G] in einem Graubereich (vgl. Valberg, ohne Datum. „Type 2 Polysaccharide Storage Myopathy", „3. How is a diagnosis of PSSM2 established?")

Kurz & knapp

Der Begriff Muskel-Integritäts-Myopathie (MIM, vormals PSSM-2-Test) wurde vom lizensierten Testlabor im März 2023 eingeführt und soll die sprachliche Abgrenzung zu PSSM Typ 1 erleichtern. PSSM 2/MIM ist eine Form der Belastungsmyopathie, bei der die Funktion und/oder Struktur der Muskulatur geschädigt ist. Das Auftreten der Symptome wird durch eine Veranlagung und verschiedene Umweltfaktoren zum Beispiel Training, Alter, Fütterung und Haltung beeinflusst. Wenn Inhalte im Buch sich auf wissenschaftliche PSSM-2-Publikationen beziehen, wird ausschließlich der Begriff „PSSM 2" verwendet.

Bereits 2017 wurde in Vechta eine Interessengruppe (International Association of Future Horse Breeding GmbH & Co. KG (IAFH)) gegründet. Im Fokus stehen dabei Erbkrankheiten wie PSSM 2. Gründungsmitglieder der Initiative waren die Zuchtverbände Holstein, Trakehner, Oldenburger, Oldenburger Springpferd und Westfalen. Die Hannoveraner traten 2021/2022 bei (genaues Datum nicht bekannt). Ab Juli 2022 sind viele weitere Zuchtbücher beigetreten. Die gemeinsame Initiative der Zuchtverbände bietet ihren Züchtern durch eine finanzielle Kostenbeteiligung einen Anreiz zur PSSM-2-Testung (Bezeichnung seit 03/2023 „MIM", vormals PSSM 2) ihrer Bestände. In der Pressemeldung auf der Homepage des Oldenburger Zuchtverbandes mit dem Titel „Pferdezüchter haben Gesundheit im Blick" wird die Initiative als „wegweisende Weichenstellung" beschrieben.

Auszug aus der Pressemitteilung der IAFH:
„Mit der Verfügbarkeit von differenzierter molekulargenetischer Laboranalytik wachsen die Möglichkeiten, die genetische Veranlagung einzelner Pferde zu beurteilen. Das gilt für alle Merkmale, die in ihrer Ausprägung von Erbfaktoren beeinflusst wurden […]. Dazu zählt die solide Aufarbeitung auf Basis sorgfältig geplanter und langfristig angelegter vertiefender Studien, wie sie insbesondere bei spät in Erscheinung tretenden und in ihrem Erscheinungsbild vielschichtigen Erbkrankheiten wie PSSM 2 (Polysaccharide Storage Myopathy Type 2) unumgänglich ist. Und genau dieser Komplex erblich bedingter Muskelerkrankungen ist auch bereits im Visier der Zucht: Im Verbund mit dem Inhaber des Europa-Patentes für das PSSM-2-Testpanel, Generatio GmbH – Center for Animal Genetics, widmet sich die IAFH den dringenden Fragestellungen, die es zu klären gilt, um züchterische Entscheidungen absichern und gezielt unterstützen zu können. Im starken Verbund der IAFH-Gesellschafter, den Reitpferdezüchterverbänden der Oldenburger, Westfalen, Trakehner, Holsteiner und Oldenburger Springpferden sowie der Datenzentrale VIT sind die Züchter gut gerüstet, um sich künftig mit verlässlichen Informationen versorgen zu können.“ (Oldenburger Pferdezuchtverband: „Pferdezüchter haben Gesundheit im Blick“)

Muskelerkrankungen im Überblick

Muskelerkrankungen (vgl. Brehm et al. 2016; Richterich 2022)

Muskel-erkrankungen	Krankheitsbilder	Ursache/Folge
lokal	Mikrotraumen	• normale Abnutzungserscheinung des Muskeltrainings, Reparatur in der anschließenden Ruhephase
	Muskelkater	• zu intensive Muskelarbeit führt zu kleinsten Rissen in den Myofibrillen, Entzündungsprozesse mit Hitzebildung, Aktivierung der Schmerzsensoren
	Überbelastung	• eintönige Belastung, zu häufig, ohne Pause
	Akute Muskelentzündung	• bakterielle Infektion
	Chronische Muskelentzündung	• z.B. Übertraining, Fehlstellungen • Fibronisierung (chronische Umbauprozess von Muskelgewebe als Folge einer akuten Muskelentzündung)
	Muskelzerrung, Muskelfaserriss, Muskelriss	• Überdehnung von Muskelfasern, Lahmheiten
	Durchblutungsstörung	• Muskelschwund

Muskelerkrankungen	Krankheitsbilder	Ursache/Folge
systemisch	Generalisierte postanästhetische Myopathie nach Narkose	• Muskelischämie (verminderte oder fehlende Durchblutung), Muskelkontraktion, Schweißausbruch, erhöhte innere Körpertemperatur
	Atypische Weidemyopathie	• Vergiftung
	Überlastungs-/Erschöpfungsmyopathie	• trainingsbedingt, stressbedingt
	Myalgie (Muskelschmerz)	• Verletzungen von Muskelfasern. Diese können durch falsche Körperhaltungen, Fehlstellungen oder Verletzungen des Bewegungsapparates und Training ohne ausreichendes Aufwärmen und Dehnen ebenso entstehen wie als Begleitsymptom verschiedenster Erkrankungen
	Weißmuskelkrankheit	• fortgeschrittene Selen- und Vitamin-E-Unterversorgung
mit Übererregungszuständen	Hahnentritt (Stringhalt)	• siehe Seite 272 f.
	Zitterkrankheit (Shivering)	• siehe Seite 271 f.
	Tetanus	• Zuckungen, Spasmen von Kiefermuskulatur, Hals und Gliedmaßen, steifer Gang, angehobene Schweifrübe bis hin zu einer sägebockartigen Haltung
	Myotonia congenita	• erbliche Erkrankung, die zu Muskelsteife und Muskelvergrößerung der Skelettmuskeln führt
erblich	Equine Rhabdomyolysen	• häufigste Muskelkrankheit bei Pferden, auch unter dem Überbegriff Kreuzverschlag bekannt, geht einher mit extremem Muskelschmerz, Steifheit • Formen: Tying-up, SER, RER, siehe u.a. Seiten 26, 218, 242 f., 256 f.
	PSSM 1	• siehe Seite 215 ff.
	PSSM 2/MIM/MFM	• siehe Seiten 180 ff., 209-268, 273-293
	Maligne Hyperthermie	• siehe Seiten 24, 152, 331
mit episodischer Schwäche	HYPP	• siehe Seiten 23, 330
	Botulismus	• seltene Vergiftung, führt zu Muskellähmung, Muskelschwäche, Atemnot, Zittern

2 Faszination Muskel

Foto: Christiane Slawik

Muskeln spielen beim Gesundheitsmanagement des Pferdes eine zentrale Rolle. Etwa 55 Prozent der Gesamtmasse des Pferdes besteht aus Muskel (Mickelson & Valberg 2015, Seite 198). Der Körper braucht die Muskulatur für alle Arten von Arbeit (z.B. Bewegung, Energieverteilung innerhalb des Körpers, Transport von Nährstoffen und Sauerstoff durch den Herzmuskel). Ohne Muskeln kann das Pferd nicht existieren. Muskeln sind eine präventive und therapeutische Komponente für den Gesamtverlauf jeder Erkrankung. Die muskuläre Aktivität und somit der aerobe[G] und kontraktile Zustand der Muskulatur und deren Funktion haben als wichtiger biochemischer Signalstoffproduzent einen bedeutenden Einfluss auf den gesundheitlichen Status des gesamten Organismus. Bei Erkrankungen der Muskulatur liegt der Fokus des Muskeltrainings auf der Verbesserung muskulärer Funktionen und ebenso auf der Schmerzprävention und Schmerzhemmung. Bei degenerativen Muskelerkrankungen liegt der Schwerpunkt auf der Verzögerung des Verlaufs und insgesamt auf einer Steigerung des Wohlbefindens des Pferdes.

Pferde haben über 500 verschiedene Muskeln. Meistens sind Muskeln über Sehnen direkt am Knochen befestigt. Sie können aber auch an Knorpeln, Bändern, Sehnen und Faszien (Bindeglied zwischen Knochen und Muskeln und Verbindung zum vegetativen Nervensystem) und sogar an der Haut anheften. Die Versorgung des Muskelgewebes erfolgt über ein umfangreiches Blutgefäßsystem. Die Steuerung der Muskeln erfolgt durch motorische Nerven und das myofasziale System.

Jeder Muskel des Körpers ist über das periphere Nervensystem mit Gehirn und Rückenmark verbunden, die alles im Körper regeln und koordinieren. (Grafik: Jeanne Kloepfer; aus Kleven: *Biomechanik und Physiotherapie für Pferde*. FNverlag 2020.)

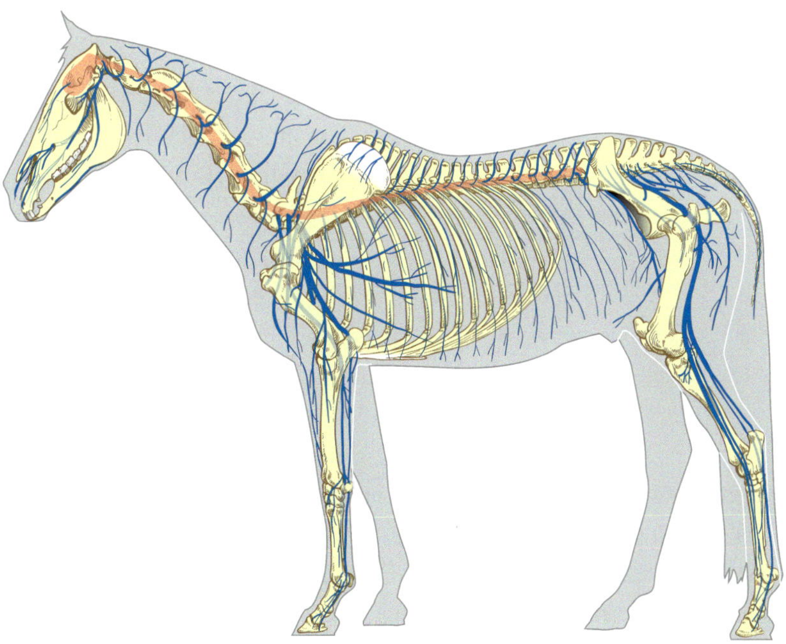

Man unterscheidet drei Muskeltypen:

- **willkürliche Muskulatur** (= Skelettmuskulatur, quergestreifte Muskulatur, je nach Muskeltyp wenig bis viele Mitochondrien)
- **unwillkürliche Muskulatur** (= Eingeweidemuskulatur, Tiefenmuskulatur, viszerale Muskulatur, glatte Muskulatur, besteht nicht aus Muskelfasern, vom vegetativen Nervensystem gesteuert, wenig Mitochondrien)
- **Herzmuskulatur** (viele Mitochondrien)

Immer diese Mitochondrien

Diese winzigen Zellorganellen sind Ihnen schon im Text begegnet. Es ist Zeit, diese faszinierenden Kraftfabriken näher zu betrachten. Mitochondrien haben eine eigene DNA (mtDNA = mitochondriale DNA). Sie liegt frei in der Zellflüssigkeit und ist anfällig für schädigende Einflüsse durch freie Radikale[G]. Die Mitochondrien werden fast nur über die Eizelle der Mutter/Stute an die nächste Generation weitervererbt. Die mütterliche Linie kann über die mtDNA bestimmt werden, da sie mutationsarm ist. Als Hauptenergieerzeuger produzieren sie durch die „innere Atmung" das ATP – den Energieträger Adenosintriphosphat[G]. Eine erwachsene Person benötigt Tag für Tag durchschnittlich 60 bis 70 kg ATP, mit Spitzen von bis zu 100 kg. Diese Treibstoffproduktion ist eine der wichtigsten Stoffwechselvorgänge im Organismus und hat die Aufgabe, die Energie der Nahrung zusammen mit Sauerstoff für den Körper nutzbar zu machen (Zellatmung). Mitochondrien steuern überdies eine Funktion, die man Apoptose nennt – den richtigen und zeitgemäßen Abbau geschädigter und alter Zellbestandteile. Die Entdeckung der sogenannten Autophagie (Zell-Recycling) brachte dem japanischen Forscher Yoshinori Ohsumi 2016 einen Nobelpreis. Eine Schädigung oder Schwächung der Mitochondrien zeigt sich in Schwäche, Ermüdung und Erschöpfung des Pferdes.

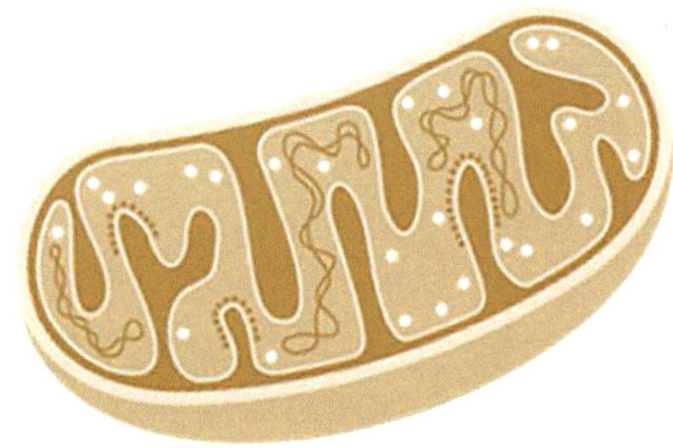

Mitochondrium (Quelle: lizenzfreie Grafik)

Die unwillkürliche Tiefenmuskulatur der Wirbelsäule ist für das Auge nicht direkt sichtbar und dennoch von großer Bedeutung für den Aufbau der sichtbaren Muskulatur. Obwohl sich Reiter oft mit dem langen Rückenmuskel (*Longissimus dorsi*[G]; Teil der willkürlichen Muskulatur) befassen, den man sehen und abtasten kann, sind es die kurzen, tiefen, nicht sichtbaren Muskeln der Wirbelsäule, die höchst sensibel auf Überanstrengungen oder einen unpassenden Sattel reagieren. Bei dauerhaft negativer Spannung sind in der Folge Wirbelblockaden vorprogrammiert (vgl. Kleven 2020, Seite 59 f.). Die Tiefenmuskulatur bildet den stabilen, starken Kern des Muskelsystems. Der Multifidi-Muskel verbindet die Knochen der Wirbelsäule vom Genick bis zum Schweif (siehe Abbildung Seite 37). Diese kurzen Muskeln verbinden zwei bis fünf Wirbel miteinander, können kleine Bewegungen ausführen (Streckung, Längsbewegung, Drehung der Wirbelsäule) und führen dadurch kleine Haltungsanpassungen der gesamten Wirbelsäule vom zweiten Halswirbel (Axis) bis zum Schweif durch. Ihre wichtigste Aufgabe ist die Stabilisierung der Wirbelsäule, der Hüfte, des Beckens und der thorakalen Muskelschlinge der Schulter. Diese Schlinge ist für das Pferd sehr wichtig, da es zur Stabilisierung der Schulter kein Schlüsselbein hat. Das Pferd muss den Rumpf (Thorax) zwischen den Schulterblättern deshalb durch eine Funktionseinheit aus Muskeln, Sehnen, Bänder und Faszien stabilisieren (vgl. Riegel & Hakola 2010, Seite 37 ff.). Diese Einheit nennt man die thorakale Muskelschlinge. Sie ist besonders für das Reitpferd von Bedeutung, da sie Vorhand und Rumpf verbindet und dazu beiträgt das Reitergewicht zu tragen. Das Ansprechen der Tiefenmuskulatur im Training ist nur möglich, wenn das Pferd schmerzfrei, ausgeruht und nicht überanstrengt ist. Bereits leichte Gewichtsverlagerungen oder die veränderte Körperspannung des Reiters lösen eine Reaktion in dieser Muskelgruppe aus.

Das Training der Tiefenmuskulatur ist erforderlich, damit Sie und Ihr Pferd sicher durch die nächste Wendung zum Sprung galoppieren, den kurvigen Waldweg ohne Probleme meistern und in der dressurmäßigen Arbeit längere Zeit in Anlehnung trainieren können. Auch mit dem weit ausgebildeten Pferd sollten Sie innerhalb der Arbeitsphase immer wieder die Kopf-Hals-Position verändern, um die beteiligte Muskulatur ausgewogen zu trainieren. Die trainierte Tiefenmuskulatur hilft dem Pferd, auf der körperlichen Ebene die Reiterhilfen zunehmend besser zu verstehen. Sie sorgt für Stabilität und Reaktionsfähigkeit und somit für eine zunehmende Selbsthaltung und Feinkoordination des Pferdes. Durch die Schulung der Tiefenmuskulatur wird das Verletzungsrisiko insgesamt verringert.

Übungen für einen starken Kern

Die Übungen zur Schulung der Tiefenmuskulatur sollten zwei- bis dreimal wöchentlich, gleichmäßig zu beiden Seiten hin durchgeführt werden. Integrieren Sie einige Übungen in Ihr Putzritual.

Ziele

- **Körperwahrnehmung und Koordination fördern**
- **unphysiologische Spannungen abbauen**
- **Gleichgewicht zwischen Kraft und Beweglichkeit verbessern**

Übungsvorschläge

Bitte wärmen Sie das Pferd zuvor auf (z.B. 15 Minuten Schritt führen).

Alle Übungen sollte das Pferd mit einer aktiven, aber unverkrampften Muskulatur, locker durch den Körper absolvieren können.

- **Karotte seitlich mit Kopf/Hals in Richtung Hinterbein anbieten (Variante seitlich oder bodenwärts; vgl. „Möhrengymnastik" in Kaupp 2022, Seite 79)**
- **Rückwärtsrichten an der Hand (z.B. als Routine vor dem Aufsteigen)**
- **im Schritt über Cavaletti (geradeaus und seitlich über Stange treten lassen)**

Tipp

Achten Sie darauf, dass Ihr Pferd die Lendenwirbelsäule tendenziell aufwölbt und die Hanken beugt. Dadurch werden die Tiefenmuskulatur und die Hinterhandmuskulatur gestärkt. Steigern Sie die Höhe unbedingt langsam! Stolpert das Pferd, ist die Stange (noch) zu hoch, was den Strukturen schaden kann (vgl. Kaupp 2022, Seite 164). Bitte achten Sie darauf, dass sich die obere und untere Muskelkette (dorsal, ventral[G], siehe Seite 47) bei den Übungen nicht verkrampft. Nur wenn die Muskulatur aktiv, aber nicht verspannt ist, kann sich die gesamte Rückenlinie aufwölben. Durch eine funktionale Bewegungskette des vorderen Bewegungszentrums wird das Pferd in die Lage versetzt, seine Muskulatur in einer „positiven Spannung" zu trainieren (vgl. Stammer 2020).

> „Ich achte bei der Arbeit mit Stangen immer darauf, ob das Pferd den Hals noch fallen lassen kann. Alles, was die Muskulatur überfordert, sodass sie sich verkrampft, schadet dem Muskelaufbau. Wenn das Pferd das Schulterblatt mit einer Bewegung aus dem Hals noch oben zieht, ist das Bodenrick zu hoch!"

(Silke Kaupp, Pferdewirtin Klassische Reitausbildung und Pferdephysiotherapeutin)

Der lange Rückenmuskel wiederum ist Teil der willkürlichen Muskulatur (= Skelettmuskeln, die wir steuern können) und überspannt alle Gelenke der Brust- und Lendenwirbelsäule. Er ist der längste Muskel im Pferdekörper, reicht vom ersten Halswirbel bis zum Becken und Kreuzbein und definiert damit die Oberlinie. Funktional ist er für das Senken des Rückens und das Anheben und Halten von Kopf und Hals verantwortlich. Er kommt beim Springen, beim seitlichen Drehen (Längsbiegung), aber auch beim Steigen und Ausschlagen zum Einsatz. Eine weitere wichtige Muskelgruppe liegt in der Hinterhand, die Hauptantriebskraft des Pferdes ist. Die Hinterhandmuskulatur (Glutealmuskulatur) gibt der Kruppe ihr rundes Aussehen, sorgt für Schub und kann bis zu 30 Zentimeter dick sein. Die hintere Oberschenkelmuskulatur, bestehend aus

- zweiköpfiger Oberschenkelmuskel (*Musculus biceps femoris*),
- halbhäutiger Muskel (*Musculus semimembranosus*),
- halbsehniger Muskel (*Musculus semitendinosus*)

hat großen Einfluss auf die Vorwärtsbewegung des Pferdes. Bei Muskelerkrankungen erfolgen Biopsien in der Regel in diesen Bereichen. In Obduktionen wurde aktuell festgestellt, dass muskuläre Veränderungen, die als diagnostische Kriterien in Muskelbiopsien für PSSM 2 und MFM herangezogen werden, bei betroffenen Pferden auch ausschließlich die tiefen Muskelschichten betreffen können, in denen eine Muskelbiopsie am lebenden Pferd nicht durchgeführt wird (Dr. Katharina Ros, Webinar).

Beim Aufwärmen des Pferdes sorgen wir dafür, dass das Blut in die feinen Äderchen gepumpt wird. Dadurch werden die Muskeln erwärmt und mit den Stoffen versorgt, die für die Muskelarbeit im Training benötigt wird.

Muskeln bestehen aus spezialisierten Zellen, die in der Lage sind, sich zu verkürzen. In den Muskelfaserbündeln[G] herrscht Gruppen- und Teamarbeit sowie Arbeitsteilung. In den Fasern, die gerade nicht angespannt sind, findet der Stoffwechsel statt. Muskeln, die rhythmisch An- und Abspannen, können deshalb über eine längere Zeit gut arbeiten. Genau das ist der Grund, warum wir in jedem Training für dieses An- und Abspannen sorgen müssen. Ist zu viel negative Spannung im Pferd, ist der Muskelstoffwechsel massiv gestört.

Formen muskulärer Arbeit

Hat ein Reiter die Unterschiede der Muskelarbeit grundsätzlich verstanden, kann er die Muskulatur gezielter und effektiver und das Pferd insgesamt gesunderhaltend arbeiten. Wenn sich ein Pferd bewegt, kommen alle Arten der Muskelkontraktion in unterschiedlichen Anteilen zum Einsatz. Etwas vereinfacht ausgedrückt, arbeiten Muskeln entweder isotonisch oder isometrisch.

Arten der Muskelarbeit

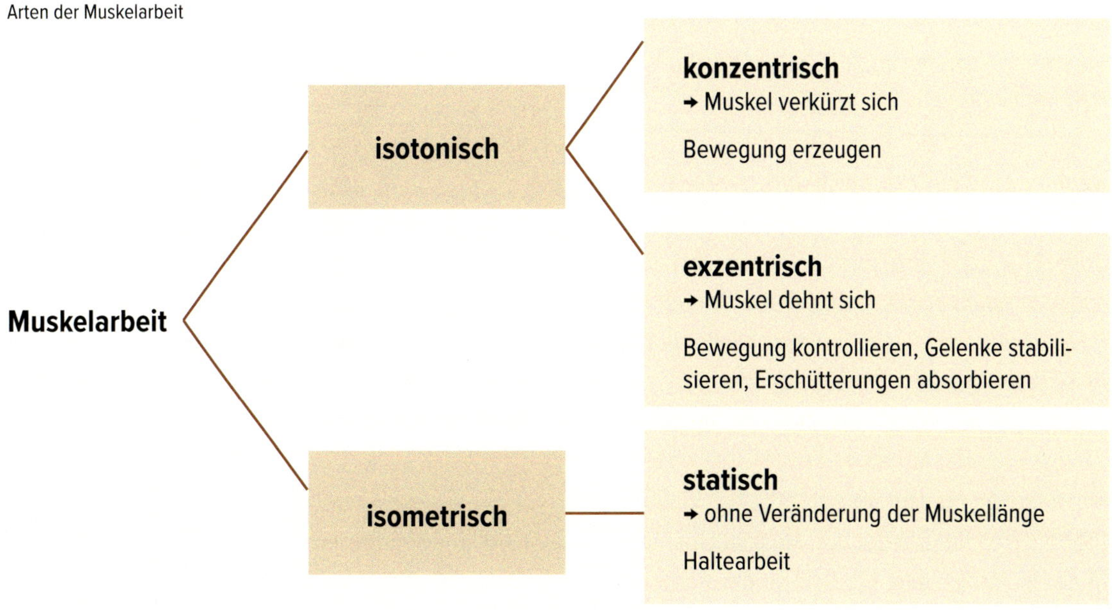

Wenn man die Zähne zusammenbeißt, einen zu schweren Gegenstand hochzuheben versucht oder die Hände maximal gegeneinander presst, dann arbeiten die Muskeln isometrisch. Es ändert sich nur die Muskelspannung, die Muskellänge verändert sich nicht. Diese Haltearbeit ermüdet den Muskel sehr schnell und es setzt ein Zittern ein. Was den Muskeln beim Zusammenbeißen der Zähne (kürzere Muskeln) noch ganz gut gelingt, wird bei den längeren Muskeln der Extremitäten schnell ermüdend. Pferde nutzen die isometrische Muskelanspannung[G], um sich während Hängerfahrten zu stabilisieren. Damit Sie eine Vorstellung vom Energiebedarf haben: eine Stunde Fahrt im Pferdeanhänger oder Transporter entspricht etwa 20 Minuten Trabarbeit. Untrainierte Pferde, die längere Transporte absolviert haben, können einige Tage Muskelkater haben. Deshalb ist es wichtig, nicht nur das Verladen, sondern auch die eigentliche Fahrt im Hänger zu trainieren. Wird das Pferd beispielsweise über einen längeren Zeitraum in Aufrichtung gearbeitet, wie beispielsweise in einer Dressuraufgabe der höheren Klassen, muss diese isometrische Haltearbeit der Muskulatur in Hals und Kopf über einen längeren Zeitraum trainiert werden, damit das Pferd diese Kontraktion schmerzfrei leisten kann. Ist die Muskulatur durch einen zu hohen isometrischen Anteil überfordert, fällt beispielsweise das Dehnen der Oberlinie an die Hand heran im Mittel- oder Starken Schritt im Anschluss an Lektionen in höherer Versammlung schwer.

Probieren Sie es kurz an sich selbst aus!

Pressen Sie die Handfläche im Sitzen von oben maximal auf die Tischplatte. Relativ schnell spüren Sie eine Art Vibrieren im Muskel bis hin zu einem Zittern.

Gehen Sie breitbeinig, knietief in die Hocke. Bleiben Sie zwei Minuten in dieser Position, ohne sich abzustützen.

Nehmen Sie mal Last auf! Simulieren Sie eine aktive Hinterhand und machen drei Minuten einen Knie-Hebe-Lauf. Bitte nicht zu viel im Vorwärts, sondern schön am Platz und ordentlich hoch die Knie! (Quelle: modifiziert nach © Michael Lutz, PFIFFIX im Abenteuerland, Seite 17)

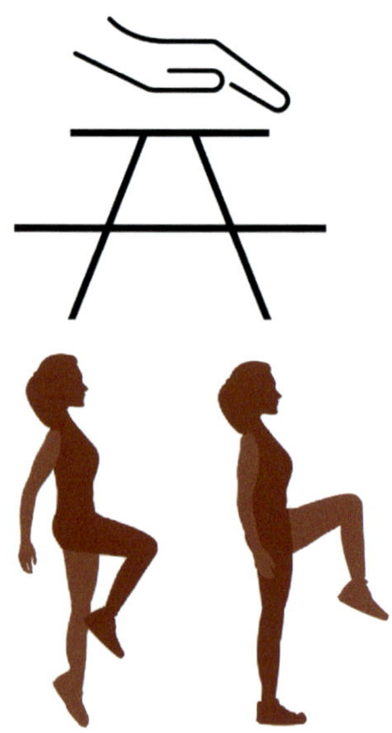

Muskeln, die gut isometrisch arbeiten können, sind typischerweise kurze Muskeln. Diese liegen beim Pferd in den tieferliegenden Muskelschichten am Hals und im Rumpfbereich (siehe Abbildung Tiefe Muskelschicht, Seite 37). Dort sorgen sie für Stabilität. Diese Muskeltypen liegen nahe an Gelenken und sind nicht besonders dehnungsfähig. Wenn die klassischen Beuger und Strecker der Hinterhand des Pferdes vermehrt Last aufnehmen sollen, müssen diese langen Muskeln schwere Haltearbeit leisten. Nicht umsonst nennt man Dressurpferde auch „die Bodybuilder unter den Pferden". Sie haben es vermutlich selbst bei der Übung gespürt. Vielleicht hatten Sie nach einer Weile Probleme, Ihre Beine beim Knie-Hebe-Lauf weiterhin so hoch wie zu Beginn der Übung zu führen. Ihr Bewegungsablauf wurde zunehmend weniger flüssig und kam je nach Trainingszustand etwas ins Stocken? Kommt beim Pferd der Bewegungsablauf ins Stocken, fühlt es sich für uns so an, als ob das Pferd unsere vorwärtstreibenden, aktivierenden Gewichts- und Schenkelhilfen nicht mehr so gut annimmt.

Die tiefen, kurzen Muskeln der Wirbelsäule (Foto: Maximilian Schreiner, Grafik: Jeanne Kloepfer; aus: Kleven. *Biomechanik und Physiotherapie für Pferde*. **FN***verlag* 2020.)

In Reiterdeutsch: Das Pferd verhält sich und kröpft sich vielleicht sogar in eine absolute Aufrichtung hinein. Der Grund: Immer mehr gleichbleibende Muskelspannung wird aufgebaut, da isometrische Anteile der Muskelarbeit überwiegen.

Nachwehen vorprogrammiert

Arbeiten Ansatz und Muskelbauch (= Anschwellung eines Skelettmuskels zwischen Ursprung und Ansatz) über einen längeren Zeitraum unter gleichbleibender Spannung (isometrische Kontraktion) wird der Muskel nicht mehr ausreichend durchblutet und somit nicht mehr ausreichend mit Sauerstoff versorgt. Die Muskelkontraktion führt auch dazu, dass sich die Blutgefäße zusammenziehen, was die Versorgung des Gewebes verschlechtert und zu muskulärer Ermüdung führt. Der Muskelaufbau wird behindert.

> „Von einem verspannten Muskel kann kein Kraftzuwachs erwartet werden!"
>
> (Helle Kleven 2020, Seite 139)

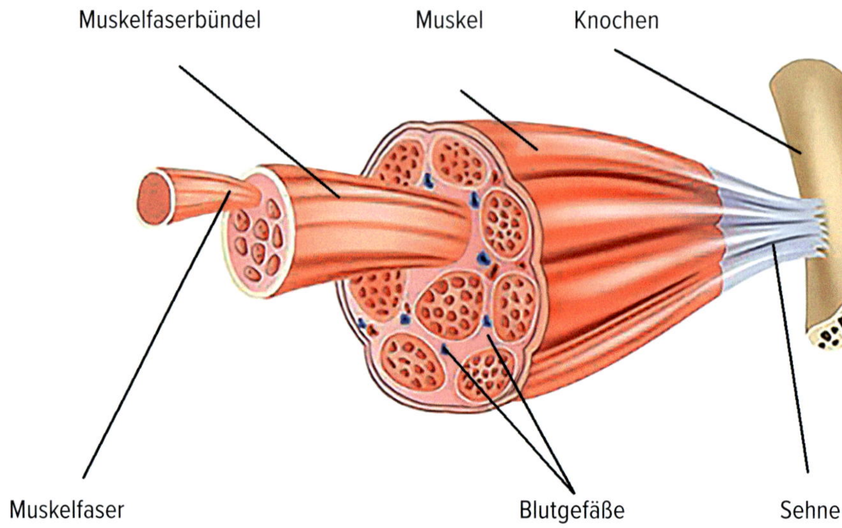

Aufbau des Muskels (Quelle: https://www.aesthetics-blog.com/wie-funktioniert-muskelaufbau-hypertrophie/)

Verschieben sich die Arbeitsanteile des effektiven, gleichmäßigen und rhythmischen An- und Abspannens eines Muskels oder einer Muskelgruppe über einen längeren Zeitraum in Richtung des Anspannens, kann die Muskulatur eine Belastungsgrenze erreichen. Die Schutz- und Stützfunktion der Muskulatur verschlechtert sich. Die Belastung geht auf Knochen, Gelenke und Knorpel.

„Wenn die Waden glühen ..."

Ist die Muskulatur am Ende ihrer Möglichkeiten angekommen, entstehen Muskel- und mitunter Gelenkschmerzen. Je nach Trainingsintensität beginnen die Schmerzen bereits während des Trainings oder entwickeln sich im Anschluss. Überdauernde negative Muskelspannung kann sich im Widerstand oder Unwillen des Pferdes kanalisieren. Ziemlich logisch, werden Sie jetzt vielleicht denken? Die gesamten Knochen, Gelenke, Knorpel, Bänder, Sehnen und die Muskulatur müssen durch gezieltes Kraft- und Ausdauertraining[G] sowie Koordinationsschulung schrittweise auf die reiterlichen Anforderungen vorbereitet werden. Und der Fitnesszustand muss natürlich auch durch Training erhalten werden. Gerade isometrische Anteile sollten innerhalb der Trainingseinheit beziehungsweise Lektionen, die hohe Anteile isometrischer Muskelarbeit erfordern, überlegt, zielgerichtet und dosiert eingesetzt werden, sonst muss sich das Pferd zwangsläufig entziehen, um seine Muskulatur zu schützen.

„Kräftigung erfordert sowohl Kontraktion als auch Entspannung. Die Durchblutung und die Sauerstoffversorgung erfolgen, wenn sich der Muskel entspannt. Wird der Muskel in einem ständigen Zustand der Kontraktion gehalten, verliert er an Kraft und Stärke und wird sogar kleiner."

(Klaus Balkenhol in Sladky 2015)

Wenn Muskulatur ihre Belastungsgrenze erreicht, folgen Ausweichbewegungen (z.B. nickende Kopfbewegung, Vorwärtsdrängen, Engwerden im Hals). Das Pferd versucht sozusagen vor dem Muskelschmerz wegzulaufen und entzieht sich. Provokant gefragt: Fehlt dem Pferd nun die Arbeitseinstellung oder dem Reiter das Verständnis für Muskelarbeit und Muskelaufbau? Die Opferbereitschaft oder Leidensfähigkeit ist bei den verschiedenen Pferden unterschiedlich ausgeprägt. So manches schlaue Pferd erzieht den Reiter und zeigt, wenn's zwickt.
Doch was nützt uns dieses Wissen, wenn wir es nicht auf die Handlungsebene bringen?

Was kann ich tun, damit diese Widerstände möglichst erst gar nicht aufkommen?
Impulse für eigene Lösungswege erhalten Sie im Kapitel 3.5 „Trainingspraxis" ab Seite 113.

Belastungsgrenzen beachten

Ob Freizeit- oder Turniersport, ob Dressur, Springen, Distanz oder Westernsport – Belastungsgrenzen sind überall zu beachten! Viele Muskelverspannungen und Verletzungen am Bewegungsapparat sind die Folge falscher oder unpassender Trainingsbelastungen. Wird ein Pferd zu intensiv und zu lange in der anaeroben[G] Muskelarbeit trainiert, entsteht im Körper Stress. Adrenalin wird gebildet und hemmt den Stoffwechsel. In der Muskulatur kommt nicht mehr genug Sauerstoff an. Und kein Feuer brennt ohne Luftzufuhr! Das Problem dabei ist nicht die anaerobe Muskelarbeit an sich, denn diese ist wichtig, um die konditionelle Fitness zu verbessern.

Auch Faszien werden älter
Bei älteren Pferden muss eine längere Aufwärmphase eingeplant werden. Mit zunehmendem Alter, ab etwa 15 Jahren, beginnt das Fasziengewebe sich in einem Maß zu stabilisieren, das zu weniger Beweglichkeit führt. Ebenso sind physiotherapeutische Dehnübungen sinnvoll. Beim weiter ausgebildeten, gesunden Pferd können Seitengänge und rhythmisches An- und Abspannen die Muskulatur und umgebendes Fasziengewebe aufwärmen. Ob beim Jungpferd, Best-Ager

oder Rentner – während des Trainings entscheidet der sinnvolle und systematische Wechsel von Belastungs- und Erholungsphase innerhalb der Arbeitsphase über die Wirkrichtung: Leistungsverbesserung und Gesunderhaltung oder unsinniges Wiederholen kraftzehrender Übungen.

Muskelfasertypen

Es gibt rote (langsam, ausdauernd, aerob) und weiße (schnell, rasch ermüdend, anaerob) Muskelfasern. Die roten Muskelfasern enthalten mehr Mitochondrien (erhöhte Sauerstoffkapazität, Ausdauer, Typ Distanzpferd) und den roten Muskelfarbstoff Myoglobin. Myoglobin hat die Aufgabe, Sauerstoff zu speichern, bis der Muskel ihn zur Energieerzeugung benötigt. Die weißen Muskelfasern arbeiten im anaeroben Bereich (ohne Sauerstoff, Schnellkraft, Typ Springpferd). Diese verschiedenen Muskelfasern kommen in jedem Muskel vor, ihre Verteilung ist bei jedem Pferd anders und hängt maßgeblich von der Rasse ab. Die Anteile können durch Training zwar beeinflusst werden, aber nur innerhalb des Rahmens der jeweiligen genetischen Veranlagung. Denn die verschiedenen Arten der Muskelfasern sind genetisch festgelegt. Sie können aus einem Kaltblut kein Rennpferd machen!

Kirsten Guthöhrlein und Sherwood Forrest hier in einer Dressurprüfung der L**, sonst überwiegend im Freizeitsport unterwegs. Hier gelingt es der Reiterin noch nicht gut genug den Ganaschenwinkel zu öffnen, sodass die Stirn-Nasenlinie vor die Senkrechte kommen kann. (Foto: Sabrina Doll)

Beobachten, erkennen und beachten Sie die Ermüdungszeichen (siehe Seite 87) bei Ihrem Pferd! Bei Anzeichen sollten Sie eine Pause von mehreren Minuten im Schritt einlegen und dabei den Zügel herauskauen lassen.

→ Die Muskulatur wird wieder durchblutet.

→ Die obere (dorsale[G]) Muskelkette entspannt und erholt sich.

Beachten Sie: Besonders im Trainingsaufbau oder in der Rekonvaleszenz können längere und häufigere Schrittpausen erforderlich sein.

„Häufige Pausen im freien Schritt am langen Zügel sind vor allem für ein junges Pferd notwendig. Die Pausen sollen dem Pferd die Möglichkeit geben, seine Muskeln zu dehnen und zu entspannen. Dadurch erhalten Sie ein völlig neues Pferd."

(Klaus Balkenhol in Sladky 2015)

Muskelfaser und Muskelfaserbündel

Jede Muskelfaser stellt ein mehrkerniges Zellindividuum dar. Innerhalb jeder Muskelfaser liegen die Myofibrillen als eigentliche Bau- und Funktionseinheiten des Muskels. Eine einzige Muskelfaser kann bis zu 15 Zentimeter lang und ungefähr 0,1 Millimeter dick sein. Wie in einem Tau werden mehrere Muskelfasern gebündelt und in feste Hüllen (Epimysium[G]) verpackt. Die Muskelfaserbündel bilden die spindelförmigen Grundeinheiten der quergestreiften Skelettmuskulatur (willkürliche Muskulatur). Deren Hülle ist eine verschiebbare Bindegewebsschicht zwischen der Faszie und den Muskelfaserbündeln, die von der Faszie nicht klar getrennt ist, sondern in die Faszie übergeht. Diese Muskelfaszien setzen sich am Ende des Muskelbauchs als Sehne fort. Jeder der schon versucht hat, die Faszie eines Filets zu durchschneiden, hat eine Vorstellung von der stabilisierenden Funktion der Faszien.

Fasziale Strukturen sind veränderbar und können durch Bewegung, Training und Physiotherapie positiv beeinflusst werden

Faszien haben eine verbindende Stabilisierungs-, Energiespeicherungs- und Kraftübertragungsfunktion. Durch ein System von Druck und Spannung liefern sie sensorische Daten (Eigenwahrnehmung, Schmerzwahrnehmung) zur neuromuskulären Steuerung und Koordination. Bewegungsmangel, Narben, Trauma oder Alterungsprozesse können zu Falschmeldungen führen (vgl. Börner & Klingler 2019, Seite 25 ff.). Faszien sind flächige kollagenöse Strukturen mit einer dreidimensionalen Vernetzung im Körper → Nerven-, Muskel- und Bindegewebe bilden das myofasziales System.

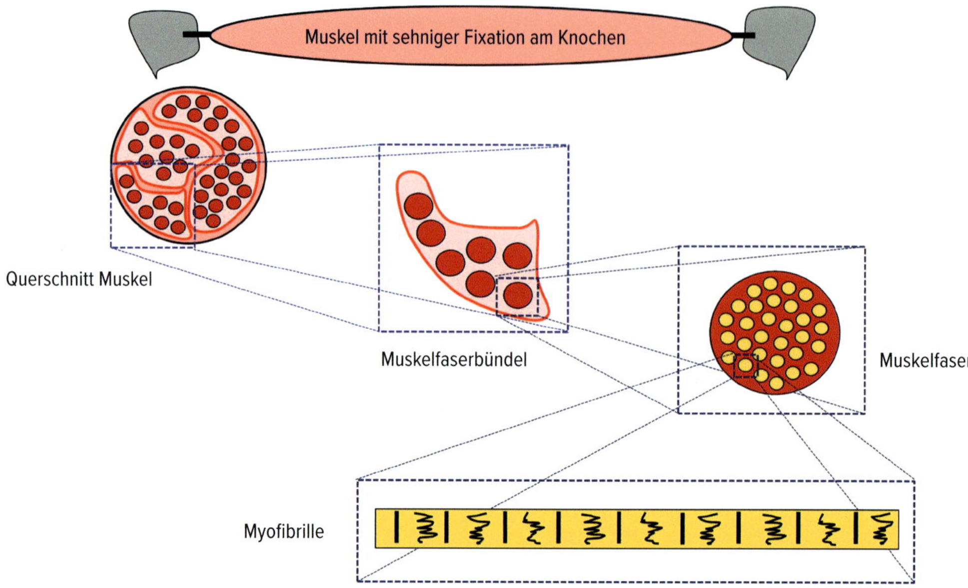

Der Muskelbauch ist sehnig am Knochen verbunden. Im Querschnitt erkennt man die Zusammensetzung aus mehreren Muskelfaserbündeln. Jede einzelne Muskelfaser setzt sich aus zahlreichen Myofibrillen zusammen.

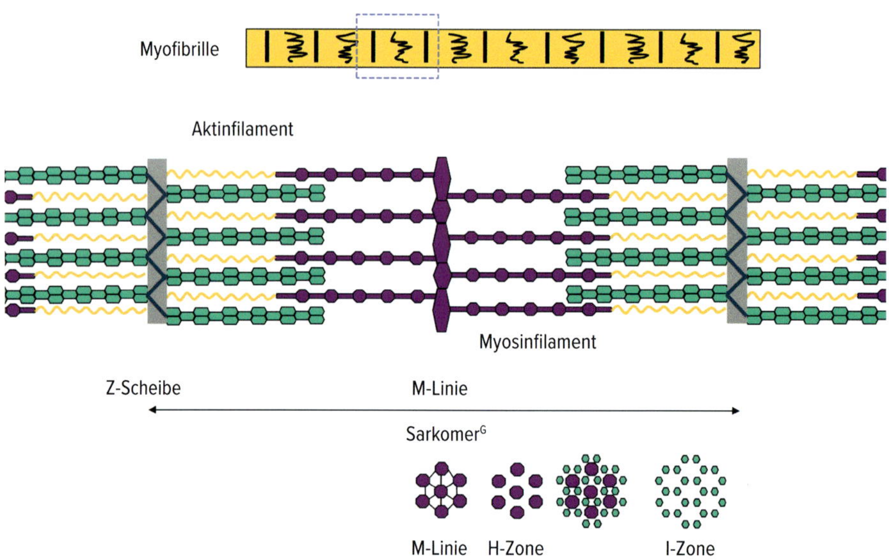

Eine Myofibrille ist eine Abfolge von sehr vielen kleinsten funktionellen Einheiten (Sarkomere). Sie bestehen aus begrenzenden Z-Scheiben, von denen die Aktinfilamente ausgehen und einer zentralen M-Linie mit den ausziehenden Myosinfilamenten. Aktin- und Myosinfilamente schieben sich ineinander; der Muskel kontrahiert sich. (Grafiken zur Verfügung gestellt von Dr. Peter Richterich)

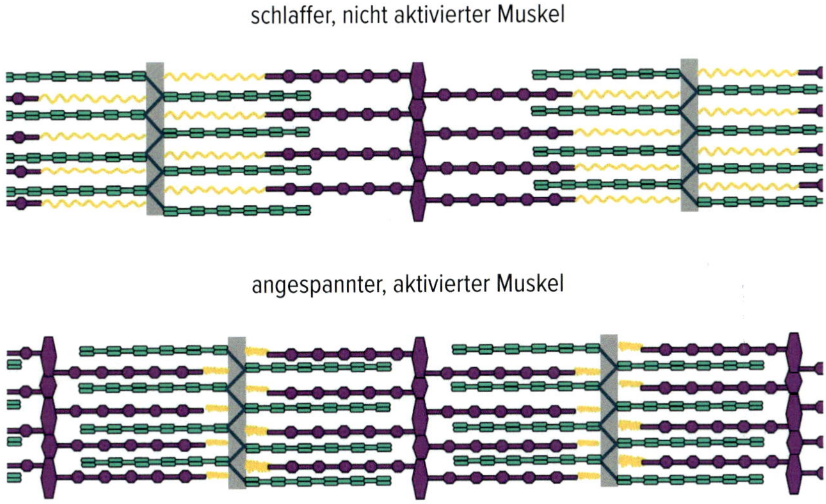

Muskelschema (Grafiken zur Verfügung gestellt von Dr. Peter Richterich)

Etwa 20 Prozent der Muskelmasse bestehen aus Proteinen. Die Muskelfibrillen[G] (Myofibrille) sind Muskelfaserelemente, die vorwiegend aus den Proteinen Aktin[G] und Myosin[G] bestehen. Das dünne Proteinfilament Aktin und das dickere Proteinfilament Myosin sorgen für die Kontraktion der Muskulatur. Die Muskelfibrillen der Skelettmuskulatur arbeiten sozusagen im Team. Die Teameinheiten nennt man Sarkomere[G].

Damit die Muskelkontraktion funktioniert, arbeiten die Teams in hintereinandergeschalteten Einheiten mit ähnlichem Innenaufbau und den Z-Scheiben (Zwischen-Scheiben). Unter dem Mikroskop erscheinen sie als Querstreifen (quergestreifte Muskulatur). Bei den betroffenen Proteinen der Varianten P2 (Seite 230), P3 (Seite 231) und P4 (Seite 234) handelt es sich um genau solche Muskel-Strukturproteine. Das veränderte Gen kodiert ein fehlerhaftes Genprodukt und verursacht so eine funktionale Störung, die eine Instabilität der Z-Scheibe des Sarkomers (siehe Abbildung) mit sich bringt. Die Muskelzelle wird in sich labil.

Bei der P8-Variante (PYROXD1-Mutation) liegt eine sarkomere Desorganisation vor – oft ohne Mitochondrien. Es finden sich Ansammlungen dünner Filamente, verdickten Z-Scheiben und Protein-Einschlüssen (Desmin).

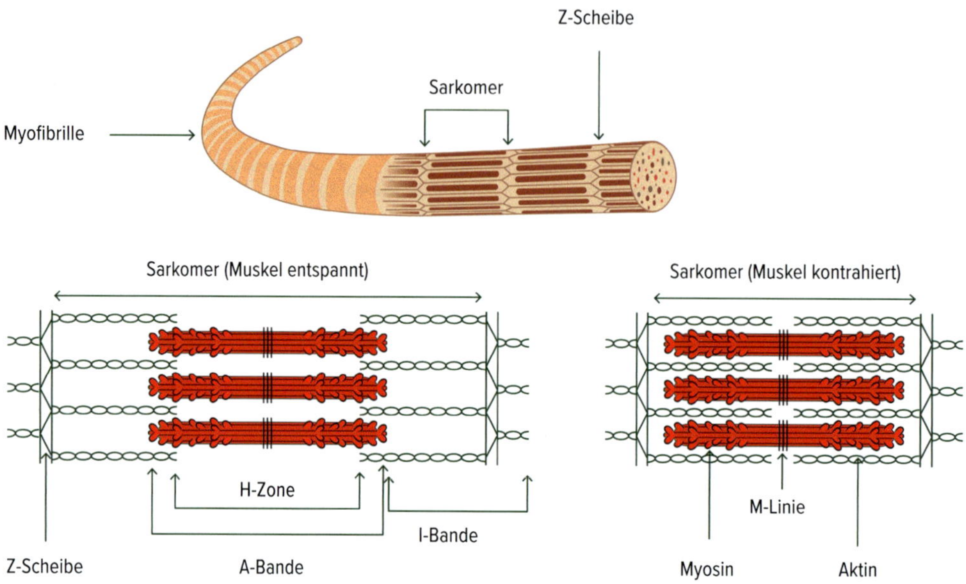

Aufbau des Sarkomers (© St. Hippolyt)

Ist die Ausrichtung zwischen den Aktin- und Myosin-Strängen nicht mehr funktional, führt das zu Rissen und Lücken in den Filamenten.

Wie Bewegung entsteht – ein Phänomen

Motorische Nerven und zugehöriger Skelettmuskel bilden die neuromuskuläre Einheit. Calcium-Ionen werden immer dann freigegeben, wenn Kontraktionsbefehle aus dem zentralen Nervensystem den Muskel erreichen. Die Calcium-Ionen verbreiten sich zwischen den Muskelstrukturproteinen Aktin und Myosin und lösen Wechselwirkungen aus. Dieser sogenannte Gleitfilament-Mechanismus passiert bei jeder Muskelkontraktion der quergestreiften Skelettmuskulatur. Durch eine mehrstufige Signalübertragung entsteht die mechanische Muskelkontraktion.

Insgesamt neigen Pferde mit einem hohen Muskeltonus schneller zu Muskelverspannungen (vgl. Kleven 2020, Seite 44). Als Reiter müssen Sie deshalb größten Wert darauf legen, Ihr Training so

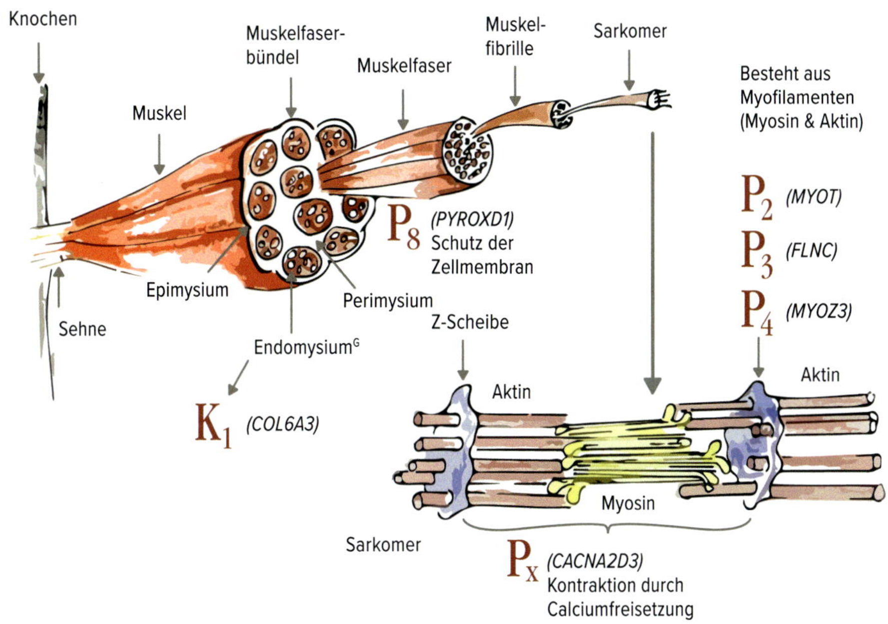

Auswirkung der bekannten PSSM-2-Varianten (© St. Hippolyt)

zu gestalten, dass die Muskulatur beim rhythmischen An- und Abspannen unterstützt wird. Es ist zielführend, Lektionen, die eine höhere muskuläre Spannung erfordern, anteilig nicht zu stark zu betonen. Im Anschluss an versammelnde Lektionen sollte ein besonderer Fokus auf lösende Arbeit gelegt werden, die einen schwächeren Muskeltonus erfordert. Bereits Volten sind versammelnde Lektionen! Denken Sie hier an die PX-Variante (siehe ab Seite 242), bei der der zugehörige Calcium-Kanal in seiner Funktion beeinträchtigt ist und bei einem Übermaß an Calcium-Molekülen auf Dauersignal schaltet (siehe Seite 243).

Die genauen biochemischen Prozesse der Muskelkontraktion sprengen an dieser Stelle den Rahmen. Zum besseren Verständnis Ihres Trainings ist es wichtig zu wissen, dass beim An- und Abspannen der Muskulatur Adenosintriphosphat (ATP) aus der Zellatmung in den Mitochondrien als Energieträger benötigt wird und Calcium[G] und Magnesium[G] im Spiel sind. Die Freisetzung von Calcium aus dem Zellinneren erfolgt über den sogenannten Ryanodinrezeptor, dessen Funktion beispielsweise auch bei der Erbkrankheit Maligner Hyperthermie gestört ist. Das Krankheitsbild zeigt sich in Komplikationen bei Narkose oder bei Anwendung bestimmter Medikamente.

Wenn der Beuger (Agonist[G]) arbeitet, muss der Strecker (Antagonist) sich entspannen, um die Bewegung nicht zu hemmen. Die Strecker wirken außerdem einer übermäßigen Beugung entgegen. Im Strecker wird durch Calcium der beschriebene Gleitmechanismus ausgelöst, bei dem die Muskelstrukturproteine Aktin und Myosin ineinandergleiten (→ Kontraktion). Magnesium wird benötigt, um die Verbindung von Aktin und Myosin wieder zu lösen, um so die Muskelfibrille in die ursprüngliche Ruhestellung zurückzuführen. Fehlt dem Organismus Magnesium wird sich die Muskulatur schlechter entspannen und es können Krämpfe und Verspannungen entstehen.

Kurz & knapp

Ist die Rückenmuskulatur verspannt, wird der Muskelstoffwechsel durch die negative Dauerspannung gehemmt.
Je mehr das Pferd sich verhält (verspannt) und nicht von hinten nach vorn über den Rücken gearbeitet wird, umso mehr muss die Muskulatur isometrisch arbeiten.
Je höher der Versammlungsgrad, umso mehr muss die Muskulatur isometrisch arbeiten. Wird der Muskel müde, geht die Belastung auf Bänder, Sehnen, Gelenke und Knochen.
Vermeiden Sie Dauerspannung unbedingt! Im langfristigen Trainingsplan und im täglichen Training geht es um eine Balance von An- und Abspannen der Muskulatur. Versammelnde Arbeit ist keinesfalls etwas Schlechtes oder Schädliches, denn gute versammelnde Arbeit sorgt für positive Spannung (mehr dazu auf Seite 65). Es geht vielmehr um das Verhältnis von Belastung und Erholung, das zentral für die Gesundheit des Pferdes ist. Dazu erfahren Sie mehr im Kapitel 5 (ab Seite 211)!

2.1 Teamwork makes the dream work – Zusammenarbeit der Muskelketten

Wie bereits erklärt, ist Muskelarbeit echtes Teamwork. Wenn das aktiv untertretende Hinterbein den Pferdekörper nach vorn schiebt, kommt die Bauchmuskulatur des Pferdes zum Einsatz und hebt den Rücken an. Ein schwingender Rücken wiederum ermöglicht den Hinterbeinen ein weiteres Vorfußen unter den Schwerpunkt. Sie können beispielsweise über Stangen traben, um den Tonus der Bauchmuskulatur zu verbessern und damit ein Aufwölben des Rückens zu unterstützen. Ein Bewusstsein für die Arten der Muskelkontraktion und für das Konzept der Muskelketten ist hilfreich, um ein Verständnis für die Bedeutung von kontinuierlich fließenden Bewegungsabläufen für das Muskeltraining und die Gesunderhaltung zu ermöglichen. Verspannungen, muskuläre Dysbalancen und Überbeanspruchung haben einen negativen Dominoeffekt auf die gesamte Muskelkette – der Bewegungsfluss gerät ins Stocken (z.B. Taktfehler).

Bei jeder Gelenkbewegung arbeiten Muskeln ebenso in logischen Ketten und verschiedenen Tätigkeitsgruppen (Beuger, Strecker und Rotatoren) zusammen. Beim Pferd unterscheidet man die Streckerkette und die Beugerkette. Die Streckerkette fasst die Muskeln der Oberlinie zusammen (dorsale Kette). Das sind alle Muskeln, die vom Pferdekopf beginnend, die gesamte Wirbelsäule strecken. Daneben gibt es die Beugerkette der Unterlinie (ventrale[G] Kette). Beide Ketten krümmen oder beugen die Wirbelsäule, am Kopf beginnend. Bei der Gesunderhaltung des Reitpferdes spielt vor allem die ventrale Muskelkette, bestehend aus der unteren Halsmuskulatur, den Bauchmuskeln und den vorderen Oberschenkelmuskeln eine Rolle. Diese ermöglicht das Untertreten der Hinterhand und Senken des Halses. Sie ist für das Fitnesstraining und den Kraftaufbau elementar. Die dorsale Kette hingegen ermöglicht dem Pferd das Anheben des Halses und das Rückwärtsrichten der Hinterhand. Diese Muskeln befinden sich über den Wirbeln. Dazu gehören Muskelbereiche des oberen Halsabschnitts, die Rücken- und Kruppenmuskulatur und die Oberschenkelmuskulatur. Diese Muskeln sind Streckmuskeln des Rumpfes und der Hüfte (vgl. Wieland et al. 2021).

Dorsale Muskelkette verbessern

verschiedene Kopf-Hals-Positionen variieren

Rahmenerweiterung der gesamten Oberlinie und aktives Herandehnen des Halses an die Hand

Springgymnastik über höhere bzw. breitere Hindernisse

versammelnde Übungen bei aktiver Hinterhand (Hankenbeugung, Kruppe absenken)

Ventrale Muskelkette verbessern

Übergänge

Trabstangen

Dehnungshaltung in Galopp und Trab

Springgymnastik über niedrige Hindernisse bzw. Cavaletti

Bergaufreiten

Untertreten lassen des Hinterbeins

Muskelkreislauf der Muskelketten

Ein kleines Übungsbeispiel für das leichtere Verständnis

Stellen Sie sich mit dem Buch in der Hand so hoch wie möglich auf die Zehenspitzen. Hey, nicht wackeln! Wo spüren Sie überall die Muskelanspannung? Und jetzt auf einem Bein das Ganze!
Was möchte ich damit nun verdeutlichen? Muskeln arbeiten nie isoliert. Bei der Übung sind Ihre Muskeln von der Fußsohle bis hin zum Gesäßmuskel aktiv gewesen. Beim Einbeinstand musste hinzukommend das Gewicht entsprechend verteilt werden, und die verschiedenen Muskeln des gesamten Körpers mussten koordiniert zusammenarbeiten. Ich hoffe, Sie haben das Buch nicht abgeworfen, weil Sie mit den Armen und Händen Ausgleichsbewegungen durchführen mussten?

2.2 Scotty, Energie!

So mancher ist der Ansicht, dass ohne eine Tasse Kaffee absolut nix läuft! Richtig(er) ist: Damit wir die Tasse Kaffee an den Mund führen können, hat der Muskel bereits Energie verbraucht. Genau genommen verbrauchen wir Energie ständig und überall.

Aerobe Zellatmung: Der Körper stellt mit Hilfe von Sauerstoff in den Mitochondrien Energie her. Dabei kommt der Körper nicht in eine negative Sauerstoffbilanz.

Anaerobe Milchsäuregärung: Ab einem bestimmten Belastungsniveau kann der Körper nicht mehr genug Sauerstoff in die Zellen transportieren und beginnt mit der Milchsäureproduktion.

Je nach Bedarf und Art der Leistung schöpfen wir die Energie aus verschiedenen Depots in unserem Körper. Der Kraftstoff der Muskeln ist das Adenosintriphosphat (ATP). Es ist in den Muskelzellen in geringen Mengen vorhanden, um kurzfristig verfügbar zu sein. Kaum ist diese Energiequelle geleert, steht schon das Kreatinphosphat (KP) bereit. Aber auch diese Quelle ist nach wenigen Sekunden Leistung erschöpft. Doch der Organismus ist bei der Energiebereitstellung breit aufgestellt. Er mobilisiert weitere Energie mittels Glykogen, das direkt in der Muskulatur und in der Leber eingelagert wurde. Glykogen ist eine Speicherform von Glucose (Einfachzucker). Der Muskelfasertyp, der am Ort des Energieverbrauchs vorherrscht, bestimmt nun die weitere Energiegewinnung. Bei langanhaltender Ausdauerbelastung verbrennen die roten Muskelfasern hauptsächlich Kohlenhydrate und Fette als Brennstoff. Die weißen Muskelfasern kümmern sich um die Energieversorgung bei kurzen, kräftigen Bewegungen. Sie haben einen höheren Phosphatspeicher und beziehen ihre Energie hauptsächlich aus Kreatinphosphat (KP), Adenosintriphosphat (ATP) und dem anaeroben Weg der Kohlenhydratverbrennung. Je länger die Belastung, desto weniger Glykogen steht zur Verfügung. Dann wird auf die Verbrennung der Fettpölsterchen umgeschaltet. Die überwiegende Trainingssituation mit dem Pferd sollte eine moderate, längere Belastung sein. Genau das richtige für die aerobe Fettverbrennung, die dabei zu Hochform aufläuft.

Jetzt wird er aber sauer!

Muskelübersäuerung (hohe Laktatwerte) und Muskelkater führen beide zu Muskelschmerzen, haben aber nichts miteinander zu tun. Muskelkater führt zu Schmerzen aufgrund der Überbelastung der Muskelfasern (kleine Risse). Anaerobes Training ohne Überbelastung führt also nicht zu Muskelfaserschäden.

Im anaeroben Bereich werden die Energieträger (ATP und KP) ohne Sauerstoffverbrauch abgebaut. Dabei kann aber auch eine unvollständige Glucoseverbrennung stattfinden und ein Nebenprodukt, das saure Stoffwechselprodukt Laktat entstehen. Laktate[G] sind Salze der Milchsäure. Mit steigender Belastungsintensität nimmt die Laktatbildung zu. Übersteigt die Laktatbildung nun den Laktatabbau ist die sogenannte anaerobe Schwelle erreicht. Ab diesem Punkt reicht die Sauerstoffaufnahme aus dem Blut nicht mehr zur Versorgung der Muskeln aus und es kommt zur Muskelübersäuerung, die mit einer raschen Erschöpfung der Muskulatur einhergeht.

2.3 Schmerz – das Warnsignal des Körpers

Die Kontrolle bestimmter muskulärer Triggerpoints kann wichtige Hinweise auf Überbelastungen durch das Training liefern. Schmerzhafte Triggerpoints kommen durch bindegewebige Knötchen und Verklebungen zustande. Beim Putzen können Sie die Punkte vorsichtig selbst kontrollieren. Sind sie schmerzhaft, muss die Trainingsintensität reduziert und das Verhältnis von Belastung und Regenerationsphase geprüft werden.

Jetzt sollte ein Experte hinzugezogen werden (z.B. Tierarzt und/oder Physiotherapeut/Osteopath)!

→ **Es gilt das Prinzip: Was zu viel ist, muss reduziert werden!**

Mögliche Ursachen sind

- Übersäuerung der Muskulatur
- Sehnenreizung
- Blockaden durch Übertraining
- unpassende Trense oder Sattel

Triggerpunkte (Grafik: Uwe Spenlen; aus Hertsch. *Anatomie des Pferdes*, **FN***verlag* 2012.)

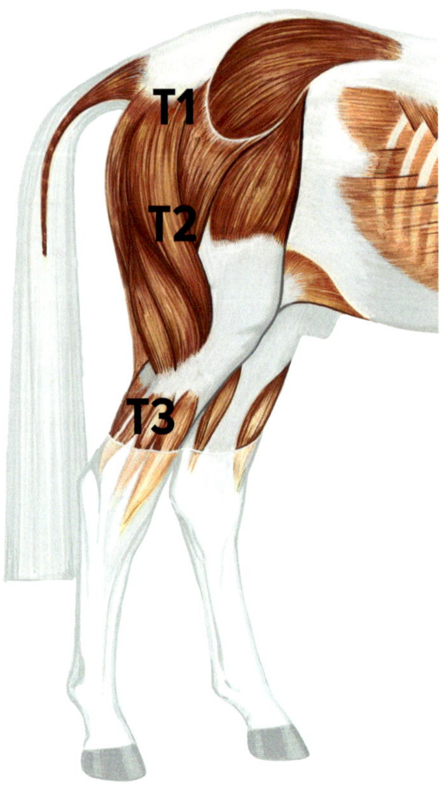

Triggerpoint 1 (Ursprung des *Musculus biceps femoris* = Zweiköpfiger Oberschenkelmuskel); auch als Stresspunkt 16 nach Jack Meagher bekannt

Triggerpoint 2 (Muskelbauch des *Musculus biceps femoris*); auch als Stresspunkt 17 nach Jack Meagher bekannt

- Der zweiköpfige Oberschenkelmuskel (*Musculus biceps femoris*) ist einer der stärksten Muskeln im Pferdekörper.
- Er ist für Streckung und das Seitwärtsführen der Hintergliedmaße nach außen zuständig.
- Er streckt das Sprunggelenk.
- Er erfährt Beanspruchung durch Lastaufnahme und Schubkrafttraining.

Hinweise beim Reiten: Anzackeln, zu viel Aufrichtung, Kürzertreten, Schrittlänge verkürzt, weicht aus bei Lastaufnahme, statt Hankenbeugung beugt sich das Pferd im Becken und tritt nach hinten heraus

Triggerpoint 3 (Teil der Unterschenkelmuskulatur: *Musculus gastrocnemius*); auch als Stresspunkt 18 nach Jack Meagher bekannt

- Stehen fällt bereits beim Putzen schwer, Pferd zappelt
- Probleme beim Halten, Pferd zappelt
- Drang, sich immer zu bewegen

Hinweise beim Reiten: Probleme bei der Beugung und Schwierigkeiten beim Vortreten der Hinterhand. Reagiert das Pferd beispielsweise auf Triggerpoint 3 sollte das Hindernistraining einige Tage ausfallen und nur leichte Arbeit im Sinne einer Reduktion des Trainings (Tapering[G]) in allen Grundgangarten erfolgen (Verhältnis Schritt:Trab:Galopp = 3:2:1). Mehr zum Tapering finden Sie ab Seite 95 f..
Weitere Hinweise finden Sie im Kapitel „Myotherapie" ab Seite 205.

Grundsätzlich gilt ...

- etwa alle vier Wochen den muskulären Zustand des Pferdes überprüfen (z.B. fotografieren, Massage, siehe Seite 207).
- neue Ziele für das weitere Training langfristig planen (mehr dazu ab Seite 81).

Insbesondere nach Übertraining des gesunden Pferdes, das sich beispielsweise in Muskelschmerz und Muskelsteifheit zeigt, oder nach einem PSSM-2-Schub müssen die weiteren Trainingsreize sehr individuell gesetzt und die Reaktionen des Pferdes auf die Trainingsbelastung kritisch reflektiert werden.

Schub steht in der Medizin für Exazerbation = Verschlimmerung einer Krankheit.

Im Falle einer Schmerzsymptomatik sollte ein Tierarzt hinzugezogen werden. Bei einem PSSM-2-Schub sollte nach Absprache mit dem Tierarzt eine Phase von mindestens ein bis zwei Wochen aktives Führen, Schritt reiten, lockeres Training eingeplant werden, insbesondere, wenn nach kreuzverschlagsähnlichen Symptomen mit Auflösung von Muskelgewebe eine Schädigung der kleinsten, strukturellen Einheiten in den Muskelfasern (sogenannte Sarkomere, siehe Abbildung Seite 44) vermutet werden. Bewegt sich das Pferd im Schritt wieder geregelt, können Sie nach und nach einige Runden Trab dazunehmen und diese systematisch steigern. Manche PSSM-2-Pferde zeigen nach einem Schub unterschiedlich stark ausgeprägte, muskulär bedingte Lahmheiten. Sprechen Sie sich unbedingt mit einem Experten für PSSM 2 ab, um abzuklären, welche Form und Intensität der Bewegung jetzt sinnvoll ist. Denn möglicherweise ist das Pferd nach einem Schub einige Tage oder Wochen zwar trainierbar, aber nicht wie bisher reitbar, und man muss auf der Trainingstreppe sprichwörtlich einen oder sogar mehrere Schritte zurückgehen.

Gerade bei Pferden mit bekannten Muskelproblemen, muskulären Defiziten oder RER-Neigung (siehe Seite 257) sollte die (Aus-)Wirkung der Trainingseinheit, also der Zustand der Muskulatur, vier bis fünf Stunden nach dem Trainingsreiz und am Folgetag reflektiert werden.

Praxistipp

Sie können mit dem Blick auf die Uhr die Trainingsdauer überprüfen. Was die Trainingsintensität angeht, hilft das Systematisieren von Übungen. Und vor allem helfen Ihre Erfahrung mit dem Pferd und das Gefühl im Sattel (Anzeichen der Losgelassenheit überprüfen, z.B. Pferd lässt im Verlauf der Trainingseinheit gut sitzen beziehungsweise dies verschlechtert sich nicht). Versuchen Sie Ermüdungszeichen (siehe Seite 87) Ihres Pferdes bereits während des Trainings, also frühestmöglich zu erkennen, um gerade in dieser sensiblen Phase keine schädlichen Trainingsreize zu setzen.
Bedenken Sie grundsätzlich, dass auch das Training eines völlig gesunden Pferdes immer zum individuellen Fitnesszustand passen muss!
Beachten Sie, dass die Regenerationsprozesse der Muskulatur bei Pferden, bei denen PSSM 2/MFM diagnostiziert wurde, nach bisherigem Kenntnisstand aufgrund der fehlcodierten Proteine oder eines gestörten Calcium-Kanals nicht optimal funktionieren oder erschwert sind. Das heißt jedoch nicht, dass kein Muskelaufbau möglich ist. Dieser ist lediglich unter bestimmten Umständen erschwert, verlangsamt oder erfordert eine optimierte Trainingssystematik und Fütterung.

+

- angepasste Trainingsreize
- systematische Regenerationsphasen
- langfristige Trainingsplanung
- Gesundheitskontrolle
- Trainingstherapie
- ganztägig freie Bewegungsmöglichkeit

-

- unregelmäßiges Training
- Übertraining
- Übersäuerung
- Überforderung
- „Kaputtschonen“
- unphysiologisches Reiten
- zu wenig Schrittphasen
- Übergewicht
- schnelle Futterveränderung

Dieses Buch ist auf das Management des überwiegend reitbaren Pferdes mit muskulären Problemen ausgerichtet.
→ Wenn es um Trainingstherapie geht, also um ein trainierbares Pferd, das nach längerer Verletzungs-, Krankheits- oder Lahmheitspause auf dem Genesungsweg Richtung Reitbarkeit trainiert werden soll, sollten Sie den individuellen Trainingsaufbau gemeinsam mit einem Experten(-Team) und in Absprache mit dem Fachtierarzt ganzheitlich gestalten, regelmäßig reflektieren und anpassen.

Wie erkenne ich Schmerz beim Pferd?

Das gesamtgesellschaftliche Bewusstsein für Schmerzen bei Tieren hat zugenommen. Die Herausforderung beim Pferd liegt darin, Schmerzen überhaupt zu erkennen. Als potenzielles Beutetier sind Pferde, anders als Hunde oder Katzen, nicht in der Lage, typische Schmerzlaute von sich zu geben. Als Fluchttier verbergen sie Schmerzen und drücken diese in subtilen und stillen Faktoren aus. Zum Schmerzgesicht des Pferdes wurde in den letzten Jahren viel geforscht (Schmerzbewertungsskala für Pferde von Dalla Costa, Minero et al. 2014; Dalla Costa, Pascuzzo et al. 2018; Gleerup, Forkman et al. 2015).

Mögliche Anzeichen

- angespannte gekräuselte Nüstern
- fester Unterkiefer, angespannte Kiefermuskulatur, zusammengepresste Zähne
- gespitztes Kinn
- stumpfer Blick, müde oder glasige Augen
- Falten an den Augen, angespannte Muskulatur an den Augen
- Ohren nach hinten gestellt

Bewegungsmangel als Schmerzursache

Aus der Humanmedizin ist bekannt, dass fehlende körperliche Aktivität zu Sensibilisierungsprozessen der Schmerzrezeptoren im Gewebe führt (vgl. Laube 2021). Bei Bewegungsmangel führt das biochemische Milieu in den Gewebezwischenräumen zu einer Vergrößerung der Schmerzrezeptoren, aus der sich schlimmstenfalls ein chronischer Schmerz entwickeln kann. Die aktive Muskulatur und der muskuläre Energieverbrauch des Herz-Kreislaufsystems sind die idealen Gegenspieler dieser ungünstigen Entwicklung. Kontrahierende Muskeln schütten einen Signalstoff aus, der in allen Geweben antientzündliche Kettenreaktionen aktiviert. Natürlich ist es nicht ganz so einfach, wie es auf den ersten Blick klingt. Das Geheimnis liegt nämlich in der richtigen Balance von Aktivität, Intensität und Erholung! Doch dazu mehr im Kapitel 3.2 „Trainingslehre und Trainingsplanung – Trainingsmethoden“, ab Seite 81.

> „63 Prozent der 2.146 Generatio-Befragungsteilnehmer haben nach dem Gentest ihr Trainings- und Bewegungsprogramm verändert. Davon haben 43 Prozent tägliche Bewegung, 59 Prozent längeres Aufwärmen und 36 Prozent Bodenarbeit eingeführt. 84 Prozent beschreiben Verbesserungen der allgemeinen Symptome.“
>
> (Dr. Melissa Cox)

2.4 Die Stickstoffbilanz

Die Stickstoffbilanz[G] beschreibt, ob mehr Stickstoff in den Organismus gelangt oder mehr abgegeben wird. Unter normalen Lebensumständen ist die Stickstoffbilanz ausgeglichen, die Stickstoffaufnahme entspricht dann der Stickstoffabgabe.
Der größte Teil des Stickstoffs, den wir aufnehmen, ist in Aminosäuren enthalten. Aminosäuren sind strukturelle Bausteine der Proteine (Eiweiße). Die Stickstoffbilanz ist ein Laborwert, der den Eiweißstoffwechsel[G] beurteilt. Werden in der Muskulatur mehr Eiweiße ab- als aufgebaut (z.B. Hungerzeiten oder Krankheit = kataboler Stoffwechsel), so ist die Stickstoffbilanz negativ. Dabei werden Proteine und damit auch Aminosäuren abgebaut.

Jeder kennt es!

Bei einer Grippe arbeitet das Immunsystem auf Hochtouren und verbraucht viele Aminosäuren, um Proteine für die Abwehr herzustellen. Wenn die Zufuhr von Aminosäuren nicht ausreicht, werden auch Muskelstrukturproteine abgebaut. Das bedeutet, man fühlt sich geschwächt und weniger leistungsfähig.

Kurz & knapp

Aus einem Mangel an Proteinen (Aminosäuren) und Bewegung resultiert Muskelabbau!

Der Eiweißstoffwechsel ist ein normaler und permanenter Prozess (vgl. Szauter 2019a). Bei der Zufuhr gibt es ein Eiweißminimum (siehe Kapitel „Proteine als Baustoffe und Energiequelle“ ab Seite 138) und ein individuelles und leistungsbezogenes Eiweißoptimum. So werden etwa im Winter Proteine, genauer gesagt, die darin enthaltenen Aminosäuren, zur Energiegewinnung verbrannt. Der Organismus muss also eine Wärmeerhaltungsleistung erbringen.

Kälteempfindlichkeit: Vielleicht kennen Sie das von sich selbst?

Wenn Sie im Winter Hunger haben oder krank sind, und ihr Immunsystem sowieso schon einen erhöhten Proteinbedarf hat, frieren Sie umso leichter. Das erklärt, warum Pferde mit bestimmten genetischen Markern, die dadurch einen Mehrbedarf an Aminosäuren haben, besonders kälte- und wetterempfindlich sind. Diese Kälteempfindlichkeit ist also keine Einbildung oder ein Spleen von Pferdebesitzern, sondern kann eine Frage des individuellen Stoffwechsels sein. Eine enorme Rolle spielen auch weiter Faktoren der Thermoregulation – beispielsweise das Unterhautfettgewebe und die individuelle Felldichte (siehe Seiten 131, 201-204).

Positive Stickstoffbilanz Bodybuilder

Ein Bodybuilder hebt Gewichte. Die Muskelarbeit verbraucht Proteine. Dadurch verursacht er ein Ungleichgewicht, in dem er einen kleinen Muskelschaden erzeugt. Er nimmt Proteinshakes zu sich, damit keine negative Stickstoffbilanz entsteht und sein Körper die Muskelschäden reparieren kann. Das erfordert eine gewisse Regenerationszeit. Durch den Regenerationsprozess wächst der Muskel.

Negative Stickstoffbilanz Grippe

Ein ansonsten gesunder Mensch hat eine Grippe. Er verbrennt mehr Aminosäuren, als er mit der Nahrung zu sich nimmt. Nach der Grippe bemerkt er, dass er eine Weile nicht die frühere Muskelkraft hat. Innerhalb von ein bis zwei Wochen bauen sich die Muskeln wieder auf und eine positive Stickstoffbilanz ist wieder hergestellt.

Geschädigtes Muskelgewebe erholt sich auch beim ansonsten gesunden Organismus schlecht. Ist das Muskelgewebe stark geschädigt, dann stirbt es meist ab und wird durch bindegewebiges Narbengewebe ersetzt. Die Muskelzellen können sich regenerieren, falls Zellmembran und die Basallamina (= dicke Proteinschicht, die sich an das Grundepithelgewebe anschließt) intakt geblieben sind, und auch die Blut- und Nervenversorgung noch vorhanden ist. Auch hier erfolgt im Muskel wieder Teamarbeit. Alle Zellen arbeiten zusammen oder werden von den Satellitenzellen (unausdifferenzierten Muskelstammzellen) unterstützt.

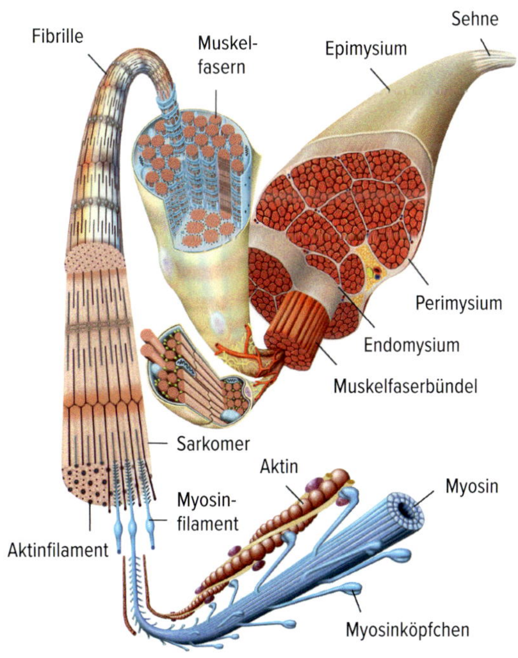

Aufbau Muskelfaserbündel
(Quelle: MediDesign Frank Geisler)

Positive Stickstoffbilanz beim PSSM-2-Pferd

Eine negative Bilanz verhindert oder mildert man durch eine angepasste Eiweißzufütterung (Molke, Erbsen- oder Leinkuchen, Hanf oder thermisch behandeltes Sojaprotein) und die Zugabe von Aminosäuren (Lysin[G], Methionin[G] und Threonin[G]), die typischerweise in pflanzlichen Proteinen fehlen, die den größten Teil der Ernährung eines Pferdes ausmachen.
Bei immunvermittelter Myositis (IMM[G]) hat sich gegen den Muskelabbau eine Kortisontherapie als nützlich erwiesen.

Negative Stickstoffbilanz beim PSSM-2-Pferd

Ein Pferd mit PSSM 2 kann sehr leicht durch eine zu starke Trainingsbelastung oder Krankheit in eine negative Stickstoffbilanz geraten. Durch die fehlerhaft codierten Muskelstrukturproteine kann sich eine Muskelstoffwechselstörung entwickeln, die dazu führt, dass die alltäglichen Muskelregenerationsprozesse verzögert oder disfunktional verlaufen. Dadurch kann der Organismus verlorene Muskelmasse nicht so leicht wieder aufbauen. Deshalb gibt es Fälle, in denen diese Pferde in eine echte Abwärtsspirale geraten. Manchmal ist ein Hufabszess, eine Virusinfektion oder eine Operation die Ursache. Die Symptome sind deutlicher Muskelschwund oder Muskeldellen. Bleiben die Ursachen unentdeckt, kann nicht gegengesteuert werden.

Wetterfühligkeit

Viele Menschen kennen es, gerade ältere Menschen leiden darunter stärker als jüngere. Wir beobachten es bei Pferden, und dennoch ist der Zustand der Wetterfühligkeit kein ärztlich anerkanntes Syndrom. Doch es wird untersucht. Forscher sind der Ansicht, dass Wetterfühligkeit kein Mythos ist. Besonders an Tagen rund um und nach einem Wetterwechsel treten die Symptome auf. Insbesondere schnelle Wetterwechsel können im Körper zu Stressreaktionen führen, weil der Kreislauf sich nicht schnell genug anpassen kann. Das Wetter scheint jedoch nur der Faktor zu sein, der das Fass zum Überlaufen bringt. Wenn Sie zukünftig gefragt werden, warum Ihr Pferd eine viel dickere Decke hat als der Boxennachbar, dann antworten Sie doch augenzwinkernd: Der hat wohl gerade ein Aminosäurendefizit, da friert er halt leichter!

„63 Prozent der 2.146 Generatio-Befragungsteilnehmer haben nach dem Gentest ihr Management umgestellt (z.B. Eindecken, mehr und andere Bewegungsangebote). Als Verbesserungen beschreiben 74 Prozent der Befragten weniger Steifheit, 67 Prozent einen besseren Muskeltonus, 66 Prozent besseres Wohlbefinden, 64 Prozent Ausgeglichenheit und 62 Prozent eine Steigerung der Bewegungsbereitschaft."

(Dr. Melissa Cox)

3

Muskeln managen

Foto: Christiane Slawik

„Die Muskulatur bestimmt den Gesundheitszustand."

(Laube 2022, Seite 84)

Die Fütterung und Haltung sind die tragenden Stützpfeiler, das korrekte Exterieur liefert das Fundament, welches das Pferd als Reit- oder Fahrpferd trainierbar macht. Die Art und Weise des Trainings und Reitens im Weiteren ist der wichtigste Baustein, um zu Wohlbefinden und Gesundheit des Pferdes beizutragen. Kommt es durch ein zu anstrengendes Training zu einer Schädigung von Muskelfasern und dem sogenannten Zellskelett, das die Muskelfasern zusammenhält, kann dies zu einem deutlichen Abbau von Muskelmasse führen (vgl. van den Hoven et al. 2011). In der Erholungsphase nach dem Training müssen alle diese Schäden wieder repariert werden. Ziel eines jeden Trainings muss deshalb ein angemessener Trainingsreiz sein. Einfacher gesagt als getan! Prinzipiell geht es immer darum, das Ausmaß der Muskelschäden so in Grenzen zu halten, dass eine Überkompensation, also ein Muskelzuwachs und/oder eine Anpassung der Muskelfaser in der Erholungsphase möglich sind.

Die magische Strategie heißt: Kontrollierte Belastungsreize und optimale Erholungsphasen innerhalb eines systematisch und langfristig angelegten Trainingsplans.

Um den Muskelaufbau und Erhalt der funktionalen Muskelstruktur optimal zu managen, sind neben dem systematischen Training die individualisierte Fütterung und Haltungsoptimierung von ganz besonderer Bedeutung. Denn ohne entsprechendes Management können Muskelprobleme zur Abwärtsspirale werden. Bei PSSM-2-Pferden kann diese Abwärtsspirale schlimmstenfalls dazu führen, dass diese Pferde nur noch bedingt oder gar nicht mehr reitbar sind. Das muss in den allermeisten Fällen nicht sein!

→ **Es gilt das Prinzip: Was schadet, muss verändert werden!**

3.1 Ausbildungs- und Trainingsgrundsätze

Muskelaufbau und Muskelerhalt gelingen natürlich nur mit Trainingsreizen. Grundsätzlich sollte jedes Training regelmäßig, systematisch und angepasst an das aktuelle Leistungs- und Ausdauerniveau erfolgen. Bei Pferden, die zu Problemen im Muskelaufbau und zu Muskelsteifheit neigen, muss einer längeren Aufwärmphase besondere Bedeutung beigemessen werden. Eine Trainingseinheit, als kleinste zeitliche Einheit von Trainingsinhalten, beinhaltet grob drei Phasen, die in der Praxis fließend ineinander übergehen. Mehr zu dieser Struktur finden Sie im Kapitel „Trainingsplanung" (insbesondere ab Seite 106).

1. **Aufwärm- und Lösungsphase** (ca. 15 bis 20 Minuten, bei Kälte oder wenn das Pferd aus der Box kommt, eher 5 bis 10 Minuten mehr einplanen)
   Zwanglosigkeit, Takt, Losgelassenheit, Anlehnung

2. **Arbeitsphase** (ca. 20 Minuten) mit mehreren kurzen Schrittphasen
   Schwung, Geraderichtung, Versammlung

> „Aus meiner Perspektive als Tierarzt ist es sehr wichtig, dass in der Arbeitsphase systematisch mehrere kurze Schrittphasen mit Abdehnen des Halses und Öffnen des Ganaschenwinkels für die Entspannung und körperliche Erholung durchgeführt werden!"
>
> (Dr. Peter Richterich)

3. **Abwärmphase** (ca. 10 bis 15 Minuten)
   Losgelassenheit, Zwanglosigkeit

In jeder Phase werden die verschiedenen Lerninhalte in einer für Pferd und Reiter physiologisch und mental sinnvollen Reihenfolge in einzelne Übungen oder Übungsreihen verpackt. Man mag es kaum für möglich halten, aber an dieser Stelle macht es Sinn, Ausbildungsgrundsätze aus dem Jahr 1937 heranzuziehen – die Heeres-Dienstvorschrift H.Dv. 12. Keine Sorge: Von bedingungslosem Gehorsam keine Spur, vielmehr logische und pferdegerechte Hinweise zur Gesunderhaltung des Pferdes durch Training. Diese Ausbildungsgrundsätze werden im Folgenden mit lösungsorientierten Fragen ergänzt.

Jedes Trainieren ist Lernen und jedes Lernen trainiert und erleichtert bestenfalls das weitere Training! Und im Grunde ist jede Arbeit, die wir mit dem Pferd machen, eine Art von Training – auch der gemeinsame Spaziergang zur Entspannung.

Lösungsorientierte Fragen zur Trainingsreflexion

1. **Wissen und Reflektieren, was grundsätzlich richtig und falsch ist**

- Welche Tagesform und Grundkondition und welchen aktuellen Ausbildungsstand hat mein Pferd?
- Gibt es äußere Umstände zu berücksichtigen (fremde Umgebung, Stallwechsel, Impfung, Wurmkur, Wetterumschwung, Stress mit dem Boxennachbarn, Fütterung, viele Pferde in der Reitbahn usw.)?
- Reiht sich mein Tagesschwerpunkt sinnvoll in die Ausbildungsskala und in meinen langfristigen Trainingsplan ein?
- Passen die Übungsreihen zu meinem Wochenschwerpunkt?
- Berücksichtige ich in meiner Reiteinheit die Grundlagen des Lernens?
    - Strukturiere Übungen vom Leichten zum Schweren!
    - Strukturiere Übungen vom Bekannten zum Neuen!
      Beachte: Sie können ein neues Element auch früh in der Reiteinheit einbauen, wenn Sie dabei an einen bekannten Lerninhalt anknüpfen können.

Die vorherrschenden treibenden Gewichts- und Schenkelhilfen werden gefühlvoll durch ein leichtes Federn der Fingerkuppen auf dem Handballen abgefangen, das sich in einer weichen Bewegung in den Zügeln fortsetzt. Dadurch entsteht eine flexible und dadurch stabile Verbindung zwischen Reiterhand und Pferdemaul. (Illustration: Cornelia Koller; aus Deutsche Reiterliche Vereinigung. *Grundausbildung für Reiter und Pferd, Richtlinien für Reiten und Fahren*, Band 1. **FN***verlag* 2021)

  - Ermögliche regelmäßige (Denk-)Pausen für Körper und Geist!
  - Belohne erwünschte Reaktionen und Verhaltensweisen! (Zum Beispiel: treibende Hilfen kurz aussetzen (Rollerprinzip); „sich leicht machen" durch leichtes Entlasten des Rückens oder kurz passiv sitzen; leichtes Entspannen der Finger und Hinspüren zum Maul; verbales Lob mit einem konditionierten Signalwort mit weicher Stimme und tiefer Tonlage)
- Habe ich das Temperament und Wesen meines Pferdes in der Art und Weise meines Trainings beachtet?
  - Entspannte Pferde mit eher zu niedrigem Muskeltonus gilt es zu motivieren und wacher zu machen. Durch kurze, dafür intensive Belastungen kann man den Muskeltonus erhöhen. Schrittpausen, frisches Arbeitstempo und kurze Verstärkungen und erneutes Einfangen wechseln sich ab.
  - Eher nervöse oder übereifrige Pferde mit einem hohen Muskeltonus sollte man in längeren und ruhigen Reprisen arbeiten.

2. Erkennen und Reflektieren, was gestern war

- Was hat gut funktioniert und warum?
- Habe ich dem Pferd eine verständliche, positive Rückmeldung gegeben, wenn es eine Anforderung gut bewältigt hat?
- Hat das Pferd genug Lerngelegenheiten gehabt, um zu verstehen, welche Verhaltenserwartungen ich bei bestimmten Hilfengebungen an das Pferd habe?

- Wie kann ich an positive Lernerfahrungen anknüpfen?
- Tagesschwerpunkt/Wochenschwerpunkt überdenken:
- Ein Schritt zurück ist manchmal einer nach vorn!
- Entwicklungsfelder analysieren:
- Was hemmt das Pferd? Welchen Anteil habe ich daran? Gibt es gesundheitliche oder äußere Gründe?

3. Planen und Antizipieren, was morgen sein soll

- Wo soll die Lernreise hinführen?
- Welche logischen Schritte und methodische Übungsreihen führen zum Ziel? Stimmen die Basics?
- Welche Teile des großen Puzzles muss ich aneinanderreihen?
- Welche (Lern-)Lektionen bauen aufeinander auf?

Wie Ausbildungsskala und Pferdewohl zusammengehören

> „Der Mensch, der gemeinsam mit dem Pferd Sport betreibt, hat sich und das ihm anvertraute Pferd einer Ausbildung zu unterziehen. Ziel jeder Ausbildung ist die größtmögliche Harmonie zwischen Pferd und Mensch."
>
> (Deutsche Reiterliche Vereinigung 2020a, Seite 7)

Skala der Ausbildung? Langweilig, trocken und nur für Turnierreiter? Nein! Sie reiten aus Spaß an der Freude? Dann verhilft die Ausbildungsskala zu noch mehr Freude (siehe hierzu Deutsche Reiterliche Vereinigung 2021a). Denn Freude am Pferd erwächst aus einem gesunden und zufriedenen vierbeinigen Partner! Deshalb wird hier Werbung gemacht für einen langfristig angelegten Trainings- und Ausbildungsplan, aus dem sich Ihre Tages- und Wochenziele ergeben. In den „Richtlinien" finden Sie ein Ausbildungssystem, das auf den Grundprinzipien alter Meister aufbaut und neuere, ergänzende Erkenntnisse, die dem Wohl der Pferde dienen, integriert (vgl. Deutsche Reiterliche Vereinigung 2021a).

Der Leitgedanke ist die Ausbildungsskala des Pferdes. Diese Skala bildet die solide Basis, damit das Pferd mental und körperlich bestmöglich mit der biomechanischen Belastung des Reitens umgehen kann. Dabei ist die Ausbildungsskala kein starres Schema, sondern ein fließendes System, bei dem sich alle sechs Punkte gegenseitig beeinflussen, verstärken oder zusammenhängen und sich teilweise parallel entwickeln – sowohl in der gesamten Ausbildung des Pferdes als auch beim täglichen Reiten (vgl. Deutsche Reiterliche Vereinigung 2021a).

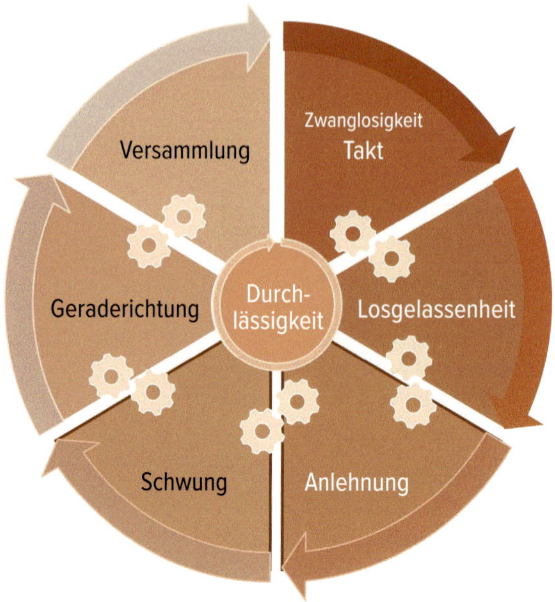

Takt: Gleichmaß aller Schritte, Tritte und Sprünge
Losgelassenheit: unverkrampftes An- und Abspannen der Muskulatur, bei innerer Gelassenheit
Anlehnung: stete, weich-federnde Verbindung zwischen Reiterhand und Pferdemaul
Schwung: Übertragung des energischen Impulses aus der Hinterhand über den schwingenden Rücken auf die Gesamt-Vorwärtsbewegung des Pferdes
Geraderichtung: gleichmäßiges Gymnastizieren beider Körperhälften zum Ausgleichen der natürlichen Schiefe des Pferdes
Versammlung: leichtfüßiges Ausbalancieren auf kleinerer Grundfläche mit energisch herangeschlossenen Hinterbeinen in selbstgetragener Haltung

Zwanglosigkeit ist die beste Grundvoraussetzung für jeden Trainingsbeginn. Damit ein taktreines Gehen des Pferdes überhaupt möglich wird, ist Zwanglosigkeit erforderlich. Die zwanglose Muskulatur und die mentale Zwanglosigkeit sind das Notenblatt, auf dem der Takt im Rhythmus der Gangarten aufmarschiert. Zwanglosigkeit ermöglicht sozusagen als niedrigster Level der Losgelassenheit den taktmäßigen Bewegungsfluss, den der möglichst ausbalancierte Reiter fördert und unterstützt, sodass das Pferd die dosierten reiterlichen Einwirkungen (z.B. das Reitergewicht, das Gebiss im Maul, der Zügelkontakt) ohne muskuläre Verkrampfung erlernen und annehmen kann.
Liegen Muskelverspannungen vor, kann es auch weit ausgebildeten Pferden zu Beginn der Reiteinheit schwerfallen, den reiterlichen Anforderungen in Zwanglosigkeit zu folgen. Bei der Zwanglosigkeit geht es darum, dass das Pferd seine Bewegungsdynamik mit der Dynamik des Reiters in Einklang bringt und

ohne besondere Anstrengung ein Gleichgewicht in der gemeinsamen Bewegung entsteht. Manchmal ist es erforderlich und sinnvoll, Zwanglosigkeit durch Führen an der Hand oder Aufwärmen der Muskulatur an der Longe herzustellen.
Michael Strick beschreibt in seinem Buch *Denk-Sport Reiten – Die faszinierende Logik der Ausbildungsskala* Zwanglosigkeit als die Urform der taktmäßigen Fortbewegung. Er stellt den Punkt der Zwanglosigkeit noch vor die sechs Punkte der Ausbildungsskala.

> „Zwanglosigkeit ist der seelische und körperliche Zustand, bei dem ein Pferd seine Muskeltätigkeit nur so weit aktiviert, wie es unter Vermeidung von unnötigem Kräfteverbrauch für die Fortbewegung seiner eigenen Last und eventuell der eines Reiters bedarf. Im Unterschied zur Losgelassenheit ist Zwanglosigkeit allein (also ohne Faktoren wie Treiben und das dadurch vermehrte Abfußen sowie das Strecken der gesamten Wirbelsäule nach vorn) eine ziemlich passive Angelegenheit, bei der sich die Pferdebeine ohne besonderen Ausdruck bewegen. Von Zwanglosigkeit kannst du sprechen, wenn dein Pferd dein Gewicht auf seinem Rücken akzeptiert, ohne ihn zu [ver]spannen [...].“

(Michael Strick 2001, Seite 13)

Im täglichen Training ist die richtige Balance zwischen An- und Abspannen der Muskulatur wichtig. Das Zügel-aus-der-Hand-kauen-Lassen bis zur Schnalle ist ein mögliches Element zur kurzzeitigen Überprüfung der maximalen Dehnungsbereitschaft. (Foto: Sahm-Lüttekon)

Ist die Zwanglosigkeit in der Reiteinheit erarbeitet, beginnen wir uns um Takt und Losgelassenheit zu kümmern. Beide sind die Prüfpfeiler einer locker arbeitenden Muskulatur. Auf dem täglichen Weg zu einem immer losgelasseneren Bewegungsablauf geht es darum, das Pferd durch treibende Schenkel- und Gewichtshilfen und im natürlichen Takt der Gangart von einer zwanglosen Muskeltätigkeit zu einer immer besser durchbluteten und mehr schwingenden Muskeltätigkeit zu führen. Außerdem müssen sich die Muskeln beim Jungpferd langsam an die Anforderungen des Gerittenseins anpassen und das Pferd muss die Chance haben, die reiterlichen Hilfen und Anforderungen zu verstehen. Deshalb machen wir dem Pferd mit vortreibenden Hilfen und passiver Hand ein Anlehnungsangebot. Beim richtigen Grundtempo führt das nach einer Weile dazu, dass sich die Muskulatur von Hinterhand, Hals und Rücken zunehmend aufwärmt und dehnt. Dabei treiben wir das Pferd immer wieder an die weiche Hand heran, ohne Zwang. Für jede Reiteinheit und den weiteren Lernzuwachs ist das Erreichen der Losgelassenheit ein grundlegender Faktor. Das Heranschließen der Hinterhand durch vermehrtes Treiben fördert die Hankenbeugung und bezeichnet die Beugung von Hüft-, Knie- und Sprunggelenken. Die weiche Hand fängt lediglich den positiven Spannungsbogen des Rückens (Wirbelbrücke zwischen Kopf und Hinterfüßen), der durch die treibenden Hilfen aufgebaut wird, auf. Die weichen Hände überprüfen dabei ständig, ob und wie viel Rahmen das Pferd bei den ersten Schritten zu immer mehr Selbsthaltung benötigt.

Gustav Steinbrech (1808 bis 1885), Verfasser der Reitlehre *Das Gymnasium des Pferdes* empfiehlt, dass steife Pferde so lange vermehrt auf gebogenen Linien und im verkürzten Trab gearbeitet werden, bis das Pferd in der Beugemuskulatur der Hinterhand so nachgiebig geworden ist, dass man danach die Streckmuskulatur im frischeren Vorwärts trainieren kann. Gerade Pferde mit zu hohem Muskeltonus verhalten sich oft zu Beginn der Arbeit und wirken triebig. Um die Bewegungslust und Frische zu fördern, muss das Zügelmaß bei diesen Pferden die Dehnungshaltung erlauben oder wie Steinbrecht schreibt „genügend Freiheit geben".

Wohlgemerkt: Freiheit heißt nicht, das Pferd ohne Hilfen allein zu lassen, denn wir bewegen uns schon auf dem Weg zur Anlehnung. Das Komplizierte an der Anlehnung ist: Sie ist Anfang und Ziel zugleich, ein fortwährender Prozess und auch ein dynamischer, stets flexibler Zustand. Anlehnung bedeutet nicht, das Pferd zu Beginn der Arbeit in einem Rutsch an die Hand zu stellen, sozusagen mit einem Griff abzuknicken. Das ist nur blanke Konditionierung des Pferdes, das schon weiß, dass das Festhalten und Riegeln der Hände erst beendet wird, wenn sein Kopf unten ist.

Anlehnung ist vielmehr das Resultat des positiven Spannungsbogens der zusammenarbeitenden Muskelketten von der Hinterhand über den Rücken und den Zügel zum Pferdemaul. Anlehnung dürfen Sie nicht an einem isolierten Punkt, beispielsweise am Kommunikationselement Hand-Zügel festmachen. Vielmehr hilft die Vorstellung von Anlehnung als Gesamtsystem zweier Körper, das dazu dient, dass das

Pferd sich vertrauensvoll führen lässt. Die flexible Verbindung zwischen Hand und Maul kann zeitweise kaum noch zu spüren sein, aber jederzeit bei Bedarf wiederhergestellt werden kann.

> „Reiten: Das Zwiegespräch zweier Körper und zweier Seelen, das dahin zielt, den Einklang zwischen ihnen herzustellen."
>
> (Waldemar Seunig 1967, Seite 89)

Durch das korrekte Vorwärts-abwärts-Reiten erreicht man eine Dehnung der Oberlinie und Kräftigung der Unterlinie. Das hat nun keineswegs nur etwas mit Dressur- oder Springreiten zu tun, sondern ist genauso im Freizeit-, Galopp- und Distanzsport elementar für den Muskelaufbau. Denn in dieser Haltung kann die erforderliche Tragemuskulatur des Reitpferdes gut trainiert werden. In der Dehnungshaltung unterstützen die Muskelketten das Tragen des Reitergewichtes, da Brust- und Lendenwirbelsäule leicht angehoben werden.

Kurz & knapp

Beugemuskulatur

Ein dauerhaft zu hoher Muskeltonus führt zwangsläufig zu Verspannungen der Muskulatur. Im Sattel nehmen Sie das als „Festmachen im Rücken" wahr. Das Aussitzen fällt Ihnen schwerer. Es folgen Probleme in der Losgelassenheit und Anlehnungsschwierigkeiten.
→ Wärmen Sie deshalb Ihr Pferd im gemäßigten Tempo in Dehnungshaltung auf und arbeiten Sie es im Verlauf der Arbeitsphase in wechselnden Tempi im großem langem Rahmen, um die Muskulatur aufzuwärmen, die Beugemuskulatur zu aktivieren und dadurch die gesamte Muskulatur geschmeidiger zu machen.

Rumpfmuskulatur

Zur Stärkung der Rumpfmuskulatur können Sie in hügeligem Gelände sogenanntes Hangtraining in Ihren Wochenplan einbauen, Ihr Pferd über verschieden hohe Bodenstangen im Schritt arbeiten und nach und nach die Cavalettiarbeit in allen Gangarten einführen.

Biegen und Dehnen der Muskulatur durch Reiten

Durch verschiedene Übungen zur Verbesserung der Längsbiegung des Pferdes (siehe dazu Deutsche Reiterliche Vereinigung 2021a, Seite 143 ff.) können Sie negativen Spannungen der Muskulatur entgegenwirken, Verspannungen abbauen und bestenfalls sogar in positive Spannung wandeln. Übungen zur Längsbiegung unterstützen das An- und Abspannen der Muskulatur und somit den Muskelaufbau.

Positive Spannung

Zwanglosigkeit, Losgelassenheit, positive Anspannung und Erholungsphasen für die mentale und körperliche Entspannung sind zentrale Bestandteile einer guten Trainingseinheit. Muskeln, die einen zu hohen Tonus haben, verkrampfen sich und können, insbesondere mit der zusätzlichen Last des Reiters, nicht mehr ausreichend mit Nährstoffen versorgt werden.

Buchtipp
Stefan Stammer. *Das Pferd in positiver Spannung.*
4. Auflage. Warendorf: FN*verlag* 2024.

Positive Spannung beschreibt er als die Entwicklung einer zusätzlichen muskulären Feder in Vorder- und Hinterhand. Ein Pferd in positiver Spannung ist nach Stammer ein elastisches, korrekt im Takt gehendes Pferd, das auf einer geraden oder gebogenen Linie seine durch Training gekräftigten und funktionierenden Muskelketten dazu einsetzen kann, durch das An- und Abspannen der Federn eine Anpassung des Spannungsniveaus in Lektionen, kurz gesagt eine angemessene Körperspannung, zu entwickeln.

„Wir müssen dem Pferd die Chance und die Zeit geben die Anlehnung zu suchen. Das aufgezwungene Abknicken entspricht nicht der Reitlehre und stellt eher eine Resignation im Genick statt eine vertrauensvolle Verbindung zwischen Hand und kauendem Maul dar."

(Alexandra Kappes, Pferdewirtschaftsmeisterin, Neuroathletik- und EM-Trainerin, 12 Jahre Bereiterin bei Dorothee Schneider)

Gestaltet man den Weg, wie beschrieben, schenkt das Pferd dem Reiter die Anlehnung förmlich von selbst. Vor allem, wenn die Prinzipien von Beginn der Ausbildung und systematisch im täglichen Training angewendet werden. Von der Bedeutung der Beugemuskulatur für die Dehnungshaltung geht es nun über die Anlehnung zu Übungen für die Stärkung der Streckmuskulatur.

Anlehnung basiert auf den erarbeiteten Grundlagen der Dehnungshaltung und Losgelassenheit, ohne die ein Pferd keinen Schwung und keine Schubkraft entwickeln kann. Bei der Anlehnung ist Geduld die wahre Tugend. Gerade beim jungen Pferd oder Korrekturpferd mit muskulären Problemen geht es darum, dem Pferd aus dem Vorwärts ein Anlehnungsangebot zu machen. Das heißt, nicht durchhängender oder springender Zügel; vielmehr bauen Sie eine konstante Verbindung zum Maul auf, lassen die Energie mit Gewichts- und Schenkelhilfe über den Rücken bis nach vorn zum Maul fließen und fangen diesen positiven Spannungsbogen der Energie aus der aktiv abfußenden Hinterhand weich und federnd ab. Warten Sie ab und ermöglichen Sie die Anlehnung mit einer leichten, aber steten Verbindung Ihrer Reiterhand zum Pferdemaul. Diese Verbindung erarbeiten Sie sich nicht nur täglich aufs Neue, sondern auch innerhalb der Reiteinheit immer wieder. Anlehnung ist insofern ein dynamischer Prozess, der über Geduld, Gefühl und positive Spannung Vertrauen des Pferdes zum Reiter schafft.

Auf dieser Basis kann Muskeltraining die Kommunikation von Reiter und Pferd verfeinern und das Gleichgewicht und die Koordination des Pferdes verbessern.

Kurz & knapp

In der Aufwärmphase geht es darum, ausgehend von der Zwanglosigkeit, durch treibende Hilfen und einen geduldig wartenden Zügelkontakt, ein energetisches An- und Abspannen der gesamten Muskulatur zu fördern und dadurch dem Pferd die Losgelassenheit zu ermöglichen, zu verbessern und eine konstante Anlehnung zu erreichen.
Besonders hilfreich ist es, Pferde mit Muskelproblemen zu Beginn mindestens 15 bis 20 Minuten im fleißigen Schritt bei geringer Anlehnung am relativ langen Zügel in Dehnungshaltung auf großen gebogenen Linien zu reiten.
Anlehnung bedeutet aus einer physiologischen Perspektive, dass das Pferd in der Muskulatur nachgibt und sich durch An- und Abspannen der Muskelketten von hinten nach vorn heranschließt. Durch eine aufgewärmte und regelmäßig trainierte Muskulatur kann sich Ihr Pferd Ihrer einfühlsamen Einwirkung vertrauensvoll hingeben und Ihnen das gezielte Muskeltraining in einem natürlichen Vorwärtsdrang überlassen. Bedenken Sie, dass Anlehnung die Muskulatur des gesamten Pferdes betrifft. Nur eine weich-federnde Verbindung zwischen Reiterhand und Pferdemaul führt zu einer reellen Anlehnung und ebenso zu einer effektiv arbeiteten Muskulatur führt.
Zwanglosigkeit, Losgelassenheit, positive (An-)Spannung und Erholungsphasen für die mentale und körperliche Entspannung sind zentrale Bestandteile jeder pferdegerechten Trainingseinheit.

Haben Sie die Anlehnung grundlegend als Ergebnis einer guten Einwirkung und der Entwicklung tragfähiger Muskelketten gesichert, ist bereits etwas Schwung in Ihr Training gekommen. Diesen gilt es jetzt mit zunehmender Muskelkraft weiterzuentwickeln. Anlehnung und Schwung sind das Herzstück des Muskeltrainings und eng miteinander verwoben. Man könnte sagen, sie sind Schlüsselkompetenzen des Reitpferdes. Schwung kennzeichnet die Grundgangarten Trab und Galopp, weil sie eine Schwebephase aufweisen und ist im Gegensatz zu Gang nicht angeboren. Der Schritt hat keine Phase der freien Schwebe und kann daher auch nicht als schwunghaft bezeichnet werden (vgl. Deutsche Reiterliche Vereinigung 2021a, Seite 247). Es gibt Pferde, die eine ausgeprägte Veranlagung dazu haben und diese kann durch entsprechendes Training gefördert werden. Ein Pferd mit „viel Gang" kann zwar sehr „ausdrucksvoll" auf der Koppel traben oder galoppieren. Eine untrainierte Muskulatur hat jedoch noch nicht die erforderliche Tragkraft entwickelt, sodass ein schwungbegabtes Jungpferd mit dem sogenannten „Gangschwung" (Putz 2014, Seite 104) zu Beginn seiner Ausbildung mit weggedrücktem oder festgehaltenem Rücken unter dem Reiter laufen kann. Ebenso kann ein unausgewogenes Training der Muskulatur dazu führen, dass Pferde mit steifen Hanken und ohne Schwungentfaltung gehen.
Den Schwung weiterzuentwickeln heißt, die Kraft der Streck- und Beugemuskulatur über Jahre zu schulen und ein ausgewogenes Verhältnis von Dehnungs- und Kraftübungen in die tägliche Arbeit einzubauen.

„Gerade in den ersten beiden Ausbildungsjahren ist es sehr wichtig, das Jungpferd nicht zu spezialisieren. Das Training sollte vielfältige Aktivitäten beinhalten, darunter auch Trailreiten, was gut für den Geist ist, und Kraftaufbau mit Hangtraining. Das junge Pferd sollte darüber hinaus Stangenarbeit und Springgymnastik kennenlernen, entweder beim Freispringen, Cavalettiarbeit im Trab, niedrige Sprünge unter dem Sattel, einschließlich kleiner natürlicher Hindernisse im Gelände. Diese abwechslungsreiche Arbeit wird es dem Pferd ermöglichen, geistig frisch zu bleiben und seine Arbeit zu genießen."

(Klaus Balkenhol in Sladky 2015)

Das Zügel-aus-der-Hand-kauen-Lassen ist erst dann beim Pferd gefestigt, wenn Sie aus der tiefen, langen Einstellung durch reiterliches Einwirken (Körperspannung, Gewichts- und Schenkhilfen) die Kopf-Hals-Position wieder in die Arbeitshaltung bringen können.

- **Versuchen Sie die Kopf-Hals-Position des Pferdes mit Ihrer Körperspannung zu regulieren.**
- **Achten Sie darauf, dass Ihr Pferd mit den Hinterbeinen weiterhin kräftig abfußt, wenn Sie die Zügelverbindung fließend verlängern.**
- **An der Schnalle geben Sie die Zügelverbindung dann komplett auf.**
- **Mit dem Zügel-aus-der-Hand-kauen-Lassen überprüfen Sie den Takt, die Losgelassenheit, und die Anlehnung und überprüfen und verbessern die Dehnungsbereitschaft.**
- **Achten Sie bei der Tiefe auf eine Position, die Ihr Pferd tragen kann, das heißt, in der Ihr Pferd nicht zwischen den Schultern durchsackt (siehe dazu auch „thorakale Muskelschlinge" Seite 33).**

Praxistipp: Muskeln dehnen und die Beugemuskulatur trainieren

Was: *Um die Muskelketten ausgewogen zu trainieren, sollten Sie das Pferd im Verlauf jeder Reiteinheit immer wieder in verschiedenen Abstufungen der Dehnungshaltung arbeiten.*

Warum: *Durch regelmäßiges Zügel-aus-der-Hand-kauen-Lassen können Sie die Muskulatur der gesamten Oberlinie dehnen und entspannen.*
Dieses hat einen Übungs- und Prozesscharakter. Das heißt, es gibt Zwischenschritte der Zügellänge, die bis zur Zügelschnalle als tiefste Einstellung führen können. Dabei sollten Sie individuelle Unterschiede beachten (z.B. Unterschiede in der Bemuskelung, anatomische Abweichungen: langer Hals, Speckhals, tief/hoch angesetzter Hals, Schwanenhals).

__Wie:__ Sie sollten die Muskulatur immer gleichmäßig auf beiden Händen trainieren. Insbesondere bei Pferden mit Muskelsteifheit sollten Sie darauf achten, auf der Schokoladenseite Ihres Pferdes zu beginnen. Sie erleichtern dem Pferd den Einstieg ins Training und unterstützen es dabei, Muskelschmerzen zu überwinden. Die muskulär festere Seite, die Sie vermutlich als die schwierigere Seite bezeichnen würden, beziehen Sie immer wieder kurz ein und belohnen das Pferd mental und körperlich, indem Sie nach kleinen Verbesserungen wieder auf die muskulär flexiblere Hand wechseln.

Haben Sie Geduld mit dem Pferd und mit sich selbst: Der Lern- und Trainingsprozess braucht Zeit! Insbesondere bei Pferden im Muskelaufbau, mit muskulären Problemen oder Muskelerkrankungen müssen Sie mit Rückschlägen konstruktiv umgehen.

Damit die Muskulatur im Sinne von Stefan Stammer die notwendige „positive Spannung“ aufrechterhält, sollten Sie das Pferd in einer Hals-Kopf-Position arbeiten, die Ihr Pferd muskulär tragen kann. Das heißt, die Bewegungsimpulse der Muskulatur sollten ausreichend energisch sein, sodass die Rückentätigkeit erhalten bleibt. Statische Hals-Kopf-Positionen erzeugen jedoch auf Dauer Schmerzen. Die Muskelketten und Gruppen der Oberlinie der Brust- und Halswirbelsäule können nur durch abwechslungsreiche Trainingsreize in wechselnden Hals-Kopf-Positionen in ihrer Tragfähigkeit gefördert werden. Leichte Positionsveränderungen durch Abdehnen lassen ermöglichen das Ansprechen verschiedener Muskelfaserbündel ohne diese durch statische Daueranspannung zu ermüden. Ein toller Erfolg ist, aus der tiefen langen Dehnung, durch Körperspannung, Gewichts- und Schenkelhilfen, die Kopf-Hals-Position wieder in Arbeitshaltung zu reiten.

Muskeln managen

Trainingsimpulse konkret:

- zunächst große gebogene Linien, dann Zirkel → aus dem Zirkel wechseln, Zirkel verkleinern und vergrößern (am äußeren Zügel führen!) → durch den Zirkel wechseln → Kleeblattlinien
- Schlangenlinien durch die ganze Bahn zunächst mit drei Bögen, später auf vier und fünf Bögen steigen, um die Dehnung der Muskulatur und die Beugemuskulatur vermehrt zu trainieren
- Schlangenlinien kombiniert mit Volten, birnenförmige Schlangenlinien durch die ganze Bahn
- Zirkel mit Richtungswechsel in eine Volte bei Überreiten der Mittellinie und zurückführen auf den Zirkel
- Trainingseinheiten mit Schritt- und Trabstangen
- frisches Galoppieren im Gelände im leichten Sitz
- 10-m-Volten jeweils bei C, B, A, E, dann Handwechsel über die Diagonale im Vorwärts-Abwärts, mit Verlängern der Zügel
- Reiten in Stellung, schultervorartig bis Schulterherein: Sie können Schulterherein auch mal auf vier Hufschlägen reiten: Um ein effektives Muskeltraining der Beugemuskulatur und der Oberlinie zu gewährleisten, sollten Sie darauf achten, den Hals zwischen Kopf und Brustwirbelsäule nicht zu überstellen (siehe „Längsbiegung“ in Deutsche Reiterliche Vereinigung 2021a, Seite 143 ff.).

Der Dressursitz: Er soll elastisch und beweglich sein und wird aus der sicheren Sitzgrundlage entwickelt (vgl. Deutsche Reiterliche Vereinigung 2021a, Seite 74 f., Illustration: Cornelia Koller; aus Deutsche Reiterliche Vereinigung. Grundausbildung für Reiter und Pferd, Richtlinien für Reiten und Fahren, Band 1. **FN***verlag* 2021).).

Umfassende Erklärungen zur Reitlehre finden Sie in der Grundlagenliteratur, den Richtlinien für Reiten und Fahren der Deutschen Reiterlichen Vereinigung e.V. (FN):
Band 1: Grundausbildung für Reiter und Pferd
Band 2: Weiterführende Ausbildung für Pferd und Reiter

Der Gamechanger: Muskeltraining auf gebogene Linien

Pferde können von Natur aus muskulär eher steif oder eher biegsam sein. Beide Typen beeinflussen die Art des Muskeltrainings und haben Einfluss auf gymnastizierenden Übungen. Gerade Pferden mit Muskelerkrankungen fällt es vor allem zu Beginn der Trainingseinheit schwer, auf gebogenen Linien gymnastiziert zu werden. Manche Pferde zeigen hier Widerstände. Beispielsweise fällt es schwer, das Pferd auf den Zirkel oder generell abzuwenden, oder das Pferd zeigt sich steif beim Durchreiten einer Ecke und gerät nach der Ecke aus dem Gleichgewicht. Sie haben vielleicht das Gefühl, als würde das Pferd mit der Schulter regelrecht an der Bande festkleben. Gerade deshalb möchte ich Ihnen das korrekte Reiten von gebogenen Linien, nach einer ausreichenden ersten Aufwärmphase, besonders für PSSM-2-Pferde ans Herz legen. Sie sind die Geheimwaffe oder anders gesagt: In gebogenen Linien liegt beim Muskelmanagement „die Kunst des Möglichmachens". Mein Leitbild dabei: Verlange wenig, steigere langsam und sei mit kleinen Erfolgen zufrieden! Es lohnt sich und könnte ein echter Gamechanger bei Muskelsteifheit sein.

PSSM-2-Trainingstipp:

Einige PSSM-2-Pferde, insbesondere wenn es sich dabei um langbeinige, moderne Pferdetypen im Hoch-Rechteck-Format handelt, zeigen sich in der Biegung in jungen Jahren hypermobil. Achten Sie bei diesen Pferden besonders darauf, die Längsbiegung zwischen Brust- und Lendenwirbelsäule zu erreichen (siehe auch hier zur Vertiefung „Längsbiegung“ in Deutsche Reiterliche Vereinigung 2021a, Seite 143 ff.). Diese entsteht durch die Kontraktion des langen Rückenmuskels (*Longissimus dorsi*). Das Anspannen der Muskulatur gilt es wieder zu entspannen, indem Sie das Pferd wieder geraderichten.

Praxistipp:

- Eher steife Muskeltypen → lösende Arbeit in gemäßigtem Tempo
- Eher biegsame Muskeltypen → lösende Arbeit in frischen Tempi mit einem positiven Zug nach vorn

Die biegsamen bis beweglichen Pferdetypen, mit leichtem Genick, verleiten uns dazu, zu glauben, dass die Muskulatur im Brustkorb gut trainiert und nachgiebig ist. Achten Sie darauf, das Pferd nicht zu überstellen und kontrollieren Sie, ob die Schultern der korrekten Halsbiegung folgen. Wenn Sie das Gefühl haben, das Pferd fällt über die Schulter oder mit der Hinterhand aus, sollte das sozusagen eine Fehlermeldung bei Ihnen auslosen!

Die Hinterhand fällt aus? – Nicht gut für den Muskelaufbau!

Haben Sie sich vielleicht schon öfter gefragt, wohin die Hinterhand nun eigentlich ausweicht und warum das ein Problem ist? Fragen Sie mal einen Bodybuilder, ob Muskeltraining ohne Technik möglich ist. Ich unterstelle, dass sie oder er das verneint. An dieser Stelle wird klar: So ganz ohne Reitlehre kommt ein Buch über Muskeltraining nicht aus! Und genau das ist das Konzept und gleichzeitig die Schwierigkeit dieses Buches: Es wagt einen Spagat zwischen medizinischer Wissenschaft und reiterlicher Trainingspraxis. Dieser Spagat wird an dieser Stelle durch die Reitlehre möglich.

Warum: Gebogene Linien dehnen die Muskulatur des Brustkorbs, sodass das Pferd den Bewegungsimpuls der Hinterhandmuskulatur besser durch den Körper nach vorn fließen lassen kann. Es gilt aber auch: Das Aktivieren der Hinterhandmuskulatur erleichtert das Dehnen des Brustkorbs. Der Brustkorb des Pferdes bestimmt den Weg, den ein Pferd in der Wendung nimmt und wie kraftvoll es sich dabei im Vorwärtsfluss bewegen kann. Wenn ein Pferd einen lockeren Brustkorb hat, biegt sich sein Körper auf der gebogenen Linie um den inneren Schenkel, der das innere Hinterbein ansteuert. Der äußere Schenkel leitet die Wendung ein und begrenzt. Kann ein Pferd mit gut trainierter Muskulatur des Brustkorbs die äußeren Hilfen annehmen, fußen die Hinterbeine in die Spur der Vorderbeine. Hat man sein Pferd nun in einer stabilen Verbindung, fußt das Pferd auf einer gebogenen Linie hufschlagdeckend (siehe Deutsche Reiterliche Vereinigung 2021a, Seite 238).

→ Das ist besonders funktional für das Krafttraining[G] und den Muskelaufbau.

Besonders deutlich kommt das bei Volten zum Tragen. Jeder kennt das Problem, wenn die Hinterhand beim Üben der ersten 8-m-Volten ausweicht oder regelrecht herausschleudert. Das Ziehen am inneren Zügel verstärkt das Ausfallen der Hinterhand dann umso mehr.

Praxistipp:

Krafttraining der Hinterhand durch Volten

Damit das Krafttraining der Hinterhand funktioniert, hilft die innere Vorstellung, dass die Hinterhand die Kraftquelle jeder Wendung ist und sich selbst nach vorn-oben unter die Vorderhand schieben sollte, um das Pferd durch die Wendung zu tragen. Damit das biomechanisch möglich ist, ist es hilfreich, wenn Sie das Pferd mit dem inneren Schenkel zum fleißigen Abfußen auffordern und es gleichzeitig immer wieder am äußeren Zügel geraderichten.
Wenn beim Reiten von Volten der Schwung verloren geht, dann sollten Sie versuchen, vor Einleitung der Volte den Heckmotor anzusteuern, sprich die Muskulatur der Hinterhand zu aktivieren. Das ist besonders für Pferde mit muskulären Problemen der Hinterhand, wie es bei PSSM-2-Pferden der Fall ist, hilfreich. Das An- und Abspannen der Beuge- und Streckmuskulatur ist sozusagen der Treibstoff des Heckmotors. Denn die entspannte Muskulatur wird optimal mit den für das Muskeltraining notwendigen Nährstoffen und Sauerstoff versorgt.

Praxistipp:

Streckmuskulatur stärken
Frische Tempi, Zulegen, Mitteltrab, Mittelgalopp

Wie: *Setzen Sie Trainingsreize durch kurze Reprisen und vermeiden Sie ein Ermüden oder Übersäuern der Muskulatur durch zu häufiges Reiten ganzer Diagonalen im mittleren beziehungsweise starken Tempo! Beachten Sie den Trainingszustand der Muskelkraftausdauer Ihres Pferdes! Es besteht sonst die Gefahr, dass sowohl die Strukturen des Bewegungsapparates der Belastung noch nicht gewachsen sind. Frisch vorwärtsreiten bedeutet, die Muskulatur dabei zu unterstützen, die Last des Pferdekörpers und des Reiters mühelos zu tragen. Um die Streckmuskulatur und dabei auch die Schubkraft zu schulen, muss das Pferd die treibenden Hilfen annehmen und die Energie nach vorn-oben herauslassen, indem es sich durch einen möglichst ausbalancierten Sitz und weiche Hände in einem vom Reiter bestimmten Tempo führen lässt. Für einen optimalen Muskelaufbau sollten Sie, am besten gemeinsam mit einer Trainerin beziehungsweise einem Trainer, das hierfür individuell geeignete Tempo Ihres Pferdes finden – ohne zu schleichen oder das Pferd vorwärts zu jagen.*

Bildanalyse:

Obwohl das Pferd weit ausgebildet ist und PSSM-2-konform gefüttert und trainiert wird, fällt es ihm weiterhin schwer die muskuläre Steifheit der Hinterhand zu überwinden. Die Reiterin fordert das Pferd in

Anna-Lisa Guthöhrlein mit Luke Skywalker (n/P2, n/P3, n/P4, n/P8, n/PX). Das Paar ist in der Dressur siegreich bis M**. (Foto: privat)

diesem Moment mit dem inneren Schenkel deutlich auf und hebt die innere Hand ein wenig nach vorn-oben an, sodass die Fäuste kurzzeitig nicht auf der gleichen Höhe sind.

Ungleiche Bemuskelung der Körperhälften – Die natürliche Schiefe

Alle Wirbeltiere sind von Natur aus schief. Ihre Muskulatur ist auf beiden Körperhälften ungleichmäßig ausgebildet und ungleichmäßig dehnfähig, also nicht völlig symmetrisch. Natürliche Schiefe bedeutet, dass sich die Rumpfmuskulatur Ihres Pferdes vermehrt zu einer Seite krümmt (hohle Seite). Auf dieser Seite ist vor allem die Tiefenmuskulatur strukturell verkürzt. Die andere Körperhälfte ist die steifere Seite. Wenn das Pferd sich frei bewegt, kommt es mit seiner natürlichen Schiefe zurecht. Kommt die Reiterin beziehungsweise der Reiter ins Spiel, ändert sich das. Auch die körperlichen Fähigkeiten, wie beispielsweise die Geschicklichkeit, sind rechts und links unterschiedlich ausgeprägt. Lange dachte man, die Lage des Fötus im Mutterleib wäre ausschlaggebend für die natürliche Schiefe des Pferdes. Man geht davon aus, dass die Schiefe zerebral bedingt ist, also vom Gehirn gesteuert wird, eine Schiefe kann aber auch erworben werden (vgl. Kuhnke 2019). Dieser natürlichen Schiefe soll durch Geraderichtung entgegengewirkt werden. Die Fachliteratur definiert „Geraderichtung als Prozess, der darauf ausgerichtet ist, sowohl auf gerader als auch auf gebogener Linie die Anpassung der Körperlängsachse

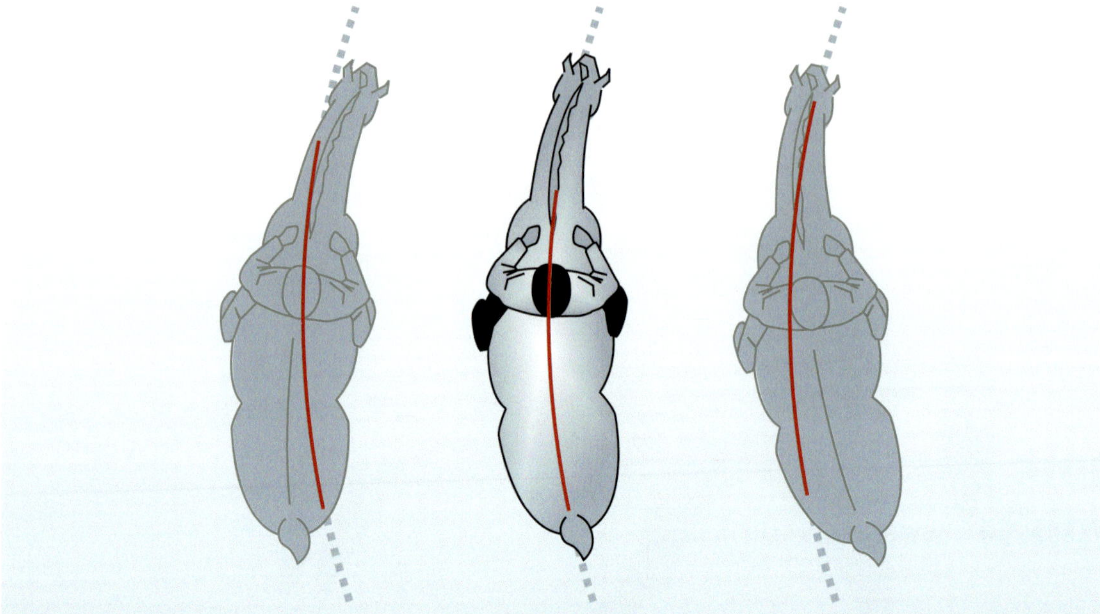

Das geradegerichtete Pferd kann sich mit seiner Längsachse dem Hufschlag anpassen. Links fällt es mit der Hinterhand aus, rechts fußt die Hinterhand an der Spur der Vorhand vorbei. (Illustration: Cornelia Koller; aus Deutsche Reiterliche Vereinigung. *Grundausbildung für Reiter und Pferd, Richtlinien für Reiten und Fahren*, Band 1. **FN***verlag* 2021, Seite 250.)

des Pferdes und die Fußfolge der Vorder- und Hinterhufe auf einer Hufschlaglinie zu erreichen. Dieser Prozess führt zur Entwicklung einer beidseitig gleichmäßigen Muskulatur" (Deutsche Reiterliche Vereinigung 2021a, Seite 250).

Die Abbildung macht deutlich, dass Geraderichtung nichts mit linearer Gradheit der Wirbelsäule zu tun hat, sondern in der Ausbildung des Pferdes vielmehr auf die geschmeidige Biegsamkeit der Wirbelsäule ausgerichtet ist. Es ist sinnvoll, bereits in der Grundausbildung auf einfachem Level mit der Geraderichtung zu beginnen, indem das Pferd auf seiner hohlen Seite in Außenstellung geritten wird. Dadurch wird die verkürzte Muskulatur auf der hohlen Seite gedehnt.

Praxistipp:

Reiten Sie Ihr Pferd im Verlauf der Trainingseinheit auch mal auf dem zweiten Hufschlag. Trainieren Sie die Muskulatur durch das Reiten von einfachen Schlangenlinien, Schenkelweichen und Vorwärts-Seitwärtsbewegungen, wie „Viereck verkleinern und und vergrößern" (vgl. Deutsche Reiterliche Vereinigung 2021a, 159 f.).

Anna-Lisa Guthöhrlein mit Luke Skywalker, 5-Fach-PSSM-2-Träger (n/P2, n/P3, n/P4, n/P8, n/PX) in einer Dressurprüfung der Klasse M (Foto: privat)

Bildanalyse:

Das Genick des Pferdes ist in diesem Moment nicht der höchste Punkt, wie von den „Richtlinien" gefordert. Die Reiterin hat das Pferd in der Einleitung des Mitteltrabes etwas zu tief im Genick eingestellt. Die Muskulatur arbeitet zwar durch den Körper, doch man wünscht sich ein noch aktiveres Hinterbein, sodass Hintermittelfuß und Vorarm parallel schwingen. Die Reiterin sollte ihr Pferd im weiteren Training noch besser dabei unterstützen, die Muskulatur der Hinterhand einzusetzen und den Hals als Balancierstange zu nutzen. Mit zunehmender Schulung der Muskulatur kann das Pferd noch mehr Tragkraft, Schubkraft und Selbsthaltung entwickeln. Die perfekte Haltung aus den „Richtlinien" ist ein wichtiges Endziel, das wir immer im Kopf haben sollten. Bei einem Pferd mit einer Muskelerkrankung, die sich unter anderem in der Hinterhand manifestiert und mit Muskelsteifheit einhergeht, müssen wir aber auch Grenzen des Pferdes anerkennen. Bei Fotos ist zu beachten, dass sie den Bewegungsfluss als Momentaufnahme darstellen und „durch die Nickbewegung des Pferdes das Genick nicht dauerhaft der höchste Punkt ist", so Heike Kemmer (in Schnieder 2020).

Bei der folgenden Momentaufnahme auf dieser Trabdiagonale sehen wir, dass es der Reiterin im weiteren Verlauf der Diagonale besser gelingt, das Hinterbein zu aktivieren und den Ganaschenwinkel des

Bessere Korrespondenz von Hintermittelfuß und Vorarm (Foto: privat)

Pferdes leicht zu öffnen. Dabei gerät sie im Sitz etwas aus der Balance und kommt mit abgespreizter Fußspitze in den Stuhlsitz. Die Kameraperspektive ermöglicht überdies eine bessere Beurteilung der Korrespondenz von Hintermittelfuß und Vorarm. Es wird dabei erneut deutlich, dass Momentaufnahmen das Gesamtbild nur begrenzt widerspiegeln.

In der Ausbildungsskala steht der Schwung vor der Geraderichtung. Jedoch sollte die Muskulatur beider Hinterbeine bereits gleichmäßig trainiert sein, sodass die Hinterhand unter den Körperschwerpunkt arbeiten kann. Das bedeutet, dass eine entsprechende Schulung der Muskulatur, im Sinne des Ausgleichs der natürlichen Schiefe, bereits vor der Förderung des Schwungs erfolgen sollte. Das Geraderichten ist eine grundlegende reiterliche Aufgabe in der Pferdeausbildung und kann als ein langfristig angelegtes Trainings- und Ausbildungsziel verstanden werden. Auch mit dem weit ausgebildeten Pferd muss der Reiter in jeder Trainingseinheit mit der natürlichen, angeborene Schiefe der Muskulatur arbeiten. Gustav Steinbrecht formulierte es in seinem Buch *Das Gymnasium des Pferdes* ganz schlicht: „Reite dein Pferd vorwärts und richte es gerade." Diese vielzitierte Maxime klingt einfach, ist aber nicht einfach umzusetzen. Wie bereits erwähnt, ist es besonders für Pferde mit muskulären Problemen wichtig, das individuell passende Arbeitstempo zu finden. Viele PSSM-2-Pferde neigen zu einem mangelnden Vorwärtsdrang, der in der Aufwärmphase dominiert und auch nach einer Fütterungsanpassung in abgeschwächter Form bestehen bleiben kann.

Praxistipp:

- *Versuchen Sie das Arbeitstempo so zu gestalten, dass das Pferd durchlässig die treibenden Hilfen annehmen kann.*
- *Sie können die natürliche Schiefe bereits durch korrektes Durchreiten von Ecken verbessern.*
- *Trainieren Sie in kurzen Reprisen die Muskulatur der steifen Körperhälfte des Pferdes, da durch die Schiefe die Beine vor allem auf gebogenen Linien ungleichen Kräften ausgesetzt sind.*

Das Pferd versucht seine natürliche Schiefe zu kompensieren und verspannt dabei die Muskulatur?
→ Unterbrechen Sie das Training auf dieser Hand, die Ihrem Pferd schwerer fällt, bereits nach einer kleinen Verbesserung, durch einen kurzen Handwechsel zur Schokoladenseite Ihres Pferdes. Wiederholen Sie diesen Ablauf mehrfach. Dadurch können Sie muskulären Kompensationshaltungen und Überlastungen entgegenwirken (z.B. kann das Hinterbein auf der hohlen Seite überlastet werden oder das Vorderbein der steifen Seite).

Kurz & knapp

Der wohl wichtigste Aspekt zur Beachtung der Ausbildungsskala beim Muskeltraining ist die Gesunderhaltung des Pferdes und somit auch das Tierwohl. Denn durch eine pferdegerechte Ausbildung, die sich an dem Ausbildungssystem der „Skala der Ausbildung" orientiert, wird das gleichmäßige Belasten des Pferdekörpers gefördert, und Sie können einem vorzeitigen Verschleiß der Gliedmaßen vorbeugen. Dieses Buch befasst sich mit dem Muskelaufbau und dem Erhalt der Muskulatur des Pferdes. Geraderichten ist dabei Weg und Ziel zugleich, um eine ausgewogene Entwicklung der Muskulatur zu fördern. Die Ziele und Erfolge der geraderichtenden Arbeit müssen aber langsam und langfristig verfolgt werden. Dieser Zeitaspekt trägt der Tatsache Rechnung, dass die Muskulatur auf der hohlen (verkürzten) Seite des Pferdekörpers vermehrt gedehnt werden muss.
Bitte denken Sie daran: Jedes Dehnen der Muskulatur muss langsam und schrittweise erfolgen, da sonst Verletzungsgefahr droht!
Wird der Bewegungsapparat des Pferdes, unter Beachtung der individuellen Schiefe, nicht auf beiden Körperhälften gleichmäßig trainiert, steigt das Verletzungsrisiko und auftretende muskuläre Verspannungen sind immer schwerer ausgleichbar. Ohne ein ausgewogenes Muskeltraining kann eine unterschiedlich starke Rippenwölbung entstehen, was auf Dauer zu Rückenproblemen beim Pferd führen kann.

Die Versammlung steht am Ende des Ausbildungsweges und kann nur durch ein systematisches und langjähriges Kraftaufbautraining erreicht werden. Pferde mit Muskelerkrankungen fällt das Erreichen dieses Ausbildungsziels nicht immer leicht. Einige PSSM-2-Pferde mit ausgeprägter Neigung zu Muskelsteifheit, zunehmender Muskelschwäche oder einer Neigung zum Muskelabbau haben hier körperliche

Grenzen, die es, vor allem mit zunehmendem Alter des Pferdes, zu akzeptieren gilt. Auch wenn bestimmte Ziele der „Richtlinien“ nicht mehr in Perfektion erreicht werden können, so sollten diese Pferde doch angepasst und im Rahmen ihrer körperlichen Möglichkeiten trainiert werden.

Training als Gesunderhaltung und Symbiose

Wenn wir über den Umgang mit Pferden sprechen und uns über Ausbildung, über Reitweisen, Fütterung bis hin zur Haltung austauschen, dann sprechen wir immer auch über unser Selbstverständnis als Reiter und als Menschen. Denn Pferde sind auch Teil unserer Individualität. Sie waren und sind wirtschaftliche Tauschgegenstände, manchmal Sündenböcke, aber vor allem Partner und Gefährten. Während früher fast ausschließlich der Nutzen des Pferdes im Vordergrund stand, werden sie immer stärker als „true companions“ wahrgenommen. Gleichzeitig suggeriert gerade das Pferd einen sozialen Stellenwert. Denn es war schon immer mehr als nur ein Haustier. Selbst das Bauernpferd war Arbeitskamerad und

Die „Ethischen Grundsätze des Pferdefreundes“ bieten uns mit ihrer Geradlinigkeit und Deutlichkeit eine zeitlose Orientierung zum Wohle unserer Pferde und Ponys (vgl. Deutsche Reiterliche Vereinigung e.V. (FN) 2020a). (Foto: Sabrina Doll)

Stolz zugleich. Das Pferd eines Kaisers war wichtiger Bestandteil seiner Selbstinszenierung, die Pferde der preußischen Fürsten und Könige lebten in repräsentativen Luxusstallungen. Überdeutlich wird die Bedeutung des Pferdes für den Menschen in der Tatsache, dass im zweiten Weltkrieg allein an der Ostfront auf deutscher Seite zwei Millionen Pferde eingesetzt wurden. Obwohl sie ihren Reiter durch den Krieg führten, kamen viele nicht zurück. Insgesamt sind im Zweiten Weltkrieg bei allen Beteiligten sechs Millionen Pferde im Kriegseinsatz verstorben.

Anna-Lisa Guthöhrlein mit Luke Skywalker (n/P2, n/P3, n/P4, n/P8, n/PX) (Foto: Rolf Dannenberg)

> „Ganze Weltalter von Liebe werden notwendig sein, um den Tieren ihre Dienste und Verdienste an uns zu vergelten."
>
> (Christian Morgenstern 2017)

Das Motiv vieler Pferdefreunde ein Pferd zu reiten, ist von Tierliebe, Freude und Faszination an der Symbiose mit dem Pferd geprägt. Aus einer ethischen Perspektive heraus müssen wir dafür Sorge tragen, dass es dem uns anvertrauten Pferd in dieser Symbiose seiner Art gemäß „gut" geht. Denn was uns mit dem Pferd verbinden sollte, ist ein Kooperationsverhältnis.
Die Ausbildungsskala als roter Faden eines langfristigen gemeinsamen Lernprozesses hat das Potential, den Reiter auf seinem Weg zu einem pferdegerechten Partner des Pferdes zu begleiten. Die Skala der Ausbildung strukturiert den gemeinsamen Lernweg von Reiter und Pferd. Sie ist also die Leitlinie der didaktisch-methodischen Ausdifferenzierung mit Übungsreihen für den Muskelaufbau.
Damit die Ausbildungsskala überhaupt ihre Effizienz entfalten kann, muss natürlich auch der Reiter geschult werden (siehe dazu „Ausbildungsweg des Reiters" in Deutsche Reiterliche Vereinigung 2021a, Seite 64 f.).

Viele Probleme, die wir beim Reiten und im Umgang mit unseren Pferden haben, sind entweder in unserem Erziehungsverhalten oder in unseren reiterlichen Fehlern begründet. Wenn ein Pferd sich beim Training verweigert und widersetzlich zeigt, dann suchen Sie bitte akribisch die Ursache. Und geben Sie sich nicht vorschnell und leichtfertig mit einem Erklärungsansatz zufrieden! Denn kein Pferd verweigert sich ohne Grund! Die Natur des Pferdes ist dem Menschen zugewandt. Pferde versuchen, eine Symbiose mit uns einzugehen. Es ist ein Herdentier, das sich in der Regel unterordnet und kooperieren will. Es ist neugierig und will lernen. Deshalb ist es absolut unerlässlich, Probleme im Umgang und beim Reiten immer multidimensional und auch selbstkritisch zu betrachten. Vor allem, wenn die Symbiose mit dem Pferd gerade nicht gelingt. Das pferdegerechte Reiten unter Beachtung der Trainingslehre und Biomechanik hat deshalb nicht nur präventiven oder rehabilitativen Charakter. Es zählt an jedem Tag und hat bei jeder Reiteinheit Gültigkeit.

> „Ich wollte schon immer wissen, warum ein Pferd ‚nicht kann'. Problemen beim Reiten muss man immer auf den Grund gehen und darf sie nicht als Unwillen des Pferdes abtun. Bei MIM-Pferden fällt mir auf, dass einige vor allem zu Beginn der Trainingseinheit noch steif sind und nicht sofort loslassen können. Diesen Pferden wird zu unrecht fehlender Arbeitswille unterstellt. Statt Druck brauchen sie Zeit und individuell passende Übungsreihen."

(Alexandra Kappes, Pferdewirtschaftsmeisterin)

Muskelverspannungen drücken auf die Schmerzsensoren im Muskelgewebe. Gutes Training und Gymnastizieren des Pferdes lösen diese schmerzhaften Verspannungen und durchbrechen so den Teufelskreis aus Schmerz, Anspannung und noch mehr Schmerz. Gesundheit ist dabei natürlich ein sehr relativer Begriff, und Wohlbefinden und Lebensfreude ist viel mehr als das Fehlen von Krankheit!
Auch Menschen mit chronischer Schmerzsymptomatik oder Menschen mit körperlicher Behinderung brauchen Sport und individuelles Bewegungstraining.

Pferde mit einer Veranlagung zu Muskelstoffwechselerkrankungen dürfen deshalb nicht als unreitbar in die Ecke gestellt oder als schwer zu managen abgestempelt werden. Gerade Pferde mit dem Symptomspektrum PSSM 2 brauchen das regelmäßige Training und sollen möglichst gut geritten werden.

3.2 Trainingslehre und Trainingsplanung

„Alle Pferde profitieren von regelmäßigem Training ganz erheblich. Nach meiner Erfahrung macht ein systematisches Training etwa 60 Prozent des Erfolges aus. Das gilt umso mehr bei Pferden mit Muskelproblemen, insbesondere auch bei PSSM-2-Pferden. Bei PSSM 2 ist es bei meinen Patienten so: Die korrekt trainierten Pferde sind die gesünderen Pferde."

(Christina Wessling, Tierärztin, Züchterin, Dressurreiterin bis zur schweren Klasse, Expertin für PSSM 2)

Muskeln managen

Pferdetraining ist der planmäßige Aufbau von Kondition, Kraft und Ausdauer sowie die Schulung der Koordination auf Grundlage der Ausbildungsskala:
→ bewusstes Trainieren mit einem klaren Ziel (Tagesziel, Wochenziel, Jahresziel, Lebenskarriere)
→ wissenschaftlich fundierte Trainingssystematik
→ methodisches Training (z.B. Intervalltraining[G], Ausdauertraining)
Das Leistungsvermögen wird durch Exterieur und Interieur beeinflusst. Den noch größeren Einfluss jedoch haben meist äußere Einflüsse:

- Versorgung, Bewegungsmöglichkeiten und Sozialkontakte in der Aufzucht
- Haltungsbedingungen (Auslauf, Weide, Sozialkontakte)
- Fütterung
- Tagesform
- Trainingsqualität
- reiterliche Fähigkeiten, Passung zwischen Pferd und Reiter, Beziehungsqualitat

Kurz & knapp

Aus der Leichtathletik wissen wir: Wer zu schnell das Training steigert, bekommt nach sechs bis acht Wochen Sehnenansatzbeschwerden und/oder Gelenkbeschwerden. Anpassungen und Fortschritte brauchen Zeit!

Unabhängig von der Disziplin erfolgt jedes Training auf Basis der Gesetze der Trainingslehre (Sportwissenschaft, Medizin, Biologie, Physik, Chemie) in drei grundlegenden Trainingsphasen.
Methodisch ist zu unterscheiden:

1. **Aufbau der Grundkondition des Reit- oder Fahrpferdes**
   disziplinenübergreifend
   → Zeitbedarf: circa 1 Jahr
2. **Faszienstabilisierung**
   Zeitbedarf: circa 2 Jahre

3. **Disziplinspezifisches Training**
   Vielseitigkeit, Distanz, Freizeit, Wanderreiten, Springen, Dressur
   → Zeitbedarf: mehrere Jahre, je nach Disziplinanforderungen
4. **Aufbautraining**
   a. nach Wettkampfpause (ca. 2 bis 4 Wochen, bis der vorherige Trainingszustand wieder erreicht ist)
   b. nach Krankheit/Zwangspause (mindestens 8 bis 12 Wochen)

Das Training der Grundkondition sollte frühestens ab dem dritten Lebensjahr beginnen und bis zum siebten Lebensjahr abgeschlossen sein. Dabei geht es nicht nur um ausreichend Zeit für den Aufbau der Muskulatur, sondern auch um den Aufbau und die Stärkung von Sehnen, Bändern und Faszien. Denn man sollte nicht vergessen, dass Faszien, Bänder, Sehnen, Knochen und Gelenke deutlich mehr Zeit als Muskeln benötigen, um sich an die reiterlichen Anforderungen anzupassen. Das Fasziengewebe umschließt Muskeln, Knochen und Gelenke und benötigt etwa zwei Jahre, um sich zu stabilisieren, während Muskeln sich bei passendem Training bereits innerhalb von wenigen Wochen und Monaten aufbauen können. So kommt es, dass gut bemuskelte Jungpferde aufgrund zu früher Steigerung der Trainingsintensität Sehnen- oder Gelenkschäden entwickeln.
Bei Pferden, die sehr spät, also nach dem sechsten oder siebten Lebensjahr ins Training genommen werden, zeigt sich ebenso eine erhöhte Verletzungsanfälligkeit. Vollumfänglich sportlich belastbar ist ein gesundes, trainiertes Pferd mit Grundkondition ab dem vollendeten Zahnwechsel, also ab etwa fünf Jahre. Aus der Sicht der Veterinärmedizin ist das Verlangen von temporären Höchstleistungen bei einem systematisch trainierten und gesunden Pferd ab dem neunten Lebensjahr sinnvoll.

Einflussfaktoren	
positiv/förderlich	**ungünstig/energieraubend**
• Weide, Sonne, Luft • Artgenossenkontakte	• Bewegungsmangel, unregelmäßige Bewegung und Training • fehlende Artgenossenkontakte • kein Wälzen möglich • zu wenig freie Bewegungsmöglichkeiten
• Loben von erwünschtem Verhalten • Durchdachte Konditionierung	• Stress, Druck beim (An-)Reiten
• angepasste, individualisierte und bedarfsgerechte Fütterung	• Nährstoffmangel, unpassendes Verhältnis von Baustoff- bzw. Energiestoffzufuhr und Bedarf (siehe Seiten 128 f., 130, 328)

positiv/förderlich	ungünstig/energieraubend
• regelmäßiges systematisches Training	• zu starke Trainingsreize • zu frühes und schlecht vorbereitetes Anreiten • fehlende körperliche und mentale Reife beim Anreiten und in der weiteren Ausbildung
• Erholungszeiten (innerhalb der Reiteinheit und im Jahresplan)	• zu wenig Erholungsphasen • Schmerzen, Muskelkater • Training in große Hitze, extremer Kälte
• Trainingsaufbau (mit Aufwärmen, Abwärmen, Belastung, Erholung)	• falsches, ungenügendes Auf- und Abwärmen
• systematisches Gesundheits- und Haltungsmanagement (z.B. Impfung oder Titerbestimmung, Zahnkontrolle, Wurmuntersuchung, Kontrolle der Blutwerte) • tierärztliche Betreuung und Kontrolle des Gesundheitszustands (z.B. Lahmheitsdiagnostik, Abhören der Atmungsorgane)	• Übergehen von Symptomen • sehr kaltes Wasser, tränken direkt nach intensivem Training • zu lange Fresspause (über 4 Stunden)
• ausbalancierter Reiter • Passung von Körpergröße und Gewicht des Reiters zum Pferd	• Anfänger und Jungpferd • Anfänger und Korrekturpferd • deutlich zu schwerer Reiter plus fehlende Balance
• Berücksichtigung der Ausbildungsskala	• planloses Trainieren ohne Systematik
• verlässliche menschliche Bezugsperson	• fehlende Beziehungsebene, wechselnde menschliche Bezugsperson
• passendes Equipment	• unpassendes Equipment
• Routine (Hängerfahrten, Ausritte, Schmied, tägliche Abläufe und Anforderungen)	• längere Transporte von unerfahrenen Pferden • fehlende Vorbereitung • Überforderung und Gewaltanwendung
• Aufstieghilfe	• Die ungünstige Belastung des Pferdekörpers beim Aufsteigen ohne Aufstieghilfe schadet dem Pferderücken (und dem Sattel).

Trainingsmethoden

- Dauermethode[G]
- Intervalltraining
- Krafttraining
- Tapering

Neben dem passenden Trainingsreiz (Kondition, Leistungsniveau) spielt auch die Nährstoffversorgung eine Rolle. Mineralstoffe (siehe Seite 161), Antioxidantien[G] (siehe Seite 155), Vitamine und Aminosäuren (siehe Seite 146) fungieren als wichtige Muskelstoffwechselfaktoren und sorgen für den Schutz der Zellen gegen oxidativen Stress (siehe Seite 223). Die jeweilige Trainingsmethode sollte immer mit einem qualifiziertem Ausbilder abgesprochen werden.

Ausdauertraining

Beim Ausdauertraining wird zwischen der Dauer- und der Intervallmethode unterschieden. Egal in welcher Disziplin – ob im Wald, über Baumstämme, im Stangenwald über Hindernisse oder seitwärts durch das Viereck tanzend – ein Reitpferd benötigt grundlegende koordinative Fähigkeiten, um mit den reiterlichen Anforderungen und dem Reitergewicht klarzukommen. Natürlich sollte auch der Reiter entsprechend geschult sein.

> „Ob Ausdauertraining im Wald, Gymnastizierung am Berg oder im Viereck, Ausritte auf unebenen Böden – die vielseitige Ausbildung unterstützt die Gesunderhaltung unserer Pferde."
>
> (Alexandra Kappes, Pferdewirtschaftsmeisterin)

Koordinationsübungen sind deshalb die Basis für jegliches Training, um die Zusammenwirkung und Steuerung von Muskeln und Nerven zu fördern (z.B. Ausritte in hügeligem Gelände, auf unterschiedlichen Untergründen, über Baumstämme, Hangtraining, Bodenarbeit über unterschiedlich hohe Bodenstangen, Rückwärtsrichten durch ein Stangen-L, schräg über verschiedene Anordnungen von Bodenstangen).
In der Sportmedizin wird Ausdauertraining als Methode der Wahl angesehen, um Muskelabbau entgegenzuwirken. Für eine Minderung der Muskelmasse und -funktionen können folgende Faktoren verantwortlich sein: Erkrankungen (z.B. Myopathien, Infektionen), Alterungsprozesse, Bewegungsmangel, hormonelle Veränderungen, aber auch Fehler und Verbesserungspotenziale im Fütterungs-, Trainings- und Haltungsmanagement.
Gegen den Zelltod von Muskelfasern ist Ausdauertraining die Intervention der Wahl, da es die aerobe Kapazität erhöht und die Funktion der Mitochondrien sichert oder sogar verbessert. Ausdauertraining kann eine Biogenese von Mitochondrien veranlassen, ein biologischer Prozess, durch den in der Zelle neue Mitochondrien gebildet werden. Ein weiterer Faktor ist die positive Wirkung der Signalstoffe (Myokinwirkung, siehe Seite 20) durch das Ausdauertraining. Obwohl bei einigen PSSM-2-Pferden die Muskulatur rein optisch unauffällig bis

gut ausgeprägt erscheint, ist ein individuelles Krafttraining bei diesen Pferden sinnvoll, um die Muskelfunktion zu verbessern und einer Muskelschwäche entgegenzuwirken („Krafttraining“ siehe ab Seite 91).

Übungsimpulse für das Koordinations-Basistraining

Einseitig erhöhte Cavaletti

Je nach Häufigkeit der Wiederholung und je nach Gangart werden Muskulatur, Bänder und Sehnen gestärkt, aber auch belastet. Zur Koordinationsschulung und zur Vorbereitung des Ausdauertrainings sollte mit dem Cavaletti-Training im Schritt begonnen werden. Erst ohne Reiter, später mit Reitergewicht.

- Förderung von Koordination, Losgelassenheit und Schrittlänge
- Ziel: Stärkung von Brustmuskulatur und der vorderen Sägemuskeln → besseres Anheben des Widerrists und Beugen der Vorderbeine
- Stärkung der Bauch- und Kruppenmuskulatur → Beugen der Hinterhand

Stangenquadrat

Zunächst sollten Sie das Pferd bei der Aufgabe führen, später erfolgt sie mit Reitergewicht. Der Reiter sollte bewusst eine bestimmte Linie wählen und sich diese Linie vor seinem inneren Auge vorstellen. Beim Abwenden auf die gedachte Linie gilt es, die äußere Schulter des Pferdes zu begrenzen. Es sind vielfältige Wege möglich.

- Der Weg führt geradeaus und diagonal durch das Quadrat (Einsteiger, rote Linie).
- Führen oder reiten Sie auf einer gebogenen Linie über das Quadrat (Einsteiger, rote Linie).
- Auf der Linienführung einer liegenden Acht führt der Weg über das Quadrat (Experte, schwarze Linie).
- Folgen Sie der Außenlinie eines vierblättrigen Kleeblatts (Experte, weiße Linie)

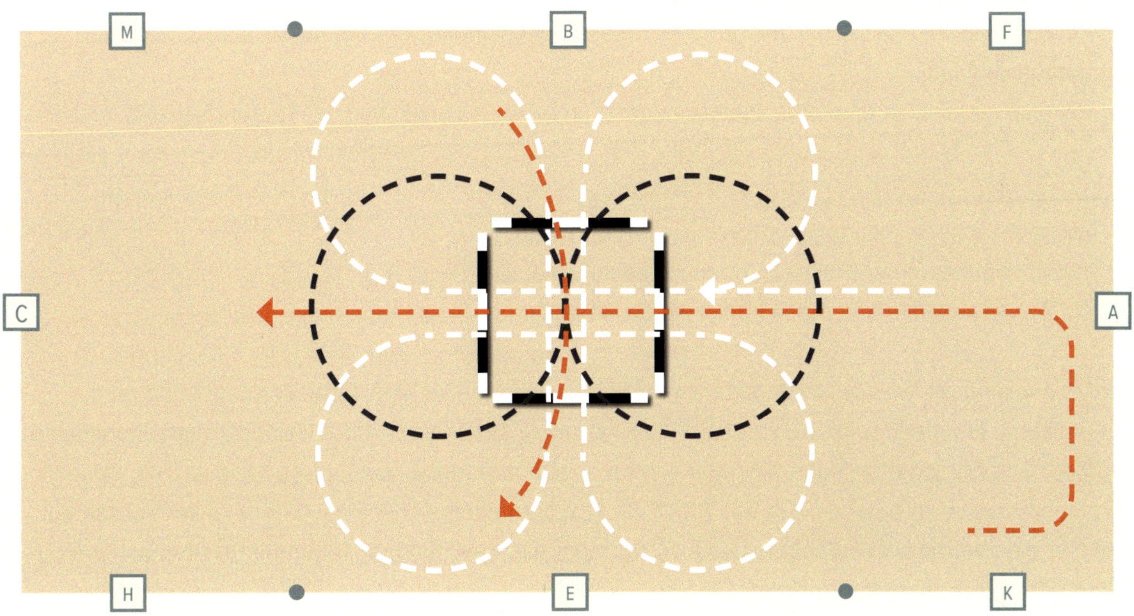

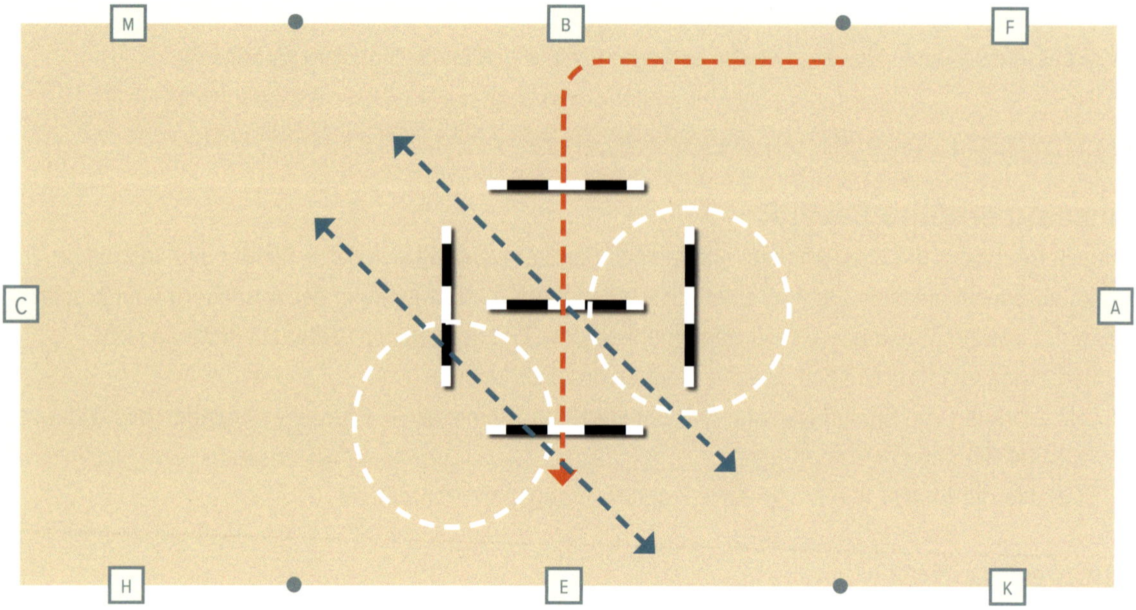

Stangen im Quadrat

Auch hier sind vielfältige Wege möglich. Die Abstände sollten Sie individuell wählen. Im Schritt sollte der Abstand circa 80 bis 90 Zentimeter, im Trab circa 1,20 bis 1,40 Meter betragen. Ruhe und Geduld ist erforderlich. Mit zunehmender Routine können schwieriger Linienführungen gewählt werden. Als Kombination von Koordinations- und Ausdauertraining ist die Ausführung auch im Trab möglich. Für eine vereinfachte Variante reiten Sie die Linien erst ohne die mittlere Stange im Quadrat.

- Der Weg führt zunächst über die drei Stangen geradeaus (rot).
- Reiten Sie schräg durch den Stangensalat, über Eck beginnend, von der kürzesten zur längsten Diagonale (blau).
- Reiten Sie auf einer Volte über alle Ecken und durch die offenen Ecken des Quadrats (weiß).

Grundsätze der Dauermethode

- kontinuierliche Belastung (hauptsächlich aerob)
- zwischendurch Tempowechsel (dabei kurzzeitig anaerober Bereich)
- idealerweise vorbereitet durch Koordinationsübungen

Ziel des Ausdauertrainings ist es, dass ein Pferd den Reiter im lockeren Trab etwa 20 Minuten gut tragen kann. Erst dann sollte die Intensität der Aufgabe gesteigert und der Galopp hinzugenommen werden. Den Galopp erst später hinzuzunehmen, macht trainingsphysiologisch absolut Sinn, denn in der Einbeinstütze im Galopp muss das Pferd die Beschleunigungskräfte nach der Schwebephase auf dem inneren Vorderbein abfangen. Ohne vorbereitenden Muskelaufbau kann das zu Überlastungen führen. Das Verletzungsrisiko steigt.

Zur Kontrolle eignet sich ein Pulsmessgerät (Richtwert im ruhigen Arbeitstrab: circa 80 Schläge pro Minute, variiert von Pferd zu Pferd). Bei einem plötzlichen Anstieg auf 100 (auch dieser Wert ist variabel, jedes Pferd hat eine individuelle anaerobe Schwelle) erfolgt kein aerobes Training mehr. Das Pferd kommt in eine negative Sauerstoffsättigung. Beim aeroben Ausdauertraining sollte bei den ersten Ermüdungsanzeichen das Abwärmen eingeleitet werden.

Warm-up in der Natur

Beim „Reisegalopp" wird das Pferd im leicht entlastenden Sitz mit offenem Ganaschenwinkel über einen längeren Zeitraum gleichmäßig und ruhig „geradeaus galoppiert" (Bürger & Zietzschmann 2021, Seite 60; vgl. dazu auch Bürger 2006). Der Reiter baut eine leichte Verbindung zum Maul auf, ohne auf eine bestimmte Halshaltung zu drängen. Es hilft, in den Atem- und Laufrhythmus des Pferdes hineinzuhorchen und zu spüren, wie die Bauch- und Rückenmuskeln an- und abgespannt werden. Das kann etwas Meditatives haben und fördert bei Reiter und Pferd die Losgelassenheit. Der Reisegalopp dehnt das Zwerchfell und stärkt die Lungenfunktion. Kleine Rahmenveränderungen ergeben sich ganz natürlich auf der Wegstrecke durch unterschiedliche Böden und den Wegverlauf.

→ **Rechts- und Linksgalopp abwechseln!**
→ **Ermüdungsanzeichen beachten!**

Die Dauermethode eignet sich beispielsweise für die beginnende Lösungsphase. Das Pferd wird in einem gleichmäßigen ruhigen Takt, rhythmisch, aber ohne Übergänge gearbeitet. Das fördert das kontinuierliche An- und Abspannen der Muskulatur und somit die Durchblutung.

Ermüdungsanzeichen

- zunehmend lauteres Auffußen
- starkes Schwitzen bei normalen Umgebungstemperaturen
- auftauchende Koordinationsprobleme (Stolpern, Umknicken, Anstoßen an Trabstangen, Fehler am Hindernis, Taktfehler, Kreuzgalopp)
- zu hohe Atemfrequenz beziehungsweise zu langsame Absenkung von Atemfrequenz und Puls, zunehmend lautere Atmung (vgl. Ellendorff 2011, Seite 26: durchschnittliche Atemfrequenz in Ruhe = 8 bis 16 Atemzüge pro Minute; Schritt = 65; Trab = 91; Galopp = 113 bis 126; Erholung 10 Minuten Schritt = 126).
- Bitte beachten Sie, dass die Atemfrequenz nach der Trainingsbelastung noch eine Weile erhöht bleibt, um ein entstandenes Sauerstoffdefizit abzubauen, die Energiespeicher wieder aufzufüllen und das entstandene Kohlendioxid auszuatmen (ebd. Seite 27)!
- zunehmendes Sich-auf-die-Hand-Legen, Verschlechterung der Selbsthaltung während der Trainingseinheit

- Zähneknirschen, hektisches Kauen (nicht zu verwechseln mit ruhigem Kauen als erwünschtes Nachgeben des Kiefers)
- zunehmender Muskeltonus, bei dem die Anspannung überwiegt und in eine negative Spannung übergeht
- Das Pferd fühlt sich beim Aussitzen weniger losgelassen an und lässt nicht mehr gut sitzen.

Funktionale Spannung ist positiv!
Wie bereits auf Seite 65 kurz dargestellt, ist „Positive Spannung" (Stammer 2020) für die Ausbildung des Pferdes und den effektiven Muskelaufbau ein wichtiger Faktor. Im Unterschied zu negativer Spannung geht diese nicht zu Lasten der Losgelassenheit! Negative Spannung ist nicht immer vermeidbar. Manchmal spannen Pferde sich auch in Situationen negativ an, die sie als Gefahr wahrnehmen. Gelassenheitstraining und ein schrittweises Heranführen der Pferde an neue Situationen und Aufgaben sind hilfreich, um diesen Problemen präventiv zu begegnen. Denn dauerhaft negative Spannung führt langfristig zu chronischen Verspannungen, die der Muskulatur schaden.

Grundsätze des Intervalltrainings

Die sogenannte anaerobe Schwelle ist die höchste Belastungsstufe, die ein Körper aufrechterhalten kann, ohne dass eine große Menge an Milchsäure produziert wird. Intervalltraining versucht, diese Grenze der aeroben Schwelle zu verschieben, sodass der Körper länger arbeiten kann, bevor die Erschöpfung erreicht ist.

Ziele

- Verbesserung der anaeroben Leistung → Verbesserung des Duchhaltevermögens
- Vermeidung von Verletzungen und Überbeanspruchung
- Gewichtsverlust durch Fettverbrennung bereits bei moderatem Level
- Verbesserung der Fähigkeit des Pferdes, Blut in das Herz zu pumpen
- Vermehrung der Blutmenge, die vom Herzen weggepumpt wird; Verbesserung der Herzkapazität

Methode

- Wechselnde Phasen mit hoher (Schnelligkeit oder Krafttraining) und geringer Belastung (Erholungsphasen) erfolgen mehrere Male hintereinander innerhalb einer Trainingseinheit.

Erholung bis fast zum Normalpuls → nächster Belastungsreiz → Stärkung der Muskeln, des Herzens und der Lungen

Instrumente

Herzfrequenz-Messgerät → Herzschlagkontrolle in Echtzeit (z.B. Equisense Motion S)

Extensives und intensives Intervalltraining eignen sich besonders für das Vielseitigkeits- oder Distanztraining. Diese Disziplinen erfordern sowohl aerobe als auch anaerobe Ausdauer. Das Intervalltraining ist für das Vielseitigkeitstraining besonders geeignet, da Pferde nach einer kurzen Erholungspause besser im Gleichgewicht galoppieren als beim Ausdauertraining durch längeres Galoppieren am Stück.

	Extensives Intervalltraining = Arbeit nahe an der anaeroben Schwelle	**Intensives Intervalltraining = Verbesserung anaerobe Kapazität**
Warm-up	ausgedehntes Aufwärmen im fleißigen Schritt (15 bis 20 Min.)	
leicht	a) moderater Galopp oder fleißiger Arbeitstrab 1 bis 2 Minuten b) 5 Minuten Schritt → 4 Wiederholungen	a) 30 Sekunden verstärkter Galopp b) 2 Minuten Schritt → 10 Wiederholungen
mittel	a) 3 Minuten ruhiger Galopp b) 3 Minuten Schritt → 5 Wiederholungen	a) 1 bis 1,5 Minuten verstärkter Galopp b) 30 Sekunden Schritt → 10 Wiederholungen
hoch	a) 5 Minuten ruhiger Galopp b) 2 Minuten Schritt → 5 Wiederholungen	a) 2 bis 3 Minuten verstärkter Galopp b) 30 Sekunden Schritt → 10 Wiederholungen
Cool-down	Abwärmphase 10 bis 15 Minuten Austraben Schritt	

Die Methode Intervalltraining sollte nicht an mehreren Tagen hintereinander eingesetzt werden, da der Trainingsreiz eine körperliche und mentale Belastung (Ermüdung) darstellt und eine angemessene Zeit zur Erholung und für das Muskelwachstum unbedingt notwendig ist (siehe Erholung und Superkompensation[G], Abbildung Seite 90). Direkt nach einer Trainingseinheit ist das Pferd weniger leistungsfähig als davor. Ursache sind die aufgebrauchten Energiespeicher und die beanspruchten Muskeln, Sehnen, Gelenke und Bänder. In der Erholungsphase werden die Energiespeicher wieder aufgefüllt und die trainingsbedingten Mikroläsionen an Muskeln, Sehnen, Gelenken und Bändern repariert.

Jedes Pferd benötigt Regenerationsphasen, in denen der Körper die Reparatur- und Wachstumsprozesse des Muskels vornehmen kann. Diese natürlichen Reparaturprozesse sind bei PSSM-2-Pferden erschwert, verzögert oder gestört. Dadurch entsteht ein Mehrbedarf an Zeit und Aminosäuren. Um die Leistungsfähigkeit zu erhalten beziehungsweise wiederherzustellen, ist die Deckung des Proteinbedarfs sicherzustellen (Proteine liefern die Baustoffe aller Körpergewebe, Antikörperbildung, Hormone, Enzyme).
Einige PSSM-2-Varianten führen zu einer fehlerhaften Proteinsynthese. Das heißt es werden fehlerhafte Muskelstrukturproteine zur Regeneration verwendet. Gerät der Organismus in eine ungünstige Stickstoffbilanz (z.B. Infekt, Reparaturprozesse, erhöhter Bedarf, oxidativer Stress[G]) und kann er den Proteinmangel nicht ausgleichen, werden die fehlenden Stoffe aus dem eigenen Muskelgewebe herausgelöst. Muskelgewebe wird abgebaut. Das gilt in abgeschwächter Form auch für das gesunde Pferd.
Bestimmte Stoffe, die unter anderem wichtig für den Muskelaufbau sind, kann auch das völlig gesunde Pferd nicht selbst synthetisieren (z.B. die Aminosäuren Threonin, Methionin, Lysin). Die Bedarfsdeckung kann durch die Fütterung von Proteinen (z.B. Leinkuchen oder Soja) mit einem günstigen Aminosäurenmuster sichergestellt werden (siehe Seite 146).

Um auf zukünftige Belastungen besser vorbereitet zu sein, führt der Körper eine Anpassungsleistung durch, die sogar über das Ausgangsniveau hinausgeht. Man spricht hier von einer Superkompensation.

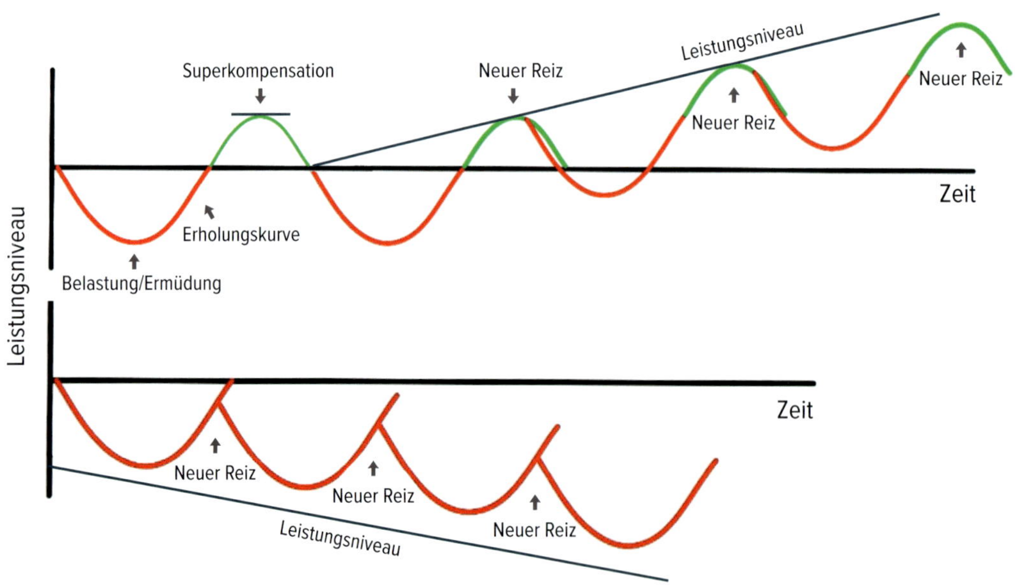

(Quelle: https://www.fitbook.de/fitness/rest-day; Grafik modifiziert nach: Prof. Dr. Stephan Geisler)

Wird das nächste Training zu spät aufgenommen, nimmt das superkompensierte Leistungsniveau wieder ab. Erfolgt eine neue Trainingseinheit zu früh, kann es zu einem Übertraining kommen, wodurch eine Abwärtsspirale eintritt.

Kurz & knapp

Ein erfolgreiches Intervalltraining ist grundsätzlich nur möglich, wenn nach einer kurzen hohen Belastung wieder genug Zeit zur Erholung zur Verfügung steht.

→ Intensives Intervalltraining erfolgt einmal wöchentlich, keinesfalls mehrere Tage hintereinander.

→ Nach einem stärkeren Trainingsreiz erfolgt am Folgetag ein weniger anstrengendes Pensum oder eine andere Art des Trainings: Bodenarbeit, lockeres Longieren, Arbeit an der Hand.

→ Erholung für belastete Muskelgruppen sicherstellen

Besonders nach einer Verletzungspause oder im Aufbautraining minimiert das Training in moderaten Tempi das Risiko von Verletzungen und Muskelfaserrissen.

Eine Intensivierung des Intervalltrainings sollte nur auf einem stabilen aeroben Leistungsniveau erfolgen:

→ **erst Ausdauer trainieren** → **dann Wiederholungen steigern** → **danach Intensität steigern** (z.B. durch Bergauf-Galoppieren)

Es ist wichtig, die Leistungsbereitschaft des Pferdes genau zu analysieren, um die richtige Balance zwischen Trainingseinheit und Ruhephasen zu finden.

Da das Intervalltraining viel Energie verbraucht, muss dem Pferd unbedingt eine angemessene Futterzufuhr zur Verfügung stehen. Hier empfiehlt sich die Rationsberechnung durch den Profi. Einige Futtermittelhersteller bieten kostenlose Rationsberechnungen auch von Fremdmarken an.

Krafttraining

Kraft ist das Ergebnis von Muskelarbeit. Kraftfordernde Übungen sollten nur einen Anteil von 10 bis maximal 15 Prozent der gesamten Trainingseinheit ausmachen. Sonst sind Muskelkater und verlängerte Regenerationszeiten vorprogrammiert und das Verletzungsrisiko steigt. Die Kraftarten sind fließend miteinander verbunden. Je nach Bewegungsphase dominieren andere Muskelfasern und Kraftarten. Grundlegend kann man folgende unterscheiden:

- Maximalkraft (Cavaletti-Training, versammelte Arbeit, Piaffe, Passage, Pirouette, Arbeit der Rückepferde)
- Schnellkraft beziehungsweise Schnellkraftausdauer (Gymnastikreihen, Parcoursspringen, Zulegen mit mehreren Wiederholungen)
- Kraftausdauer (Vielseitigkeit, Ausritte, dressurmäßiges Reiten, Galoppieren, Fahren)

Auch beim Krafttraining muss, ähnlich wie beim Intervalltraining, das Verhältnis von Belastungs- und Erholungsintervallen beachtet werden. Die Erholungsintervalle sollten etwa fünf- bis sechsmal länger als die Belastungsdauer sein. Während der Erholungsphase kann das Pferd in einer niedrigen aeroben Intensität gearbeitet werden.

Wiederholung plus Technik

Beispielsweise kann ein Pferd auf gutem A- oder beginnendem L-Niveau in der Dressur nach 10 bis 30 Sekunden Kraftarbeit durch einige vermehrt versammelnde Tritten mit erhöhter Lastaufnahme und Hankenbeugung im Anschluss etwa 1 bis 1,5 Minuten in moderatem Tempo in einer lockeren Dehnungshaltung, vorzugsweise auf einer großen gebogenen Linie, getrabt werden.

Lockeres erstes Traben (Foto: Sabrina Doll)

Bildanalyse (links):

Das Bild zeigt einen 5-fach-MIM-Anlagenträger in der beginnenden Lösungsphase. Die Momentaufnahme zeigt das Pferd beim ersten lockeren Traben. In der Lösungsphase dominiert bei diesem Pferd die muskuläre Steifheit der Hinterhand. Die Muskulatur muss langsam und ausgiebig aufgewärmt werden, sodass zunehmend eine bessere Aktivität und ein Heranschließen der Hinterhand möglich wird. Dabei verbessert sich auch die Dehnung der gesamten Oberlinie. In der weiteren lösenden Arbeit wird das Pferd durch Zügel-aus-der-Hand-kauen-Lassen dazu aufgefordert, sich vermehrt an die Hand heranzudehnen. In der Arbeitsphase kann dies im Wechselspiel mit kurzen Phasen erhöhter Lastaufnahme und Hankenbeugung kombiniert werden. Insbesondere bei PSSM-2-Pferden sollte auch in der Arbeitsphase ein besonderes Augenmerk auf das Entspannen der Muskulatur gelegt werden, da diese Pferde häufiger einen zu hohen Muskeltonus und Verspannungen aufweisen können.

Bildanalyse (rechts):

Seit der PSSM-2-konformen Fütterung ist dieses Paar erfolgreich in Dressurprüfungen bis Klasse S** unterwegs. Die Stute hatte zuvor Schwierigkeiten mit Muskelsteifheit, Muskelaufbau und fehlendem

Tierärztin Christina Wessling mit ihrer Stute Dillenia D (n/P2, n/PX) (Foto: Rolf Dannenberg)

Vorwärtsdrang. Das Angaloppieren fiel ihr schwer und erfolgte trotz fortgeschrittenem Ausbildungsstand, insbesondere zu Beginn der Arbeit mit Widerstand, beziehungsweise es war dem Pferd erst nach einer ausgedehnten Aufwärmphase möglich.

Praxistipp:

Beim Krafttraining der Hinterhand leisten ganz besonders das Schultervor und das Schulterherein, die Mutter der Seitengänge, wertvolle Dienste. Neben der geraderichtenden Eigenschaft fördert das Hereinführen der Vorhand bei taktmäßigem Heranschließen der Hinterhand die Tragkraftentwicklung und auch die Freiheit der Schulter.
Falls Ihr Pferd zu Beginn der Arbeit Schwierigkeiten im Galopp oder bereits beim Angaloppieren hat, was bei PSSM-2-Pferden häufiger beschrieben wird, sollten Sie die Lösungsphase vermehrt im Trab gestalten.
Sollte sich Ihr Pferd jedoch im Galopp leichter lösen, dann macht es natürlich Sinn, den Galopp in die Lösungsphase einzubauen. Aufgrund der Einbeinstütze im Galopp ist eine gewisse Kraft und Stabilität der Sehnen, Bänder und Gelenke erforderlich. Deshalb sollte das Pferd im Training bereits eine Grundkondition von etwa 20 Minuten im Trab aufgebaut haben und vor dem ersten Angaloppieren im Schritt und Trab genügend aufgewärmt sein.

Der Aufbau von Grundkondition und Kraft ist keine Kurzstrecke, mehr ein Langlauf. Das Krafttraining erfordert mehrere Monate Training, bis ein Muskelzuwachs sichtbar wird. Planen Sie mindestens drei Monate ein, um erste Erfolge zu sehen.
Bei weiter fortgeschrittenen Pferden können sechs bis sieben korrekt ausgeführte Piaffe- oder Passagetritte genutzt werden, um Koordination und Kraft zu verbessern. Im Anschluss wird das Pferd etwa eine halbe Minute im leicht versammelten Trab auf großer gebogener Linie gelöst. Die Öffnung des Ganaschenwinkels unterstützt das freie Einströmen der Atemluft. Je nach Routine in der Lektion und Kraftausdauer können bis zu vier Wiederholungen des Ablaufs pro Reiteinheit erfolgen. Ähnlich verhält es sich mit der beginnenden versammelnden Arbeit. Dieses vermehrte Trainieren der Muskulatur sollten Sie ebenso immer wieder mit Reprisen in Dehnungshaltung kombinieren. Pro Woche kann das Krafttraining, mit je einem Tag Pause (Pause bedeutet nicht kein Training, sondern eine andere Art des Trainings, das andere Muskelgruppen und Gehirnregionen anspricht), an bis zu drei Tagen erfolgen. Wenn das Pferd in negativer Spannung mit hohem Muskeltonus gearbeitet wird, ist dies nicht nur technisch kontraproduktiv für die jeweilge Lektion. Es werden schlicht die falschen Muskeln trainiert. Außerdem werden verspannte Muskeln nicht ausreichend mit Blut versorgt. Um bei einem Beispiel zu bleiben: Trainiert man pro Woche zwei Piaffe- oder Passagetritte mehr und steigert langsam die Reprisen auf bis zu sechs Wiederholungen, erreicht man in einigen Monaten einen hervorragenden Kraftzuwachs ohne Muskeln, Bänder, Sehnen und Faszien unnötig zu belasten. Beim Springreiten sind Steilsprünge auf höherem Niveau das Äquivalent zur kräftezehrenden Dressurlektionen.

Muskeltonus und Hypermobilität

Der Muskeltonus hat einen direkten Einfluss auf die Muskelfasern, indem mehr Muskelfasern beziehungsweise die gesamte Muskulatur stärker aktiviert werden. Moderne, hypermobile Pferdetypen, die über das normale Maß beweglich und elastisch sind, kompensieren diese Überbeweglichkeit bei fehlender Muskelkraft und noch unzureichender Stabilität des Bewegungsapparates durch einen hohen Muskeltonus, der dem Pferd Stabilität gibt. Die Kehrseite der Medaille ist, dass diese aktivierte Muskulatur Ermüdungsanzeichen und später auch Lahmheiten überspielt, die aus Gründen der langfristigen Gesunderhaltung nicht überritten werden dürfen. Ähnlich verhält es sich bei Pferden mit leichten Ataxien (Koordinationsstörung), schwachem Bindegewebe, instabilen Knien oder zu langen Kniebändern (vgl. Kleven 2020, Seite 44).

Ungünstige Verkettungen für den Bewegungsapparat

Kommen weitere Faktoren, wie Exterieurmängel hinzu, können erblich bedingte Schwächen der Muskelregeneration und fehlende Stabilität der Muskelstruktur das Zusammenspiel der Zahnräder beeinträchtigen. Das komplexe Gesamtsystem des Bewegungskünstlers Pferd kommt aus dem Gleichgewicht. Leistungsverschlechterungen, Widersetzlichkeit oder Lahmheiten sind mögliche Folgen und es kann ein heterogenes Krankheitsbild entstehen. Pferde arbeiten im Allgemeinen gern mit dem Mensch zusammen. Nehmen Sie deshalb Widersetzlichkeit als wichtige Hinweise wahr! Es geht nicht

darum, jedes kleine Missverständnis zwischen Reiter und Pferd überzuinterpretieren. Versucht sich ein Pferd jedoch nachhaltig oder immer wieder zu entziehen, zeigt Abwehrverhalten wie Bocken und Steigen oder verbiegt sich in Kompensationsbewegungen, um den Reiter zufriedenzustellen, dann sollten bei Ihnen die Alarmglocken läuten, und Sie sollten kritisch Ursachenforschung betreiben!

Kurz & knapp

Kraftarbeit und lösende Lektionen müssen in einem physiologisch sinnvollen Verhältnis stehen. Wenn die Muskeln ermüden, muss das Krafttraining für diesen Tag abgebrochen und die Abwärmphase eingeleitet werden.

Einsatz der Methoden innerhalb der Trainingswoche

Koordinationstraining	Dauermethode	Intervalltraining	Krafttraining
- 3-mal wöchentlich	- jeden 2. Tag	- 1-mal intensives Intervalltraining - oder maximal 2-mal wöchentlich als extensives Intervalltraining	- auf Basis von Grundkondition - in die Arbeitsphase einbauen - mit Maß und Ziel

Tapering zur unmittelbaren Wettkampfvorbereitung

Tapering ist eine besondere Trainingsmethode zur unmittelbaren Wettkampfvorbereitung, die beispielsweise im Fußball, Laufsport oder anderen Ausdauersportarten und ebenso im Reitsport genutzt wird (vgl. Ellendorff 2011, Seite 71 f.). Um sich auf einen 10-km-Lauf vorzubereiten, werden Trainingsintensität und Häufigkeit eine Woche lang deutlich reduziert. Bei einem Halbmarathon wird das Tapering über einen Zeitraum von zwei bis drei Wochen durchgeführt. Wissenschaftler schätzen, dass Tapering Ausdauerleistungen um 2 bis 3 Prozent verbessern kann.

Tapering bei Menschen

Parallel zur Trainingsreduktion ernähren sich die Sportler in den letzten zwei bis drei Tagen vor dem Wettkampf sehr kohlenhydratreich. Beim sogenannten Carboloading sollen 70 Prozent der aufgenommenen Energie in Form von Kohlenhydraten zugeführt werden, um die Glykogenspeicher im Körper (Leber, Muskeln) zu füllen. In den Muskeln verdoppelt sich dadurch der Glykogengehalt. Da Glykogen sehr viel Wasser bindet, muss eine ausreichende Trinkmenge sichergestellt werden. Auch bei Leistungssportlern ist die praktische Umsetzung nicht ganz einfach. Vor allem die erforderliche Menge an Kohlenhydraten zu essen, schafft selbst der hungrigste Esser kaum.

Tapering bei Pferden

Inwiefern Tapering bei Pferden wirksam ist, ist kaum untersucht. Es gibt lediglich eine Publikation aus dem angloamerikanischen Raum (Shearman et al. 2002). In der Praxis findet sich diese Trainingsform zur Wettkampfvorbereitung dennoch, da Trainer und Reiter spüren, dass sehr intensives Training oft zu einer unerwünschten muskulären Ermüdung führt. Reiter bemerken diese Ermüdung beispielsweise in der zweiten Hälfte einer Dressurprüfung, Springprüfung, Geländestrecke oder gegen Ende eines längeren Ausritts.
Die Ernährungsempfehlung bei menschlichen Sportlern ist, und das muss man klar sagen, für Pferde ungeeignet. Insbesondere für Pferde mit einer Glykogenspeicherstörung (PSSM 1) ist die Methode durch die kohlenhydratreiche Fütterung völlig ungeeignet und führt zu gesundheitlichen Problemen. Bei anderen Myopathien (P2, P3, P4, P8) ist die Ernährungsform während des Tapering ebenso kritisch zu betrachten. Pagan & Valberg (2020, Seite 72) weisen insbesondere für PSSM-Pferde des Typs 1 darauf hin, dass Futtermittel mit hohem NSV-Gehalt (= kohlenhydratreiche Fütterung = Gesamtmenge von Stärke + Zucker + Fruktanen im Kraftfutter + Heu und Weidegras über 10 Prozent) das Risiko von Muskelschmerzen und Steifheit erhöhen (die Autoren verweisen in diesem Zusammenhang zudem auf Ribeiro, Valberg et al. 2004). Auch beim Heu sollte vorzugsweise auf einen niedrigen NSC-Gehalt von 12 Prozent oder weniger geachtet werden. Bei manchen PSSM-2-Pferden, die in einem sehr intensiven Leistungsbedarf trainiert werden (z.B. Distanzpferde, Vielseitigkeitspferde), wird ein NSC-Gehalt von bis zu 20 Prozent toleriert (vgl. Pagan & Valberg 2020, Seite 72).

Durch trainingsfreie Bewegungstage wird die Erholung verschiedener Muskelgruppen erreicht. In kurzen Pausen kann sich jedoch nicht die gesamte Muskulatur erholen. Etwa alle drei Monate kann eine geplante, einwöchige Trainingspause erfolgen, um den Organismus, die Muskulatur und das gesamten myofasziale System zu regenerieren. Tapering heißt keinesfalls keine Bewegungsangebote, sondern beispielsweise regenerative Spaziergänge oder Weidegang mit Pferdekumpels.

„In zahlreichen Untersuchungen konnte gezeigt werden, dass die Reduktion oder der komplette Austausch von Stärke in der Ration zu einer deutlichen Verbesserung des Muskelstoffwechsels bei disponierten Pferden [hier im Kontext von Belastungsmyopathien, insbesondere PSSM Typ 1] beitrug, wobei vielfach Stärke gegen Fett als energielieferndes Substrat ausgetauscht wurde."

(Coenen & Vervuert 2020, Seite 318)

Bitte bedenken Sie, dass die Trainingsreduktion bei einigen Pferden zu einem überschießenden Arbeitseifer führen kann, der sich während des Reitens nicht mehr gut kanalisieren lässt. Bei diesen eher explosiven, eifrigen Pferdetypen muss auf ausreichend moderate Bewegungsangebote geachtet werden.

Kurz & knapp

- Bei Pferden, insbesondere wenn diese zu kreuzverschlagsähnlichen Symptomen neigen (wie bei PSSM 1 und PSSM 2), wird eine Reduzierung der Kohlenhydratzufuhr der Kraftfutterration empfohlen.
- Je nach Temperament des Pferdes muss während einer Reduktion der Trainingsintensität für ausreichend moderate Bewegung gesorgt werden.
- Eine Woche vor dem Wettkampf wird die Trainingsintensität reduziert.
- Das Pferd wird locker bewegt, der Schwerpunkt liegt auf der Losgelassenheit.
- Es soll keine Maximal- oder Höchstleistung verlangt werden (z.B. die Lektion in der Dressur nur kurz anfragen, keine Verstärkungen fordern, lediglich Antretenlassen, nur Gymnastiksprünge).
- Das Tapering dient als erholsame Aufbaukur vor Wettkämpfen.

3.3 Trainingsbeispiele

Aufbautraining nach Zwangspause mit Boxenruhe

Je nachdem, ob ein Pferd erst seit kurzer Zeit trainiert wird und noch keine Grundbemuskelung aufbauen konnte oder bereits über mehrere Jahre systematisch trainiert wurde und so über eine ausgewogene Muskulatur und Stabilität der Bänder, Sehnen und Faszien verfügt, wird der Muskelabbau früher oder später sichtbar. Verordnet der Tierarzt aufgrund einer Lahmheit oder Operation absolute Boxenruhe, beginnt der Muskelabbau bereits nach acht bis zehn Tagen. Nach jeder Zwangspause sollte man sehr langsam mit dem Training beginnen und Art und Umfang mit dem Tierarzt absprechen.

> „Natürlich ist es nicht fair, ein Pferd zu reiten, das keine Tragfähigkeit hat; dem also die Muskelkraft fehlt, um einen Reiter zu tragen. Es muss erst ohne Reiter trainiert werden, bevor es wieder reitbar ist."
>
> (Christina Wessling)

Pferd in Boxenhaltung mit Paddock und stundenweise Koppelgang

- Achten Sie auf langes Schrittreiten.
- Nach Boxenruhe kann freier Auslauf erst nach dem Reiten sinnvoll sein, um impulsives Verhalten und somit Verletzungsrisiken zu minimieren.

- Aktives Spazierengehen ohne Reitergewicht auf dem Rücken: Sich im Schritt fortzubewegen entspricht dem natürlichen Bewegungsverhalten des Pferdes. Dies sorgt für Bewegung, schafft Gelassenheit und reduziert Leistungsdruck.
- Es empfiehlt sich, die Belastung auf zwei bis drei Bewegungseinheiten zu verteilen (z.B. morgens Laufband, mittags Trainingseinheit, abends freie Bewegung auf dem Auslauf).
- Grundsätzlich gilt: erst länger (Ausdaueraspekt), dann erst intensiver (Kraftaspekt).
- Zeitbedarf: 8 bis 12 Wochen

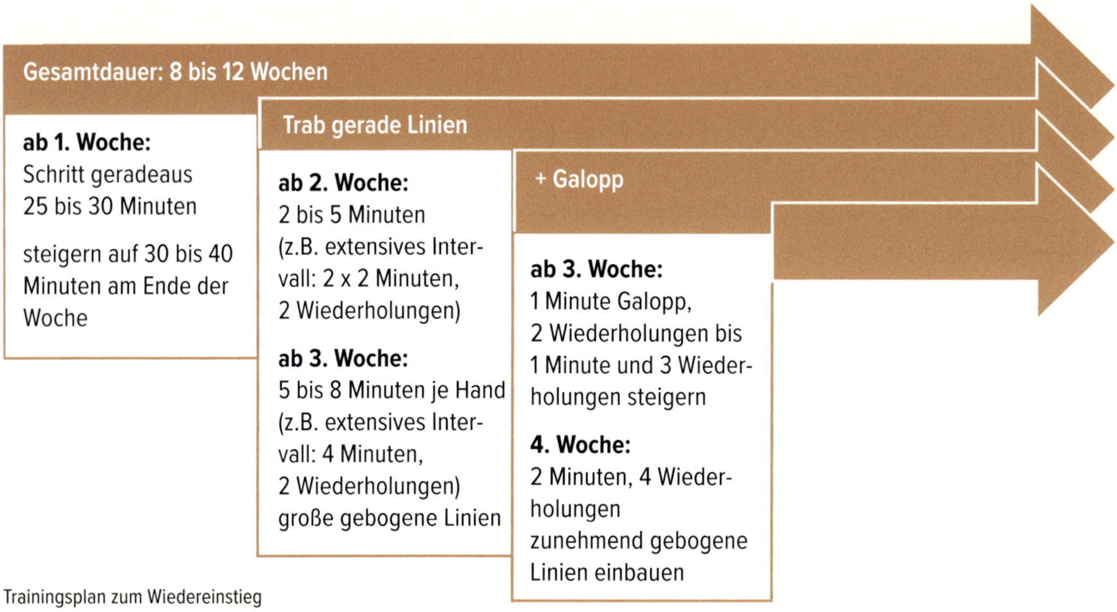

Trainingsplan zum Wiedereinstieg

Es handelt sich um ein exemplarisches Beispiel. Die genaue Ausgestaltung hängt sehr stark vom Grund der Zwangspause ab und sollte deshalb mit dem behandelnden Tierarzt abgestimmt werden. Bei Sehnenschäden wird oft ein längeres Bewegungsprogramm beginnend mit fünf Minuten Schritt führen und wöchentlicher Steigerung um fünf Minuten vorgegeben.

Montag	Dienstag	Mittwoch	Donnerstag	Freitag	Samstag	Sonntag
1 Woche Schrittführprogramm ohne Reiter (nach Anweisung des Tierarztes auch länger)						
Reiten I Schritt und 2 Minuten Trab plus Bewegungspaddock	Aktives Spazierengehen plus Bewegungspaddock	Reiten II wie Montag plus Bewegungspaddock	Ausritt Schritt und 2 Minuten Trab plus Bewegungspaddock	Aktives Spazierengehen mit leichten An- und Abstiegen plus Bewegungspaddock	Reiten III kurz plus Schrittrunde im Gelände mit 5 Minuten Trab, Grasen plus Bewegungspaddock	Bodenarbeit; Grasen plus Bewegungspaddock

Freizeitpferd im Offenstall nach Winterpause

„Gerade die Erhaltung der Beweglichkeit ist für Pferde mit Muskelproblemen das Nonplusultra."

(Christina Wessling)

Wird ein Pferd in Offenstallhaltung ohne Reitmöglichkeit in der Halle im Winter wetterbedingt eher wenig trainiert, muss es erst wieder auf Ausritte beziehungsweise leichte Arbeit auf dem Platz oder in der Halle vorbereitet werden. Das gilt im besonderen Maße für Pferde mit Muskelstoffwechselerkrankungen, da diese durch das fehlende Training tendenziell mehr Muskulatur abbauen und systematisch aufgebaut werden müssen. Es empfiehlt sich, diese Pferde im Training zu halten und lediglich die Intensität über Winter zu reduzieren. Je nach Trainingsmöglichkeiten gestaltet sich das sicherlich schwierig. Deshalb muss immer individuell geprüft werden, welche Haltung zu den Bedürfnissen des Pferdes passt.

Zu Beginn des Trainings sollte das Pferd in zügigem Tempo 15 bis 20 Minuten geführt und dann 20 Minuten im Schritt geritten werden. Erst wird die zeitliche Belastung gesteigert, dann die Intensität erhöht, indem Trab, später Galopp hinzugenommen werden (siehe Intervalltraining ab Seite 88). Idealerweise wird das Pferd beim Aufwärmen beispielsweise bergauf geführt. Oben angekommen wird geritten. Am Ende der Trainingseinheit, wenn es wieder bergab geht, kann der Reiter während des Aufbautrainings Muskulatur, Gelenke und Sehnen des Pferdes schonen, indem er bergab wieder führt. Im weiteren Verlauf sollten verschiedene Böden (nasses und trockenes Gras, harter Boden, Waldboden) und schrittweise Elemente wie Hangtraining oder das Klettern über kleinere Baumstämme, aber auch gymnastizierende Übungen (z.B. Übergänge vom Schritt zum Trab und vom Trab zum Schritt) eingebaut werden.

Kurz & knapp

Um das Reitergewicht bei Ausritten über einen längeren Zeitraum (20 Minuten und mehr) ohne „Nebenwirkungen" zu tragen, ist ein vorbereitendes Training der Tragemuskulatur erforderlich. Achte deshalb immer auch auf Anzeichen von Ermüdung und Überforderung (z.B. zu hohe Atemfrequenz, d.h. über 100, zunehmend lauteres Auffußen, Stolpern, klemmiger Gang, hektischere Tritte, Rücken hängt durch).

Das Dressurturnierpferd nach einer Wettkampf- oder Winterpause

Wird ein vorwiegend dressurgerittenes Pferd über Winter regelmäßig, aber mit geringerer Intensität trainiert (z.B. Erholungsphase nach der Turniersaison), liegt der Schwerpunkt auf dem Krafttraining. Das heißt, die Ausdauer ist noch vorhanden, doch die Beugemuskulatur muss wieder gestärkt werden.

Hier eignet sich die Steigerung durch Dauertraining im aeroben Bereich in Kombination mit einem extensiven Kraft-Intervalltraining, ohne dass das Pferd „hinter die Luft" kommt:

→ dreimal wöchentlich Dressurtraining mit Reiter

→ Dauer und Intensität je Reiteinheit über vier Wochen steigern

Spielerisch kann das spezielle Krafttraining (z.B. die Stärkung der Beugemuskulatur) ab der ersten Trainingswoche in die Reiteinheit übernommen werden:

→ Nach 15 Sekunden intensiver Beanspruchung der Muskelgruppe, der Bänder, Sehnen, Faszien und Gelenke beim Abfragen bereits bekannter und gefestigter Anforderungen erfolgt eine moderate Runde (ca. 1 Minute) im lockeren Tempo.

→ zwei bis vier Wiederholungen, Dauer und Intensität je Reiteinheit über vier Wochen steigern

Das Reiten von gut vorbereiteten Übergängen zwischen den Gangarten, rhythmischen Tempounterschieden innerhalb der Gangart und je nach Ausbildungsstand auch flachen Traversalen mit anschließender Volte sind Beispiele für Übungsabläufe, die zur Losgelassenheit beitragen und dabei Elemente des Krafttrainings enthalten.

Über Waldwege zu einer verbesserten Rumpftragemuskulatur und zum Seitwärts im Viereck

Das seitliche Abheben des Vorderbeins (Abduktion) wird durch die thorakale Muskelschlinge der Schulter ermöglicht. Dabei hebt sich das Schulterblatt in Relation zum Thorax (Brustkorb) leicht an, sodass das Bein von seiner ursprünglichen Ausrichtung abweichen und nach vorn-seitlich geführt werden kann. Das seitliche Herausführen der Hinterhand ist keine Bewegung, die das Pferd häufig selbst durchführt. Wir sehen sie beispielsweise, wenn sich das Pferd mit den Zähnen am Hinterbein kratzt, beschlagen wird oder ein Physiotherapeut das Hüftgelenk mobilisiert. Die seitliche Bewegung des Hinterbeins wird von den Bändern der Hüfte begrenzt. Der Bewegungsradius nach vorn und hinten ist deutlich größer als zur Seite. Seitwärtsbewegungen erfordern deshalb einen langsamen Einstieg und schrittweisen Übungsaufbau, damit die Muskulatur gestärkt wird und die Bänder sanft an die seitliche Abduktion herangeführt werden. Bereits beim einfachen Schenkelweichen sprechen Sie diese Bereiche an und stärken sie. Um das Pferd auf die Adduktion (Richtung Körpermitte) und Abduktion in den Seitwärtsgängen vorzubereiten eignen sich

- zu Beginn: Schrittreiten über unebenen Boden im Gelände, um sich seitlich abzustützen und das Gleichgewicht zu halten.
- später: Ausritte im Gelände in allen Gangarten über kurvenreiche Wege, um die Beweglichkeit der Wirbelsäule, Biegsamkeit und Wendigkeit zu trainieren.
- in der Bahn: Volten, Schlangenlinien (Bogenzahl erhöhen), abwechselnd einseitig erhöhte Trabstangen, In-and-Outs oder Sprünge aus dem Schritt, häufiges Zügel-aus-der-Haund-kauen-Lassen (siehe Seite 68) in Verbindung mit Trab-Schritt und Trab-Galopp-Übergängen.

Übergänge innerhalb des Trabes (Fotos: Sabrina Doll)

Bildanalyse:

Feintuning innerhalb des Trabes: Wenige Tritte versammelnde Arbeit fördern die beginnende Hankenbeugung und den Kraftaufbau der Hinterhand. Die positive Spannung wird wieder nach vorn mit einem leichten Öffnen des Genicks in die Bewegungsrichtung gelöst, sodass der Wechsel zwischen Tragen und Fließenlassen die Bauchmuskulatur stärkt und das Muskelwachstum anregt. Die Reiterin sollte sich bemühen, die Hände aufrecht nebeneinander zu tragen, dafür sorgen, dass der Kandarenzügel gleichmäßig ansteht und die Stirn-Nasenlinie etwas mehr vor die Senkrechte kommt.

Training von Trabübergängen (Fotos: Sabrina Doll)

Bildanalyse:

Das Üben der Übergänge innerhalb der Gangart erfordert Koordination und Feingefühl vom Reiter. Auf dem oberen Bild sieht man, wie sich das falsche Timing beim Treiben bei einem sensiblen Pferd, das zu Muskelsteifheit neigt, sehr schnell negativ auswirken kann. Das Vorderbein mag spektakulärer wirken, ist jedoch ein Zeichen sich aufbauender negativer Spannung, da die Bewegung kurzzeitig nicht mehr flüssig und gleichmäßig genug unter den Schwerpunkt Richtung Brustbein fließt (oberes Bild). Die Reiterin löst diese Dysbalance im folgenden Bild durch funktionales Treiben und geschmeidiges Eingehen in die Bewegung auf. So vermeidet sie, dass sich negative Spannungen manifestieren und ermöglicht dem Pferd wieder einen gesundheitsfördernden Bewegungsablauf. Noch fehlt das Nase-vor!

Die Biegung oder vielmehr die Dehnung der äußeren Muskulatur und der Faszien, aber auch der Bänder und Sehnen und die Belastung der Knochen und Gelenke in den Seitengängen muss nach einer Wettkampfpause langsam und schrittweise erarbeitet werden, da sonst Verletzungsgefahr droht!
Fragen Sie nicht alle Lektionen in jeder Reiteinheit ab (siehe Kapitel „Schwerpunkte setzen“, Seite 112). Durch bewusste Schwerpunkte in der Reiteinheit können Sie sich nicht nur selbst besser fokussieren, sondern sicherstellen, dass Sie das Training bestimmter Muskelgruppen auf verschiedene Wochentage splitten (siehe Kapitel „Krafttraining“, Seite 91). Das Abfragen aller Lektionen in einer Arbeitsphase führt meist nur zu einer oberflächlichen Umsetzung. Es ist ein wenig wie bei einem schönen Gedicht. Du darfst es nicht runterrattern. Üben Sie im übertragenen Sinn lieber einzelne Zeilen oder kleinere Passagen des Gedichts, und arbeiten Sie durch verschiedene Übungsreihen am Feintuning.

Kontrollmöglichkeiten

- Das Pferd kann direkt im Anschluss an eine intensivere Beanspruchung (vermehrtes Anspannen der Muskulatur) zu einem vermehrten Loslassen und Entspannen veranlasst werden.
- Überprüfung durch Öffnen der Ganasche, Zügel-aus-der-Hand-kauen-Lassen, bis hin zur Dehnungshaltung
- Abschnauben
- Herandehnen in den geöffneten Rahmen bei fleißigem Hinterbein. Ruckartiges Herausziehen des Zügels ist damit nicht gemeint!
- mögliche Anzeichen für zu intensive Belastung oder mentale Überforderung (siehe Tabelle Seite 104).

3.4 Trainingsphasen

In der folgenden Tabelle erfolgt ein Überblick der elementaren Grundlagen der Trainingsphasen:

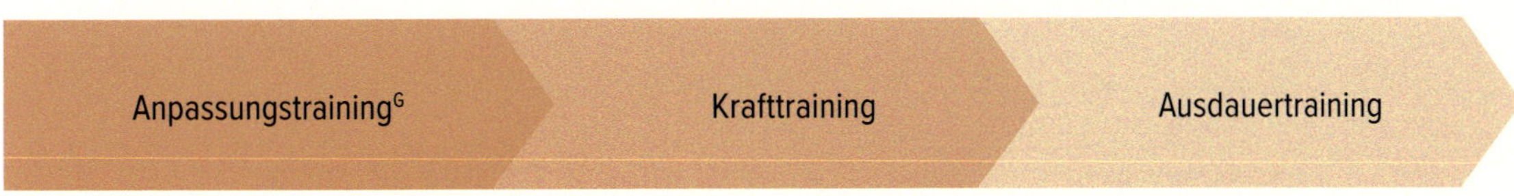

Der Übergang in eine Regenerationsphase mit leichtem Training (z.B. vor der Winterpause) bedeutet eine Veränderung in der Trainingsphase. Das Pferd sollte über einen Zeitraum von circa zwei bis drei Wochen abtrainiert werden.

	Anpassungstraining	Krafttraining	Ausdauertraining
Beginn	ab 3,5 Jahre	im Anschluss an das Anpassungstraining	im Anschluss an das Krafttraining
Zeitbedarf	ca. 6 bis 12 Monate	mindestens 4 bis 8 Wochen	mindestens 4 bis 6 Wochen
Zielorgane	Muskelansätze, Faszien, Bänder, Sehnen, Gelenke, Knochen, Hufe	Muskeln, periphere Blutgefäße, Aufbau der Kapillaren	Lunge, Herz, Kreislauf
Übergeordnete Ziele	• Anpassung des gesamten Bewegungsapparates an reiterliche Belastung • Hufmechanismus, Hufvibrationen • Kräftigung Sehnen- und Bandansätze an den Knochen • Stärkung der Gelenkkapseln	Muskelaufbau, Muskelzuwachs, Kontraktionsgeschwindigkeit und Koordination	Lungenkapazität, Herzleistung, Steigerung der Sauerstoff-Bindungskapazität
Fehler und Gefahrenquellen	• Training bis zur körperlichen/mentalen Erschöpfung • Zeitbedarf zu kurz geplant, Zeit- und Erfolgsdruck (z.B. durch Kunden)	• unzureichende Sauerstoffzufuhr durch zu enge Kopfhaltung • Überforderung • Übersäuerung der Muskulatur • zu kurze Regenerationszeit → Übertraining (Ruhepuls über 40)	• Training bis zur Erschöpfung • unpassende Energiezufuhr • Mehrbedarf z.B. an Vitamin E, Magnesium, Zink, Mangan und Carnitin nicht abgedeckt • nicht beachtet, zu kurze Regenerationszeit → Übertraining
Warnzeichen	• Nervosität • Fressunlust, wechselnde Fresslust • angelaufene Beine • Triggerpoints schmerzhaft • Taktfehler • Widersetzlichkeit • ungewöhnliche Berührungsempfindlichkeit • Rückentwicklung der Sattellage • mattes Auge • aggressives Verhalten	• Muskelsteifheit am Folgetag • unausgewogene oder falsche Bemuskelung (z.B. Unterhals) • Lahmheiten • Schmerzen (Anpassungsphase zu kurz) • punktuelles Schwitzen, • starkes Nachschwitzen • auffällige Blutparameter (LDH, CK, AST, Laktat) • siehe erste Spalte	• Müdigkeit, Lustlosigkeit • Atmung nicht synchron zum Bewegungsrhythmus • „Verschlucken“ • Taktfehler, Stolpern • Gewichtsabnahme • erhöhte PAT-Werte • starkes Nachschwitzen • siehe Spalte 1 und 2
Qualitätsmerkmale	Fresslust, Bewegungsfreude, lebhaftes Auge, glänzendes Fell, Ausgeglichenheit, konstantes Körpergewicht, Motivation, gute Arbeitseinstellung, ausgewogene Bemuskelung, Lernfortschritte, aufmerksames Ohrenspiel, Akzeptanz von Berührung, pendelnder Schweif, schwingender Rücken, Pulswerte sinken nach Belastung: nach 20 Minuten Trab Puls etwa bei 80, nach zwei bis drei Minuten auf unter 50; Ruhe-Puls: 28 bis 40/Min.; Ruhe-Atmung: 8 bis 16/Min.; Ruhe-Körpertemperatur: 37,5° bis 38,0°		

Allgemeine Gefahrenquellen in allen Phasen, die Trainingswirksamkeit und Trainingserfolg be- oder verhindern können sind:

- unpassende Fütterung, Mehrbedarf im Wachstum wird nicht gedeckt, Trainingsintensität zu hoch/entspricht nicht dem Trainingszustand, unbekannte Unverträglichkeiten, Allergien, mangelnde Grundqualität des Futters, unzureichende Mineralien-, Aminosäuren- und Vitaminzufuhr), Proteinbedarf nicht abgedeckt
- unpassendes Equipment (Sattel, Gebissbreite usw.)
- Mängel im Hufbeschlag oder der Barhufbearbeitung
- zu geringe Wasseraufnahme (Hautfaltentest: verstreicht sofort +, verstreicht verzögert -, bleibt stehen --)
- zu wenig freie Bewegung
- zu starke Trainingsreize (Gefahr der Entstehung von Überbeinen bei Jungpferden durch Mikrofrakturen)

Pulskontrolle

Man kann den Puls am einfachsten mit einer Pulsuhr für Pferde messen. So hat man während des Trainings zu jeder Zeit eine Rückmeldung über den aktuellen Zustand des Pferdes. Mit etwas Übung kann man natürlich den Puls auch mit den Fingerkuppen am unteren Rand des linken Unterkieferastes ertasten. Der Gefäßstrang fühlt sich an wie gekochte Nudeln. Diesen Strang zwischen zwei Finger nehmen, ganz leicht drücken und dann etwas sanfter drücken, bis man den Puls spüren kann.

Trainingsplanung – Ein Ziel ohne Plan ist nur ein Wunsch

Bei der Ist-Stand-Analyse geht es nicht nur darum, den aktuellen Trainingszustand des Pferdes zu bestimmen, sondern auch spezielle Anforderungen der jeweiligen Disziplin zu berücksichtigen. Grundsätzlich geht es dabei um die Kombination von konditionellen und technisch-koordinativen Fähigkeiten. Während das Springpferd mehr Schnellkraft und Schnelligkeitsausdauer braucht, sind Dressurpferde Kraftsportler, die Beweglichkeit benötigen. Wanderreitpferde brauchen vor allem Ausdauer und eine gute Muskulatur, die die Trittsicherheit unterstützt.

Trainingsplanung mit System

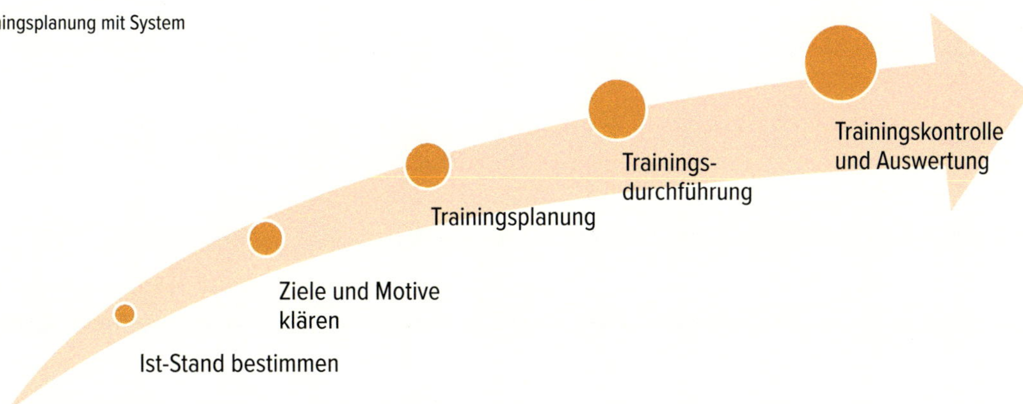

Je nachdem welcher Disziplin man sich zuordnet, werden langfristige Ziele geklärt und daraus kurz- und mittelfristige Etappenziele herausgearbeitet. In der individuellen Trainingsplanung wird dann das Was, Wann, Wie oft und die Intensität festgelegt. In die Durchführungsphase müssen auch aktuelle Erkenntnisse aus dem täglichen Training sowie Fortschritte und Schwierigkeiten einbezogen werden. Zur Kontrolle des Trainings kann man beispielsweise Prüfungsaufgaben durchreiten, an einem Trainingstag teilnehmen, Muskelveränderungen durch Fotografien dokumentieren oder Fortschritte im Hinblick auf die Ausbildungsskala herausstellen. Das Protokollieren in einer App oder in einem Trainingstagebuch hilft bei der Planung und Auswertung des Trainings. Mithilfe von Trainings-Apps und Messgeräten können Parameter wie Herzrhythmus, Atemfrequenz, Laktatwerte oder das gleichmäßige Arbeiten auf beiden Händen kontrolliert werden.
Bei der Beurteilung der Wirksamkeit des Trainings werden die Faktoren

- der Konstitution (Muskelstruktur, Hebelverhältnisse, Größe, innere physiologische Prozesse im Muskel, Temperament, Tagesform, Neigung zu bestimmten Krankheiten, Auffassungsgabe, Motivation),
- der Kondition (Ausdauer, Kraft, Schnelligkeit),
- der Koordination (Lektionen, Hindernisfolgen, überraschende Momente im Gelände) und
- der Psyche (Leistungsbereitschaft, Bewegungsfreude, Motivation) betrachtet.

Struktur einer Trainingseinheit

Im Kapitel „Ausbildungsgrundsätze, Checkliste und Ausbildungsskala“ werden die drei Hauptphasen einer Trainingsstunde zusammenhängend erklärt.
Die grundsätzliche Strukturierung einer Trainingseinheit erfolgt in drei Phasen, die fließend ineinander übergehen. Eine Trainingseinheit ist die kleineste zeitlich zusammenhängende Abfolge von Trainingsinhalten. In jeder Einheit sollten Sie sich Tagesschwerpunkte setzen (siehe Seite 112).

> „Alle Pferde sollten zu Beginn des Trainings ausreichend lange im Schritt geritten werden, damit die Muskulatur und der gesamte Bewegungsapparat aufgewärmt wird. Das gilt umso mehr für PSSM-2-Pferde, die zu Muskelsteifheit neigen.“
>
> (Dr. Peter Richterich)

Ob nun beim Aufwärmen oder Abwärmen: Wer im Sattel sitzt, sollte möglichst bewusst reiten und sich auf sein Pferd und den eigenen Körper konzentrieren. Denn man kann im Sattel nicht nicht reiten! Bei Pferden mit PSSM 2/MFM ist eine lange Aufwärmphase von besonderer Bedeutung. Dr. Richterich betont, dass das ausführliche Aufwärmen der oft steifen Muskulatur dieser Pferde besonders wichtig ist, um die Entspannung am Nackenansatz, die Dehnung der Oberlinie und Aktivierung der Bauchmuskulatur zu gewährleisten. Im Verlauf des intervallartigen Aufwärmens kann der Reiter zunehmend mehr Engagement der Hinterhand verlangen.

Aufwärmphase und Lösen	Arbeitsphase	Abwärmphase (Erholung)
Aufwärmen **Was:** → Reiten im fleißigen Schritt (10 bis 15 bzw. 15 bis 20 Minuten im Winter) oder bergauf führen (gut für Reiter und Pferd) **Warum:** → Durchblutung → Sauerstoffversorgung steigern → Anreicherung mit Gelenkschmiere → Energie- und Nährstoffbereitstellung → Geschmeidigkeit von Muskeln, Sehnen und Bändern **Ziel:** körperliche und mentale Zwanglosigkeit, wie ab Seite 62 beschrieben **Lösen** → Motivierung **Ziel:** Losgelassenheit, wie ab Seite 64 beschrieben	**Was:** → bis 30 Minuten disziplinspezifische Anforderungen oder Grundlagenarbeit → Die Dauer der Arbeitsphase richtet sich nach dem Trainingszustand. Ermüdungsanzeichen beachten! → mehr dazu auf Seite 87 **Wie:** → erst Anforderungen, die Frische und Schnelligkeit verlangen, dann Kraft/Ausdauertraining. → mehr dazu auf den Seiten 86, 91 **Ziel:** Trainingsfortschritte, Arbeit an den Punkten der Ausbildungsskala, Tagesschwerpunkte, Prüfungsaufgabe durchreiten	**Was:** Normalisierung Herz-Kreislaufsystem und Atmung → Entspannung und Vorbereiten der Regeneration → positiver Abschluss **Wie:** → 10 bis 15 Minuten Austraben → fleißiger Schritt **Ziel:** Abbau von trainingsbedingten Stoffwechselprodukten sowie mentale und körperliche Entspannung

> „Das Ziel des Trainings ist es, den Geist des Pferdes und seine Muskeln aufzubauen. Geschmeidigkeit und Losgelassenheit erfordern eine angemessene Muskelkraft."
>
> (Klaus Balkenhol in Sladky 2015)

Langfristige Trainingsplanung

Ein ganzheitlicher Trainingsplan, der Unterricht, Gesundheitskontrolle, Routinebehandlungen (z.B. Impfen, Wurmkur, Zahnbehandlung), Termine (Turniere, Meisterschaften, Freizeitreiter-Rallye, Wanderreiturlaub) und Therapie (z.B. Physiotherapie, Osteopathie) in Kombination mit einem für das Pferd logisch aufgebauten Training beinhaltet, führt leichter zu Fortschritten beim Muskelaufbau und den Ausbildungszielen. Impfung, Entwurmung und die jährliche Zahnbehandlung führen zu kürzeren Trainingsunterbrechungen, zumindest ist eine Reduktion der Trainingsintensität erforderlich. Deshalb müssen diese jeweils einen festen Platz im Jahrestrainingsplan einnehmen und mit ausreichend zeitlichem Abstand zu Turnierterminen geplant werden.

„Ein wesentlicher Faktor ist natürlich das korrekte Training und der langfristige Aufbau der Muskulatur als Fundament der Gesunderhaltung und Leistungsbereitschaft. Korrektes Training bedeutet ein schonendes und dadurch effektives Training. Es geht darum, das junge Pferd körperlich und mental auf die reiterlichen Anforderungen vorzubereiten. Und auch später beim Management eines hochkarätigen Sportpferdes sind das gesunderhaltende Training, die artgerechte, bedarfsbezogene Fütterung und die artgemäßen Bewegungsbedürfnisse des Pferdes in den Haltungsbedingungen zu gewährleisten."

(Tanja Bayha, Hofgut Kaltenherberge, Kandern)

Exemplarischer Jahrestrainingsplan eines Freizeitpferdes mit gelegentlichen Turnierstarts (siehe dazu Trainingsschwerpunkte Seite 112)

	Trainings-schwerpunkte*	Vorrangige Methoden	Gesundheit	Termine	Reflexion Kontrolle
Januar	Vorwärts an den Zügel Takt Losgelassenheit	Aufbau	Fotos machen		Hustet, TA: Inhalationsplan, locker reiten, nicht schwitzen, bisschen maulig, vielleicht Zähne?
Februar	Anspannen – Loslassen Cavaletti	Aufbau		Urlaubsvertretung, Beritt bei Corinna	wird beim Aufwärmen schnell locker, muss noch besser abfußen
März	innere Wade Schwung	kurze Intervalle		Tageslehrgang	Angaloppieren: mehr Verbindung halten
April	Selbsthaltung Biegen und Beugen	Wiederholungen steigern		2 Tage Lehrgang	T1, 2, 3 leicht schmerzhaft → Physio anrufen

Mai	Anreiten und Halten	Intensität steigern		1	Seitengänge klappen besser
Juni	Anspannen – Loslassen Cavaletti	Erhaltung		2	stellt sich oben hin, mehr reelle Anlehnung
Juli	Luft, Ruhe und Leistung	Tapering		2	Turnier gut, aber bisschen müde im Training
August	Zwanglosigkeit Ausreiten Beritt	Erhaltung		Urlaubsvertretung macht Iris (ausreiten)	Amino-Booster füttern
September	Gelände Tritte verlängern	Erhaltung Intervalltraining	Fotos machen	1	Strecke für leichtes Hangtraining finden, unterschiedliche Böden
Oktober	Springgymnastik	Erhaltung		2	Pferd fühlt sich stabiler und ausbalancierter an
November	Neues in Ruhe	Erhaltung		Tages-Lehrgang	an meiner Balance arbeiten, bin ungleich
Dezember	Neues in Ruhe	Regenerationstraining ab 18.12. Abtrainieren		5 Tage Pause, Winterauslauf	brauche mehr Anleitung, um spielerischer an Neues ran zu gehen

Legende: Impfung, Wurmkur, Zahnbehandlung, sportliche Termine (Turniere, Meisterschaften, Freizeitreiter-Rallye), Therapie, eigener Urlaub (Fremdversorgung des Pferdes), Training, Krafttraining, Ausdauertraining (intensives Intervall, extensives Intervall)

*Beispiele für Tages- und Wochenschwerpunkte ab Seite 112

Ausgangspunkt für die Erstellung des langfristigen Trainingsplans (z.B. Jahresplan) ist immer der aktuelle Gesundheits- und Trainingszustand des Pferdes. Gerade bei Pferden mit viel Bewegungsdrang oder eher nervösen Typen ist der tatsächliche aerobe Trainingszustand schwerer einzuschätzen. Auch bei Pferden mit Muskelstoffwechselstörungen, die zu Schwankungen in der Leistungsbereitschaft neigen, ist es nicht immer einfach, ohne Messinstrumente (z.B. Herzfrequenzmesser, Bewegungsrichtungsmesser, Laktatmessinstrumente) eine abgesicherte Einschätzung des Trainingszustandes vorzunehmen.
Die Laktatwerte zeigen, ob das Training im aeroben (mit ausreichend Sauerstoff) oder im anaeroben Bereich (Sauerstoffmangel → Milchsäuregärung) stattfindet. Stark erhöhte Werte führen zu Muskelschmerzen oder -krämpfen. Menschen beschreiben auch Kopfschmerzen und Müdigkeit.

> „Die Muskelarbeit beim Pferd ist in den meisten Fällen in einem anaeroben Zustand, weil das Pferd, je nach Anlehnung, nicht die optimale Atmung hat und in eine gewisse Sauerstoffschuld kommt."
>
> (Dr. Peter Richterich)

Die Kontrolle der Triggerpoints (siehe Seite 50) und vor allem der sachlich-kritische Blick von außen durch Ärzte, Therapeuten, Ausbilder und Trainingskollegen können wichtige Hinweise geben. Eine derartige Herangehensweise fördert konsequent die Fitness und die Gesundheit des Pferdes.
Fitness meint die grundsätzliche körperliche und mentale Möglichkeit mit einem einfühlsamen und geduldigen Reiter zu kooperieren und Anforderungen gelassen und freudig anzunehmen. Fitness könnte man aber auch mit Bewegungslust in Verbindung bringen.

> „Bewegungslust entwickelt sich bei diesen Pferden durch Bewegung."
>
> (Christina Wessling)

Somit kann sich ein gutes Bewegungstraining positiv auf die Motivation des Pferdes auswirken. Bewegungsfreude und Motivation sind Ausdruck der inneren Bereitschaft des Pferdes, trainiert zu werden.

Das Honigkuchenpferd strahlen lassen

Pferde mit Muskelstoffwechselproblemen können diese innere Bereitschaft teilweise nicht mit der vom Reiter geforderten Konstanz aufrechterhalten. Muskelschmerz, Steifheit oder sogar die Erinnerung an schmerzhafte Situationen im Training können zu Widerstand und Verweigerungshaltungen führen. Das systematische Bewegungstraining, ergänzt durch Physiotherapie, verbessert die körperlichen und mentalen Voraussetzungen, sodass Elastizität, Gangvermögen und Bewegungsfreude wieder erwachen können.

Buchtipp:
Silke Kaupp. *Pferdetraining trifft Physio.*
2. Auflage, Warendorf: FN*verlag* 2023.

Ein Praxisbuch mit vielen Übungen und Anleitungen aus einer physiotherapeutischen Perspektive.

Bei Pferden mit muskulären Problemen oder Muskelerkrankungen heißt es: Eile mit Weile! Manchmal muss man ein paar Tage zu einer Art Aufbautraining oder einem Tapering zurückkehren, um den Muskelfasern Zeit zur Regeneration zu geben. An schlechten Tagen, nach einem Krankheitsschub oder im Aufbautraining, kann es vorkommen, dass man eine ausgedehnte Aufwärmphase durchführt und nach wenigen Minuten Arbeitsphase bereits in die Abwärmphase übergeht, um eine Überforderung der Muskulatur zu vermeiden. Die Trainingsintensität sollte immer dann genau überprüft werden, wenn es dem Pferd schwer fällt, eine „positive Spannung" (Stammer 2020) aufzubauen und die Muskulatur tendenziell verkrampft. Wählen Sie eine Trainingsintensität, die es der Muskulatur ermöglicht, losgelassen und locker durch den Körper zu arbeiten.

Im Training gibt es manchmal Situationen, bei denen man den Eindruck gewinnt, dass nichts mehr geht. Bevor man ungerecht wird oder das Pferd ganz aussteigt, besteht immer die Möglichkeit, das „Unmögliche" zu tun:

- Einfach den Zügel lang lassen, raus aus der Halle und eine schöne Runde ins Gelände reiten. Und wenn sich die Situation beruhigt hat, noch eine ruhige Runde im Reisegalopp durch den Wald drehen (siehe Seite 87).
- Etwas ganz anderes mit dem Pferd machen – was auch immer einem gerade einfällt.

Kurz & knapp

Holen Sie sich Rat von Trainern, Physiotherapeuten und/oder Tierärzten, um den muskulären Zustand Ihres Pferdes besser einschätzen zu können. Gemeinsam mit diesen Experten können Sie einen zu Ihren Zielen passenden, langfristigen und systematischen Trainingsplan entwickeln. Machen Sie sich klar, dass Ziele nur langfristig zu erreichen sind. Das bewahrt Sie vor Enttäuschungen, vor unnötigen Tierarztkosten und Ihr Pferd vor unpassenden und unregelmäßigen Trainingsreizen.

Trainingseinheit und Trainingsschwerpunkt

Exemplarische Tages- und Wochenschwerpunkte

Zu Beginn der Trainingseinheit sollten Sie sich selbst noch einmal vergewissern, welchen Tagesschwerpunkt Sie verfolgen und wo Sie diesen in Ihrer Wochen- und Monatsplanung einordnen.
Im Folgenden werden einige der Schwerpunkte aus dem tabellarischen Jahresplan mit Übungsbeispielen veranschaulicht. Natürlich sollten Sie für Ihr Pferd individuelle Schwerpunkte und passende Übungen finden. Hier sind Anleitungen durch Reitunterricht oder Lehrgänge, Selbststudium und Selbstinstruktion essenziell.

Vorwärts an den Zügel

- Ganze Bahn, lange Seite auf dem falschen Fuß leichttraben (sorgt für Konzentration und Aufmerksamkeit bei Reiter und Pferd von Anfang an) mit leichter Innenstellung und einige Tritte in Außenstellung, am Wechselpunkt gerademachen und aussitzen, Stellung und Biegung in Bewegungsrichtung bis zum nächsten Wechselpunkt, ganze Bahn, dabei zwei Tritte aussitzen, einen Tritt leichttraben, Ecken und kurze Seiten aussitzen, ganze Bahn in leichter Außenstellung leichttraben
- Zirkel verkleinern und vergrößern mit Vorhand voraus
- Kehrtvolte ins Schenkelweichen
- im Trab Zirkel linke Hand, am Zirkelpunkt Schritt, bei X rechtsum in eine 10-m-Volte, bei X wieder auf den Zirkel, am Zirkelpunkt antraben usw. (auch Galopp-Trab möglich)

Anspannen – Loslassen

- in der Ecke im versammelten Tempo eine Volte reiten, daraus halbe Bahn und zulegen
- im Handgalopp durch die halbe Bahn wechseln ohne Galoppwechsel, im Außengalopp bis Mitte der kurzen Seite, bei A durchparieren zum Schritt, Zügel-aus-der-Hand-kauen-lassen, loben nicht vergessen

Innere Wade

- in der Ecke eine 10-m-Volte im Trab, daraus Travers bis Mitte der langen Seite, Volte, daraus Schulterherein bis zum Ende der langen Seite, Volte in der Ecke, Mitte der kurzen Seite Schritt, loben, Mittelschritt, auf der halben Diagonale starker Schritt mit deutlicher Rahmenerweiterung (in Dehnungshaltung), bei Erreichen des Hufschlags aufnehmen und antraben, in der nächsten Ecke eine Volte, Mitte der kurzen Seite Halten, daraus antraben, Volte in der Ecke, Schulterherein bis Mitte der langen Seite, Volte, daraus Travers bis Ende der langen Seite, Volte in der Ecke, Mitte der kurzen Seite Schritt, loben

3.5 Trainingspraxis

In einer Studie von Bertels, et al. (2018, Seite 9 f.) zu Trainingseffekten Pferden, unter anderem mit Muskelsteifheit und Muskelproblemen, die als PSSM-2-Pferde diagnostiziert wurden, wurden folgende durchgeführte Anpassungen angegeben:

- 71 Prozent längere Aufwärmphase
- 67 Prozent Dehnungs- und Lockerungsübungen, Dehnungshaltung innerhalb der Trainingseinheit wiederholen
- 65 Prozent Pausen innerhalb der Trainingseinheit/des Ausritts
- 42 Prozent Erhöhung der wöchentlichen Trainingshäufigkeit
- 32 Prozent mehr freie Bewegung (Auslauf, Weide)
- 13 Prozent Verkürzung der einzelnen Trainingseinheit und verringerte Trainingsintensität

Ergebnisse (Bertels et al. 2018, Seite 10):

- bei 70 Prozent Verbesserung der Rittigkeit, bei 17 Prozent keine Verbesserung, 13 Prozent unsicher, ob eine Verbesserung eingetreten war
- 55 Prozent Verbesserung durch Dehnungs- und Lockerungsübungen, Dehnungshaltung innerhalb der Trainingseinheit wiederholen, während 45 Prozent keinen Unterschied dadurch sahen (nicht untersucht wurde die Qualität der Durchführung)
- bei 45 Prozent betrug der Zeitraum, in dem eine allgemeine Besserung eintrat, weniger als einen Monat; bei 18 Prozent dauerte es ein bis zwei Monate, bei 23 Prozent dauerte es drei bis vier Monate, bei 14 Prozent vier Monate und länger

Praxisempfehlungen

- Schaffen Sie sich möglichst für Ihren Tagesschwerpunkt ein Bild für Ihr inneres Auge. Dieses innere Bild hilft Ihnen wie ein roter Faden, den zentralen Inhalt Ihres Tagesschwerpunkts beizubehalten.
- Um den inneren Schweinehund zu überwinden, kann es hilfreich sein, sich im Stall zu verabreden oder regelmäßig Reitunterricht zu nehmen. Das schafft Motivation und Verbindlichkeit und hilft, Durststrecken durchzustehen.
- Reflektieren Sie beim Absatteln oder auf der Heimfahrt, ob Sie Ihr Tagesziel erreicht haben

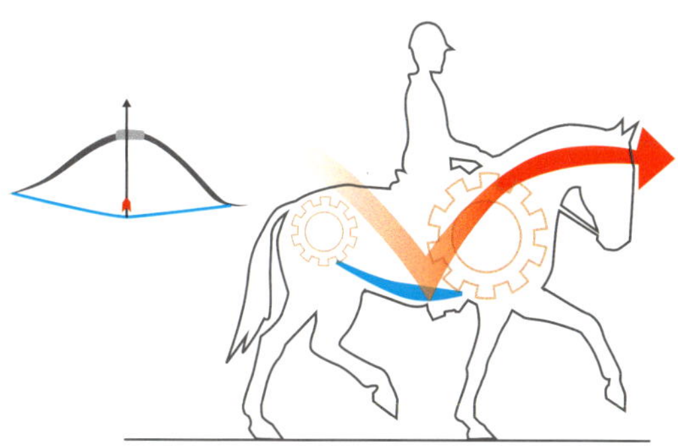

Visualisierungshilfe, wenn es „noch nicht" klappt. Denken Sie beim Reiten an dieses Bild, dass die funktionale Verbindung beider Bewegungszentren durch die Entwicklung von positiver Körperspannung zeigt. (Grafik: Jeanne Kloepfer; aus Stammer. *Das Pferd in positiver Spannung. Biomechanik und Reitlehre in Bewegung*. **FN***verlag* 2020.)

Muskeln managen

oder welche Herausforderungen und Entwicklungsfelder es an diesem Tag gab. Ein Entwicklungsfeld ist die Zone des nächsten Lern- und Trainingsschrittes. Die Formulierung „noch nicht“ soll Sie dabei unterstützen, einen konstruktiven Umgang mit dem Ist-Stand und möglichen Schwierigkeiten zu finden. PSSM 2 kann eine Erschwernis im Ausbildungs- und Trainingsweg darstellen. Der Ausdruck Entwicklungsfeld unterstreicht, dass es völlig normal ist, wenn etwas „noch nicht“ dem idealen Endziel entspricht. Diese zwei kleinen Wörter „noch nicht“ sind eine Kommunikationsstrategie mit maximaler Wirkung (vgl. Prior & Winkler 2010, Seite 54 ff.).

- Besprechen Sie sich mit Ihrem Ausbilder oder Ihrem Umfeld: Wie können Sie Ihre und die Entwicklungsfelder Ihres Pferdes konstruktiv anpacken?
- Gibt es Störungen, die Sie beeinflussen und für die nächste Einheit aus dem Weg räumen können?
- Welche Vorkehrungen können Sie treffen, damit Gleichklang besser gelingt?
- Überprüfen Sie Ihre Ziele! Vielleicht sollten Sie noch einmal einen Schwierigkeitsgrad zurückgehen oder einen kleineren Trainingsreiz setzen?

> „Unregelmäßiges Training in Kombi mit unpassender Fütterung führt langfristig zu hochsymptomatischen Pferden, nicht nur bei erblichen Myopathien.“
>
> (Christina Wessling)

Sehr nachteilig können sich auswirken (insbesondere bei PSSM 2):

- unregelmäßige Belastung
- unregelmäßiges Training
- extreme Belastungen, die nicht dem Trainingszustand entsprechen (z.B. am Wochenende ausreiten, ansonsten ist das Pferd auf der Weide)
- zu viel Abwechslung (Stress für Pferde mit der PX-Variante), ständig unterwegs mit dem Pferd
- zu viele Turniereinsätze (jedes Wochenende mehrere Prüfungen)
- ungenügende Erholungspausen
- zu wenige Schrittpausen
- zu lange Trainingseinheit
- unsystematisches Training
- Druck durch „starkes“ Reiten: „Der muss vor den Schenkel“, „Der braucht Schenkelgehorsam“; Widerstände überreiten: „Du musst den nur mal richtig unterordnen, dann läuft der auch.“
- falsch verstandene Vorstellungen vom Lernverhalten des Pferdes
- klopfende Unterschenkel, bohrender Sporn
- Gerte als Strafe statt als Hilfsmittel der feinen Verständigung
- ständiges Wechseln des Equipments (z.B. häufiger Wechsel des Gebisses) oder unpassender Sattel
- zu eng verschnallte Trense/Kandare
- unausbalancierter Reiter
- Ungeduld, harsches Verhalten und Grobheit
- harte, unnachgiebige Hand

- springender Zügel beziehungsweise noch kein passendes Zügelmaß; noch keine/nicht immer konstante Verbindung zwischen Reiterhand und Pferdemaul
- „Schema-F-Denken"

„Ein symptomatisches PSSM-2-Pferd zu managen, ist mit das Schwierigste, was ich in den letzten Jahren als Pferdewirt zu bewältigen hatte, und ich habe Ähnliches von anderen gehört, die auch schon anspruchsvolle Pferde hingekriegt haben. PSSM 2 ist eine wirklich komplexe Angelegenheit."

(Pferdewirt, Fachrichtung Klassische Reitausbildung)

Sabine Ellinger mit ihrem Knabstrupper Hengst Sartors Black and Magic (Vater: Sandro Hit (OLD), Mutter: v. Bolero (KNAB).
Exemplarische Darstellung von Lösen, Anspannen, Entspannen in den verschiedenen Phasen einer Trainingseinheit (Fotos: Christiane Slawik)

Ein kleiner Exkurs: „Da muss der Profi ran!" – „Das Pferd veräppelt dich nur!"

Prinzipiell ist eine selbstreflektierende Haltung beim Reiten absolut zu begrüßen. Ja, bei auftretenden Problemen muss man das eigene Handeln überprüfen (Ausbildungsweg, körperliche Aspekte des eigenen

Reitens, Fütterung, Haltung des Pferdes usw.)! Bevor Sie sich aber völlig selbst demontieren, sollten Sie über die folgenden Aussagen einer sehr erfahrenen Ausbilderin nachdenken:

„Noch vor zwei Jahren war ich auch der Meinung, wenn ein Pferd zu uns kam, das schlecht bemuskelt oder steif in der Muskulatur war, dass der vermutlich einfach schlecht trainiert wurde. Muskulatur lügt nicht! Es entwickelt sich nur die Muskulatur, die beim Training aktiviert wird. […] Ich habe Fachbücher geschrieben und weiß, wie man ein Pferd trainiert, um die richtigen Muskeln aufzubauen! Es gab aber zunehmend Pferde, die sich diesem Statement konsequent widersetzt haben und einfach nicht gut aufmuskeln und weiterhin Verhaltensweisen zeigten, die ich als „nicht normal“ eingestuft habe. Wir haben alles aus unserem Repertoire ausgeschöpft und trotzdem ist das Pferd hinter den Erwartungen zurückgeblieben. Seitdem ich mehr weiß über PSSM 2 bei Pferden und wie sich das in Symptomen äußert, weiß ich, wie man darauf reagieren muss […].“

(Sabine Ellinger, Ausbilderin in einem Reha-Zentrum für Pferde, PSSM-2-Expertin; Facebookbeitrag „Richtig reiten reicht – oder nicht?“ vom 3. Oktober 2021)

„Wenn der Gang nicht rein geht“

An dieser Stelle sollen die Originaltöne der Besitzer aus Interviews für sich sprechen:

„Vor der Diagnose habe ich gedacht: Das war's mit Turnieren. Dann kam die Futterumstellung. Mittlerweile bin ich wieder guter Dinge. Meine Stute war immer extrem triebig und gleichzeitig sehr schreckhaft und explosiv. Wenn der Gang so gar nicht rein geht in der Lösungsphase, dann erstmal nur geradeaus reiten. Ecken abrunden, keine Anlehnung fordern, tendenziell eher Zügel zum Pferdemaul und einfach nur versuchen, das Pferd erstmal in Bewegung zu bekommen. Wenn das im Trab geht, dann im Trab, ansonsten leichter Sitz im Galopp.“

(Besitzer P2/P2, n/P8, n/PX)

„Wichtig, wenn das Pferd blockiert, kurz etwas anderes machen und sich nicht am Problem festbeißen!“

(Besitzer n/P2, n/P3, n/P4, n/P8, n/PX)

„Ich reite immer 20 Minuten Schritt, dann trabe ich erst an. Und am Ende zum Abwärmen nochmal 20 Minuten Schritt, am liebsten an der frischen

Luft! Das hat insgesamt eine Verbesserung der Muskelprobleme gebracht. Das Pferd hat Muskulatur aufgebaut, ist weniger steif und ich kann keine Muskelschmerzen mehr feststellen. Natürlich geht das nicht von heute auf morgen."

(Besitzerin n/P3, n/P4)

Kurz & knapp

Trainingspraxis

1. Erholungsphasen sind keine Stehtage, sondern aktiv gestaltete Regenerationselemente des Trainings.
2. Ermöglichen Sie dem Sportpferd mindestens an einem Tag in der Woche und insbesondere nach Turnierwochenenden eine aktive Erholungsphase der Muskulatur durch längere Ausritte in ruhigen Tempi mit überwiegend Schritt.
3. Reiten Sie regelmäßig ins Gelände, damit Ihr Pferd daran gewöhnt ist und dabei entspannen kann.
4. Pflegen Sie Rituale. Das kann eine sanfte Massage sein, die Sie bei einer fähigen Physiotherapeutin erlernt haben oder Sie gönnen Ihrem Pferd regelmäßige Physiotherapie beim Profi. Rituale sind ebenso ein Spaziergang oder das Grasenlassen an der Hand. Ihr Pferd ist sehr viel mehr als nur ein Reittier!
5. Wassertreten im nahegelegenen Bach oder Pferdeschwimmbad. Bitte tasten Sie sich erstmal ran! Aber machen Sie bitte keine Stressaktionen mit einmaliger Fahrt zum See, was Ihr Pferd völlig überfordert, weil Sie gleich mit ihm schwimmen wollen.
6. Beobachten Sie Ihren Sportpartner sehr genau, aber machen Sie sich auch nicht verrückt! Nicht jede Kleinigkeit führt zu einem neuen Schub.
7. Seien Sie geduldig mit sich selbst und vor allem mit Ihrem Pferd! Geduldig sein heißt nicht, keine Regeln oder Ziele haben. Ihr Pferd sollte wissen, was Sie wann von ihm erwarten. Ein konsequenter Umgang vermittelt dem Pferd Verlässlichkeit und stärkt die Beziehung.
8. Wenn Ihr Pferd einen Schub hat und es geht ihm miserabel, dann müssen Sie auch

Die 15-jährige Stute genießt das Wassertreten auf dem Hofgut Kaltenherberge (im Springsport bis 1,45 m platziert, n/P2, n/PX). (Foto: Christiane Slawik)

mal Fünfe gerade sein lassen. Mit Ganzkörperschmerz darf man mal die Ohren anlegen, wenn man gestriegelt wird. Beißen ist dennoch nicht erlaubt!

9. Reflektieren Sie Ihr Trainingssystem und natürlich Ihre reiterliche Einwirkung. Reiten ist auch ein Denksport. Denken Sie drüber nach!
10. Veränderungen beginnen im Kopf! Sie lesen gerade diese Zeilen und das zeigt, dass Sie alles versuchen, um zum Wohlbefinden Ihres Pferdes beizutragen. Manchmal heißt das auch Loslassen, denn nicht immer wendet sich das Blatt zum Guten. Eine schlimme Infektion kann bei einem älteren PSSM-2-Pferd großen Schaden anrichten und eine Abwärtsspirale auslösen. Das ist nicht Ihre Schuld!
11. Think positive! Jeder Tag ist ein neuer Tag, und selbst wenn Sie in der Vergangenheit aus Unkenntnis oder aufgrund falscher Beratung Fehler im Training oder bei der Fütterung gemacht haben, ist das jetzt Schnee von gestern!
12. Nehmen Sie die kleinen Verbesserungen wahr! Heute ist nur eine Runde im Trab möglich? Gut! Und übermorgen vielleicht schon eine halbe Runde mehr. Fokussieren Sie sich auf das Positive.

Die Autorin mit ihrem Oldenburger Woody bei einem ihrer seltenen Turnierstarts. Gerade wenn Sie nur selten auf Turnieren starten, sollten Sie versuchen, die Situation für sich und ihr Pferd einfach als gemeinsame Erfahrungsmöglichkeit zu betrachten – eine im positiven Sinne aufregende Übungseinheit in fremder Umgebung. (Foto: Sabrina Doll)

13. Modellieren Sie die Trainingswelten, die IHR Pferd braucht! Holen Sie sich konstruktive Hilfe von unten! Unser S-siegreicher 5-fach-PSSM-2-Träger wird besonders im Winter „von unten" unterstützt. Eine Hilfsperson joggt in den ersten Runden mit ihm mit, als wäre er ein 3-jähriger, weil es ihm zu Beginn der Aufwärmphase manchmal schwerfällt, die Gewichts- und Schenkelhilfen des Reiters anzunehmen. Möglicherweise ernten Sie spöttische Blicke. Who cares? Es hilft dem Pferd. Etwas später zaubert er in guten Phasen Einerwechsel auf die Diagonale.
14. Blenden Sie die Alles- und Besserwisser, Bandengucker und die „Der-veräppelt-dich-nur-Fraktion" einfach aus! Zack! Alle weg! Was zählt ist, dass Sie dieses kleine bisschen mehr Dynamik und Bewegungslust spüren können UND Ihr Pferd dafür loben! Zeigen Sie Ihrem Pferd Ihre Freude!
15. Trainieren Sie mit Menschen, die grundlegende Fachkenntnisse über Ausbildung und Trainingslehre haben, wissen, was Didaktik und Methodik bedeuten und sich auf Ihr Pferd individuell einstellen können und wollen!
16. Trainieren Sie regelmäßig, bilden Sie sich fort und behalten Sie sich im Sattel auch bei Turnierstarts eine gewisse mentale Lockerheit, getreu dem Motto: Reite zu deiner Freude und sorge dafür, dass dein Pferd freudig mit dir zusammenarbeitet! Eine positive Körperspannung und ein Lächeln können dabei nicht schaden!

Raus aus der Abwärtsspirale

Manchmal ist es einfach so – nach einem Infekt oder einer Verletzung findet das Pferd schwer zurück ins Training. Die Funktionsstörungen der Myopathie und manchmal auch weitere vielfältige Hindernisse sind zu überwinden. Der Richtungswechsel in die Aufwärtsspirale ist Weg und Ziel zugleich. Klingt toll, ist zugegeben nicht immer einfach.
Die Abwärtsspirale stellen wir uns als Einbahnstraße vor. Sie ist das Resultat der Fehlanpassung von Reiter und Pferdeverhalten. Sie sind sprichwortlich am Boden und nicht mehr im Sattel. Also, Wendemanöver einleiten, umdenken! Den Perspektivwechsel haben Sie ja sowieso schon vollzogen.

Wandel in den Repair-Modus

Versuchen Sie sich und Ihrem Pferd zuzugestehen, dass Sie beide nicht dort wieder einsteigen, wo Sie vor der doofen Abwärtsspirale waren. Ihr gemeinsames Ziel: Gemeinsam Freude am Reitsport haben, auch wenn es beim Richtungswechsel in die Aufwärtsspirale anfänglich noch etwas ruckelt. Die Funktions- und Strukturverbesserung und vor allem die Prozesse der Schmerzlinderung der Muskulatur erfordern Zeit. Perfektionismus und Festhalten an bestimmten Lösungswegen versperren den Weg zurück in die Bewegungsfreude und die Wiederherstellung gesunder Strukturen. Strukturveränderungen einer Arthrose sind natürlich nicht heilbar, aber der myofasziale Status als wesentliche schmerzlindernde Quelle und die sensomotorische Funktion sehr wohl deutlich verbesserbar.

Auch aktives Spazierengehen mit dem Pferd oder Laufbandtraining bewirken eine deutliche Verbesserung bei Gelenkbefunden. Studien auf dem Laufband zeigen, wie sich die Strukturen myopathischer Muskulatur reorganisieren, Genexpressionen[G] und Muskelfunktionen sich zunehmend verbessern. Das Muskeltraining senkt die Krankheitsaktivität in den Gelenken und der Muskulatur und bevorteilt die Knorpelentwicklung (vgl. Laube 2021, Seite 182). Zu bedenken ist, dass die Bewegung auf dem Laufband zwar eine Möglichkeit des Muskeltrainings darstellt, sie ersetzt jedoch keinesfalls das lösende Reiten zu Beginn jeder Trainingseinheit, um das Pferd körperlich und mental auf die Arbeitsphase vorzubereiten. In der Lösungsphase wird das Pferd nicht nur muskulär aufgewärmt, sondern auch taktmäßig und losgelassen zur Anlehnung und Geraderichtung hingeführt. Überdies ermöglicht die Lösungsphase Reiter und Pferd, sich mental auf die Tagesform des Trainingspartners einzustimmen.

Täglich in den Sattel versus täglich trainieren

Das Pferd täglich zu trainieren und ihm ausreichend Bewegung zu verschaffen, ist nicht gleichbedeutend mit der täglichen Nutzung des Pferdes als Reitpferd. Das Training mit Reiter(-gewicht) täglich durchzuführen, ist ein durchaus streitbares Thema. Aus einer eher physiotherapeutischen Betrachtung des Pferderückens sollte das Reiten vor allem im Muskelaufbau idealerweise an jedem zweiten Tag erfolgen, damit die Rückenlendenbinde (*Fascia thoracolumbalis*) sich immer wieder regenerieren kann. Die Rückenlendenbinde umhüllt den Bereich der Brustwirbelsäule und der Lendenwirbelsäule und ist eine circa sieben Zentimeter lange und recht dicke Faszie in der Sattellage des Pferdes. Sie besteht, wie alle Faszien, zu etwa 60 bis 70 Prozent aus Wasser (vgl. Nickel et al. 2003). Der Rest besteht aus Fett- und Bindegewebszellen, Zellen des Immunsystems sowie Kollagen- und Elastinfasern. In dieser Faszienmatrix befinden sich alle Bindegewebsbestandteile und kleine Kügelchen (sogenannte Proteoglykane; vgl. Welter-Böller & Welter 2015, Seite 12), die Druck von außen schlucken. Werden diese Kügelchen zu sehr zusammengedrückt, können sie platzen. Auch das Wasser in der Faszienmatrix sorgt dafür, die Belastung durch das Reitergewicht auszugleichen und abzufedern. Je nach Stärke und Dauer der Druckbelastung durch Reitergewicht, Sattel, Longiergurt oder Geschirr, dauert die Regenerationszeit der Kügelchen zwei bis zehn Tage. Ohne ausreichende Regenerationszeit kommt es zu Verklebungen und Funktionseinschränkungen der Rückenlendenbinde.

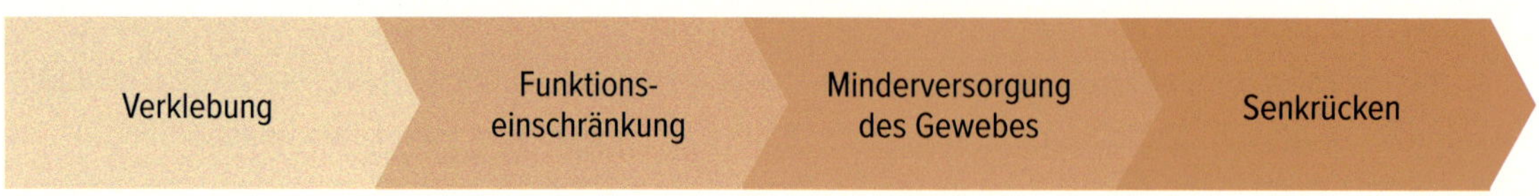

Richtung Kopf geht die Rückenlendenbinde in den Rumpftrageapparat, Richtung Schweif in die Kruppenfaszie über. Die Kruppenfaszie ist wiederum mit der Kniefaszie verbunden. Durch mangelnde Regenerationszeit verschlechtert sich die Funktionalität und Elastizität der Rückenlendenbinde, und es kann dadurch beim Reiten zu negativer Spannung kommen. Ist die Tragkraft des Rückens zusätzlich durch mangelnde Muskulatur beeinträchtigt, öffnet sich der Kniewinkel des Pferdes und die negative Spannung wird ein Dauerzustand. Dadurch erhöht sich letztlich das Spatrisiko (Arthrose). Einseitige Verspannungen der Rückenlendenbinde können außerdem zu Blockaden im Kreuzdarmbeingelenk führen.

In der Praxis zeigt sich, dass jedes Pferd bei der Anzahl der Arbeits- und Ruhetage sein individuelles Optimum hat, das durch Ausprobieren und Reflektieren erprobt werden muss. Manche PSSM-2-Pferde profitieren von einem 3- bis 4-Tagesrhythmus. Am vierten oder fünften Tag wird dem Pferd eine Pause ohne Reiten ermöglicht. Bitte kein Stehtag, sondern Bewegung in der Herde oder ein Spaziergang.

Bei PSSM-2-/MFM-Pferden zeigen sich gute Erfolge bei zwei Tagen mittleres Training, dann ein Tag leichtes Training, gefolgt von zwei Tagen intensivem Training mit Ansprechen unterschiedlicher Muskelgruppen. Anschließend ein bis zwei Regenerationstrainingstage mit aktivem Spazierengehen und Grasenlassen an der Hand, lockerer Bodenarbeit oder Longieren. Probieren Sie es aus, denn Patentrezepte gibt es nicht!

Spaziergänge sorgen für Regeneration und bringen Entspannung und Abwechslung für Mensch und Pferd. (Foto: Sabrina Doll)

So machen es Leistungssportler

Leistungssportler trainieren in der Regel täglich, da sie im Wochenplan die verschiedenen Muskelgruppen abwechseln. Dem durchschnittlichen Amateursportler wird empfohlen, an zwei bis drei nicht aufeinanderfolgenden Tagen pro Woche ein Ganzkörpertraining durchzuführen, um dem Körper ausreichend Regenerationszeit zu geben. Fortgeschrittenen oder optimal trainierten Leistungssportlern hingegen wird empfohlen, zunächst die Trainingshäufigkeit zu erhöhen, dann Dauer und Intensität zu steigern. Auch bei Pferden auf Spitzensportniveau kann man durch jahrelanges, systematisches Training unter veterinärmedizinischer Kontrolle und besten Bedingungen verkürzte Regenerationszeiten vorfinden. Wichtig ist es, in der täglichen Arbeit die unterschiedlichen Muskelgruppen ausgewogen zu trainieren, um beispielsweise eine Überlastung des Rückens zu vermeiden. Ein belastbarer Rücken resultiert vor allem aus einer starken Bauchmuskulatur. Übergänge, Stangenarbeit, Seitengänge unter dem Reiter, Schulterherein an der Hand, aus dem Rückwärtsrichten antraben, Hangtraining – all diese Elemente sollten Sie in ausgewogener Gewichtung in den Wochen- und Monatstrainingsplan integrieren.

> „Der lange Rückenmuskel ist ein Bewegungsmuskel, der nicht geschaffen ist, uns Reiter zu tragen."
>
> (Helle Kleven 2020, Seite 60)

> „Kein Bauchmuskel, keine Rückentätigkeit!"
>
> (Helle Kleven 2020, Seite 61)

Kurz & knapp

Egal ob ein Pferd nun auf Amateur- oder Spitzensportniveau gearbeitet wird, die Muskeln werden immer in der Regenerationsphase aufgebaut. Auch wenn diese Erholungsphase durch Training zunehmend verkürzt werden kann, darf keinesfalls auf die Regeneration verzichtet werden.

- **Nach intensivem Krafttraining oder anstrengenden Intervalleinheiten sind etwa 48 Stunden Regeneration erforderlich.**
- **Nach mittlerem Ausdauertraining sind etwa 24 Stunden Regeneration erforderlich.**

Regeneration heißt nicht Nichtstun!

Regeneration ermöglichen bedeutet vielmehr: Beobachten Sie Ihr Pferd sehr genau und tasten Sie regelmäßig beim Putzen die Muskulatur ab (siehe Seite 50 „Triggerpoints" und Seite 207 „Massage"). Schieben Sie im Zweifel lieber einen Pausentag mit

- **einem kurzen, lockeren Ausritt im leichten Sitz,**
- **leichter Bodenarbeit,**
- **longieren auf großen gebogenen Linien**
- **oder einfach einem längeren Spaziergang ein.**

Bedenken Sie auch, dass ein Reiter grundsätzlich maximal 20 Prozent des Pferdegewichts haben darf. Insbesondere wenn das Verhältnis von Reitergewicht und Pferd suboptimal ist, sollten Sie dem Pferderücken nach einem intensiven Training Zeit zum Regenerieren geben.
Falls Ihr Pferd in einem Laufstall mit Paddocktrail lebt und dort aktivierende Bewegungsanreize hat, kann das unter Umständen als aktive Pause gewertet werden.

Mittlere Muskelschicht

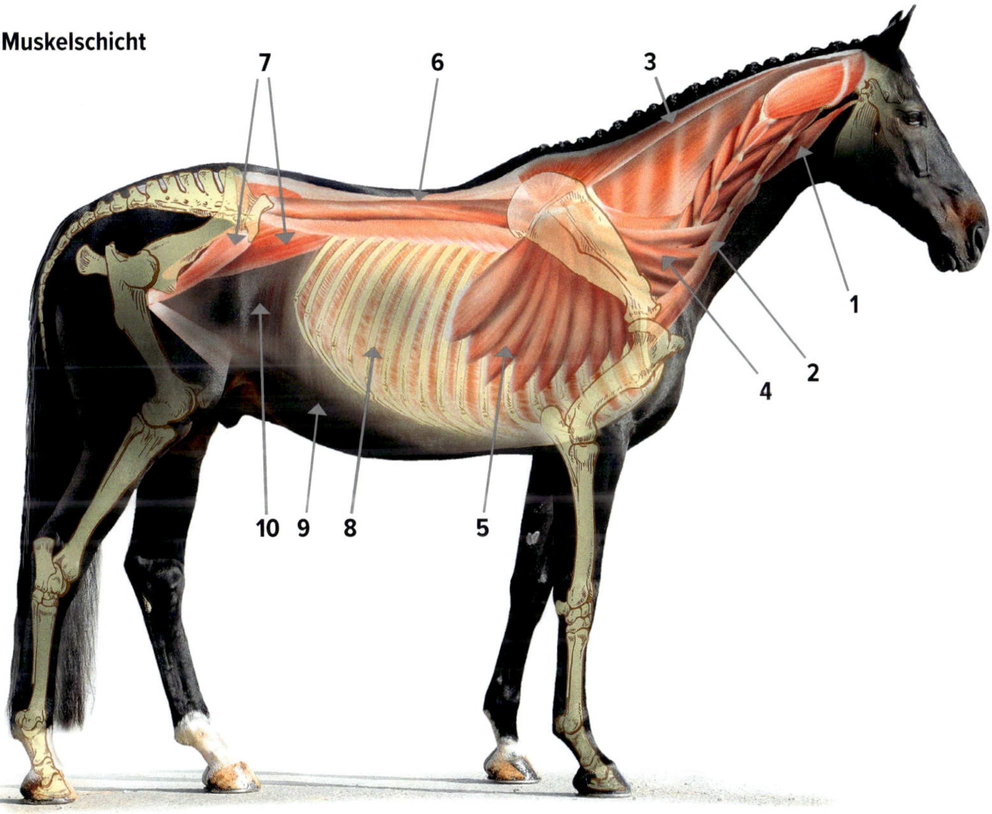

1	Langer Kopfmuskel	*M. longus capitis*
2	Rippenhalter	*Mm. scalenii*
3	Rautenförmiger Muskel	*M. rhomboideus*
4	Halsportion des gesägten Muskels	*M. serrates ventralis cervicis*
5	Brustkorbportion des gesägten M.	*M. serrates ventralis thoracis*
6	Langer Rückenmuskel	*M. longissimus dorsi*
7	Lendenmuskel	*M. iliopsoas*
8	Äußerer Zwischenrippenmuskel	*M. intercostales externi*
9	Gerader Bauchmuskel	*M. rectus abdominis*
10	Querlaufender Bauchmuskel	*M. transversus abdominis*

Mittlere Muskelschicht (Foto: Maximilian Schreiner, Grafik: Jeanne Kloepfer; aus Kleven. *Biomechanik und Physiotherapie für Pferde*. **FN***verlag* 2020.)

Fütterungs- und Haltungs-management

4

Foto: Christiane Slawik

Eine gute Gesundheit und Trainierbarkeit basiert auf einer guten Fütterung, korrekter Ausbildung sowie artgerechter Haltung und bedeutet Wohlbefinden für Pferd und Besitzer. Die Mensch-Pferd-Beziehung ist einzigartig. Nicht nur weil das Pferd ein Haustier ist, das verhältnismäßig alt werden kann und somit eine lange gemeinsame Zeit mit dem Menschen verbringt, sondern weil Pferde zielgerichtet mit dem Mensch kommunizieren. Sie sind uns emotional zugewandt. Diese Mensch-Pferd-Beziehung ist immer einzigartig und hat für uns eine große sozio-emotionale Bedeutung. Manche Gefährten begleiten uns fast ein halbes Menschenleben und bleiben ein ganzes in unserem Herzen. Das Bedürfnis, ein Tier zu füttern und zu versorgen, birgt etwas ganz Grundlegendes. Fütterung ist Fürsorge, Liebe und Zuwendung – ist Caregiving. Insofern nimmt die Ernährung des Pferdes in diesem Buch einen wichtigen Raum ein. Dennoch ist es kein umfassendes Fütterungs- und Ernährungsbuch. Vielmehr werden ausgewählte Aspekte der Fütterung dargestellt, die im Zusammenhang mit Muskelaufbau und den Erscheinungsbildern (Phänotypen) Equiner Myopathien stehen. Das Kapitel sollte nicht als Rezeptbuch verstanden werden. Was Alfred Knopfhart schon für die *Beurteilung und Auswahl von Reitpferden* schrieb, gilt auch für die Fütterung: Das Pferd ist kein Mechanismus, sondern ein Organismus. Das Kapitel trägt dem Interesse der Pferdemenschen Rechnung, die Ursache und Wirkung analysieren und neben dem „Wie" auch das „Warum" verstehen wollen. Ähnlich wie bei den individuellen örtlichen Gegebenheiten der Haltung des Pferdes und den unterschiedlichen Leistungsanforderungen beim Training geht es auch bei der Fütterung darum, pferdegerechte und individuelle Lösungen zu finden und umzusetzen.

In einer Studie aus dem Jahr 2018 berichten 80 Prozent der PSSM-2-Warmblut-Besitzer über eine Gesamtverbesserung durch eine Futterumstellung und Trainingsanpassung (Bertels, et al. 2018, Seite 14). Teilweise fehlender Vorwärtsdrang und Erschwernisse bei der Versammlungsbereitschaft hielten allerdings bei einem Drittel der Pferde an (ebd.).

„[...] 30-45 Prozent der Pferde weisen jedoch weiterhin Residualsymptome [= Symptome, die auch nach einer Ausheilung beziehungsweise nach einer erfolgreichen Therapie weiterbestehen] auf, die Trainingsfortschritte beeinträchtigen."

(Bertels, et al. 2018, Seite 14, eigene Übersetzung)

Fütterungsbefragung im Detail

87 Prozent passten die Energiequellen an → niedriger Stärkegehalt, stattdessen Fettgehalt erhöht,
85 Prozent der Befragten gaben an, dass die Fütterungsumstellung eine allgemeine Verbesserung der Bewegungs- und Verhaltensmerkmale bewirkt hatte,
76 Prozent Supplementierung von Aminosäuren, Mineralstoffen, Vitaminen,
63 Prozent Erhöhung der Proteinzufuhr,

55 Prozent Zugang zu frischem Gras erhöht, zumeist jedoch reduziert,
13 Prozent stellten keine Verbesserung fest,
3 Prozent waren unsicher, ob die Fütterung einen Unterschied erbracht hatte
(vgl. Bertels, et al. 2018, Seite 9).

In der Pferdefütterung hat sich in den letzten Jahrzehnten vieles verändert. Alte Muster brechen auf, und gleichzeitig geht es darum, Bewährtes zu erhalten und zu optimieren. Neuerungen basieren vor allem auf wissenschaftlichen Erkenntnissen. Wissenschaftliche Studien haben beispielsweise gezeigt, dass sich eine Zufütterung von Aminosäuren bei Pferden positiv auf die Muskulatur und Leistungsfähigkeit auswirkt (z.B. Graham-Thiers et al. 2005).

4.1 Grundlagen der Pferdefütterung bei Muskelproblemen

> „Trotz aller unterschiedlichen Kausalitäten sind Pferde mit Muskelproblemen durch eine solide, korrekte und angepasste Arbeit und optimierte Haltung relativ gut zu managen, wenn der ‚Point of No Return' noch nicht überschritten ist. Eine besondere und essenzielle Betrachtung sollte die Fütterung haben."
>
> (Dr. Peter Richterich 2022, Seite 15 f.)

Vom Genotyp[G] zum Phänotyp

Ganz der Papa! Das hat ja so kommen müssen! Nicht unbedingt. Denn durch Fütterung, Training und Haltung können wir auf die Ausprägung der genetischen Ausgangsbedingungen durchaus Einfluss nehmen.

Trotz Zuchtselektion und Haustierwerdung sind die zentralen Grundbedürfnisse des Sport- und Freizeitpferdes geblieben. Pferde haben ein evolutionsbedingtes Bedürfnis nach rohfaserreicher, stärkearmer Nahrung, denn auf der Zeitachse der Evolution haben die etwa 6000 Jahre Domestikation des Pferdes durch den Menschen eine vergleichsweise geringe Bedeutung gegenüber 60 Millionen Jahre der Anpassung an den Lebensraum. Gleichzeitig haben sich die Rahmenbedingungen für das Reitpferd und die damit einhergehenden nutzungsbedingten Haltungs- und Fütterungspraktiken massiv verändert. Die oft übliche stärkereiche Fütterung und Trainingsstress spielen beispielsweise eine entscheidende Rolle bei der Entstehung von Magengeschwüren. Verschiedene Studien bei Pferden zeigen unterschiedliche Häufigkeiten und verdeutlichen, dass in Abhängigkeit von Rasse, Nutzungsrichtung und Trainingslevel bis zu 90 Prozent von Magengeschwüren betroffen sind (vgl. u.a. Kingston et al. 2007; Murray, Grodinsky, Anderson et al. 1989; McClure et al. 1999; Lester 2004; Luthersson et al. 2009, 2013; May et al. 2012; Liebscher 2017, Seite 3 f.): Galopprennpferde im Training circa 80 bis 100 Prozent, Trabrennpferde im Training 80 Prozent (vgl. Hammond, Mason & Watkins 1986); etwa 75 Prozent der Pferde im aktiven Vielseitigkeitssport, knapp 70 Prozent der Distanzpferde (vgl. Nieto et al. 2004), knapp 60 Prozent im Springsport und 40 Prozent im Westernsport (vgl. Bertone 2000). Verschiedene Veröffentlichungen weisen darauf hin, dass Magengeschwüre auch bei Freizeitpferden zu 40 bis 59 Prozent (z.B. Luthersson & Nadeau 2013; Luthersson et al. 2009; Niedzwiedz et al. 2013), aber auch bei Zuchtstuten und Fohlen deutlich häufiger auftreten als allgemein angenommen.

Eine rohfaserreiche Fütterung, wie sie der Natur des Pferdes entspricht, unterstützt die Kautätigkeit und stimuliert so die Speichelproduktion, die eine wichtige Pufferfunktion im Hinblick auf die Magensäure hat. Geeignete Rohfaserstrukturträger sind:

- Gras, Heu, Grassilagen, Ganzpflanzensilagen
- Stroh: aufgrund der Verstopfungsgefahr und der geringen Verdaulichkeit im Dickdarm nur in begrenztem Maß (vgl. Coenen & Vervuert 2020, Seite 125)

Frisches Weidegras zählt zunächst zum Saftfutter, hat aber einen Rohfasergehalt von 30 bis 100 g/kg, im Heu beträgt er 200 bis 350 g/kg (vgl. Coenen & Vervuert 2020, Seite 151). Dabei kommt es nicht nur auf die Menge des rohfaserreichen Futteranteils an, sondern auch auf die Zusammensetzung und Struktur. Beispielsweise kann eine übermäßige Strohfütterung die Magenschleimhaut reizen und sich ungünstig auf Pferde auswirken, deren Magenschleimhaut durch stärkebedingte Übersäuerungsprozesse bereits sensibilisiert ist. Eine ähnlich ungünstige Verkettung kann bei Pferden mit erblich bedingten Besonderheiten im Muskelstoffwechsel (Myofibrilläre Myopathien) entstehen.

Kurz & knapp

Pferdeleben heute

Das Pferd sucht sich seine Nahrung schon lange nicht mehr 14 Stunden täglich, mit gesenktem Kopf von Grasbüschel zu Grasbüschel auf weitläufiger Steppe, selbstständig auf dem reich gedeckten Tisch der Natur. Mit der Nutzung des Pferdes als Partner des Menschen übernehmen wir die Verantwortung für die Fütterung und limitieren den Bewegungsraum des Pferdes. Gefressen wird, was innerhalb des Zauns erreichbar ist, auf meist knappen Weideflächen mit Hochleistungsweidegräsern, die sich mit Endophyten[G] gegen zunehmende Dürreperioden und den tiefen Verbiss zur Wehr setzen. Im Futtertrog landet meist, was die Futtermittelindustrie sich ausdenkt, und auch die Bewegung des Pferdes bestimmt weitestgehend der Mensch.

Neben der Kombination einer angepassten Bewegung in Form von Training und möglichst viel gleichmäßigem freiem Auslauf ist die Fütterung ein wesentlicher Bestandteil, um dem zellalterungsbedingten Muskelabbau entgegenzuwirken und den Muskelaufbau zu fördern.

Genotyp Pferd

Evolutionsbedingte, genotypische Grundbedürfnisse an Fütterung und Bewegung	Genetische Veranlagung (z.B. PSSM, *Osteochondrosis dissecans*)

Individuelle mikromolekulare Veranlagung

Komplexes Zusammenwirken bei der Verstoffwechslung in den Zellen	Individueller Bedarf an Proteinen und Antioxidantien

Phänotyp des jeweiligen Reitpferdes, wird beeinflusst

Training	Fütterung	Haltung

Makrobiologische Ausprägung und Bedürfnisse

Baustoff- und Energiestoffwechsel
Ungleichgewicht → Symptome

Die Abbildung zeigt die Zusammenhänge der genetischen Veranlagung des Pferdes, aus der sich die Grundbedürfnisse an Fütterung und Bewegung ergeben. Aus der genetischen Ausstattung ergibt sich beispielsweise die Gangveranlagung von Islandpferden (vgl. Andersson et al. 2012). Gene führen außerdem zu einer individuellen mikromolekularen Veranlagung, die sich auf die Stoffwechselvorgänge sehr kleiner Teilchen (Moleküle) bezieht. Diese genetische Grundausstattung des Reitpferdes trifft auf die Faktoren Training, Fütterung und Haltung, die den Phänotyp des jeweiligen Pferdes prägen. Der Phänotyp des Reitpferdes entsteht also aus dem Zusammenwirken von Erbanlagen und Umweltfaktoren. Zu diesen äußeren Faktoren zählen beispielsweise auch Witterungseinflüsse, Verletzungen und auch Einflüsse durch den Reiter. Aus all diesen Faktoren, die ineinandergreifen, ergeben sich die makrobiologischen Bedürfnisse des Organismus. Diese Bedürfnisse betreffen auch den Baustoff- und Energiestoffwechsel (siehe dazu auch die Tabelle auf Seite 130). Gerät dieser in ein Ungleichgewicht von Bedarf (z.B. im Muskelaufbau) und Versorgung (z.B. Unterversorgung mit Aminosäuren), das der Körper nicht mehr ausgleichen kann, so können Symptome entstehen (z.B. Muskelabbau).
Neben der regelmäßigen Bewegung (freier Auslauf, gezieltes Training) ist die Fütterung ein wesentlicher Bestandteil, um den Muskelaufbau zu fördern, die Fitness des Gesamtorganismus zu erhalten und zudem dem zellalterungsbedingten Muskelabbau entgegenzuwirken. Das optimale Fütterungsprogramm eines Pferdes wird auf den jeweiligen Bedarf individuell zugeschnitten. Während eine stärke-,

fruktan- und zuckerreduzierte Basisfütterung meist recht einfach zu gewährleisten ist, gibt es bei den Mineralstoff-, Aminosäuren- und Vitaminbedarfen nicht „den einen wahren" Weg, der für jedes Pferd anwendbar ist (siehe Abb. links). Bei der gezielten, ergänzenden Zufütterung ist es manchmal nicht ganz einfach, das genau passende Feintuning zu finden. Lesen Sie dazu mehr bei den Fütterungshinweisen ab Seite 182.

Fütterungsgrundsätze

- Heu immer etwa 15 bis 30 Minuten vor dem Kraftfutter geben, um die Magensäure durch Speichelbildung zu puffern.
- Heumenge pro Tag: 1,5 bis 2 kg pro 100 kg Sollkörpergewicht, bei Senioren 1,7 bis 2,5 kg pro 100 kg Zielkörpergewicht; magensensible Pferde und zur Prävention von kolikartigen Zuständen, „Belastungsmyopathien", „PSSM 1" > 1,7 kg pro 100 kg Körpermasse (vgl. Coenen & Vervuert 2020, Seite 318)
- Wegen der kontinuierlichen Magensäureproduktion des Dauerfressers Pferd sollten längere Fresspausen von mehr als vier Stunden vermieden werden.
- Kraftfuttermengen auf mehrere Portionen am Tag verteilen (Leitlinie pro Portion maximal 200 g Kraftfutter pro 100 kg Körpergewicht)
- Futterumstellungen sind immer schrittweise durchzuführen!
- Zugang zu frischem, sauberem Trinkwasser ist immer zu gewährleisten!
- Leckstein mit unbehandeltem Salz sollte zur Verfügung stehen (außer bei Fohlen).
- Fresszeit = Ruhezeit (Training etwa eine Stunde nach der Kraftfutteraufnahme)

Wenn Sie unsicher sind, denken Sie an diese drei Prinzipien:

1. Was fehlt, muss zugeführt werden!
2. Was zu viel ist, muss reduziert werden!
3. Was schadet, muss entfernt werden!

Jedes Pferd benötigt in der täglichen Ernährung drei Grundnährstoffgruppen in einem ausgewogenen Mengenverhältnis:

- Proteine (= Eiweiße)
- Kohlenhydrate
- Fette

Diese drei Grundnährstoffgruppen sind unterschiedlich an der Deckung des Energie- und Baustoffwechsels beteiligt.

Es gibt in der Ernährung neun essenzielle Aminosäuren, zwei essenzielle Fettsäuren, aber keine essenziellen Kohlenhydrate (vgl. Horn 2019, Seite 37. ff.).
Es hat sich gezeigt, dass die Gabe von Aminosäurepräparaten die Muskelmasse bei Sportpferden erhöht (vgl. Coenen & Vervuert 2020, Seite 318; Grahams-Thiers & Kronfeld 2005).

Energiestoffwechsel	**Baustoffwechsel**
• wird auch Betriebsstoffwechsel genannt • bezeichnet den Teil des Stoffwechsels, welcher der Energiegewinnung dient → Herstellung des Energieträgers Adenosintriphosphat (ATP) • wichtige Energielieferanten: Kohlenhydrate, Fette, Proteine	• bezeichnet Stoffwechselreaktionen, die zum Auf- und Abbau von Zellstrukturen führen • dient dem Aufbau von körpereigenen Stoffen und Körperbestandteilen (z.B. Muskelzellen, Muskelstrukturproteine → Muskelwachstum) • wichtige Baustofflieferanten: Proteine, Wasser, Mineralstoffe

Leistungsbedarf decken
Wenn die Energiemenge aus einer stärke- und zuckerreduzierten Grundration nicht ausreicht, kann die erforderliche Energie über hochwertige Fasern, Keimlinge, Proteine, Öle und Ölfrüchte bereitgestellt werden (siehe Seite 170).

Der Nährstoffbedarf wird bei jedem Organismus je nach Umfang der zu leistenden Arbeit unterschieden in Minimalbedarf, Erhaltungsbedarf und Leistungsbedarf. Der Erhaltungsbedarf wird aus dem Minimalbedarf plus Grundbedarf berechnet. Der Leistungsbedarf umfasst den Erhaltungsbedarf plus den Mehrbedarf für Training, Trächtigkeit, Wachstum, Milchproduktion oder Deckbeanspruchung. Zum Leistungsbedarf zählt auch der Mehrbedarf für den Aufbau und die Vermehrung von Muskulatur und Wachstumsvorgängen. Beim Leistungsbedarf sind immer auch der Minimalbedarf und der Grundbedarf beteiligt. Letztere lassen sich auch experimentell nur mit Einschränkungen exakt ermitteln. Dennoch kann man die allgemeine Regel festhalten, dass der Grundumsatz in einem geringeren Maß anwächst als die Körpergröße zunimmt. Anders ausgedrückt: Obwohl ein Pferd viermal so schwer wie ein Schwein ist, ist der Grundumsatz weniger als dreimal größer. Zu bedenken ist aber: Ein Energiedefizit blockiert den Muskelaufbau, da der Organismus bei einer zu geringe Gesamtkalorienzufuhr in den Körperzellen Prozesse aktiviert, die wichtige Enzyme für das Muskelwachstum blockieren.

Rasse	**Erhaltungsbedarf (Pferd in gutem Ernährungszustand bei moderatem Training)** MJ ME/kg^{0,75} LM umsetzbare Energie für die Erhaltung	Folgende Variationsfaktoren führen zu einem individuellen Mehrbedarf und Erhöhen den Wert in der Spalte Erhaltungsbedarf.
Vollblüter	0,64	• Pferde in Sportkondition (z.B. Rennkondition) haben bereits in Erhaltung einen bis zu 15 Prozent höheren Bedarf. • Kälte/Hitze führt zu einer Erhöhung des Erhaltungsbedarfs um bis zu 10 Prozent. • Extreme Witterungsverhältnisse führen in Abhängigkeit von Rasse, Gesamtzustand und Felldichte zu einer Erhöhung des Erhaltungsbedarfs um bis zu 20 Prozent. • Pferde im Offenstall, mit Weidegang, in Gruppenauslauf haben ein um 10 Prozent erhöhten Erhaltungsbedarf. • Die Weidehaltung in der Herde auf großen Flächen, insbesondere Hangkoppeln, führen zu einem um bis zu 50 Prozent höheren Erhaltungsbedarf.
Warmblüter	0,52	
Ponys*	0,40	
Sonstige Rassen	0,40 bis 0,50	

Tabelle: Erhaltungsbedarf bei Stallhaltung und moderatem Training (vgl. Coenen & Vervuert 2020, Seite 74 ff.) Bei übergewichtigen Pferde soll mit etwa 10 bis 15 Prozent weniger Erhaltungsbedarf gerechnet werden.
*Reitponys im Sportpferdetyp sind eher wie Warmblutpferde einzustufen.

„MIM-Pferde können leistungsfähige Sport- und Freizeitpferde sein, wenn man sie gut managt."

(Christina Wessling)

Um den Gesamtenergiebedarf des Pferdes zu bestimmen, ist das Körpergewicht ein guter Anhaltspunkt. Bei einem zu mageren Pferd müssen Sie allerdings das Zielkörpergewicht betrachten. Zu dicke Pferde sind jedoch deutlich häufiger. Übergewicht, meist in Verbindung mit zu wenig Bewegung, führt zu einer Verschlechterung des Gesundheitszustandes und langfristig zu Folgeschäden. Sowohl bei der Reduktion als auch bei der Zunahme des Körpergewichtes gilt es, langsam und schrittweise vorzugehen. Wenn es um eine deutliche Gewichtsveränderung geht, sollten Sie Fütterungsexperten hinzuziehen.

Minimalbedarf:
eher theoretische, experimentelle Energiemenge bei absoluter Ruhe und Nüchternheit in thermoneutraler Umgebung

Erhaltungsbedarf (Grundbedarf):
Energiebedarf für Lebenserhaltung, also Futteraufnahme, Verdauung, Wärmeregulation und leichte Muskeltätigkeit

Leistungsbedarf:
Gesamtumfang der zu leistenden Arbeit → Muskelaufbau, Muskelarbeit, Laktation, Wachstum, Entwicklung eines Fetus (vorgeburtliches Fohlen)

- Das Springpferd benötigt für die Anhebung von 100 kg Körpermasse um 1 Meter das 15- bis 20-fache gegenüber dem Bedarf bei Horizontalbewegung (entspricht rund 3 Kilojoule) (vgl. Coenen & Vervuert 2020, Seite 84).

Beispiele für Erhaltungsbedarf
(ME MJ umsetzbare Energie):
- Kaltblut, LM 800 kg → 86,7 ME MJ/Tag
- Warmblut, LM 600 kg → 63
- Warmblut, LM 450 kg → 50,8
- Vollblut, LM 450 kg → 62,5
- Haflinger, LM 400 kg → 40,2
- Pony, LM 300 kg → 28,8

(Angaben zur umsetzbaren Energie basieren auf Daten von GfE 2014 und Coenen & Vervuert 2020)

Beispiele für zusätzlichen Energiebedarf in ME (MJ/100kg) Körpermasse Pferd mit Reiter:
- 1 Stunde Schritt zügig → ca. 1,8 bis 2,1
- je km Trab (mittel) → ca. 0,37
- je Stunde Trab (leicht) → ca. 4,4
- je Stunde Trab/Galopp → ca. 6,8
- je Min. schneller Galopp → ca. 0,2

Buchtipp:
Sehr ausführliche Angaben zum Energiebedarf und Versorgungsempfehlungen finden Sie im Standardwerk *Pferdefütterung* (Coenen & Vervuert 2020, Seiten 334-423).

Um das **Körpergewicht** des Pferdes zu messen, gibt es verschiedene Methoden. Eine einfache Methode ist die Ermittlung von Brustumfang und Körperlänge (nach Carroll & Huntington 1988). Sofern richtig gemessen wurde, weicht das ermittelte Gewicht maximal 20 kg vom tatsächlichen Gewicht ab. Da die Messungen mit Bandmaß immer etwas ungenau sein können, sollten Sie die Messungen bei beiden Methoden mehrmals direkt hintereinander durchführen (ca. 3- bis 4-mal). Aus dem Mittelwert der Messungen berechnen Sie dann das Gewicht.

Methode 1
Lebendmasse (LM) = (Brustumfang mal Brustumfang mal Körperlänge) geteilt durch 11,9

Methode 2
Lebendmasse (LM) = -1.078 + (1,96 x KU cm) + (2,28 x HU cm) + (3,26 x BM cm)

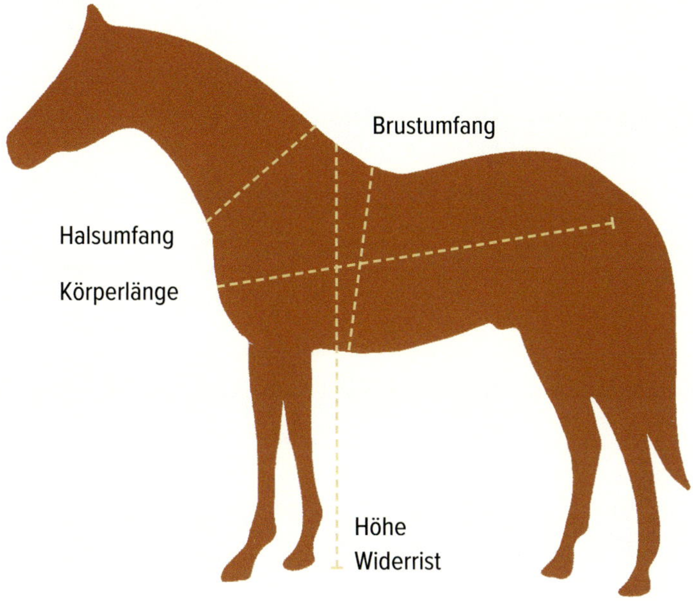

Bei der zweiten Methode werden die Widerristhöhe (BM), der Halsumfang (HU) und der Körperumfang (KU) des Pferdes in Zentimeter gemessen und mittels Formel die Lebendmasse (LM) in kg ermittelt (GFE 2014).

Raiffeisenhandelsgenossenschaften oder große Recyclinganlagen verfügen oft über im Boden eingelassene Waagen, auf denen komplette Gespanne (PKW plus Pferdeanhänger) gewogen werden können. Voraussetzung ist natürlich, dass Sie einmal mit und einmal ohne Pferd das Gespann wiegen. Die einfachste Methode ist die Teilnahme an einem Sammeltermin einer mobilen Pferdewaage.
Um den muskulären Zustand einschätzen zu können, eignet sich der sogenannte Body Condition Score (BCS nach Dr. Stephanie Schramme, Kienzle & Schramme 2004). Er betrachtet das Verhältnis von Fettmasse zu fettfreier Masse an sechs Körperregionen. Durch die äußerliche Beurteilung der Fettdepots und der sichtbaren Muskulatur kann das Pferd in eine 9er-Skala eingeordnet werden (1 = extrem mager = Verlust von Muskelmasse, 9 = extrem fett = Ansammlung von Unterhautfettgewebe). Aus dem so ermittelten Ernährungszustand können Rückschlüsse auf den Gesundheits-, Trainings- und Ausdauerzustand gezogen werden. Bei der Beurteilung werden Fettreserven und Knochenstrukturen an Hals, Schulterpartie, Rippen der Brustwand, Rücken und Kruppe, Hüfthöcker sowie die Linie zwischen Schweifansatz und Sitzbeinhöcker ertastet. Der Bauch wird beim BCS nicht begutachtet, da er beim Pferd nichts über die Fettreserven aussagt. Der Umfang des Bauchs kann aufgrund der unterschiedlichen Dickdarmfüllung (Weidebauch,

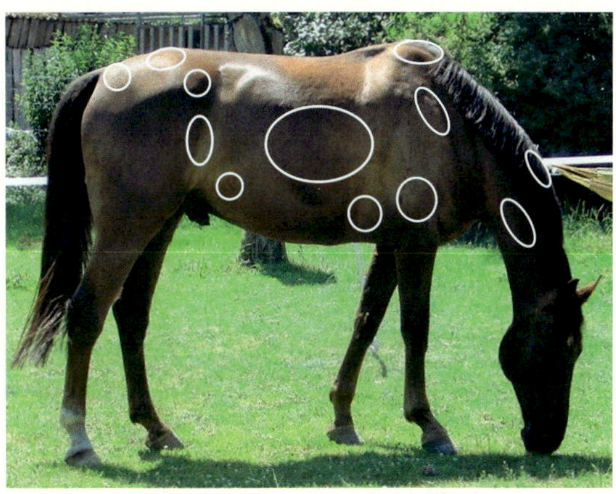

6-jähriger Oldenburger Wallach, 176 cm Stockmaß, 645 kg (Foto: privat)

Heubauch) stark variieren. Ein optisch großer Bauch kann ebenso die Folge falschen Trainings oder einer erschlafften Bauchmuskulatur sein. Der BCS wurde für Warmblutpferde wissenschaftlich überarbeitet und ist für Pferde mit rassebedingt deutlich runden Formen (z.B. Barock- und Westernpferde, Tinker, Kaltblüter, Ponys) nur anwendbar, wenn die spezifischen Zuchtmerkmale der jeweiligen Rasse in die Beurteilung miteinfließen. Rassebedingt kann ein höherer BCS an manchen Körperstellen normal sein.

Kammfett = Halsmuskulatur bis zum Mähnenkamm, bei gesenkter Kopfhaltung zu beurteilen

Besonderheiten des BCS nach Dr. Stephanie Schramme

- Bei Friesen liegt beim identischen BCS deutlich mehr Kammfett als beim Vollblutpferd vor.
- Ein hoher Kamm sollte auch bei Hengsten berücksichtigt werden und fließt ebenso wie das subkutane Fett an anderen Körperstellen in den BCS ein.
- Eine gespaltene Kruppe sollte nicht mit einem Fettansatz verwechselt werden, sondern ist ein Zeichen von gut ausgebildeter Muskulatur.
- Beim Quarter Horse sind die Hüfthöcker bereits bei einem BCS von 5 ganz von Muskulatur eingedeckt.
- Beim Vollblüter sind die Hüfthöcker erst ab einem BCS von 6 oder 7 ganz eingedeckt.
- Bei einem altersbedingten Senkrücken ragt der Widerrist über das Niveau der Dornfortsätze hinaus, sodass der BCS in der Rückenregion nicht vorbehaltlos angewendet werden kann. Ebenso kann die Gesamtmuskulatur im Alter reduziert sein.

Bewertung

Um eine körperliche Belastbar- und Trainierbarkeit sicherzustellen, sollte ein BCS ab 5 bis 6 angestrebt werden.

Spring-, Distanz- oder Vielseitigkeitspferde

Bei einem BCS von 5 liegt eine gut ausgeprägte Muskulatur und ein gutes Verhältnis von Fettreserven und Muskulatur vor. Bei einem BCS von 5 bis 6 stellt die subkutane Fettreserve keine zusätzliche Gewichtsbelastung dar. Ein BCS von 5 bis 5,5 ist ideal für Spring-, Distanz- oder Vielseitigkeitspferde, von denen hohe körperliche Leistungen verlangt werden. Dieser Score ist auch geeignet, um extreme Ausdauerleistungen zu erbringen.

Dressurpferde

Bei Dressurpferden wird „ein BCS von bis zu 6 vorgeschlagen“ (vgl. Schramme 2003, Seite 121). Dieser Wert geht von einem maximalen Muskelansatz aus. Er trägt der Tatsache Rechnung, dass das Dressurtraining den Pferden, ähnlich dem Kraftsport beim Menschen, sehr viel Kraftausdauer abverlangt und somit eine starke Muskulatur in Hinterhand und Rücken vorhanden ist. Eine Vermehrung des Fett- anstatt des Muskelgewebes ist kritisch zu prüfen.

Zuchtstuten

Für Zuchtstuten wird bei einem BCS von 6 eine Verbesserungen der Fruchtbarkeit beschrieben. Bei Stuten mit einem BCS > 6 zeigt sich eine schlechtere Trächtigkeitsrate. Zudem sind mehr Zyklen beziehungsweise Besamungen erforderlich, um eine Trächtigkeit zu erzielen (vgl. Henneke 1983, Seite 372). Ein BCS ab 7 sollte jedoch vermieden werden. Die Bewertung sollte nicht in der fortgeschrittenen Trächtigkeit vorgenommen werden.

1	**ausgehungert** lebensbedrohlicher Zustand	• nicht reitbar • nicht belastbar
2	**sehr dünn** lebensbedrohlicher Zustand	• nicht reitbar • nicht belastbar
3	**dünn** bedrohlicher Zustand	• nicht reitbar • nicht genügend Substanz, um Bedarf für trainingsbedingten Muskelaufbau und Energieverbrauch bereitzustellen
4	**mäßig dünn** Gewichtszunahme erforderlich	• mäßige Bemuskelung bei minimalen subkutanen Fettdepots • verfügbare Energie wird für Aufbau von Grundbemuskelung und subkutanen Fettdepots verbraucht • bedingt trainierbar
5	**normal**	• für Ausdauerleistungen, Fokus Ausdauerkraft • ideal für Spring-, Distanz- und Vielseitigkeitspferde
6	**normal bis mäßig dick** je nach Rasse oder Einsatz ideal	• weitere Steigerung der Bemuskelung sowie Vermehrung des Fettgewebes, Fokus Kraftausdauer • ideal für Dressurpferde, Zuchtstuten, Robustpferderassen • zu starke Vermehrung des Fettgewebes statt Muskelmasse kritisch prüfen
7	**dick** Reduktion des BCS auf 6 anzustreben	• kein Mehrwert für den Muskelaufbau • zunehmende Belastung des Bewegungsapparates
8	**fett** Reduktion erforderlich	• Rehegefahr
9	**extrem fett** Reduktion unbedingt erforderlich	• lebensbedrohlich

Machen Sie alle vier Wochen ein Foto vom Seitenbild Ihres Pferdes und wiegen Sie es einmal jährlich! Erste Veränderungen zeigen sich optisch möglicherweise erst nach zwei Monaten. Haben Sie Geduld!
Gewichtszunahme und Gewichtsreduktion stellen Stoffwechselveränderungen des Gesamtorganismus dar und müssen deshalb langsam, schrittweise und langfristig erfolgen.
Der Schlüssel zum Erfolg liegt in der Kombination von Fütterung, Training und Haltung.

Anleitung:

Es gilt jeden Bereich einzeln gemäß Tabelle zu ermitteln.

Addieren Sie alle sechs Werte. Die Summe wird dann durch die Anzahl (6) geteilt. → BCS

Hals + Schulter + Brust + Rücken Kruppe + Hüfte + Schweifansatz = Summe :6

	Hals	Schulter	Rücken/Kruppe	Brust	Hüfte	Schweifansatz
1	Seitenfläche nach innen gewölbt (konkav), Atlas sichtbar, 3. bis 6. Wirbel fühlbar, 4. bis 5. sichtbar, kein Kammfett, Axthieb	Schulterblatt komplett sichtbar, 6. bis 8. Rippe sichtbar, Faltenbildung an der Schulter nicht möglich	Dorn-/Querfortsätze und Rippenansätze sichtbar, Kruppe konkav, Haut nicht verschiebbar	6. bis 18. Rippe komplett sichtbar, Haut nicht verschiebbar	Hungergrube eingefallen, Hüfthöcker überdeutlich, Sitzbeinhöcker sichtbar, über Kreuzbein konkav, After eingefallen	einzelne Wirbel abgrenzbar, Linie konkav
2	Seitenfläche konkav, Atlas und 4. bis 5. Wirbel fühlbar, kein Kammfett, Axthieb	oberer Teil Schulterblatt und Schulterblattgräte sichtbar, 6.-8. Rippe fühlbar, 7.-8. sichtbar, Faltenbildung an der Schulter schwierig	Dorn-/Querfortsätze sichtbar, Rippenansätze fühlbar, Kruppe konkav, Haut nicht verschiebbar	7. bis 18. Rippe komplett sichtbar, Haut nicht verschiebbar	Hungergrube eingefallen, Hüfthöcker überdeutlich, Sitzbeinhöcker sichtbar, über Kreuzbein gerade, After eingefallen	einzelne Wirbel nicht abgrenzbar, Linie konkav
3	Seitenfläche leicht konkav, Halswirbel 4 bis 5 bei Druck fühlbar, kein Kammfett, Axthieb	Schulterblattgräte sichtbar, 7.-8. Rippe fühlbar, Faltenbildung an der Schulter schwierig	Dornfortsätze sichtbar, Haut nicht verschiebbar	7. bis 18. Rippe Seitenflächen sichtbar, Haut nicht verschiebbar	Hungergrube eingefallen, Hüfthöcker überdeutlich (Kante scharf), Sitzbeinhöcker sichtbar, After etwas eingefallen	Wirbel-Seitenfläche nicht sichtbar, Linie konkav

	Hals	Schulter	Rücken/Kruppe	Brust	Hüfte	Schweifansatz
4	Seitenfläche gerade, Halswirbel nur bei starkem Druck fühlbar, Kammfett bis 4 cm, Axthieb undeutlich	Schulterblattgräte teilweise sichtbar, 7. Rippe bedeckt, 8. fühlbar, kleine Schulterfalte unter großer Spannung möglich, Haut etwas verschiebbar	Dornfortsätze nur am Widerrist sichtbar, Haut nicht verschiebbar	11. bis 14. Rippe sichtbar, 9. bis 18. Rippe fühlbar, Haut etwas verschiebbar	Hüfthöcker zum Rücken hin deutlich (Kante scharf), Sitzbeinhöcker ahnbar	Kontur Schwanzwirbel erahnbar, Linie leicht konkav
5	Seitenfläche leicht nach außen gewölbt (konvex), Kammfett 4 bis 5,5 cm	Schulterblattgräte zu erahnen, über 7. Rippe weich, 8. Rippe fühlbar, kleine Schulterfalte unter Spannung möglich, Haut leicht verschiebbar	Haut etwas verschiebbar, 14. bis 18. Rippe bei leichtem Druck fühlbar	Rippen undeutlich sichtbar, 10. bis 18. Rippe fühlbar, Haut verschiebbar	Hüfthöcker zum Rücken hin leicht deutlich (Kante rund) Sitzbeinhöcker fühlbar	Schwanzwirbel bedeckt, Linie gerade
6	Seitenfläche leicht konvex, Kammfett 5,5 bis 7 cm	über 7. bis 8. Rippe weich, kleine Schulterfalte unter wenig Spannung möglich, Haut leicht verschiebbar	Haut leicht verschiebbar, 14. bis 18. Rippe bei starkem Druck fühlbar	Rippen nicht sichtbar, 14. bis 18. Rippe fühlbar, Haut leicht verschiebbar	dorsaler Hüfthöcker ahnbar, Sitzbeinhöcker schwer fühlbar	festes Fettpolster bei Schwanzwirbel 3, Linie konvex
7	Seitenfläche leicht konvex, Kammfett 5,5 bis 7 cm	über 7. bis 9. Rippe weich, Schulterfalte spannungsfrei möglich	Kruppe fühlt sich weich an, bei 14.bis 18. Rippe Fettpolster, Falten möglich	15. bis 17. Rippe fühlbar, Haut leicht verschiebbar, über 9. bis 18. Rippe weich, Fingerkuppen sinken etwas ein, Falten mit viel Spannung möglich	Hüfthöcker abgerundet, fühlbar	weiches Fettpolster bei Schwanzwirbel 3, Linie deutlich konvex
8	Seitenfläche leicht konvex, Kammfett 8,5 bis 10 cm	über 7. bis 9. Rippe weich, hohe Schulterfalte spannungsfrei	Kruppe fühlt sich weich an, bei 14. bis 18. Rippe dickes Fettpolster, dicke Falten möglich	Rippe kaum fühlbar, Haut leicht verschiebbar, über 9. bis 18. Rippe weich, Fingerkuppen sinken deutlich ein, Falten möglich	Hüfthöcker eingedeckt, fühlbar	weiches Fettpolster bei Schwanzwirbel 1 bis 3, Linie deutlich konvex
9	Seitenfläche konvex, Kammfett > 10 cm	Fettdepot bis Widerrist und Brust, hohe Schulterfalte spannungsfrei möglich	durchgehendes Fettpolster	Rippen nicht fühlbar, durchgehendes Fettpolster	Hüfthöcker nicht mehr als Vorwölbung erkennbar	durchgehendes Fettpolster

BCS für Warmblüter (von Henneke et al. 1983, wissenschaftlich überarbeitet von Kienzle & Schramme 2004)

Bereits der Erhaltungsbedarf zweier gleich großer und gleich schwerer Pferde in unterschiedlichen Haltungsformen kann sich deutlich unterscheiden. Um den Bedarf des einzelnen Pferdes zu ermitteln, müssen komplexe, individuelle Faktoren wie Alter, Körpergewicht, Rasse (Temperament, Hautisolationstyp, d.h.

Dichte, Länge und Beschaffenheit des Fells), Trainingsumfang, Temperament und Haltungsform einbezogen werden. Mathematische Bedarfsberechnungsmodelle werden den verschiedenen Einflüssen (Haltung, Umweltfaktoren, Individuum) nicht immer gerecht (vgl. Coenen & Vervuert 2020, Seite 70). Unterschiedliche Haltungsformen unterscheiden sich nicht nur hinsichtlich des Aktivitätsniveaus. Studien haben gezeigt, dass Pferde sich hinsichtlich ihrer Bewegungsaktivität auch bei gleichen Haltungsbedingungen deutlich unterscheiden und dadurch einen anderen Energiebedarf haben (z.B. Vosswinkel 2009, Seiten 39, 60). Pferde, die sich auf großen Weiden mehrere Stunden am Tag im Schritt bewegen und zusätzlich noch 5 bis 15 Minuten galoppieren, haben beispielsweise einen Mehrbedarf in Höhe von etwa 20 bis 50 Prozent des Erhaltungsbedarfs im Vergleich zu den eher eingeschränkteren Bewegungsmöglichkeiten bei Boxenhaltung (eigene Schätzung auf Basis von Coenen & Vervuert 2020, Seite 82 ff.; Kienzle et al. 2010; GfE 2014). Eine Stunde im Schritt unter dem Reiter ergibt zum Beispiel einen Zuschlag von etwa 10 Prozent zum Erhaltungsbedarf. Unterschiedliche Energiebedarfe ergeben sich bereits durch das Stallgebäude (Kaltstall, isoliertes Stallgebäude). Tabellenwerte zum Erhaltungsbedarf liefern dazu Anhaltspunkte (siehe dazu Tabellenanhang Versorgungsempfehlungen bei Coenen & Vervuert 2020, ab Seite 334).

4.2 Proteine als Baustoffe und Energiequelle

Beachten Sie bitte:
Dieses Buch liefert Ihnen eine Grundlage für ein besseres Verständnis einer lösungsorientierten Fütterung von Pferden im Muskelaufbau, bei Muskelproblemen, zur Prävention von Muskelabbau und im Hinblick auf spezielle Bedürfnisse von PSSM-2-Pferden. Das Buch ersetzt keinesfalls eine umfassende Diagnostik durch den Tierarzt, sondern soll anregen zu einer individuellen und kritischen Betrachtung der bisherigen Fütterung und der Haltungsbedingungen sowie des Trainings! Die Zusammenhänge zwischen diesen Faktoren machen Pferdeliebe zu einem komplexen Gesundheitsmanagement.
Das Kapitel unterstützt Sie dabei, die Informationen auf Futtermitteln und bestimmte Fütterungskonzepte besser einzuschätzen und kann ein hilfreiches Nachschlagewerk sein.
Wenn Ihnen die Details in diesem Fütterungskapitel nicht ausreichend sind und Sie selbst in Studien zu verschiedenen Fütterungsbestandteilen nachlesen möchten, dann ist die Recherche bei Pubmed.gov zu empfehlen! Hier finden Sie wissenschaftliche Publikationen. Das Lesen solcher Studien ist ein wenig wie puzzeln. In diesem Buch finden Sie viele dieser Puzzleteile sprachlich verständlich aufbereitet. Bei besonderen Problemlagen gilt es stets, die Puzzleteile für das einzelne Pferd zu einem sinnvollen Ganzen zusammenzufügen.

„PSSM-2-Pferde sind auf höhere Proteingehalte und -qualitäten angewiesen, jedoch sind nicht alle ausgewiesenen Futtermittel hierzu geeignet."

(Dr. Peter Richterich)

Proteine werden umgangssprachlich, aber veraltet auch Eiweiße genannt. Proteine, Kohlenhydrate und Fette sind die Hauptbestandteile der Fütterung. Unter ihnen nehmen die Eiweiße eine Sonderstellung ein, denn Menschen und Tiere können sich durchaus fettfrei oder ohne Kohlenhydrate ernähren, aber nicht ohne Eiweiß. Proteine werden in der Fachliteratur oft als Bau- oder Strukturstoffe bezeichnet, weil sie den Aufbau der Körperstruktur (z.B. Muskeln) bewirken. Sie sind in höheren Mengen beispielsweise in Heu, Gras, Sojaextraktionsschrot, Luzerne, Leinkuchen, Bierhefe oder Molke enthalten (einige Werte zur Dünndarmverdaulichkeit von Proteinquellen finden Sie im Kasten Kurz & knapp auf Seite 146). Als Makronährstoffe kommen Proteine praktisch in allen Futtermitteln, mit Ausnahme von Wasser oder stark gefiltertem Öl, vor.

„Die Besitzer-Befragung von bislang 2.146 getesteten Pferden ergab, dass 91 Prozent nach dem MIM-Test eine Futterumstellung durchgeführt haben. Dabei wurden Proteine/Aminosäuren, Mangan, Magnesium, Vitamin E erhöht und Zucker und Stärke verringert. Bei 77 Prozent besserten sich die Symptome, einschließlich der Rittigkeit (84 Prozent). Die muskuläre Steifheit verringerte sich (72 Prozent) und der Muskelaufbau (50 Prozent) verbesserte sich."

(Dr. Melissa Cox)

Aus den chemischen Verbindungen der Proteine stellt der Körper

- Bau- und Strukturstoffe zum Aufbau des eigenen Körpers,
- Enzyme (Katalysatoren),
- Hormone (Regulatoren) und Immunstoffe (Antikörper) her.

Aus biochemischer Sicht sind Proteine die interessantesten Moleküle überhaupt, denn sie halten den gesamten Stoffwechsel am Laufen. Chemisch gesehen besteht jedes Protein aus einer unterschiedlich langen Kette von Aminosäuren. Diese sind richtige Stoffwechsel-Booster. Die wichtigsten sind die sogenannten essenziellen Aminosäuren, die das Pferd nicht selbst herstellen kann. Sie müssen dem Pferdekörper über die Fütterung gezielt zugeführt werden. Beim Pferd sind dies neun Aminosäuren, hier sind Lysin, Threonin und Methionin besonders hervorzuheben. Nicht-essenzielle Aminosäuren kann der Körper durch Umwandlungsprozesse (Spaltung von Proteinen, Proteinsynthese) selbst herstellen. Aminosäuren erfüllen im Organismus von Mensch und Pferd viele Funktionen (z.B. Muskelstrukturproteine) und haben eine außergewöhnliche Aufgabe: Sie sind dafür zuständig, die in unserem Erbgut gespeicherten Informationen an die Zellen weiterzugeben.
Über Aminosäuren erfahren Sie mehr ab Seite 146.

Was geschieht nun mit den Proteinen im Körper?

Die Proteine gelangen ganz ohne chemische Veränderungen in den Magen. Dort treffen sie auf den salzsäurehaltigen Magensaft und auf das Enzym Pepsin. Pepsin ist ein Biokatalysator, der damit beginnt, die Proteinmoleküle zu spalten. Bei der Spaltung der Proteinmoleküle sind auch andere Substanzen, wie Magnesium, Zink und Mangan von Bedeutung. Im Dünndarm setzen andere Enzyme das Werk fort. Der Anteil des nicht dünndarmverdaulichen Rohproteins aus der jeweiligen Proteinquelle wandert in den Dickdarm und muss dort mit Hilfe der Leber und Nieren verstoffwechselt und ausgeschieden werden. Leber und Nieren sind jedoch nicht direkt an der Arbeit im Dickdarm beteiligt. Zur Stoffwechsellast für Leber und Nieren wird vor allem das überschüssige Protein aus dem Dünndarm, wenn es entweder absolut oder relativ zu viel ist. Hier kann auch ein Mangel einer erstlimitierenden Aminosäure eine Rolle spielen. Beim Pferd ist das oft Lysin.

Proteine sind Makromoleküle, die aus Aminosäuren aufgebaut sind. Proteine gehören zu den Grundbausteinen aller Zellen. Sie verleihen jeder Zelle Struktur und sind die molekularen „Triebwerke", die Stoffe transportieren, chemische Reaktionen herbeiführen oder beeinflussen, Ionen pumpen und Signalstoffe erkennen.

Der Körper verdaut Proteine so gründlich, dass schließlich alle chemischen Verbindungen zerlegt werden. Die Proteine werden in ihre einzelnen Aminosäuren gespalten und diese Aminosäuren werden dann ins Blut eingeschleust. In den Zellen wird der Organismus aus den Aminosäuren wieder körpereigene Proteinverbindungen basteln – so sorgen diese Baustoffe des Körpers unter anderem für den Muskelaufbau und Reparaturen von Muskelschäden.

Was hinten rauskommt

Genau genommen wird das restliche, nicht dünndarmverdauliche Protein im Dickdarm fermentativ abgebaut und von den Dickdarmmikroben zur eigenen Proteinsynthese herangezogen. Die Aufnahmekapazität von Proteinbestandteilen aus dem Dickdarm ist beim Pferd zu vernachlässigen, weshalb das wertvolle Bakterienprotein für das Pferd nicht nutzbar ist. Deshalb ist Pferdekot übrigens ein guter und stickstoffreicher Dünger!

Immer diese Details – dünndarmverdauliches Protein

Pferde nehmen Aminosäuren über den Dünndarm auf. Idealerweise sollte die Proteinbewertung von Futtermitteln daher auf Basis des im Dünndarm verdaulichen Proteins erfolgen. „In den aktuellen Empfehlungen für die Energie- und Proteinversorgung von Pferden (GfE 2014) wird dem mit

der Kennzahl pcvXP (präzäkal verdauliches Rohprotein) Rechnung getragen" (Brandes, Hummel & Sünder 2022, Seite 282).

- Steht das Rohprotein innerhalb der Zellen der Futtermittelbestandteile für die Verdauung zur Verfügung ist es → dünndarmverdaulich.
- Ist das Rohprotein in der Zellwand der Futtermittelbestandteile gebunden ist es → nicht dünndarmverdaulich und kann für die Verwertung durch das Pferd nicht genutzt werden, da die Zellwandbestandteile erst im Dickdarm durch Mikroben aufgeschlossen werden können → Es wird also ungenutzt ausgeschieden und belastet den Stoffwechsel.

Der Anteil an dünndarmverdaulichen Rohproteinen in verschiedenen Proteinquellen, also Futtermitteln, ist jeweils sehr unterschiedlich. Zur Einschätzung der dünndarmverdaulichen Rohproteine des jeweiligen Futters sollten Sie auf die Angabe pcvRp oder pcvXP achten. Hersteller geben diese Daten zunehmend auf dem Futtermittel an. Die Daten basieren auf entsprechenden chemischen Analysen oder werden auf Basis von Berechnungskonventionen geschätzt (vgl. Coenen & Vervuert 2020, Seite 141).

Kleine Auswahl an Proteinquellen für Pferde

Sojaprotein

Sojaextraktionsschrot ist ein ausgezeichnetes Eiweißfuttermittel für hochtragende beziehungsweise laktierende Stuten, Fohlen, Hengste, Pferde im Wachstum und Sportpferde. Einige Pferdefuttermittelhersteller verwenden gentechnikfreies Soja. Achten Sie auf Angaben zur Gentechnikfreiheit auf dem Futtermittel. Wenn Sie Wert auf die Reduktion von Klimabelastung legen, sollten Sie darauf achten, dass das gentechnikfreie Soja regional in Deutschland kultiviert und direkt verarbeitet wird. Im Rhein-Neckar-Kreis findet man beispielsweise ein günstiges Klima und gute Bodenbeschaffenheit für den Anbau von Sojabohnen.

Das in Soja enthaltene Genistein kann eine übersteigerte Immunantwort lindern, bei einer Überdosierung jedoch zu einem Schmerzsyndrom mit Berührungsempfindlichkeit und Aggressivität führen. Sojaproteinisolat (z.B. bei Herstellern für Fitness-Nahrung) ist frei von Genistein und Phytohormonen. In der Praxis zeigt sich, dass Soja zwar von den meisten Pferden gut, aber von manchen Pferden weniger gut vertragen wird (z.B. Blähungen). Deshalb sollten Sie die Fütterung dieser hochwertigen Proteinquelle individuell für Ihr Pferd betrachten.

Pro Tag sollte max. 0,1 kg/100 kg LM Sojaextraktionsschrot gefüttert werden. Die Gesamtmenge sollte über den Tag verteilt werden.

Sojaextraktionsschrot (dampferhitzt)

- reich an essenziellen Aminosäuren
- hohe Verdaulichkeit für das Pferd (durch industrielle thermische Bearbeitung)

- durch thermische Behandlung frei von ungünstig wirkenden Inhaltsstoffen
- hoher energetischer Futterwert
- gute geschmackliche Eigenschaften
- Anteil an dünndarmverdaulichem Protein: 369 bis 381 g/kg (vgl. Coenen & Vervuert 2020, Seite 418)
- Inhaltstoffe von Schalenanteilen abhängig

Kartoffelprotein – eine mögliche Alternative zu Soja

Rohe Kartoffeln sind für Pferde natürlich giftig! Das liegt an den bitter schmeckenden Glykoalkaloiden (Solanin). Solanin behindert darüber hinaus die Proteinverdauung im Stoffwechsel. Bei der Herstellung von Kartoffeleiweiß für Nahrungs- und Futtermittel werden die Giftstoffe jedoch entfernt, um das hochverdauliche entbitterte Kartoffeleiweiß zu erhalten. Einige Hersteller verwenden Kartoffeleiweiß bereits als hochwertigen Träger von Aminosäurenergänzern. Es hat ein gutes Aminosäurenmuster, gute Verdaulichkeit und ist ökologisch vertretbar. Die Verwendung von Kartoffeleiweiß ist jedoch noch neu in der Pferdefütterung und wurde bisher bei Aufzuchtfutter junger Säugetiere und Vögel verwendet. Auch in der veganen Ernährung wird es verwendet. Das reine Pulver hat einen neutralen Geschmack und einen sehr niedrigen Stärke- und Zuckeranteil bei einem sehr hohen Proteingehalt von 70 bis 80 Prozent. Interessant ist Kartoffeleiweiß für Pferde mit einer Sojaunverträglichkeit. Der extrem niedrige Gehalt an Kalium und Calcium macht es besonders interessant für Pferde mit der PX-Variante. Und auch der NSC-Gehalt (non-structural carbohydrates, nicht-strukturelle Kohlenhydrate) ist sehr gut, da verhältnismäßig niedrig.

Kartoffelprotein im Überblick:

- ist eine mögliche, aber teurere Alternative zu Sojaextraktionsschrot (z.B. bei Allergie oder Unverträglichkeit)
- verfügt über eine gute Zusammensetzung essenzieller Aminosäuren (Lysin, Methionin, Threonin)
- das Aminosäurenmuster ist nicht besser als das von Soja, welches näher an der Muskelzusammensetzung des Pferdes ist → punktet aber speziell im Bereich BCAA (verzweigtkettige Aminosäuren: Isoleucin, Leucin, Valin; siehe Seite 149)
- die Bioverfügbarkeit ist ähnlich dem Erbsenprotein und damit etwas schlechter als bei Sojaextraktionsschrot, jedoch besser als beispielsweise bei Heu oder Getreide
- ist auch für Zuchtstuten und Jungpferde geeignet
- kann zur Ergänzung und Aufwertung von Leinkuchen (z.B. bei Soja-Unverträglichkeit) dienen

Weitere Proteinquellen

Erbsenprotein enthält keine Phytohormone, kann jedoch blähend wirken.
Molkeprotein enthält ebenso keine Phytohormone und kann abführend wirken.
Lein- und Hanfkuchen gelten als eine mittel- bis hochwertige Proteinquelle, da im Vergleich zu Soja ein weniger gutes Aminosäurenmuster vorliegt (zu wenig Lysin). Der Lysingehalt dieser Proteinquellen kann mit Kartoffelproteinisolat oder Bierhefe ergänzt werden, wenn Soja vermieden werden soll.
Beim Heu gehen die Proteinwerte von 45 bis 86 g dünndarmverdauliches Protein pro kg weit ausein-

ander (vgl. Coenen & Vervuert 2020, Seite 414). Das hängt unter anderem mit dem Schnittzeitpunkt zusammen. Im Durchschnitt geht man von etwa 8 Prozent Gesamtproteinanteil pro Kilogramm aus. Davon ist jedoch maximal die Hälfte dünndarmverdaulich.

→ Bei Laboren für Agrar- und Umweltanalytik können Sie oder Ihr Heulieferant eine Analyse durchführen.

Pferde sind gegenüber dünndarmverdaulichen Proteingaben tolerant. „Ein Eiweißüberhang darf das Dreifache des Bedarfs nicht überschreiten (Relationen von dvRp:ME bis 12:1 werden toleriert) oder dvRp sollte 2,5 bis 3 g pro kg Lebendmasse pro Tag nicht überschreiten, wobei heureiche Rationen weniger kritisch zu sehen sind [MJ ME = Megajoule umsetzbare Energie]. Im Überschuss gegebenes Eiweiß wird vor allem als Energiequelle genutzt" (vgl. Deutsche Reiterliche Vereinigung 2021b, Seite 116).

Merke: **Ein temporärer Proteinüberhang** von 12 g dvRp zu 1 g je Kilogramm darf nicht überschritten werden!
Anders ausgedrückt: In der **täglichen Ration** des **gesunden Pferdes** sollten Sie 2,5 bis 3 g dünndarmverdauliches Rohprotein pro kg Zielkörpergewicht nicht überschreiten!

Umgekehrt geht eine **Proteinunterversorgung mit Gewichtsverlust, Muskelabbau** und beim Jungpferd mit **Wachstums- und Entwicklungsstörungen** einher. Der Proteinbedarf steigt bei längerdauernden fieberhaften Erkrankungen (vgl. Coenen & Vervuert 2020, Seite 296). Nach Operationen kann eine Erhöhung des Proteinbedarfs um 20 bis 50 Prozent unterstellt werden, um den Abbau von Muskelmasse zu verhindern (ebd., Seite 328).

Erhöhte Proteinzufuhr = Muskelmasse?
Um Muskelmasse aufzubauen, ist immer Muskeltraining erforderlich! Die an den Bedarf des Pferdes angepasste Proteinzufuhr liefert nur die erforderlichen Bausteine. Für den Muskelaufbau ist zwingend regelmäßiges Training erforderlich. Diese hochwertigen Protein-Bausteine müssen in ausreichendem, bedarfsbezogenem Umfang zugeführt werden.
Spezielle Aminosäuren sollten Sie gezielt zuführen. Bei individuellen Problemlagen sollten Sie einen Experten hinzuziehen!

Fütterung für Pferde mit Myopathien: Während eine durchschnittliche Eiweißzufuhrmenge von 10,2 Prozent in handelsüblichen Kraftfuttermitteln den Rohproteinbedarf beim gesunden Pferd decken kann, kann es dennoch zu einem spezifischen Mangel an bestimmten Aminosäuren kommen. Die Aminosäuren Lysin, Methionin und Threonin werden für die Muskelreparatur und die Bildung von Antioxidantien auf Cysteinbasis benötigt. Cystein ist ein Bestandteil vieler Antioxidantien. Die Aminosäure Leucin stimuliert die Proteinsynthese im Muskel nach dem Training, was für PSSM-2-Pferde und Pferde mit Myofibrillärer Myopathie (MFM) von besonderer Bedeutung ist. Daher sollte das Kraftfutter für Myopathie-Pferde einen höheren Proteingehalt von 12 bis 14 Prozent haben und hochwertige Aminosäuren beinhalten (vgl. Pagan & Valberg 2020, Seite 72 f.).

Eine Möglichkeit, das Verhältnis von Baustoffen (Proteine) und Energiequellen (Kohlenhydrate, Fette) in der Tagesration zu betrachten, ist der Protein-Energie-Quotient (PEQ). Er trifft eine Aussage über das Mengenverhältnis von Bau- und Energiestoffen. Im Erhaltungsstoffwechsel sollte das Verhältnis von dünndarmverdaulichem Rohprotein zur verdaulichen Energie nach Möglichkeit 6 g dvRp zu 1 MJ ME betragen.

Heutzutage geht man übrigens **nicht mehr** davon aus, dass eine **Hufrehe durch Proteinüberschuss** ausgelöst wird (siehe Seite 177).
Dennoch gilt: Ein deutlicher Überschuss über einen längeren Zeitraum belastet den Stoffwechsel unnötig und erhöht die Ammoniakausscheidung. Die Futterumstellung auf eine proteinreichere Fütterung sollte, wie jede Futterumstellung, stets langsam und schrittweise erfolgen, um Anpassungsstörungen (z.B. leichtes Kotwasser oder Durchfall) in der Umstellungsphase zu vermeiden.

Was passiert bei einem Proteinmangel?

Da der Organismus bei der Verdauung Proteine in die enthaltenen Aminosäuren spaltet und daraus selbstständig andere Proteine herstellt, die der Körper benötigt, hat ein Proteinmangel Auswirkungen auf die Leistungsfähigkeit, das Wachstum, den Muskelaufbau und den Erhalt des Körpergewebes. Es entsteht eine Aminosäuren-Imbalance, die beispielsweise zu Muskelabbau oder zu Mangelzuständen führt. Diese führen zu einer Schwächung der Immunabwehr, beispielsweise durch die mangelnde Bildung von Antikörpern.

Kurz & knapp

Bereits das Fehlen einer einzigen essenziellen Aminosäure hemmt die gesamte Proteinsynthese im Organismus und „der gesamte Aufbau von körpereigenem Eiweiß wird beeinträchtigt“ (Coenen & Vervuert 2020, Seite 133).

Fohlen können bestimmte Proteine, sogenannte Gammaglobuline, die sie mit der Biest- oder Kolostralmilch aufnehmen, nur etwa 24 Stunden nach der Geburt durch die Darmwand aufnehmen. Es handelt sich dabei um einen sehr wichtigen passiven Immunisierungsprozess, denn das Fohlen besitzt bei der

Geburt noch keine eigenen Immunstoffe. Da der Körper Proteine nur in einem geringen Maß in Leber und Muskelgewebe speichern kann, führt eine mangelnde Proteinzufuhr direkt zu ungünstigen Auswirkungen auf den Muskel, da der Körper die fehlenden Proteinbestandteile für Umbauprozesse aus dem Muskelprotein abbaut.

Hinweise auf einen Proteinmangel bei einer Blutuntersuchung

Blutwert	Bedeutung der Abweichung/Hinweis auf
Albumin (ALB) erniedrigt	Proteinmangel (vgl. Coenen & Vervuert 2020, Seite 267)
Harnstoff erhöht	hohe Proteinration, Wasserverlust, Nierenfunktionsstörung bzw. Proteinmangel, Leberfunktionsstörung (vgl. Coenen & Vervuert 2020, Seite 270; Baumgartner 2009, Seite 351)
Gesamtprotein (TP) erniedrigt	Proteinmangel, Wasserverlust oder Defizit (Coenen & Vervuert 2020, Seite 74)

Kurz & knapp

Als primäre Baustoffe des Körpergewebes sind Proteine unersetzlich. Proteine erfüllen bei der Ernährung eine Doppelfunktion als Bau- und Energiestoffe.
Als sekundäre Energiestoffe können Proteine primäre Energiestoffe (Kohlenhydrate und Fette) wechselseitig ergänzen oder auch vertreten.
Der Organismus verbraucht die Proteine aus der Fütterung für den Aufbau und Erhalt des Körpergewebes.
Da die entscheidende Eiweiß-/Aminosäurenversorgung durch die Aufnahme aus dem Dünndarm erfolgt, wird der Eiweißgehalt in Futtermitteln in dünndarmverdaulichem Rohprotein angegeben (dvRp; manchmal auch als pcvRp oder pcv = präcaecal bezeichnet).
Achten Sie auf hochwertige Eiweiße, die Sie an einer hohen Dünndarmverdaulichkeit erkennen!

→ Für einen positiven Fütterungseffekt sollte auf die **Dünndarmverdaulichkeit** des Eiweißes geachtet werden.
→ Bewegung scheint einen positiven Einfluss auf die Proteinverwertung zu haben (vgl. Orton et al. 1985 in van Ost 2015, Seite 31).

Die folgenden Werte (vgl. Coenen & Vervuert 2020, Tabellenanhang ab Seite 397) sollen Ihnen helfen, sich hinsichtlich der Proteinquellen zu orientieren:

Gras (Aufwuchs/späte Nutzung): circa 24/16 g/kg dünndarmverdauliches Protein
Heu: 45 bis 86 g/kg dünndarmverdauliches Protein je nach Schnittzeitpunkt und Sorten
Esparsette: 95 g/kg dünndarmverdauliches Protein
Luzerne: 111 bis 143 g/kg dünndarmverdauliches Protein
Trockenschnitzel (nicht melassiert/melassiert): 45/62 g/kg dünndarmverdauliches Protein
Karotten (getrocknet/frisch): 73/8 g/kg dünndarmverdauliches Protein
Bierhefe (getrocknet): 290 g/kg dünndarmverdauliches Protein
Sojaschrot (ungeschält, dampferhitzt): 369 g/kg dünndarmverdauliches Protein
Leinkuchen/Leinschrot: 242/243 g/kg dünndarmverdauliches Protein
Molke/Magermilch (getrocknet): 91/258 g/kg dünndarmverdauliches Protein

Essenzielle, semiessenzielle und nicht-essenzielle Aminosäuren

Während Pflanzen Aminosäuren selbst bilden können, müssen Tiere und Menschen die (essenziellen) Aminosäuren über die Nahrung aufnehmen. Aminosäuren sind organische Verbindungen und Grundbausteine aller Proteine (Eiweiße). Sie übernehmen im Körper vielfältige Funktionen und sind für alle Lebensformen unverzichtbar. Forscher empfehlen für Pferde mit Muskelschwund oder im Muskelaufbau sowie für Pferde, bei denen PSSM 2 oder MFM diagnostiziert wurde, Aminosäurepräparate. Spezifische Aminosäuren unterstützen das Pferd bei der Herstellung von Proteinen, den Baustoffen der Muskulatur. Sie sind insbesondere für den Wiederaufbau der kontraktilen Muskelstrukturproteine notwendig. Es gibt essenzielle (unentbehrliche), semiessenzielle (unter bestimmten Umständen entbehrliche) und nicht-essenzielle (entbehrliche) proteinogene Aminosäuren.

Man unterscheidet proteinogene und nicht-proteinogene Aminosäuren

- proteinogene Aminosäuren (20 bekannt)
  → Art und Umfang der benötigten Aminosäuren, die zum Aufbau der körpereigenen Proteine verwendet werden, sind in den Erbanlagen festgehalten.
  → Die DNA kodiert die Proteine, aus denen die Gewebe des Organismus gebildet und erhalten werden.
  → Bausteine von Peptiden oder Proteinen
- nicht-proteinogene Aminosäuren
  → kommen in der Natur vor, werden aber nicht zum Aufbau von Körperproteinen verwendet (ca. 250 bekannt, z.B. Thyroxin)
  → Neurotransmitter

Bei der Proteinversorgung ist nicht nur die Quantität, sondern auch die Qualität von großer Bedeutung (siehe Tabelle am Ende des Kapitels, Seite 153 f.). Beispielsweise stellen wachsende Pferde einen hohen Anspruch an das Aminosäuremuster der Proteinquelle. Die wichtigsten Aminosäuren für Fohlen sind beispielsweise Lysin, Methionin und Cystein. Diese essenziellen Aminosäuren sollten mindestens bis zum neunten Lebensmonat zugefüttert werden. Allerdings haben Zugaben von Aminosäuren auch beim ausgewachsenen Pferd selbst bei leichter Arbeit einen positiven Effekt auf die Muskelentwicklung beziehungsweise Erholung nach der Arbeit (vgl. Grahams-Thiers et al. 2005; van den Hoven et al. 2010; van den Hoven & Schramel 2014).

Der Grundbedarf an essenziellen Aminosäuren steigt bei körperlicher Belastung und Stress deutlich an. Zur Versorgung mit essenziellen Aminosäuren liegen bislang keine Referenzwerte für Aminosäuren, wie die häufig erstlimitierende Aminosäure Lysin, im Blut vor (vgl. Coenen & Vervuert 2020, Seite 133). Erstlimitierend bedeutet, dass diese essenzielle Aminosäure, gegenüber dem Bedarf, den relativ stärksten Mangel aufweist und je nach genutzter Proteinquelle, nur begrenzt über Futter zur Verfügung steht. Die Anzahl möglicher unterschiedlicher Aminosäureketten ist gigantisch. Wie bereits erwähnt: Bereits das Fehlen einer essenziellen Aminosäure hemmt die gesamte Proteinsynthese im Körper.

Es gibt beispielsweise Aminosäuren, die bei Fieber oder Infektionen lebensnotwendig sind: Cystein, Tyrosin, Arginin und Glutaminsäure. Darüber hinaus kennen wir heute etwa 250 Aminosäuren, die nicht in Proteinen vorkommen (= nicht proteinogene Aminosäuren). Dazu gehört beispielsweise das Thyroxin, ein Hormon der Schilddrüse.

Lysin, Threonin und Methionin sind die wichtigsten und absolut unentbehrlichen Aminosäuren beim ausgewachsenen Pferd. Diese drei Aminosäuren sind besonders für die PSSM-2-Pferde wichtig, da sie als Bausteine für den Mehrbedarf durch die veränderten Reparaturprozesse der Muskelfasern hilfreich sind. Die Auswirkungen eines Mangels dieser essenziellen Aminosäuren, die jedes Pferd nicht selbst herstellen kann, soll durch das **„Liebig'sche Fass"** optisch verdeutlicht werden. Das Fass zeigt das Minimumprinzip beim Mangel eines essenziellen Stoffes und die daraus folgende Limitierung der weiteren Proteinsynthese. Mangelt es an nur einer Aminosäure, wirkt sich dieser Mangel aus, selbst dann, wenn alle anderen unentbehrlichen Aminosäuren im Überfluss vorhanden sind. Bildhaft werden durch das Fass die Abhängigkeiten verschiedenster Aminosäuren im Körper dargestellt. Ein zeitweiliger Überschuss an essenziellen Aminosäuren ist zunächst unbedenklich, auch wenn diese nicht als Bausteine für den Muskeln verbraucht werden.

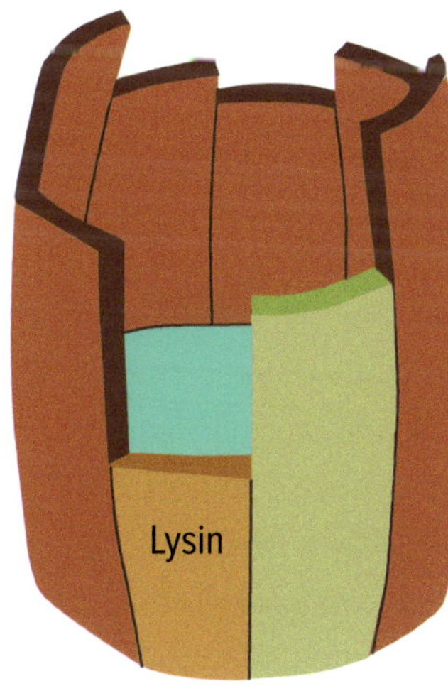

Jede Daube stellt eine essenzielle Aminosäure dar. Beim Mangel wird die gesamte Proteinbildung gehemmt.

In Studien mit Pferden konnte gezeigt werden, dass Aminosäurenmischungen, die mindestens zwei Stunden vor der Trainingsbelastung gefüttert werden, den Abbau von Muskelprotein signifikant reduzieren. Da der Proteinabbau vier Stunden nach Belastung den Höhepunkt erreicht hat und bis zu 18 Stunden anhalten kann, ist die Zufütterung kurz vor aber auch kurz nach schwerer Arbeit sinnvoll (vgl. van den Hoven et al. 2011). Das Prinzip wird auch beim menschlichen Athleten erfolgreich angewendet.

„Sowohl bei einem Muskelabbau als auch bei muskulären Erkrankungen wird eine optimale Zufuhr von essenziellen Aminosäuren empfohlen“ (Coenen & Vervuert 2020, Seite 318). „Bei Myofibrillärer Myopathie kommt es zum Abbau von strukturellen Muskeleinheiten und zum Muskelschwund, daher sollte die Fütterung auf die Versorgung mit hochwertigem Protein und spezifischen Aminosäuren ausgerichtet sein, um die Regeneration der Sarkomere zu unterstützen“ (Pagan & Valberg 2020, Seite 72).

„Bei PSSM-2-Pferden ist vor allem auf eine ausreichende Versorgung der Pferde mit den essenziellen Aminosäuren Lysin, Threonin und Methionin zu achten, damit geschädigte Muskelzellen repariert werden können. Außerdem sollten die muskelrelevanten Spurenelemente Zink, Mangan sowie Vitamin E regelmäßig geprüft werden.“

(Christina Wessling)

Essenzielle Aminosäuren

Lysin

Ein Mangel an Lysin wirkt sich nachteilig auf das Zell- und Knochenwachstum und die Wundheilung aus. Der Muskelaufbau verläuft verzögert und es kann zu erhöhten Leberwerten kommen. Damit Lysin seine Aufgabe im Organismus erfüllen kann, ist Vitamin C erforderlich, das vom gesunden Pferd selbst hergestellt werden kann. Besonders viel Lysin ist in Soja enthalten. Aber auch Leinsamen, Bockshornkleesamen, Petersilie und Basilikum sind gute natürliche Lysinspender. Noch ein Trick des Organismus: Lysin erhöht die Wiederaufnahme von Calcium in den Nieren. Dadurch wird die Ausscheidung von Calcium reduziert und der Körper sorgt dafür, dass genügend Calcium in den Zellen zur Verfügung steht (z.B. für die Kontraktion der Muskelfasern, mehr dazu auf den Seiten 43 ff., 192).

Methionin

ist in Futtermitteln üblicherweise in Form von DL-Methionin vorhanden, DL-Methionin enthält etwa 50 Prozent biologisch aktives L-Methionin (Tagesbedarf: 6.000 mg DL-Methionin = 3.000 L-Methionin). Es gibt keine Daten über den genauen Methionin-Bedarf von Pferden. Der Bedarf wird ausgehend vom

Menschen auf die Stoffwechseldimension eines Pferdes umgerechnet. Für den Muskelaufbau ist Methionin sehr wichtig. Es unterstützt die Regeneration von Leber und Nieren. Ein Mehrbedarf entsteht bei oxidativem Stress, Allergien, Harnwegsinfektionen und Leberentzündungen.

Threonin

zählt zu den neun Aminosäuren, die das Pferd nicht selbst synthetisieren kann, wovon meist Lysin erstlimitierend ist (Coenen & Verfuert 2020, Seite 133). Doch auch Threonin kann limitierend wirken (Graham et al., 1994 zit. nach Krumbiegel 2011, Seite 18) (siehe dazu Prinzip des Liebig'schen Fass auf Seite 147). Threonin wird für den Kollagen- und Elastinaufbau benötigt und hat Bedeutung für die Elastizität von Sehnen und Bändern und ist im auskleidenden Schutz (Muzin) der Magen- und Darmschleimhäute enthalten. Die Barrierefunktion der Muzine nimmt mit zunehmendem Alter ab. Die Aminosäure ist Bestandteil von Verdauungsenzymen, wichtig für das Immunsystem und den Energiestoffwechsel.

Die Studie „Effect of Hay Steaming on the Estimated Precaecal Digestibility of Crude Protein and Selected Amino Acids in Horses" der Martin-Luther-Universität Halle-Wittenberg zeigt auf, dass Bedampfen von Heu zu einer Schädigung der enthaltenen Proteine führt, sodass dem Pferd nur noch die Hälfte der dünndarmverdaulichen Proteine zur Verfügung stehen (Pisch et al. 2022). Das Bedampfen verringert den Gehalt an Lysin um mehr als 50 Prozent, Methionin und Cystein verringern sich um 45 Prozent und Threonin um 41 Prozent. Diese Verluste sollten bei der Rationsberechnung berücksichtigt werden, da bedampftes Heu nach wie vor ein geeignetes und manchmal einzig mögliches Raufutter für atemwegserkrankte Pferde darstellt.

Kurz & knapp

Die Aminosäuren „Lysin, Methionin, Tryptophan, Leucin, Isoleucin, Threonin, Valin, Histidin und Phenylalanin müssen mit dem Futter zugeführt werden" (Coenen & Vervuert 2020, Seite 133).

Leucin, Isoleucin und Valin (BCAA)

sind verzweigtkettige Aminosäuren. Auf Zusatzfuttermitteln, die Leucin, Isoleucin und Valin enthalten, ist manchmal die Abkürzung BCAA (Branched Chain Amino Acids) zu finden. BCAA können als Grundlage für die Energieproduktion in der Skelettmuskulatur verwendet werden. Die Forschung an Sportlern hat gezeigt, dass BCAA die Proteinsynthese stimulieren und das Einsetzen der Ermüdung verzögern. BCAA gewinnen bei längerer Anstrengung oder auch in Hunger- und Krankheitsphasen an Bedeutung, wenn der Körper des Pferdes auf eigene Reserven zurückgreifen muss. Da sie einem erhöhten Proteinabbau entgegenwirken und den Erhalt und Aufbau des Muskelgewebes fördern, werden BCAA bei Menschen auch als Begleittherapie bei Tumorerkrankungen eingesetzt. Eine aktuelle Studie konnte die positive Auswirkung von BCAA auf den Immunstatus junger Rennpferde nachweisen (vgl. Baakhtari et al. 2022, Seite 536).

→ Die Aminosäuren Leucin, Isoleucin und Valin werden direkt in den Muskelzellen verstoffwechselt und fördern dort die Synthese und Einlagerung von Proteinen.

Maiskeime enthalten vor allem Fett, aber keine Stärke. Sie sind wie Reis- und Erbsenprotein, reich an Leucin, Isoleucin und Valin. Isoleucin ist an der Erhaltung und Regeneration des Muskelgewebes beteiligt. Als Energielieferant der Muskelzelle hat die essenzielle Aminosäure einen Einfluss auf die Trainingsleistung. Besonders günstig auf die Muskelproteinsynthese wirkt sich Leucin aus. Die essenzielle Aminosäure stellt nicht nur eine wichtige Grundlage für den Proteinaufbau dar, sondern aktiviert den Muskelaufbau als Signalgeber. Leucin sorgt für den Aufbau und Erhalt des Muskels und unterstützt den Energiehaushalt im Muskelgewebe. Im Muskelgewebe hemmt Leucin sogar den Proteinabbau und unterstützt die Regeneration. Ein Leucin-Mangel kann mit einer Vitamin-B6-Unterversorgung zusammenhängen.

Tryptophan – In der Ruhe liegt die Kraft

Entspannung ist der Schlüssel zum Lernerfolg! L-Tryptophan ist eine essenzielle Aminosäure und der einzige Vorläufer des Neurotransmitters Serotonin – auch Glückshormon genannt. Dieser Neurotransmitter hat eine entspannende Wirkung. Ist der Cortisolspiegel bei Stress erhöht, ist das Tryptophan im Körper schlechter verfügbar und hemmt die Produktion von Serotonin. Der Serotoningehalt im Gehirn kann durch die Zufütterung von L-Tryptophan gesteigert werden. Seine Wirkung kann der Entstresser jedoch nur mit B-Vitaminen und Magnesium gemeinsam entfalten. In dieser Kombi hat Tryptophan das Potential die Cortisol-Konzentration in stressreichen Situationen zu senken. In einer Studie reagierten die Pferde am ersten Tag der oralen Zufuhr von 40 oder 60 mg Tryptophan pro kg Körpergewicht zwei bis drei Stunden vor der Stresssituation (maximaler Serotoninspiegel im Gehirn) am besten (vgl. Davis et al. 2017, Seite 40). Eine längerfristige Fütterung erbrachte keinen zusätzlichen Nutzen. Die Studie unterstützt nicht die Empfehlung, wonach der Futterzusatz 24 Stunden sowie nochmals einige Stunden vor einem stressreichen Ereignis verabreicht werden soll. Außerdem scheint die Fütterung von Tryptophan an Pferde nur wenige Stunden nach der Verabreichung die gewünschte Wirkung zu erzielen. Grundsätzlich stellt sich die Frage, was durch die Gabe von Tryptophan erreicht werden soll und welche Ursachen für Stress beim Pferd vorliegen. Unerwünschte Verhaltensweisen können nicht weggefüttert werden, sondern müssen mit einem langfristig angelegten und systematischen Verhaltenstraining beeinflusst werden. Nicht alle Stressoren können ausgeschaltet werden. Der Umzug in einen neuen Stall oder der erste Ausritt können mit Aufregung verbunden sein. Geduldiges Üben und Vorbereiten des Pferdes sind sicher die wichtigen und richtigen Werkzeuge. Doch gerade bei Pferden, die bereits aufgrund ihrer Veranlagung mit oxidativem Stress in den Zellen zu kämpfen haben, kann die Gabe von Tryptophan in besonderen Situationen das Pferd dabei unterstützen, Herausforderungen gelassener zu bewältigen. Wird L-Tryptophan als Zusatzstoff in sogenannten Supplementen verwendet, ist eine Karenzzeit von 48 Stunden einzuhalten. In Futtermitteln ist der L-Tryptophangehalt bis zu 0,5 Prozent ADMR-konform (Deutsche Reiterliche Vereinigung: „Anti-Doping und Medikation im Pferdesport").

Theanin – Weckt die guten Geister

Theanin ist eine Aminosäure, die als freie Aminosäure praktisch nur in grünem und weißem Tee vorkommt. Sie sorgt für das Hormongleichgewicht im Gehirn und kann Angst und Unruhe reduzieren. Ohne diese Faktoren fällt natürlich auch die Konzentration auf das Wesentliche leichter: den Reiter! Die beruhigende Wirkung von Theanin, genauer gesagt die verfügbare Form des L-Theanins, setzt bereits etwa 30 bis 40 Minuten nach der Fütterung ein und hält einige Stunden vor. Ist das Pferd aber schon aufgeregt, kann Theanin den körpereigenen Neurotransmittter GABA (Gamma-Aminobuttersäure) nicht mehr entscheidend beeinflussen. GABA bekämpft Hyperaktivität, Unruhe und Ängste. Es hat eine hemmende Funktion im Zentralnervensystem. Immerhin ein Drittel aller Hirnsynapsen enthält GABA, das eine beruhigende und entspannende Wirkung auf die Skelettmuskulatur hat und darüber hinaus nervöse Übererregbarkeit und Verhaltensstörungen dämpft. Theanin hat durch biochemische Reaktionen außerdem Einfluss auf die Neurotransmitter Dopamin und Serotonin (vgl. Nathan 2006, Seite 24 f.). Diese sorgen für das emotionale Gleichgewicht. L-Theanin ist ein bewährter Bestandteil verschiedener Tierarzneimittel bei Hunden, Katzen und Pferden.

Essenzielle Aminosäuren in Futtermitteln (g je kg)

	Lysin	**Methionin**	**Threonin**	**Tryptophan**
Kartoffeleiweiß	60,4	29,1	43,6	9,9
Sojaextraktionsschrot	28,5	13,8	18	4,9
Sojaproteinisolat	64	13	40	11
Magermilchpulver	15,9	7,1	8,9	3,2
Hanfsamen	13	9	13	4
Gerste	3,6	3,6	3,6	2
Hafer	7	3	6	2
Leinsamen	9	4	8	3
Heu: in der Blüte nach Blüte Samenreife überständig	 2,1 1,7 1,2 0,8	 1,1 0,9 0,8 0,7	 2,0 1,5 1,3 0,8	

(vgl. LfL 2018)

Keratin & Hufe

Keratin ist ein Sammelbegriff für einen Proteinkomplex, der aus den Aminosäuren Cystein, Serin, Glycin, Glutaminsäure, Arginin, Prolin, Threonin und Leucin zusammengesetzt ist. Dieser Proteinkomplex unterstützt unter anderem die Hornbildungsrate und Hornqualität und ist zu circa 90 Prozent in der glatten Skelettmuskulatur vorhanden. Bei einer ungenügenden Versorgung mit den Aminosäuren Cystein und Methionin kommt es zu einer Abnahme der sogenannten Disulfidbrücken in den Keratinen der Hufhornzellen. Das sind Bindungen in der Aminosäureseitenkette eines Proteins. Dadurch sinkt die Widerstandsfähigkeit des Hufhorns gegenüber Umwelteinflüssen.

Semiessenzielle Aminosäuren – halbentbehrlich, aber doch wichtig!

Cystein ist eine semiessenzielle Aminosäure, die zu den Radikalfängern zählt. In neueren Studien wird dem Cystein eine Vorbeugefunktion gegen neurodegenerative Erkrankungen zugeschrieben (z.B. Shivering). Cystein kann aggressive Radikale abfangen und damit zur Entgiftung beitragen. Durch Acetylierung wird Cystein wesentlich besser wasserlöslich (→ ACC = Acetylcystein). Das Deutsche Krebsforschungszentrum in Heidelberg fand heraus, dass ACC dem körperlichen Verfall von Krebspatienten und alten Menschen entgegenwirkt (Ezerina et al. 2018). Untersuchungen zufolge bremsten ACC-Gaben den Abbau der Muskelmasse und förderten den Muskelaufbau. Ein besonders hoher Cysteingehalt ist in Molke- und Sojaprotein vorhanden. Cystein unterstützt zudem die Synthese von Glutathion.

Histidin ist eine Vorstufe des Neurotransmitter Histamin. Wird zu viel Histamin gebildet, können unerwünschte allergische Reaktionen die Folge sein. Histidin transportiert Zink im Körper, wirkt gefäßerweiternd, unterstützt die Eisenspeicherung und ist an der Bildung der roten und weißen Blutkörperchen beteiligt. Weiße Blutkörperchen gelten als die Wächter des Immunsystems. Sie erkennen Eindringlinge wie Bakterien, Viren oder Pilze und machen diese unschädlich. Histidin ist außerdem für die Bildung der Myelinschicht der Nervenzellen notwendig. Sie dient dazu, die Geschwindigkeit der Erregungsleitung zu erhöhen. Bei Störungen der Myelinschicht (z.B. bei der Multiplen Sklerose) kommt es zu einer verlangsamten oder gestörten Weiterleitung der Impulse.

Arginin ist an zahlreichen biologischen Funktionen beteiligt. Es fördert die Fettverbrennung und sorgt für bessere Durchblutung der Organe, senkt den Blutdruck und ist leistungsfördernd. Die Leistungssteigerung resultiert aus der besseren Verteilung der Nährstoffe im Muskelgewebe aufgrund des aus L-Arginin gebildeten Stickstoffmonoxids. L-Arginin ist auch Ausgangssubstanz für Kollagen, Bindegewebe und wichtige Enzyme und Hormone. Es sorgt für die Freisetzung von Wachstumshormonen für den Muskelaufbau, stimuliert die Bildung weißer Blutkörperchen und regt die Zellbildung und -teilung an. Der Bedarf kann bei geschwächtem Immunsystem und bei Verletzungen erhöht sein.

Tyrosin ist für die Herstellung des Schilddrüsenhormons Thyroxin zuständig. Es pusht als Vorstufe die Melanin- und Dopaminbildung (Neurotransmitter, Glückshormon), was die Leistungsfähigkeit des Gehirns steigert und die Stimmungslage verbessern kann. Es ist auch Vorstufe von Adrenalin und Noradrenalin, kann die Reaktionsfähigkeit steigern (z.B. beim Springpferd) und ist ein wirkungsvolles Antioxidans.

Nicht-essenzielle Aminosäuren

Carnitin wird aus den essenziellen Aminosäuren Lysin und Methionin vom Organismus selbst synthetisiert, wenn diese Aminosäuren ausreichend vorhanden sind. Fehlt Carnitin, ist die Fettverbrennung weniger effizient. Somit unterstützt Carnitin die Energiebereitstellung für die Muskelarbeit. Gleichzeitig fördert es den Aufbau von Muskelmasse. Typische Symptome eines Mangels sind Energiedefizit, Muskelschwäche bis hin zu Muskelkrämpfen. Carnitin wird zum Beispiel in der Krebstherapie eingesetzt und soll einer Gewichtsabnahme entgegenwirken. Ebenso kommt es bei Herzerkrankungen, aber auch bei Autismus-Spektrum-Störungen (tiefgreifende sozial-emotionale Entwicklungsstörungen, teilweise mit Ausprägung von Spezialinteressen und besonderen Begabungen) zum Einsatz (vgl. Wey 2015). In der Tiermedizin wird Carnitin ebenfalls bei der Therapie von Herzerkrankungen eingesetzt. Meist wird es mit anderen Substanzen (z.B. Antioxidantien) kombiniert. Als Puffer kann es der Übersäuerung der Muskeln entgegenwirken. Dem L-Carnitin wird außerdem eine Verbesserung von Lernleistungen nachgesagt.
Bei Lebererkrankungen ist die Carnitinbiosynthese stark eingeschränkt. Im Leistungsbedarf (Wachstum, Laktation, Deckeinsatz, sportliche Belastung, Infektionen; siehe Seite 130) hat das Pferd eine höhere Beanspruchung des Leberstoffwechsels. Deshalb ist der Bedarf an L-Carnitin erhöht und die Eigensynthese möglicherweise nicht ausreichend.
Die für das Pferd wichtigen essenziellen beziehungsweise semiessenziellen und die nicht-essenziellen Aminosäuren sowie ihre Aufgabe und ihre Wirkung im Pferdekörper werden in der folgenden Tabelle im Überblick dargestellt.

Essenzielle Aminosäuren	Semiessenzielle Aminosäuren	Nicht-essenzielle Aminosäuren
Lysin Zellteilung, Knochenwachstum, Muskelstoffwechsel, Virenbekämpfung; unterstützt das Immunsystem, sorgt für Gewebereparatur und Gefäßstabilität; ist an Bildung von Enzymen, Hormonen, Antikörpern, Kollagen beteiligt; bei Mangel: Infektanfälligkeit, Wachstumsstörungen	**Cystein** Kollagenbildung; Stärkung der Hufinfrastruktur, aber auch Haut, Fell, Bänder, Sehnen und Knorpel; Hauptbestandteil vieler Antioxidantien; eine bestimmte Menge kann das Pferd durch Mikroorganismen im Dickdarm selbst herstellen	**Carnitin** Energiestoffwechsel
Methionin sorgt für Muskelaufbau, unterstützt die Regeneration von Leber- und Nierenschäden; Mehrbedarf entsteht bei oxidativem Stress, Allergien, Harnwegsinfektionen und Leberentzündungen	**Tyrosin** Herstellung von Botenstoffen im Gehirn; Antioxidans	**Glutamin** fördert Konzentration, Zellwachstum, Regeneration von Muskelgewebe; kann zur Entgiftung beitragen, stärkt das Immunsystem

Essenzielle Aminosäuren	Semiessenzielle Aminosäuren	Nicht-essenzielle Aminosäuren
Threonin Wachstum, Energiegewinnung, stärkt das Immunsystem, Bedarf steigt bei neuromuskulären Störungen (z.B. Shivering); Mangel: Müdigkeit, Appetit- und Gewichtsverlust	**Arginin** Freisetzung von Wachstumshormonen für den Muskelaufbau, senkt Blutdruck, fördert Durchblutung der Organe, stimuliert Bildung weißer Blutzellen, regt Zellbildung und -teilung an; Bedarf bei geschwächtem Immunsystem und bei Verletzungen erhöht	**Glycin** Bildung von Gallensäure, Kollagene[G] bestehen zu 20 bis 30 Prozent aus Glycin, Kreatin, DNA-Bestandteilen; Steuern von Entgiftungsreaktionen der Leber; bei Mangel: Abbau von Bindegewebe
Valin **Leucin** **Isoleucin** Energiequellen der Muskeln, sorgen bei Stress für ausreichende Eiweißsynthese sowie -speicherung und hemmen den Muskelabbau	**Histidin** bildet Histamin (Allergien), unterstützt Eisenspeicherung, gefäßerweiternd, bildet Blutkörperchen, Zinktransporter, Bildung der Myelinschicht der Nervenzellen	**Alanin** kommt in 2 bis 7 Prozent aller Eiweiße vor, viele Aminosäuren leiten sich ab
Phenylalanin Ausgangssubstanz für Informationsübertragung zwischen Nervenzellen im Gehirn und dem gesamten Körper (Bildung der Botenstoffe Dopamin, Noradrenalin, Adrenalin); wirkt entzündungshemmend		
Tryptophan Muskelaufbau, Stimmungsaufheller; Vorsicht bei Überdosierung: es können Muskelschmerzen und Müdigkeit auftreten		

(Auswahl wichtiger Aminosäuren)

Funktionsbereich	Aminosäuren
Säure-Basen-Haushalt	• können als biologischer Puffer sowohl sauer als auch basisch wirken • halten und regulieren den pH-Wert des Blutes konstant • vor allem Histidin kann eine Pufferkapazität ausüben
Muskulatur	• Aufbau und die Reparatur bzw. Regeneration der Muskelzellen • etwa 20 Prozent der Muskeln bestehen aus Proteinen
Stoffwechsel (Enzyme, Hormone)	• Zellbestandteile • bestimmen Bau, Struktur sowie Stoffwechsel der Zelle • erfüllen als Enzyme (z.B. Peptidasen, Proteasen) und Hormone (z.B. Insulin) eine Reihe lebensnotwendiger Aufgaben im Stoffwechsel

4.3 Moleküle des antioxidativen Schutzsystems

Bei intensiven Trainingseinheiten reichen die Antioxidantienspeicher des Organismus nicht aus, um einen ausreichenden Schutz gegen die Kaskade freier Radikale zu bieten, die durch den aeroben Stoffwechsel erzeugt werden. Bei Pferden im Leistungsbedarf, Muskelaufbau und bei Pferden mit verzögerten Regenerationsprozessen (z.B. bei Muskelerkrankungen) macht es deshalb Sinn, Antioxidantien zu ergänzen. Antioxidantien können zellschädigende Stoffe unschädlich machen, indem sie freie Radikale neutralisieren. Sie werden auch als Radikalfänger bezeichnet. Das komplexe Zusammenspiel der antioxidativen Moleküle kann man sich als Zahnrad-Maschine vorstellen.
Besonders Vitamin E hat einen großen Anteil an der natürlichen antioxidativen Abwehr des Pferdes und kümmert sich bei oxidativem Stress der Zelle um Lipide (wasserunlösliche Naturstoffe). Vitamin C hat die Fähigkeit, Vitamin E zu regenerieren. Das Pferd kann im Unterschied zum Mensch Vitamin C selbst herstellen. Das Vitamin C wiederum kann sich durch eine Reaktion mit Glutathion regenerieren. Es entsteht eine sogenannte Redoxkette (Elektronenübertragung), bei der das Radikal schrittweise weitergereicht und letztendlich mit Wasserstoff „verbrannt" wird.

Zu den wichtigsten Antioxidantien zählen:

- Vitamin E
- Glutathion
- Carotine (Provitamin A = Beta-Carotin)
- Coenzym Q10
- Spurenelemente (Zink, Mangan, Selen; siehe Seite 161)
- Vitamin C

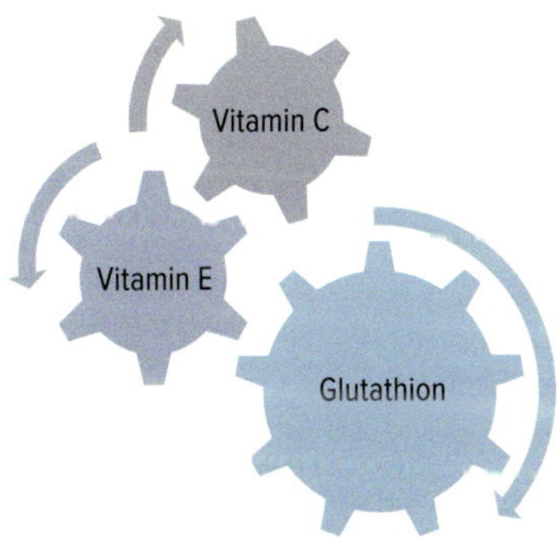

Auch Cystein beziehungsweise Acetylcystein (NAC: oral verabreichtes NAC liefert eine leicht absorbierbare Form von Cystein) kann mehr als Sekret lösen und zählt zu den Antioxidantien. N-Acetylcystein (NAC) ist ein Vorläufer von Glutathion, einem starken Antioxidans, das an vielen biologischen Stoffwechselwegen beteiligt ist; ebenso wie Resveratrol, eine organische Verbindung aus der Gruppe der Polyphenole, und Vitamin B2 (Riboflavin) kann es Entzündungen entgegenwirken.
Aus der Stressforschung beim Menschen ist bekannt, dass es einen Zusammenhang zwischen Stress und der Entstehung von Krankheiten gibt (vgl. Gerber & Schilling 2018). Stress schwächt infolge der Ausschüttung von Cortisol das Immunsystem. Kommt ein Mangel an Antioxidantien hinzu, gilt dies als eine der Ursachen für erhöhte Krankheitsanfälligkeit. Da die komplexen Wechselwirkungen vieler antioxidativer Stoffe bei Menschen und Tieren noch nicht vollends erforscht sind, bestehen über die ideale Supplementierung zum Erhalt des antioxidativen Schutzsystems unterschiedliche Meinungen. Eine abschließende Antwort auf die Frage, welche Rolle Sauerstoffradikale (freie Radikale) beim Auftreten von Krankheiten spielen, gibt es noch nicht. Einigkeit besteht über Folgendes: Je mehr Zahnrädchen der Radikalfänger-Maschine vorhanden sind, desto besser funktioniert das sich selbst recycelnde Entsorgungssystem. Die Zufuhr eines einzelnen Antioxidans allein macht noch kein effizientes antioxidatives

Schutzsystem aus. Supplementierungen, die auf einem einzelnen Vitamin als Antioxidans beruhen, sind vermutlich zum Scheitern verurteilt.

Vitamin E (Tocopherol) – Der Beschützer

Vitamin E ist ein fettlösliches Antioxidans, das die Zellmembran vor den angriffslustigen freien Radikalen schützt. Es kann radikalische Kettenreaktionen sogar stoppen. Aber: Dieser Radikal-Entsorgungsprozess funktioniert nur so lange, wie neben ausreichend Vitamin E auch genügend Vitamin C in den Zellen vorhanden ist. Obwohl das Pferd Vitamin C selbst bilden kann, kann es zu einem temporären Mangel kommen. Fehlt das Vitamin C, bleibt die Entsorgungskette stecken. Die zwei Vitamine arbeiten also, wie so viele Stoffe in Organismen, im Team zusammen. Gemeinsam mit weiteren Antioxidantien kann Vitamin E Alterungsprozesse verlangsamen und Muskelschäden vorbeugen. Vitamin E verbessert die Fließfähigkeit des Blutes und steigert dadurch die Leistungsbereitschaft des Pferdes. Bei Menschen wurden bei stark erniedrigten Vitamin E-Werten Blutarmut, Ödeme und verstärkte Erregbarkeit beobachtet. Studien haben gezeigt, dass die Wirksamkeit des natürlichen Vitamin E doppelt so hoch ist wie die eines synthetischen Vitamin E (z.B. Svete et al. 2021; Brown et al. 2017). Eine gewisse Speicherung von Vitamin E erfolgt in der Muskulatur und im Fettgewebe. Von dort ist es allerdings in Bedarfszeiten nur schwer mobilisierbar. Deshalb ist eine tägliche Zufütterung und somit Anreicherung im Blut sinnvoll (idealerweise verteilt auf zweimal täglich).

Bei der **Dosierung** bezieht man sich in der Regel auf internationale Einheiten (IE).
Zu beachten ist: 1 mg des **natürlichen** (R, R, R)-α-Tocopherols (= 1-α-Tocopherol-Äquivalent) entspricht genau 1,49 IE beziehungsweise 1,49 mg des **synthetischen** Gemisches all-rac-Tocopherolacetat.
→ Sie benötigen also bei synthethischem Vitamin E eine größere Menge, um den Bedarf abzudecken.
Die folgenden **Bedarfsangaben** beziehen sich auf das gesunde Pferd ohne Muskelerkrankung:
Erhaltungsbedarf: 613 IE entspricht mg/Pferd/Tag bis 1346 IE
Leistungsbedarf: 1013 bis 1346 IE
(vgl. van Ost 2015, Seite 76)

Bei Pferden mit Equinen Myopathien wird, ungeachtet der grundlegend notwendigen bedarfsangepassten Vitamin E-Versorgung von 200 mg pro 100 kg Körpermasse, vielfach eine bedarfsüberschreitende Versorgung von 400 bis 600 mg pro 100 kg Körpermasse als positiv erachtet. Die Untersuchung des Blutes (Serum/Plasma) zeigt einen guten Zusammenhang zwischen Fütterung und Blutparameter, ein Vitamin-E-Überschuss gilt als „unkritisch" (Coenen & Vervuert 2020,

Seite 269). Es wird bei PSSM 2/MFM ein Serum-Vitamin-E-Spiegel von über 3 mg/ml empfohlen. Es dauert verschiedenen Studien zufolge über einen Monat, um bei erniedrigten Vitamin-E-Werten im Serum durch Vitamin-E-Zufütterung in den normalen Bereich zu gelangen.

→ Natürliches Vitamin E ist biologisch am besten verfügbar, wird am leichtesten absorbiert und hat die stärkste antioxidative Aktivität.

Natürliches oder synthetisches Vitamin E?

In verschiedenen Studien (u.a. Bookbinder et al. 2019; Brown et al. 2017; Williams & Carlucci 2006; Kane et al. 2010; Pusterla et al. 2010) waren die Konzentrationen im Serum nach der Supplementierung mit natürlichem Vitamin E signifikant über den Ausgangswerten, jedoch weniger deutlich nach der Supplementierung mit synthetischem Äquivalent. Es wurden hohe Dosierungen von 10.000 IE/500 kg Pferd/Tag verwendet. Ein Anstieg der Vitamin-E-Konzentrationen wurde auch bei Gaben von natürlichem Vitamin E von 5.000 IE/500 kg Pferd/Tag nachgewiesen. Einen Anstieg der Serumwerte gibt es also sowohl mit der natürlichen als auch mit der synthetischen Form von Vitamin E. Diese Werte waren jedoch bei Gabe von natürlichem Vitamin E etwa doppelt so hoch wie die Konzentrationen, die unter Verwendung von synthetischem Vitamin E gemessen wurden (etwa 1,36 bis 2 IE/mg höher). Es dauerte 56 Tage und länger, die Vitamin-E-Konzentrationen im Serum durch Zufütterung wiederherzustellen. Interessant war überdies, dass der Vitamin-E-Spiegel im Serum schnell abfällt, wenn Pferde von flüssigem Vitamin E auf pulverförmiges Vitamin E in der gleichen Dosis von 5.000 IE/Tag/Pferd umgestellt werden.

Vitamin C (Ascorbinsäure)

Während Menschen, Primaten, Meerschweinchen und einige Vögel Vitamin C nicht selbst synthetisieren können und es deshalb mit der Nahrung aufnehmen müssen, muss man den Bedarf an Vitamin C beim gesunden Pferd nicht über das Futter abdecken. Dennoch gibt es einige Stoffwechselsituationen, die einen Mangel beim Pferd herbeiführen können. Bei Stress und Infektionen ist der Vitamin-C-Bedarf stark erhöht beziehungsweise die körpereigene Synthese reduziert, sodass eine Zufütterung sinnvoll sein kann. Auch bei alten Pferden, bei denen die körpereigene Vitamin-C-Synthese zurückgeht, kann eine Zufütterung sinnvoll sein. Ein Vitamin-C-Mangel kann zu Zahnproblemen, Blutungen der Haut, Nasenbluten und schlechter Wundheilung führen. Vitamin C begünstigt die Eisenaufnahme und kann eine eher hemmende Wirkung auf anorganisch gebundenes Selen (Natriumselenit) haben. Bei gesunden Pferden werden für eine längerfristige Zufütterung 4 g Vitamin C pro 100 kg LM Pferd empfohlen (vgl. Coenen & Vervuert 2020, Seite 124).

100 g Hagebutte (roh) enthalten 1250 mg Vitamin C.

Wenn körperlicher oder mentaler Stress den Cortisolspiegel in die Höhe treibt, kann Vitamin C diese Reaktion mildern. Dies kann bei intensiven Trainingseinheiten, Stallwechsel, ersten Ausritten oder bei noch fehlender Turnierroutine der Fall sein.

> „Einige der PSSM-2-Pferde, hier insbesondere die MIM-Genvarianten P2, P8 und PX, scheinen stressanfällig zu sein und neigen zu Magenproblemen."
>
> (Christina Wessling)

Glutathion – Der Notarzt

Das kleine Tripeptid besteht aus einer Verbindung von drei Aminosäuren (Glycin, Glutaminsäure und L-Cystein) und kann mit großer Wirkung aufwarten – es ist eine der stärksten antioxidativen Substanzen. Man kann es sich als eine Art Puffer vorstellen. Als Notarzt der Erythrozyten sorgt es für die Struktur dieser roten Blutkörperchen. Glutathion hemmt entzündliche Reaktionen, steigert die Produktion von Abwehrzellen des Immunsystems und ist an der Regeneration der Vitamine C und E beteiligt. Ist nicht ausreichend Cystein vorhanden, kann es in der Leber aus der essenziellen Aminosäure Methionin gebildet werden.

Warmblutpferde mit MFM haben Veränderungen der Z-Scheiben-Proteine (siehe ab Seite 42 ff.), eine Anreicherung von Signalwegen für oxidativen Stress und eine deutlich erhöhte Expression eines Gens, das ein Enzym kodiert, das Glutathion abbaut (vgl. Henry et al. 2021b, Seite 13).

Coenzym Q10 (Ubichinon/Ubichinol)

CoQ10 ist neben Vitamin E, C, Glutathion und Alpha-Liponsäure ein wichtiges Antioxidans. Coenzym Q10 gilt nicht nur als starkes Antioxidans, sondern auch als Schlüsselkomponente im mitochondrialen Elektronentransportsystem, das von den Mitochondrien zur Energieerzeugung genutzt wird. Ubichinone sind im Inneren der Zellmembran aktiv und interagieren dort mit Vitamin E bei der Entsorgung freier Radikale (vgl. Horn 2019, Seite 92). Ubichinon (Schreibweise auch Ubiquinon) ist ein fettlösliches Molekül, das fest in die innere Mitochondrien-Membran eingelagert ist und dort als zentrale Sammelstelle für Elektronen fungiert. Es ist strukturell verwandt mit Vitamin K und Vitamin E. Bei Säugetieren ist es gleichzeitig an der Regeneration von Vitamin E beteiligt und ein wichtiger Cofaktor der Energiegewinnung in den Mitochondrien (ATP-Synthese). Das Coenzym unterstützt also den aeroben Stoffwechsel. Der Organismus von Mensch und Pferd kann Coenzym Q10 selbst produzieren. Über die Nahrung kann es zum Beispiel in

Sonnenblumenkernen und kaltgepressten Pflanzenölen (z.B. Sojaöl, Sesamöl, Traubenkernöl) zugeführt werden. Bei schweren degenerativ chronischen Erkrankungen bei Menschen wird die Kehrseite des CoQ10 auch kritisch diskutiert und von einer unkontrollierten Einnahme abgeraten. Denn CoQ10 kann selbst oxidative Prozesse auslösen. Gleichzeitig konnten Humanstudien zeigen, dass die Supplementierung mit CoQ10 Muskelschäden nach hochintensivem Training abschwächt (vgl. Diaz-Castro et al. 2012). Eine tägliche Supplementierung mit Ubichinonen beschleunigt die Erholung von menschlichen Sportlern nach anstrengender körperlicher Betätigung und verbessert die antioxidativen Abwehrkräfte, war jedoch nicht in der Lage, Muskelschäden zu verhindern, die durch körperliche Betätigung hervorgerufen werden (vgl. Orlando et al. 2018, Seite 143).
Der größte Teil des aufgenommenen Ubichinon wird im Organismus in Ubichinol umgewandelt, bevor es aus dem Dünndarm absorbiert wird. Da diese Umwandlung nicht annähernd 100 Prozent beträgt, ist in der Regel eine höhere Ubichinon-Dosierung erforderlich, um das gleiche Niveau wie mit Ubichinol zu erreichen. Sie können auch direkt Ubichinol zuführen. Achten Sie deshalb bei der Supplementierung von Coenzyms Q10 beim Pferd auf die elektronenreiche und weitaus reaktivere Form Ubichinol (Schreibweise auch Ubiquinol (engl.) oder Ubihydrochinon möglich). Diese ist allerdings nicht gut lagerbar. Bei Pferden wird diese Form des CoQ10 gut absorbiert.

Ubiquinol = Ubichinol

- **kann die trainingsbedingte Abnahme der CoQ10-Konzentrationen in den Muskelmitochondrien entweder abmildern oder verhindern und gleichzeitig die Entwicklung von Ermüdung verzögern, indem es die Energieproduktion optimiert.**
- **kann im Organismus Vitamin E und Glutathion regenerieren.**

Studien der Michigan State University mit Pferden haben gezeigt, dass eine Supplementierung den Spiegel im Serum und Muskel erhöht (Henry et al. 2021a). Idealerweise wird sogar ein sogenanntes Nano-Q10, eine hoch bioverfügbare Form von Coenzym Q10 gefüttert. Die Muskelanalyse von Vollblütern, die mit Nano-Q10 supplementiert wurden, zeigte eine Erhöhung der 13 mitochondrialen Proteine (mtDNA). Die Forscher gehen davon aus, dass oxidativer Stress mit erhöhten GGT-Blutwerten (Gamma-Glutamyl-Transferase-Enzyme) verbunden zu sein scheint. Der Wert kann über eine Blut- oder Urinkontrolle ermittelt werden. Als Enzyme des Aminosäuren-Stoffwechsels ist der GGT-Wert ein Marker für Störungen im Proteinstoffwechsel. Zudem kann der GGT als Frühindikator einer Nierenfunktionsstörung herangezogen werden. Überwiegend kommen diese Enzyme in der Leber der Pferde vor und werden daher für die Diagnostik der Leberfunktion und Gallenwegserkrankungen herangezogen. Für PSSM-2-Pferde ist der Wert von

Bedeutung, da er Hinweise auf chronischen Entzündungen oder abgestorbene Muskelzellen geben kann. Der Wert braucht oft einige Wochen bis Monate, bis er sich wieder im Normbereich bewegt. Die bisherigen Untersuchungen mit Rennpferden deuten darauf hin, dass ein höherer Coenzym-Q10-Serumspiegel mit einer Normalisierung der GGT-Werte einhergehen kann (Aldrich et al. 2022). In einer weiteren Studie (Thueson et al. 2019) wurde jedes Pferd täglich mit 1 g Ubiquinol (1,85 bis 2,1 mg/kg Körpergewicht) supplementiert. Dies führte innerhalb von 10 Tagen zu einer Verdopplung der Konzentration im Plasma. Individuelle Schwankungen in der Reaktion auf eine Supplementierung wurden bereits bei Menschen festgestellt. Der Grund liegt in der unterschiedlichen Aufnahme aus dem Darm. Frühere Untersuchungen zu den Auswirkungen einer Supplementierung mit Ubichinon bei Pferden ergaben ebenfalls bemerkenswerte Schwankungen in der Größenordnung des Anstiegs. Trotz dieser Abweichungen führten die CoQ10-Konzentrationen im Gesäßmuskel nach 10- beziehungsweise 21-tägiger Supplementierung bei allen Pferden immer mindestens zu einer Verdoppelung der Konzentrationen. Es zeigt sich aber auch, dass es eine gewisse Kapazität zur Erhöhung des CoQ10 in den Muskelmitochondrien, aber auch einen Sättigungspunkt gibt, über den hinaus es nicht möglich ist, die Konzentrationen zu erhöhen (etwa ab dem 10. Tag der Supplementierung).
Eine Meta-Studie mit menschlichen Patienten hat unter anderem gezeigt das Q10 das Risiko für Herzerkrankungen und Gefäßverkalkung senkt und den antioxidativen Schutz verbessert (Fotino et al. 2013). Außerdem wird das Verhältnis von Sauerstoffaufnahme und Pulsfrequenz verbessert.

Beta-Carotin (ß-Carotin)

Es gibt etwa 400 Carotinoide. Es handelt sich um Farbstoffe, die unter anderem im Grünfutter und in Karotten enthalten sind und dem Pferd als Vorstufe zur Vitamin-A-Synthese im Dünndarm dienen. Vitamin A wiederum dient vor allem der Gesunderhaltung von Haut und Schleimhäuten, beeinflusst die Netzhaut und stärkt die Sehkraft. Bei Stuten erreicht man mit β-Carotin-Gaben von 400 bis 500 mg/Tag im Winter und Frühjahr eine verbesserte Fruchtbarkeit. Das Carotin wird in den Eierstöcken in Vitamin A umgewandelt. Dadurch wird die Hormonbildung stimuliert. Bei einem Überangebot (z.B. Weidesaison) wird die Umwandlung in Vitamin A gemindert und so eine Überversorgung verhindert. Im Heu liegt der β-Carotin-Gehalt durch die Trocknung gegenüber dem Ausgangmaterial 10 Prozent niedriger. Längere Lagerzeiten lassen den Gehalt weiter sinken. Kurzzeitige Unterversorgungen können Pferde durch den Vitamin-A-Speicher in der Leber kompensieren. Mögliche Anzeichen eines β-Carotin-Mangels sind Hornspalten, brüchiges Hufhorn, Sehstörungen oder Hornhauttrübungen mit Tränenfluss. Während eine Überversorgung mit β-Carotin (Vitamin-A-Vorstufe) ohne negative Auswirkungen bleibt, kann eine Überversorgung durch direkte Zuführung von Vitamin-A zu gesundheitlichen Problemen führen (z.B. struppiges Fell, Bewegungsanomalie, Leistungsabfall). Deshalb müssen Vitamin-A-Gaben auf täglich 1000 IE je kg LM begrenzt sein. Eine Feldstudie zu Energiebedarf und Rationsgestaltung bei Hochleistungsspringpferden (van Ost 2015, Seite 99) zeigte „eine knappe Proteinversorgung, Überversorgung mit Calcium und Phosphor sowie eine knappe Spurenelementversorgung, überhöhte Versorgung mit Vitamin A und D sowie eine knappe Vitamin-E-Zufuhr“ dieser Pferde auf. Außerdem ist β-Carotin an der Regulation der

Genexpression beteiligt (= Prozess vom Gen zum Genprodukt). Es interagiert mit Vitamin E und Vitamin C als Radikalfänger und schützt vor oxidativem Stress (siehe Seite 223).

Alpha-Liponsäure (ALA)

Alpha-Liponsäure ist eine schwefelhaltige Fettsäure und wird beim Menschen bei diabetesbedingten Erkrankungen des Nervensystems und Herzgefäßerkrankungen verschrieben. Erste Studien aus dem Human- und Veterinärbereich verweisen hier auf eine mögliche Schmerzlinderung und Stärkung der antioxidativen Abwehr (vgl. Stirban 2021; Ziegler et al. 2004; Kinnunen et al. 2009). ALA ist für den aeroben Stoffwechsel essenziell, fungiert als Transportmittel für Aminosäuren und schützt die Leber vor oxidativen Schäden. Im Zellstoffwechsel übernimmt Alpha-Liponsäure eine Recyclingfunktion, indem sie andere zellschützende Stoffe regeneriert, wie zum Beispiel Coenzym Q10 (Ubichinol/Ubichinon), Glutathion, Vitamin E oder Vitamin C.

B-Vitamine

Die Vitamine des B-Komplexes sind eine Ansammlung von wichtigen Mikronährstoffen. Trotz der chemischen Unterschiede der verschiedenen B-Vitamine ist ihre Wirkung im Körper voneinander abhängig. Als Cofaktoren unterstützen sie den Stressabbau und stärken das Nervensystem. Die Vitamine B3 und B6 sorgen in Verbindung mit Magnesium für eine optimale Umwandlung von Tryptophan in Serotonin. Achten Sie deshalb auf eine sinnvolle Zusammensetzung bei Ergänzungsfuttermitteln, die eine entspannende oder beruhigende Wirkung versprechen.
Vitamin B5 sorgt für eine reibungslose Nierenfunktion. Bei langanhaltendem Stress steigt der Bedarf. Säugetiere können Vitamin B5 nicht selbst synthetisieren. Es muss über das Futter zugeführt werden.

4.4 Mineralstoffe

Mineralstoffe sind anorganische Ionen oder Verbindungen, die das Pferd nicht selbst herstellen kann und mit der Nahrung aufnehmen muss. Sie sind somit unentbehrliche Fütterungsbestandteile, die das Pferd vor allem als Cofaktor von Enzymen benötigt. Enzyme sind komplexe Eiweißmoleküle. Sie fungieren wie ein Biokatalysator als Antreiber biochemischer Stoffwechselprozesse. Grundsätzlich sollte man nicht nach dem Prinzip „Viel hilft viel“ vorgehen! Überdosierungen können bei Mensch und Tier zu toxischen Erscheinungen führen (siehe Abbildung Seite 162).

> „Beim ausgewachsenen PSSM-2-Pferd hat eine ausgewogene Mineralisierung mit einem reduzierten, bedarfsdeckenden Calciumgehalt einen positiven Effekt. Ebenso die Supplementierung von Vitamin E, Vertreter der B-Vitamin-Gruppe und Vitamin C. Auch die Spurenelemente Zink, Selen und Mangan haben einen signifikanten positiven Einfluss auf den Muskelstoffwechsel.“
>
> (Dr. Peter Richterich)

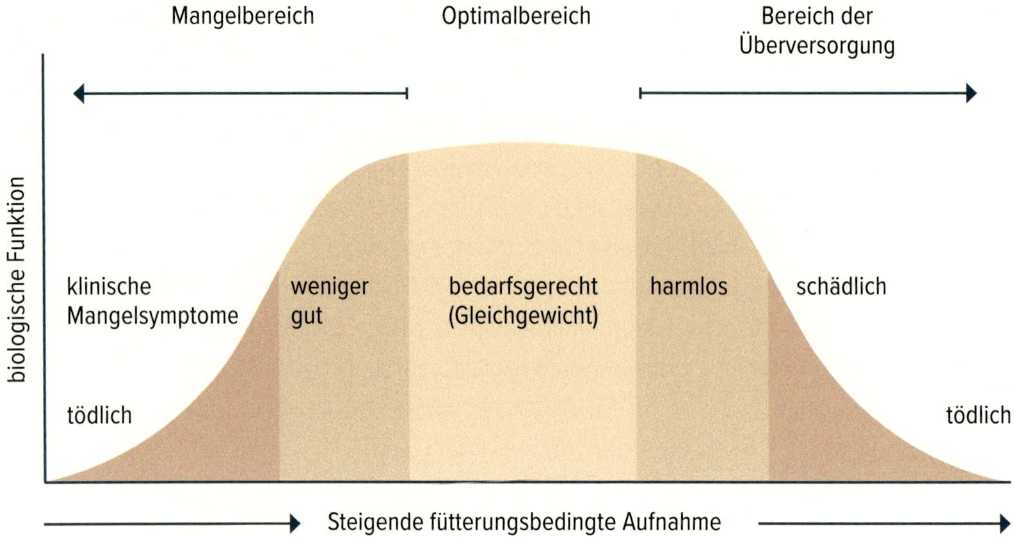

Schema zur Zufuhr essenzieller Spurenelemente (vgl. Pallauf 1991, Seite 26)

Mineralfutter – Perfekt für jedes Pferd gibt es nicht!

Mineralstoffe sind immer und alle anorganisch. Ob ein Stoff organisch oder anorganisch gebunden ist, wird durch den Bindungspartner bestimmt. Deshalb ist der Begriff organische oder anorganische Mineralstoffe (= Mengen- und Spurenelemente) irreführend. Der Begriff „organisch“ trifft keine Aussage darüber, ob der Stoff aus einer natürlichen Quelle stammt und „anorganisch“ sagt nicht, dass der Stoff synthetisch wäre. Organisch gebundene Mineralstoffe sind nicht zwangsläufig besser bioverfügbar, auch wenn das in der Regel durchaus so ist. Der Grund, warum organische Verbindungen nicht immer die beste Lösung sind, liegt an der Konkurrenz der verschiedenen Mineralstoffe untereinander. Ein weiteres klitzekleines Problem für die Feinschmecker: Die organischen Chelate schmecken nicht so verführerisch. Deshalb werden diesen oft Geschmacksstoffe wie Apfeltrester, Sirup, Zucker und Grünmehle zugesetzt. Allerdings müssen Hersteller, aufgrund gesetzlicher Vorgaben, der Mineralstoffvormischung andere Einzelfutterkomponenten zumischen und das Ganze als Ergänzungs- oder Mineralfutter anbieten. Denn Mineralstoffe dürfen nicht pur an Pferde verfüttert werden, so der Gesetzgeber. Ein weiterer, durchaus vorteilhafter Aspekt dieser Mischung mit Einzelfutterkomponenten ist, dass man es dem Pferdebesitzer nicht zumuten kann, dass er die täglichen Mengen an Mineralstoffen (x Gramm Magnesium plus x Milligramm Zink plus x Mikrogramm Biotin usw.) selbst zusammenmischt und abwiegt. Es geht also nicht per se um böse Füllstoffe und den bösen Hersteller. Welche zugesetzten Einzelfutterkomponenten der einzelne Besitzer nun bevorzugt, ist natürlich sehr unterschiedlich und hängt auch individuell vom jeweiligen Pferd ab.

Anorganische Verbindungen erkennt man an den Endungen -sulfat, -oxid, -chlorid, -carbonat oder -phosphat (z.B. Zinkoxid).

Organische Verbindungen an den Endungen -chelat, -acetat, -fumarat, -gluconat, -laktat, -lysinat oder -citrat (z.B. Zinkchelat). Chelate entstehen aus der Kombination eines Spurenelements (z.B. Zink, Mangan) mit Aminosäuren und Peptiden.

Chelate, also organische Verbindungen werden nach derzeitigem Kenntnisstand vom Pferd besser aufgenommen. Liegen Mineralstoffe in einer anorganischen Oxidverbindung vor, ist die Bioverfügbarkeit meist schlechter. Anorganische Sulfatverbindungen wiederum werden oft besser aufgenommen als Oxide, können aber bei einer zu hohen Zufuhr zu Verdauungsproblemen führen. Zink sollte beispielsweise aufgrund der Bioverfügbarkeit und Verträglichkeit vorzugsweise in Form von Zinkchelat oder Zinksulfat angeboten werden (vgl. Kreyenberg 2003, Seiten 20, 58; Zinksulfat: Coenen & Vervuert 2020, Seite 111).
Ist ein Mineralfutter auf Basis von Getreide oder Ölsaaten hergestellt, ist die Akzeptanz der Pferde oft besser. Feinschmeckeralarm: Rein mineralische Mineralfutter in Pulverform (enthalten also immer auch Einzelfuttermittelkomponenten (aufgrund gesetzlicher Vorgaben) müssen oft in der Praxis noch in anderes, Lieblingsfutter eingemischt werden (z.B. Grünmehl, Leinkuchen, Apfeltrester etc.). Dadurch steigt die täglich zu verabreichende Menge insgesamt und im Verhältnis dazu sinkt der Mineralstoffgehalt. Man muss feststellen: Ein Produkt, das perfekt für jedes Pferd ist, gibt es nicht! Und Sie sollten immer auch die Gesamtration und Akzeptanz des Mineralfutters Ihres Pferdes im Blick halten. Es muss ja irgendwie rein ins Pferd! Fehlt etwas in dem Mineralfutter, das Ihr Feinschmecker nun eben alleinig akzeptiert, können Sie das durch Mono-Präparate ergänzen.

Stoffwechselverhalten unterliegen einer mehr oder weniger ausgeprägten homöostatischen Regulation, das heißt, sie streben ein Gleichgewicht an. Zwischen den unterschiedlichen Tierarten als auch zwischen den einzelnen Elementen (Mineralstoffe, Aminosäuren usw.) gibt es hierbei Unterschiede. Teilweise sind die unterschiedlichen Mechanismen allerdings noch nicht im Einzelnen bekannt. Fest steht, dass der Organismus immer nach einem Optimalzustand strebt.
Zink, Kupfer, Mangan und Selen haben für das antioxidative Schutzsystem eine besondere Bedeutung (siehe Seite 155). Sie arbeiten als Hilfsfaktoren von antioxidativen Enzymen und sind für deren Funktion unverzichtbar. Mengen- und Spurenelemente finden sich aber auch in zahlreichen anderen Enzymen des Stoffwechsels.

Zink (Zn)

Als Cofaktor ist Zink an 10 Prozent der in unserer Erbmasse codierten Peptide beteiligt.
→ Regulation der Genexpression (= Prozess vom Gen zum Genprodukt)
→ Zink sichert somit den Erhalt genetischer Informationen.

Man kennt heute mehr als 300 zinkenthaltende Proteine. Zink ist an zahlreichen Stoffwechselprozessen beteiligt:

- unentbehrlich für zahlreiche Enzyme im Kohlenhydrat- und Eiweißstoffwechsel
- Haut und Bindegewebsstoffwechsel
- Haut- und Schleimhautregeneration
- Enzyme der DNA-, RNA- und Proteinsynthese
- unentbehrlich für die Keratinbildung
- antioxidatives Schutzsystem
- stabilisiert Peptide und Proteine

Mangelsituationen sollten also unbedingt vermieden werden, um Beeinträchtigungen der Gesundheit und Leistungseinbußen entgegenzuwirken. Die Zinkversorgung über das Raufutter ist ungenügend. Obwohl Zinkoxid in Mineralfutter sehr verbreitet ist, sollte Zinkchlorid oder Zinksulfat bevorzugt werden. Pferde sind gegenüber einem Zinküberschuss bis 500 mg pro kg Trockensubstanz tolerant. Zur Versorgung sind Zinkchlorid und Zinksulfat effektiver als Zinkoxid, organische Verbindungen sind beim Zink nicht erforderlich (vgl. Coenen & Vervuert 2020, Seite 111). Bedarfsdeckung erzielt man mit 4 bis 4,5 mg pro kg Körpermasse^{0,75} im Erhaltungsbedarf (vgl. Coenen & Vervuert 2020, Seite 109; in der Tabelle auf Seite 164 in diesem Buch umgerechnet ohne Exponent). Ein Mangel kann sich in einer erhöhten Infektionsneigung zeigen. Bei einem Kupferüberschuss über mehrere Monate kann die Leber geschädigt und die Zinkverwertung beeinträchtigt werden.

Mangan (Mn) – Der Gamechanger

Mangan ist ein Cofaktor zahlreicher Enzymsysteme und sorgt beispielsweise für einen reibungslosen Ablauf des Kohlenhydrat- und Aminosäurestoffwechsels. Hohe Konzentrationen liegen in Nervenzellen vor. Mangan ist für die Funktion der Eierstöcke essenziell, ein bedeutender Faktor für das Immunsystem und wirkt antioxidativ in den Mitochondrien. Mitochondrien sind die „Kraftwerke der Zellen" und produzieren den Energieträger Adenosintriphosphat (ATP). Bei erhöhtem oxidativem Stress (siehe Seite 223) oder bei einer stärkereichen Ration kann in seltenen Fällen ein erhöhter Manganbedarf entstehen. Hinsichtlich der Aussagekraft von Blutparametern (Serum/Plasma) und dem Zusammenhang mit der Zufütterung liegen kaum Untersuchungen beim Pferd vor (vgl. Coenen & Vervuert 2020, Seite 268). Bedarfsdeckung erzielt man mit 4 bis 4,5 mg pro kg Körpermasse^{0,75} im Erhaltungsbedarf (vgl. Coenen & Vervuert 2020, Seite 112; Tabelle auf Seite 167, ist dieser Wert ohne Exponent umgerechnet). Die Supplementierung von Mangan verhindert nicht direkt oxidativen Stress (wie bei P2 und P8 als Problemlage vermutet), noch hat Mangan einen direkten Einfluss auf die Anzahl der Mitochondrien (bei verringerter Anzahl fehlendes ATP in den Muskelzellen, wie bei P8 vermutet). Die Zufütterung von Mangan wirkt durch das Enzym Mangan Superoxid Dismutase (MnSOD) präventiv oxidativem Stress entgegen. Ein Fütterungsversuch wird von einigen Besitzern als unterstützend beschrieben, auch wenn ein Manganmangel beim Pferd als selten gilt. Zu beachten ist, dass aufgekalkte Weiden, Kalkverwitterungsböden, leichte Sandböden oder Böden mit hohem pH-Wert geringere Mangangehalte aufweisen. Akute Auswirkungen von Mangelzuständen sind beim Pferd laut Coenen & Vervuert nicht bekannt (2020, Seiten 112, 266). Eine Zufütterung kann in Regionen mit sehr eisenhaltigem Wasser oder bei starker Kontamination des Heus mit Erde sinnvoll sein, da hohe Eisengehalte in der Ration „die Verwertung von Phosphor, eventuell auch Kuper, Mangan und Zink beeinträchtigen“ (Coenen & Vervuert 2020, Seite 110).

Aufgrund der bisherigen praktischen Erfahrungen von PSSM-2-Experten scheint Mangan bei PSSM-2 Pferden in der Kombination mit Aminosäuren und Vitamin E ein unterstützender Faktor zu sein. Viele Besitzer berichten von Fütterungsversuchen mit Mangan und beschreiben positive Veränderungen der Rittigkeit und des Leistungsvermögens. Beobachtet werden positive Effekte insbesondere bei einem zu hohen Muskeltonus, und um bei mangelndem Vorwärtsdrang „die Handbremse zu lösen“. Mangan wird deshalb auch als „Gamechanger“ bezeichnet (insbesondere bei P2 und PX).

Selen (Se)

Selen moduliert viele biologische Schlüsselprozesse. Als Bestandteil der Aminosäure Selenocystein ist Selen in mehr als 30 Proteinen enthalten. Das Spurenelement ist ein Bestandteil wichtiger enzymatischer Funktionen. Als Katalysator der Glutathion-Peroxidasen (GPx = Verbrauchswert des Selenocystein) ist Selen ein unentbehrlicher Bestandteil des antioxidativen Systems (siehe Seite 155) und schützt die Zellmembranen vor schädlichen freien Radikalen (aggressive Sauerstoffverbindungen). Bei einer erhöhten Proteinzufuhr erhöht sich durch Wechselwirkungen der Selenbedarf. Wenn das Grundfutter bereits Selen enthält, sollte man auf ein passendes Mineralfutter achten. Denn bei Pferden, die 12 mg Selen pro kg Futter aufgenommen hatten, konnte man akute Vergiftungserscheinungen beobachten!
In der deutschsprachigen Literatur wird eine Selenzufütterung von maximal 1,8 bis 2 mg bei einem 600 kg schweren Pferd pro Tag empfohlen. Von Vergiftungserscheinungen geht man bei 5 mg Selen pro Tag aus. Der Referenzbereich im Blut liegt bei 100 bis maximal 200 Mikrogramm/l. Manche Labore geben einen Referenzwert von 70 bis 170 Mikrogramm/l an. Pferde im Leistungsbedarf sollten im oberen Drittel dieses Referenzbereichs liegen. Den Bedarf nach Coenen & Vervuert (vgl. 2020, Seite 113) finden Sie in der Tabelle auf Seite 167 (Dabei ist der Wert bereits für Sie ohne Exponent umgerechnet.).

Wegen der geographisch variierenden Selengehalte der Böden ist die Selenkonzentration im Heu und anderen pflanzlichen Selenquellen großen regionalen Schwankungen unterworfen. Ein Selenmangel kann sich beim Pferd in Infektionsanfälligkeit, Fruchtbarkeitsstörungen von Stute und Hengst oder Leistungsschwäche zeigen. Bei starkem Mangel können Störungen der Muskelfunktion auftreten.

Organisch oder anorganisch gebundenes Selen?
Hinsichtlich des Muskelaufbaus ist speziell beim Selen Folgendes zu bedenken: Wird organisch gebundenes Selen zugefüttert, ist Selen an die zwei einzigen schwefelhaltigen Aminosäuren (Cystein, Methionin) gebunden: Selenocystein oder Selenomethionin (auch „Selenhefen“

genannt). Bei diesen sogenannten Selenhefen wird Schwefel gegen Selen ausgetauscht. Schwefel ist aber unentbehrlich, da er Proteinstrukturen durch biochemische Bindungen (Disulfidbrücken) Stabilität verleiht. Daher werden diese Aminosäuren üblicherweise im Hufhorn, in der Haut und in den Haaren gebraucht. Schwefel fördert außerdem die Regeneration von Muskeln und Gelenken. Leider erkennt der Organismus nicht rechtzeitig, wenn in den Aminosäuren Selen statt Schwefel eingebaut ist. Die Folge ist, dass der Körper diese falschen Aminosäuren in die Eiweiße einbaut. Sie können jedoch keine stabile biochemische Bindung mit anderen Aminosäuren und deshalb nur instabile Proteinstrukuren bilden. Der Körper muss diese instabilen Strukturen wieder abbauen und entsorgen. Dabei wird in größerem Maß Selen frei, das nur schwer wieder ausgeschieden werden kann. Dadurch kann es im Gewebe zu erheblichen Überschüssen an Selen kommen. Die Zufütterung von organisch gebundenem Selen ist bei einem Mangel sinnvoll. Regelmäßige Serumkontrollen sind bei Selen sinnvoll, denn im Vergleich zu anderen Spurenelementen korreliert die Serumkonzentration bei Pferden sehr gut mit der Fütterung (vgl. Coenen & Vervuert 2020, Seite 269). Sollte Selen in Form organischer Selenverbindungen ergänzt werden, sollte dieser Anteil auf maximal 0,002 mg/kg LM beziehungsweise 1,1 bis maximal 1,6 mg pro Tag bei 500 kg LM begrenzt werden (vgl. GfE 2014; Coenen & Vervuert 2020, Seiten 109, 113). Ebenso kann der Selenbedarf langfristig und schrittweise mit anorganischem Selen im Mineralfutter aufgefüllt werden.

Als Cofaktor ist Selen an vielen Stoffwechselprozessen beteiligt:

- Bildung von Antikörpern und Botenstoffen
- Auswirkungen auf die Fruchtbarkeit
- unterstützt die Leberentgiftung
- hat als Enzymbestandteil Auswirkung auf die Schilddrüsenfunktion
- Haar- beziehungsweise Fellwachstum, Muskelfunktion, Immunsystem, Blutbildung und Schwermetallausleitung

Liegt oxidativer Stress durch Vitamin-E-Mangel vor, kann Selen einen Teil des Zellstresses und dessen negative Auswirkungen verhindern. Vitamin E schützt gemeinsam mit Selen die mehrfach ungesättigten Fettsäuren vor der Oxidation. Vitamin E kann im Unterschied zu Selen sogar die Bildung von freien Radikalen hemmen.

Magnesium (Mg)

ist Cofaktor bei allen Enzymreaktionen, an denen ATP beteiligt ist (ATP siehe Seite 32). Außerdem spielt es eine wichtige Rolle bei der Erregungsübertragung. Der Einsatz von Magnesium beim Pferd basiert vorrangig auf Rückschlüssen zur Wirksamkeit und Untersuchungen bei Menschen und Ratten. Magnesium wird in den Knochen eingelagert und in den Muskeln gespeichert. Als Gegenspieler des Calciums unterstützt Magnesium die Funktion aller Muskeln, also auch das Herz, die Funktion des Nervensystems und die Proteinsynthese. Liegt eine Muskelproblematik vor, sollte eine Unterversorgung unbedingt vermieden werden. Unterversorgung äußert sich bei Menschen beispielsweise in Form von Muskelkrämpfen, Müdigkeit oder Erschöpfung. Wer müde und erschöpft ist, kann auch zu Schreckhaftigkeit oder schlechter Laune neigen. Die Bioverfügbarkeit von organischem Magnesium ist schneller und kurzfristiger als die anorganischer Verbindungen, die länger, aber auch nachhaltiger wirken. Verwendet man Monosubstanzen, wie Magnesiumcitrat, ist zu beachten, dass es innerhalb von vier bis sechs Stunden nach Gabe bereits abgebaut ist. Deshalb ist es sinnvoll, organisch gebundenes Magnesium etwa eine Stunde vor dem Training mit einer Maulspritze zu füttern. Magnesiumoxid kommt häufig in Futtermitteln zum Einsatz, um den Bedarf zu decken. Bei Unterversorgung sollte Magnesiumchlorid oder Magnesiumphosphat bevorzugt werden (vgl. Coenen & Vervuert 2020, Seite 103). Durch Magnesiummalat, einer organischen Verbindung, wird eine hohe Bioverfügbarkeit und ein länger andauernder Effekt auf Muskulatur und Psyche erreicht. Bei Magnesium-Bisglycinat liegt eine Verbindung mit einer Aminosäure vor. Hier scheint das Risiko von Magen-Darm-Beschwerden geringer. Die chemische Verbindung als Magnesiumfumarat scheint nicht bei jedem Pferd gleich gut zu funktionieren. Deshalb macht die individuelle Betrachtung und die Fütterung eines Kombiprodukts aus verschiedenen Magnesiumverbindungen Sinn. Den Bedarf nach Coenen & Vervuert 2020 finden Sie in der Tabelle auf Seite 167 (Der Wert ist bereits für Sie ohne Exponent umgerechnet.).

Bioverfügbarkeit bezeichnet den prozentualen Anteil, der mit der Nahrung aufgenommenen Substanz, die dem Stoffwechsel zur Verfügung steht (vgl. Kienzle & Zorn 2006; Neustädter 2015, Seite 3).

Verdaulichkeit beschreibt vor allem die Abbaumöglichkeit eines Stoffs (enzymatisch oder mikrobiell). Dabei handelt es sich meist um Makromoleküle, die erst absorbierbar gemacht werden müssen. Bei Mineralstoffen ist das nicht der Fall, sie werden nicht zerkleinert und daher benutzt man den Begriff Bioverfügbarkeit.

Organische Magnesiumsalze: Magnesiumcitrat, -aspartat, -lactat, -malat, -glycinat
Anorganische Magnesiumsalze: Magnesiumoxid, -chlorid, -sulfat, -carbonat

Mögliche Reaktionen auf extrem hohe Magnesium-Dosierungen: Durchfall, Darmbeschwerden, Müdigkeit. „Eine Überdosierung (bis zum 3-bis 4-fachen des Bedarfs) führt zu keinen Nachteilen." (Coenen & Vervuert 2020, Seite 103).

Calcium (Ca) und Kalium (K)

Calcium und Kalium sind insbesondere für die PX-Variante bedeutsam. Zusammen mit Eisen und Kupfer gehört Calcium zu den drei Elementen, deren Mangel lebensbedrohlich werden kann. Zu viel ist aber ebenso ungünstig, auch ohne eine genetische Veränderung, die sich am Calcium-Kanal auswirkt.

Zielführend ist hier die Bedarfsdeckung. Im Vergleich zu Natrium und Chlorid besteht jedoch für Calcium beim arbeitenden Pferd kein wesentlicher Mehrbedarf, da über die Haut beim Schwitzen nur eine sehr geringe Menge Calcium abgegeben wird (vgl. Stanik 2006, Seite 212).
Calcium ist im Körper des Pferdes zu 99 Prozent im Skelettsystem lokalisiert und maßgeblich für die Knochengesundheit. Außerdem reguliert Calcium die Muskel- und Nervenfunktion sowie die Blutgerinnung und die Abläufe in den Zellen. Calcium-Ionen wirken beispielsweise auf die Mitochondrien, die sogenannten Kraftwerke der Zelle, und auf die DNA-Stränge. Zu viel Calcium verursacht in den Zellen Stress bis hin zum Zelltod. Daher versucht der Körper, ob nun bei Mensch oder Pferd, vor allem die Calciumwerte in den Zellen bewusst niedrig zu halten. Demgegenüber liegt die Konzentration außerhalb der Zelle viel höher. Pferde und Kaninchen haben die Besonderheit einer höheren Calciumkonzentration außerhalb der Zellen. Dauerhafte Überdosierung mit Calcium kann sich außerdem als Verkalkung an Gefäßwänden und im Bindegewebe äußern. Das kann langfristig auch zu Gelenkproblemen führen. Die natürlichen Gegenspieler des Calciums heißen Vitamin D und vor allem Magnesium. Sie wirken als Kanalblocker (siehe Seiten 46 und 243).
Sowohl hinsichtlich des Calcium-Phosphor-Verhältnisses als auch zur Beurteilung der Calciumversorgung liegt nur ein geringer Zusammenhang zwischen Fütterung und Gehalt im Serum/Plasma vor (vgl. Coenen & Vervuert 2020, Seite 267). Den Bedarf nach Coenen & Vervuert (2020, Seiten 100 f., 338) finden Sie in der Tabelle auf Seite 169 (Die Werte sind bereits für Sie ohne Exponent umgerechnet.).
Der Kaliumbedarf eines erwachsenen Pferdes kann in der Regel leicht durch Heu gedeckt werden. Ein Überschuss an Kalium kann zu einem Natriummangel führen, da im Zellstoffwechsel immer drei Natrium-Ionen gegen zwei Kalium-Ionen getauscht werden. Stellen Sie deshalb einen Salzleckstein zur Verfügung. Nimmt das Pferd diesen nicht an, kann es sinnvoll sein, Natrium über das Mineralfutter zur Verfügung zu stellen. Der Organismus lagert Kalium zu 98 Prozent in der Zelle ein. Den Bedarf finden Sie in der Tabelle auf Seite 167 (Der Wert ist bereits für Sie ohne Exponent umgerechnet.).

Calcium und Phosphor (P)

Das Calcium-Phosphor-Verhältnis in der Ration ist entscheidend für die Entwicklung des Bewegungsapparates beim Pferd im ersten Lebensjahr. Nur mit einem optimalen Verhältnis von Ca:P (1,5:1) können Schäden in diesem Bereich vermieden werden. Beim erwachsenen Pferd sollte ein Verhältnis von 1,5 bis 2 zu 1 vorliegen. Bei einer getreidereichen und heuarmen Futterration kann sich, aufgrund des hohen Phosphorgehalts im Getreide, das Calcium-Phosphor-Verhältnis ungünstig für das Pferd (zugunsten des Phosphoranteils) verschieben.

Natrium (Na) und Chlorid (Cl)

In den üblichen Rationen von Sportpferden kann trotz der Bereitstellung eines Salzlecksteins häufig eine Natrium- und Chlorid-Unterversorgung festgestellt werden, die zu Schäden in Skelettmuskeln führen kann. Die Gabe von Elektrolyten (10 bis 20 g NaCl pro 100 kg Körpergewicht) nach intensiven Trainingsbelastungen hat vermutlich das Potenzial, in Kombination mit einer erhöhten Wasseraufnahme, die Perfusion der Muskulatur kurzfristig zu verbessern (vgl. Coenen & Vervuert 2020, Seite 318 f.).

Bitte bedenken Sie, dass die Referenzwerte in der folgenden Tabelle auf ein gesundes Pferd und nicht auf ein Pferd mit akuten myopathischen Problemen oder überdauernden Veränderungen der Muskulatur ausgelegt sind!

Auswahl wichtiger Mineralstoffe	Erhaltungsbedarf ausgewachsenes Pferd/Lebendmasse (LM = Körpergewicht, auch als KM) je Tag
Selen (Se)	0,002 mg/kg LM
Mangan (Mn)	0,8 bis 0,9 mg/kg LM
Zink (Zn)	0,8 bis 0,9 mg/kg LM
Phosphor (P)	22,2 mg/kg LM
Calcium (Ca)	32,3 mg/kg LM
Magnesium (Mg)	10,7 mg/kg LM
Kalium (K)	28 mg/kg LM
Natrium (Na)	5,4 mg/kg LM
Chlorid (Cl)	3 mg/kg LM

(Quellen: umgerechnet ohne Exponent nach Coenen & Vervuert 2020; vgl. auch GfE 2014)

Interaktionen der Mengen- und Spurenelemente

Eine generelle Zufütterung nach dem Motto „Viel hilft viel!“ sollte man kritisch betrachten, da die Stoffe im Körper miteinander interagieren. Ein Überschuss an Calcium im Futter wird vom gesunden Pferd in der Regel gut toleriert. Bei Pferden mit der PX-Variante sollten Sie den Calcium-, aber auch den Kaliumgehalt der Gesamtration jedoch gut im Blick haben (siehe Seite 192).

Calcium und Phosphor (2:1) sind an der Blutgerinnung, Reizübertragung und dem Energiestoffwechsel in der Muskulatur beteiligt. Ein Mangel an Calcium wird zum Beispiel durch eine getreidereiche Ration verstärkt, da dieses phosphorreich ist und Phosphor die Aufnahme von Calcium hemmt. Allerdings verschlechtert ein Calciumüberschuss auch beim gesunden Pferd die Aufnahme von Mangan, Zink und Kupfer. Ein deutlicher Magnesiumüberschuss kann bei gleichzeitigem Phosphorüberschuss die Bildung von Darmsteinen begünstigen. Ein Überschuss an Phosphor bindet ebenfalls Magnesium zu schwerlöslichen Verbindungen, welche vom Pferd nicht genutzt werden können. Hohe Eisenkonzentrationen in der Ration können wiederum die Verwertung von Kupfer, Mangan und Zink beeinträchtigen. Übermäßige Anteile an Calcium, Kupfer und Phosphor in der Gesamtration können die Zinkverwertung beeinflussen.

Überhöhte Calcium- und Phosphorgehalte im Futter beeinträchtigen wiederum die Manganverwertung. Die Ausführungen machen deutlich: Ein gutes Ergänzungsfutter für Pferde zu entwickeln, ist keine einfache Angelegenheit. Das perfekte Mineralfutter für alle Pferde kann es nicht geben. Bedenken Sie bei der Auswahl, wo die aktuellen und überdauernden Bedarfe Ihres Pferdes liegen, und betrachten Sie dabei auch die Bestandteile der Basisfütterung, die Gesamtkonstitution und das abverlangte Arbeitspensum.

4.5 Öle und Ölsaaten

Zur Energieversorgung des Pferdes über den Erhaltungsbedarf hinaus sind pflanzliche Öle und Ölsaaten geeignet, welche die physiologischen Gegebenheiten des Verdauungstrakts und den Stoffwechsel des Pferdes schonen. Die Verdauung des Pferdes kennt Öle zum Beispiel auch durch Aufnahme von Grassamen auf der Weide.

Scotty, Energie!
1 Liter Öl liefert circa 38 MJ ME
1 kg Hafer liefert circa 11,1 MJ ME
1 kg Heu liefert circa 6,3 MJ ME

Der Vorteil liegt dabei in der geringeren Insulin- und Cortisolausschüttung. Auch Pferde, die veranlagungsbedingt wenig wasserlösliche Kohlenhydrate aufnehmen sollen und täglich trainiert werden, benötigen Energie. Öle und Ölfrüchte können diesen Energiebedarf abdecken. Pferde sind nämlich gute Fettverdauer, wenn ihnen das Fett über den Tag verteilt in kleinen Mengen angeboten wird (ideal ist die Verteilung auf zwei bis drei Rationen). Fettzulagen von 0,5 bis 0,75 g pro kg Körpermasse/Mahlzeit (z.B. hochwertige Pflanzenöle) werden vom Pferd gut toleriert. Die Umstellung auf eine fettreiche Ration sollte über zwei Wochen gestreckt werden (vgl. Coenen & Vervuert 2020, Seite 181). Bei Überschreitung des Richtwerts kann es zu Störung der mikrobiellen Verdauung im Dickdarm kommen (vgl. van Ost 2015, Seite 34). Die Verteilung der Ölfütterung ist erforderlich, da Pferde keine Gallenblase haben. Die Gallenflüssigkeit, die die Fettverdauung einleitet, wird direkt aus den Leberzellen über die Gallengänge in einem kontinuierlichen Fluss zum Zwölffingerdarm geleitet.
Bei PSSM-2-Pferden und Pferden mit Myofibrillären Myopathien (MFM) kann etwa bis zu 15 Prozent der täglichen verdaulichen Energiemenge in Form von Fetten bereitgestellt werden (z.B. Lein- oder Maiskeimöl; vgl. Ribeiro et al. 2004; Bertels et al. 2018). Ein möglicher Orientierungswert in einem Kraftfutter für ein gesundes Freizeitpferd bei leichter Arbeit ist ein moderater Fettanteil von 4 bis 8 Prozent. Der Fettanteil in der Ration sollte mit Blick auf die Rasse und den trainingsbedingten Energiebedarf betrachtet werden. Bei hoher Trainingsbelastung und einer chronischen Kreuzverschlagsneigung (RER) empfehlen Pagan & Valberg (2020, Seite 70) beispielsweise einen Fettanteil von 20 bis 25 Prozent der täglichen Energiemenge. Unter den

Pflanzenölen weist Leinöl die höchste Konzentration an Omega-3-Fettsäuren (vor allem α-Linolensäure, „ALA") auf (bis zu 70 Prozent). Sie sind die Ausgangssubstanz für Eicosanoide, eine Gruppe von hormonähnlichen Substanzen, die sich aus ungesättigten Fettsäuren ableiten. Diese wirken als Immunmodulatoren und Neurotransmitter und wirken entzündlichen Prozessen im Körper entgegen. Sehr spannend ist, dass Eicosanoide den Muskeltonus regulieren. Pflanzliche Omega-3-Fettsäuren werden vom Organismus zur Energiegewinnung verstoffwechselt und in Zellmembranen eingebaut. Zu beachten ist, dass Leinöl in einer Menge von 2,5 ml pro kg Körpermasse zu Unverträglichkeitserscheinungen führt (Beispiel: Bei einem 600 kg schweren Pferd sind das 1,5 l Leinöl). Gelegentlich kann es bei der längeren Verwendung eines Öls zu einer Art Aversion kommen. Eine weitere Möglichkeit, die entzündungshemmenden Omega-3-Fettsäuren zuzufüttern, ist Chiaöl (ca. 60 Pozent) oder Leindotteröl (ca. 38 Prozent). Reiskeimöl punktet durch seinen Gehalt an Gamma Oryzanol, dem eine muskelaufbauende Wirkung zugesprochen wird (vgl. Coenen & Vervuert 2020, Seite 318).

> „Meine Sportpferde bekommen im Leistungsbedarf über den Tag verteilt eine Mischung aus insgesamt bis zu 300 ml Lein-, Reiskeim- und Hanföl."
>
> (Christina Wessling)

Die Vorteile der Zufütterung von Pflanzenölen sind

- Staubbindung
- Erhöhung der Energiezufuhr bei gleichzeitiger Reduktion des Futtervolumens
- Zufuhr von Omega-3-Fettsäuren:
- Linolensäure → positiver Einfluss auf Entzündungsreaktionen und Lungenfunktion (vgl. Coenen & Vervuert 2020, Seite 181)
- Docosahexaensäuren (DHA) → positiver Effekt auf Lungenfunktion, insbesondere der Alveolen

Heu

Zu einer bedarfsgerechten Nährstoffzufuhr gehört grundsätzlich eine hochwertige Versorgung mit Heu (pro Tag mindestens 1,5 bis 2,5 kg staub- und schimmelfreies Heu pro 100 kg (Soll-)Körpergewicht; hochwertiges Kraftfutter mit leistungsangemessenem Kohlenhydratgehalt) und eine individuelle Vitamin- und Mineralisierung.

Konzentrierte Energiequellen

Meiden sollten Sie grundsätzlich Kraftfuttermittel, die mit Konservierungs- oder Süßstoffen versetzt sind und ebenso künstlich aromatisierte Zusatzfutter, da diese Stoffwechselstörungen und Unverträglichkeitsreaktionen begünstigen. Als Kraftfuttergrundlage eignen sich alternative Energielieferanten wie Fasern, Keimlinge, Öle und Ölfrüchte. Bis zu 15 Prozent der täglichen Energiemenge kann in Form von Fetten bereitgestellt werden (z.B. Leinöl, Leindotteröl, Reiskeimöl, Mariendistelöl, Schwarzkümmelöl).

Aminosäuren
Um Reparaturprozesse des Muskels, Muskelaufbau und Muskelfaserstabilität zu fördern, sollte eine erhöhte Menge essenzieller Aminosäuren gefüttert werde, insbesondere Lysin, Methionin und Threonin im Verhältnis 10:5:3.

Mineralstoffe
Die Zugabe von Mineralstoffen (insbesondere Mangan, Magnesium, Zink) und Antioxidantien (insbesondere Vitamin E, Q10 (Ubichinon/Ubichinol), Vitamin C) können die Muskelzellen vor Schäden schützen.
Selen sollte wegen der Gefahr einer Selenvergiftung nur bedarfsgerecht zugefüttert werden. Hier empfiehlt es sich, regelmäßig Blutuntersuchungen durchführen zu lassen. Die Beurteilung der Selenversorgung über Serum/Plasma, Mähnenhaar (insbesondere um langfristige Überversorgungen zu erkennen (Glutathionperoxidase; vgl. Coenen & Vervuert 2020, Seite 269) oder Vollblut hat einen hohen Aussagewert und stellt den Zusammenhang zur Fütterung gut dar.

Proteine
Der Eiweißbedarf eines Pferdes ist leistungsabhängig. In Futtermitteln sollten Sie das verdauliche Eiweiß in den Blick nehmen, da nur dieses vom Pferd genutzt werden kann.
Beachten Sie, dass Pferde im Wachstum, Pferde im Training oder Deckhengste und tragende Stuten einen deutlich höheren Eiweißbedarf als Pferde im Erhaltungsbedarf haben.
PSSM-2-Pferde haben einen bis zu 25 Prozent höheren Proteinbedarf. Um Sicherheit zu erhalten, sollte eine umfassende Diagnostik erfolgen, denn ein dauerhafter und deutlich bedarfsübersteigender Eiweißgehalt kann die Leber und die Nieren Ihres Pferdes belasten.

Öle & Ölsaaten
Pflanzenöle und Fischöl liefern wertvolle Omega-3-Fettsäuren und binden Staub in der Futterration. Die Umstellung auf eine fettreiche Ration sollte schrittweise über zwei Wochen erfolgen.

4.6 Kohlenhydrate als Energiequelle

Die wichtigsten Kohlenhydratlieferanten in der Pferdefütterung sind Heu (niederglykämisch), Hafer, Gerste und Mais (hochglykämisch). Dabei liefert Hafer den geringsten, dafür schnell verfügbaren Energiegehalt. Gerste liefert mehr Energie, diese ist jedoch langsamer verfügbar. Mais hat den mit Abstand höchsten Energiegehalt. Die enthaltene Stärke muss jedoch hydrothermisch bearbeitet werden, damit sie vom Pferd gut abgebaut werden kann. Beim Erhitzen faltet sich die biochemische Struktur auf, sodass sie für die Enzyme zugänglich und verdaubar wird. Bei Gerste und Hafer ist es durchaus auch ausreichend, die sogenannte Stärkegranula (körnchenförmige Einlagerung der Stärke in Zellen) durch Quetschen mechanisch aufzubrechen und so für das Pferd enzymatisch leichter aufspaltbar anzubieten.

„Ganzer Hafer kann die Zahngesundheit positiv beeinflussen und geht mit mehr Kauschlägen und einer gesteigerten Speichelbildung und damit mehr Alpha-Amylase einher, was die Verdauung und die Pufferung im Magen fördert."

(Dr. Peter Richterich)

Kohlenhydrate bestehen vereinfacht gesagt aus verschiedenen Zuckermolekülen. Auch Reis, Hirse, Grünhafer, Esparsette oder Luzerne enthalten Kohlenhydrate. Zu den Kohlenhydraten zählen

- Stärke (Amylose, Amylopektine z.B. in Getreide),
- Einfach- und Zweifachzucker (z.B. Glucose, Fruktose, Saccharose, Lactulose z.B. in Zuckerrüben, Möhren, Äpfel) und
- wasserlösliche Mehrfachzucker (z.B. Fruktane).

Stärkeumwandlung und Phytinsäureabbau durch Lactofermentation

Fermentieren ist eine sehr alte Methode der Getreide- und Gemüseaufbereitung, die auf viele verschiedene Arten praktiziert wird. Durch das Ankeimen des Getreides werden biochemische Verbindungen im Mehlkörper zu Mikronährstoffen mobilisiert. Dabei werden Stärkeanteile beta-glykosidisch gebunden und in sogenannte resistente Stärke umgewandelt. Resistente Stärke verhält sich im Organismus ähnlich wie Ballaststoffe, wirkt sich prebiotisch aus und stärkt so das Darmmikrobiom. Damit die Verdauung sich an das fermentierte Getreide gewöhnen und „gute" Bakterien aufbauen kann, sollte idealerweise schrittweise angefüttert werden, damit zu Beginn der Fütterung keine Blähungen entstehen. Sie kennen es vielleicht von sich selbst: Unreife Bananen, rohe oder wieder abgekühlte Kartoffeln vom Vortag enthalten resistente Stärke. Ist man es nicht gewöhnt, kann es zu Blähungen kommen.

Ein weiterer Effekt des Ankeimens und Fermentierens ist die Aktivierung der getreideeigenen Phytase. Diese Gruppe von Enzymen baut die Phytinsäure ab, welche die im Magen und Darm aufgenommenen Mineralstoffe, vor allem Eisen, Zink, aber auch Calcium, Magnesium und Mangan bindet, sodass diese dem Körper schlechter zur Verfügung stehen. Gutes Kauen und Einspeicheln und der Magensaft sorgen dafür, die körpereigene Phytase wirken zu lassen. Vorsicht: Bei Menschen wird oft Buchweizen als Phytasebeschleuniger empfohlen. Forscher der Medizinischen Universität Wien haben jedoch nachgewiesen, dass Pferde besonders häufig auf Buchweizen allergisch sind (vgl. Einhorn et al. 2018).

Getreide besteht, je nach Sorte zu 30 bis 70 Prozent aus Stärke (Reiskleie ca. 30 bis 35 Prozent, Hafer 40 Prozent, Maiscobs 40 Prozent, Gerste 52 Prozent, Maisflocken 62 Prozent). Der hohe Gehalt an Stärke und Zucker in Getreide hat zu einer kritischeren Betrachtung der Getreidefütterung geführt.

Doch das Getreide enthält viele wertvolle Bestandteile, die die Organe des Pferdes ernähren. Beispielsweise ist das Gehirn auf Glucose als Energiequellen angewiesen (z.B. aus Heu). Die Menge macht es aus! Und wie viel Energiemenge ein Pferd benötigt, hängt neben dem Erhaltungsbedarf vor allem von der Leistung ab, die das Pferd erbringen muss. Müssen Distanz-, Renn- oder Kutschpferde intensive Leistungen erbringen, ist Getreide eine sinnvolle, leistungsbezogene Ergänzung im Speiseplan. Es sorgt für die Konzentrationsfähigkeit des Gehirns und Spritzigkeit bei Leistungsanforderungen. Die Proteinqualität des Getreideproteins ist mäßig. Die essenziellen Aminosäuren sind geringer vertreten als im Soja-, Gras- oder Erbsenprotein.

Getreide – Mehr als Stärke und Zucker

Wenn Sie heute ein „getreidefreies" Pferdefutter kaufen, ist dieses in der Regel nicht getreidefrei, sondern vielmehr getreidearm und enthält nur bestimmte Bestandteile des Getreides. Richtiger müsste man sagen, diese Futtermittel sind stärke- und zuckerreduziert.

Warum eigentlich?

Aus Süßgräsern hat der Mensch Hochleistungsgetreidearten kultiviert, die einen dominanten, stärkehaltigen Mehlkörper ausbilden. Der Mehlkörper ist ein hervorragender Energiespeicher. Getreide ist aber sehr viel mehr als Mehlkörper, Stärke und Zucker. Sogenannte „getreidefreie" Pferdefuttermittel enthalten in der Regel weitere wertvolle Anteile des Getreides, wie Keim-, Frucht- und Schalenbestandteile. Der fettreiche Getreidekeim ist eine regelrechte Energie- und Vitalstoffbombe. Er enthält verdauungsfördernde Enzyme, Vitamin E und B und die Kraft des Keimlings, aus dem die neue Pflanze entstehen soll. Der Samen ist reich an Proteinen, essenziellen Fettsäuren (mehrfach ungesättigte Fettsäuren, die der Organismus braucht, aber nicht selbst herstellen kann), Mineralstoffen und Vitaminen. Die Samenschale ist meist als **Kleie** bekannt und zählt, wie Heu, zu den ballaststoffreichen Strukturkohlenhydraten. Kleien haben eine verdauungsfördernde und prebiotische Wirkung und regen die Peristaltik des Darms an. Überdies enthalten Kleien immunmodulierende Beta-Glu-

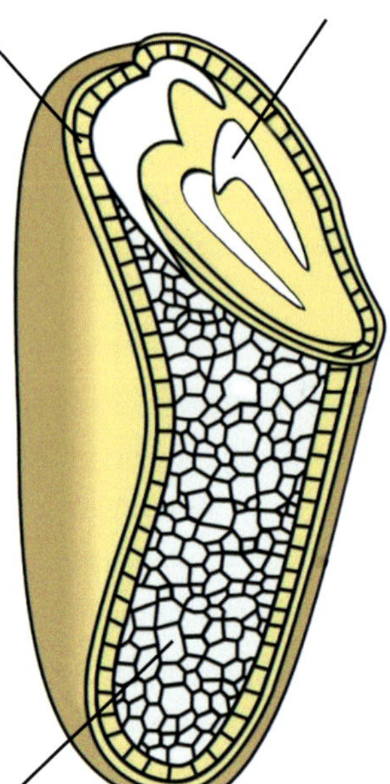

Der Aufbau des Getreidekorns

cane (mehr über Glucane und Mannane auf Seite 182 im blauen Kasten). Glucane werden vom Organismus als Fremdlinge erkannt und schulen bei der Fütterung, so ganz nebenbei, das Immunsystem des Pferdes. Dieser wertvolle Mikronährstoff dient dem **Darmmikrobiom** als Nahrung. Die Balance der Mikrobengemeinschaft des Darms ist entscheidend für die Gesundheit.

Kleie

Obwohl ganze Weizenkörner aufgrund des hohen Glutengehalts nicht für Pferde geeignet sind, ist die Weizenkleie der Haferkleie deutlich überlegen. Kleien entstehen durch das Absieben des gemahlenen Mehls. **Weizenkleie** enthält den fettreichen Keim des Weizenkorns und hat einen recht moderaten Stärkeanteil von etwa 15 Prozent, trumpft mit 16 Prozent Protein auf und verfügt darüber hinaus über essenzielle Aminosäuren (Methionin, Cystein, Threonin, Tryptophan). Weizenkleie wirkt leicht abführend und hat einen positiven Einfluss auf Dysbalancen im Darmmikrobiom. Bei guter Qualität der Weizenkleie können am Tag pro 100 kg Körpermasse bis zu 200 g, am besten leicht angefeuchtet, verfüttert werden. Durch das Anfeuchten wird eine übermäßige Quellung im Magen vermieden. Aufgrund des hohen Phosphorgehaltes muss man das Calcium-Phosphor-Verhältnis in der Gesamtration im Auge behalten. Auch **Reiskleie** ist aufgrund ihres hohen Energiegehaltes und Fettanteils (ca. 15 Prozent) ein gutes Zusatzfutter für Pferde im Leistungsbedarf. Bei Reiskleie ist aufgrund des hohen Stärke- (ca. 29 Prozent) und Zuckergehaltes (ca. 5 Prozent) jedoch Vorsicht bei der Menge geboten.
Kleien sind insgesamt leicht verderblich und können recht schnell von Mehlmotten und anhaftenden Mikroorganismen des Korns befallen werden.

Dysbalancen im Darmmilieu wirken sich negativ auf Haut, Muskeln und Schleimhäute aus. Durch die gestörte Darmverdauung werden Nährstoffe nicht mehr optimal verwertet. Beispielsweise wird Biotin von Darmbakterien hergestellt. Eine gestörte Darmflora kann einen Mangel an Biotin oder auch B-Vitaminen zur Folge haben. Hafer enthält neben schnell verfügbarer Energie auch Beta-Glucane und darüber hinaus relativ hohe Mengen an ungesättigten Fettsäuren und Schleimstoffen. In orientalischen Ländern ist Gerste in der Pferdefütterung weit verbreitet. Gerste imponiert durch eine moderate Energiefreisetzung. Da die Spelzen mit dem Samen verkittet sind, ist das Risiko einer bakteriellen Besiedlung geringer als beim Hafer. Außerdem verfügt Gerste über einen höheren Beta-Glucan-Gehalt. Im Gegensatz zu Hafer enthält Gerste, wie Mais, Beta-Carotin und Vitamin E.
Eine Darmfloranalyse (manchmal auch Kotanalyse genannt; beispielsweise über den Tierarzt) kann aufzeigen, ob es im Darm zu einer Dysbiose gekommen ist. Bei einer Dysbiose können gasbildende Bakterien den Darm besiedeln. Bei einer verschobenen Darmflora kann auf Basis der Darmfloranalyse eine Symbiontenmischung zusammengestellt werden, um eine Korrektur des Darmmikrobioms zu erreichen.

Kombiniert mit einer stärke- und zuckerangepassten Fütterung kann die Dysbiose beseitigt werden, und die Darmflora normalisiert sich wieder.

Getreide, insbesondere der Mehlkörper, enthält relativ viel Phosphor und ist calciumarm. In der Pferdefütterung muss auf ein Calcium-Phosphor-Verhältnis von 1,5 bis 2 zu 1 geachtet werden. Bei einer Ration von etwa 4 kg Getreide am Tag ist dieses Verhältnis nicht mehr im Lot. Der Phosphoranteil ist zu hoch und Calcium muss ausgleichend zugefüttert werden. Mit ein Grund, warum einige traditionelle Mineralfutter auf Calciumcarbonat basieren.
Bei einer reduzierten Getreidefütterung ist diese Calciumzufütterung nicht erforderlich und über die Heufütterung abgedeckt. Bei einem hohen Phosphoranteil in der Ration (z.B. bei einem hohen Anteil von Getreide in der Ration) baut der Organismus Calcium aus den Knochen ab. Dies kann langfristig zu Instabilität des Skeletts beziehungsweise des Bewegungsapparates führen. Ein Phosphorüberschuss belastet außerdem die Ausscheidungswege.

Das Calcium-Phosphor-Verhältnis kann zwar über Blut- oder Harnparameter festgestellt werden, liefert jedoch wenig Aussagekraft hinsichtlich des Zusammenhangs von Fütterung und Serum- beziehungsweise Plasma- oder Harngehalt (vgl. Coenen & Vervuert 2020, Seite 270).

Was spricht nun gegen eine stärke- und zuckerbetonte Fütterung des Pferdes?

Die Verdauung des Pferdes ist auf rohfaserreiche Nahrung ausgelegt (sogenannte schwerverdauliche Strukturkohlenhydrate). Das Verdauungssystem produziert deshalb nur geringe Mengen an Enzymen, die leichtverdauliche Kohlenhydrate aufspalten (Stärke, Zucker). Bis zu 30 Prozent der Stärke besteht aus Amylose. Diese Amylose-Stärke (Stärkemehl) verdaut das Pferd durch das körpereigene Enzym-Amylase (Enzym, das Stärke verdaut) im Dünndarm. Pferde haben jedoch, völlig unabhängig von der sportlichen Leistung, die sie erbringen müssen, nur eine begrenzte enzymatische Kapazität, um die Amylose der Stärke im Dünndarm zu verdauen. Um den Übertritt unverdauter Stärke in den Blinddarm und Dickdarm zu begrenzen, sollte auf eine maximale Stärkezufuhr von 1 g Stärke je kg Körpermasse geachtet werden. Gelangen nun zu große Mengen Stärke in Blind- und Dickdarm, kommt es zu Fehlgärungen, die das Absterben einiger Mikroorganismen im Darm zur Folge haben. Dabei entstehen Toxine, die Hufrehe oder Koliken auslösen können.

> „[Beim Pferd ist eine] Proteinüberversorgung unkritischer als ein Kohlenhydratüberschuss!"
>
> (Prof. Dr. Dirk Winter, Inhaber des Lehrstuhls Pferdewirtschaft an der Hochschule für Wirtschaft und Umwelt Nürtingen-Geislingen, 2009, Seite 28)

Hinzukommend ist nicht jede Stärkeform überhaupt dünndarmverdaulich. Die Dünndarmverdaulichkeit der Stärke (präcaecale Stärkeverdaulichkeit) wird durch die Form der Stärke bestimmt. Beispielsweise kann die feinkörnige Stärke des Hafers größtenteils im Dünndarm verdaut werden, während die grobkörnige Maisstärke oder Gerste nur geringgradig durch Enzyme im Verdauungstrakt des Pferdes gespalten werden kann. Beim ganzen Mais liegt die Dünndarmverdaulichkeit lediglich bei 25 Prozent. Durch eine hydrothermische Behandlung muss die grobkörnige Stärke des Maiskorns für das Pferd verdaulicher aufbereitet werden.

Fruktane & Hufrehe

Forscher gehen davon aus, dass Toxine (Gifte) im Körper selbst durch einen zu hohen Anteil an Energieträgern im Futter entstehen können. Der Körper wandelt Kohlenhydrate (Fruktane und Stärke) schnell in Säure, Gase und Alkohol um. Fruktane sind langkettige Kohlenhydrate, die im Dünndarm nicht ganz verdaut werden können. Sie sind vor allem im Deutschen Weidelgras enthalten. Bei der Umwandlung sinkt der pH-Wert im Dickdarm. Auch kurzkettige Fettsäuren belasten die Schleimhaut des Dickdarms, der diese nur bis zu einer bestimmten Menge aufnehmen kann. Ein saures Darmmilieu entsteht, das nützliche Darmbakterien abtötet. Ein typisches Beispiel ist die Fütterung von getrocknetem Brot, die über eine Scheibe als Leckerchen hinausgeht. Ein Teufelskreis entsteht, bei dem Toxine über die nun geschädigte Darmschleimhaut auch in den Blutkreislauf gelangen können. Aktuellen Erkenntnissen nach können diese Toxine beispielsweise die Gefäße im Huf verengen und eine Hufrehe auslösen. Gestresste Pflanzen (tiefer Verbiss, klimatische Bedingungen) lagern vermehrt Fruktane ein. Zurzeit ist Forschern noch nicht klar, inwiefern Fruktane wirklich am Hufrehegeschehen beteiligt sind. Bei gesunden Pferden scheinen Fruktane keine große Bedeutung zu haben. Entscheidend scheint es, den Gesamtgehalt von Stärke und Fruktanen in der Ration im Blick zu haben.

> „Eine stärke- und zuckerreduzierte Fütterung mit qualitativ hochwertigen, dünndarmverdaulichen Proteinen und einem hohen Anteil an Aminosäuren stabilisieren den Muskelstoffwechsel und unterstützen den Muskelaufbau."
>
> (Christina Wessling)

Durchfall und niedrige pH-Werte im Kot weisen auf eine zu hohe Stärkemenge hin. Insbesondere bei Belastungsmyopathien konnte in zahlreichen Untersuchungen gezeigt werden, dass die Reduktion oder der komplette Austausch von Stärke in der Ration zu einer deutlichen Verbesserung des Muskelstoffwechsels beitrug (vgl. Coenen & Vervuert 2020, Seite 318).

Zucker ist vor allem in Äpfeln, Möhren oder Zuckerrüben enthalten und wird von fast allen Pferden gern gefressen. Hohe Zuckeranteile in Futtermitteln locken selbst die mäkeligsten Fresser an den Trog. In Form solcher Futtermittel gelangt Zucker über die Darmwand direkt in den Blutkreislauf. Mithilfe von Enzymen kann das Pferd bis zu 5 g pro kg Körpermasse Saccharose (= Disaccarid, bestehend aus Glucose und Fruktose) am Tag verdauen. Ein 600 kg schweres Pferd kann also maximal 3 kg Rohrzucker ohne gesundheitliche Probleme aufnehmen. Pferde können jedoch erst ab dem 7. Lebensmonat Saccharose verdauen, da die enzymatische Aktivität vorher noch nicht voll entfaltet ist. Lactulose beispielsweise unterstützt bei Darmträgheit, fließt größtenteils unverändert in den Dickdarm und stimuliert dort die Darmflora (bis zu 0,8 g/kg Gesamtgewicht Pferd/Tag).

Glutenhaltige Getreidearten

Weizen, Roggen und Dinkel sind für Pferde aufgrund des Glutenanteils ungeeignet (typische Brotgetreidearten). Der Mehlkörper des Weizenkorns enthält besonders viel Gluten, welches im feuchten Zustand aufquillt und im Magen mit anderen Futtermitteln zu einem teigähnlichen Futterknäul wird. Es entstehen Verkleisterungen, die Magenentzündungen, Magenentleerungsstörungen oder sogar Magenrupturen verursachen können. Im Inneren des durch die Verkleisterungen entstehenden Teigballs steigt die Keimzahl. Schließen Enzyme im Dünndarm so einen Futterball auf, gelangen die Keime in den Darm. Koliken und Hufrehe sind mögliche Folgen. Reine Glutenallergien oder generelle Unverträglichkeiten beim Pferd sind eher selten. Dennoch kann man mit Paracelsus sagen: „Die Dosis macht das Gift!" („Sola dosis facit venenum.").

Kurz & knapp

Der Stärke-, Fruktan- und Zuckergehalt in der Ration muss zur Trainingsintensität, zum individuellen Grundbedarf des Pferdes und zu möglichen Grunderkrankungen (z.B. PSSM 1, PSSM 2, MFM) passen. Der jeweilige Gehalt in der Ration steht immer in Relation zum individuellen Bedarf und zur gesundheitlichen Konstitution.

Kohlenhydratreiche Futtermittel, die einen hohen Anteil an Zuckerverbindungen enthalten, liefern schnell verfügbare Energie und werden meist auch von mäkeligen Pferden gern gefressen.

Bitte beachten Sie:

Mehr als 1 g Stärke pro Kilogramm Körpermasse pro Mahlzeit führt zu Verdauungsproblemen. Ein Übermaß an Stärke und Zucker kann im Dünndarm des Pferdes nicht mehr enzymatisch aufgeschlossen werden. Zu viel Stärke und Zucker sorgen im Dickdarm für Bauchschmerzen und Anschoppungen (= übermäßige Füllung mit Futter, das nur schlecht oder gar nicht weitertransportiert wird, Verstopfung oder Behinderung der Darmpassage). Es kann zu Fehlgärung mit Gasbildung und Schleimhautschäden durch Übersäuerung kommen. Koliksymptome sind die Folge.

→ maximal 600 g Stärke bei einem 600 kg schweren Pferd

→ Das Darmmikrobiom kommt in eine Dysbalance.

„Schwerverdauliche" Kohlenhydrate

Die schwerverdaulichen Kohlenhydrate (Zellulose oder Hemizellulose) aus rohfaserreichen Futtermitteln wie Heu, Wiesengräser und -kräuter, Grünhafer, Luzerne, Esparsette oder Rübenschnitzel werden im Dickdarm mikrobiell zu Fettsäuren abgebaut, resorbiert und energetisch genutzt. Neben qualitativ hochwertigem Heu (pro Tag 1,5 bis 2 kg/100 kg (Soll-)Körpergewicht beziehungsweise 1,7 bis 2,5 kg bei älteren Pferden; blattreich, proteinhaltig, frei von Giftpflanzen und Schimmel) sollten Pferde mit einer Veranlagung für die Entwicklung muskulärer Erkrankungen, wie sie hier beschrieben wurden, stärke- und zuckerarm (ohne Mehlkörper), jedoch **mit** den wertvollen Bestandteilen des Getreides gefüttert werden (je nach Publikation bis 10 Prozent jedoch nicht über 12 Prozent Stärke und Zuckeranteil in der Ration). Zu diesen wertvollen Bestandteilen des Getreides zählen beispielsweise

- Weizenkleie
- Reiskleie (Menge beachten wegen Stärke und Zuckeranteil!)
- Getreidekeimlinge
- Getreideöle
- Ölsaaten

Heu

Spät geschnittenes, strukturreiches Heu, das mehr langstielige Halme, dafür aber weniger Proteine enthält, enthält auch weniger Aminosäuren. Wenn die Muskulatur trotz gleich gebliebenem Trainingsumfang schlaff und das Pferd sich spannig/fest anfühlt, könnte das ein Hinweis auf einen Aminosäuremangel sein, der eventuell auch im Heu begründet ist. Eine Analyse des Heus gibt Aufschluss über den Proteingehalt.

Luzerne

Die Erfahrungsberichte zeigen, dass Luzerne von manchen Pferden nicht gut vertragen wird. Wissenschaftler vermuten, dass nicht die Luzerne, sondern Phytohormone die Ursache sind. Der Klappenschorf der Luzerne (*Pseudopeziza medicaginis*) verursacht oft einen beträchtlichen wirtschaftlichen Schaden für den Landwirt. Die befallenen Pflanzen enthalten einen hohen Gehalt des Phytohormons Coumestrol. Zu große Mengen Coumestrol haben einen negativen Einfluss auf den Stoffwechsel und das Hormonsystem (z.B. Fruchtbarkeitsstörungen; vgl. Frühwirth 2021, Seite 46). Es wurde bereits 1957 in der Luzerne entdeckt, ist aber auch in anderen Pflanzen enthalten (Algen, Leinsamen, Klee, Soja, Spinat, Rosenkohl, Hülsenfrüchte).
In verschiedenen Studien konnte aufgezeigt werden, dass die Magenschleimhaut des Pferdes offenbar sehr anfällig für Läsionen ist (z.B. Coenen & Vervuert 2020, Seite 302; Vondran et al. 2016; Vervuert & Coenen 2004). Selbst der Wechsel von der Weidehaltung in die Boxenhaltung mit Heufütterung kann zu Läsionen führen. Die Fütterung von Luzernehäcksel führte in Studien zu Magenschleimhautläsionen.

Die mechanischen Reizungen betrafen jedoch den Magenausgang. In der Plattenepithelschleimhaut zeigten sich positive Effekte.

Esparsette

Die alte Kulturpflanze gehört zur artenreichen Gruppe der Schmetterlingsblütler (Leguminosen). In den vergangenen Jahrzehnten wurde die Esparsette weitgehend von den ertragsstarken Futterleguminosen Klee und Luzerne verdrängt, deren Anbau vor allem von Milchviehbetrieben favorisiert wurde, da er zur Intensivnutzung besser geeignet ist. Dadurch verlor die Esparsette auch in der Pferdefütterung an Bedeutung und führt unter den Ackerfutterpflanzen in Deutschland eher ein Schattendasein. Die eiweißreiche Trockenfutterpflanze wird von Pferden gern gefressen. Ihr werden eine verbesserte Proteinverwertung, Blähungsfreiheit und wurmbekämpfende Eigenschaften zugesprochen. Die enthaltenen Gerbstoffe (Tannine) sind in der Lage, Verdauungsenzyme zu binden (vgl. Wang et al. 2015). Die Resorptionskapazität der Schleimhaut wird durch die Gerbstoffe herabgesetzt und verhindert so, dass die bei einer Dysbiose (Ungleichgewicht der Darmflora) entstehenden Toxine aufgenommen werden.

Kurz & knapp

Die Stärkeaufnahme beim gesunden Pferd ist auf maximal 1 g Stärke je kg Körpergewicht pro Mahlzeit zu limitieren (vgl. Coenen & Vervuert 2020, Seite 46). Stärke wird im Dünndarm durch Enzyme abgebaut, im Blind- und Dickdarm mikrobiell fermentiert. Wird die empfohlene Stärkemenge überschritten, flutet Stärke vom Dünndarm in den Blinddarm. Es entstehen Milchsäure (Laktat) und kurzkettige Fettsäuren, die für einen Abfall des pH-Werts sorgen. Durch den absinkenden pH-Wert kommt es zu einer Veränderung der Mikroflora. Diese Veränderungen können sich in Übersäuerung und Koliken bis hin zu Hufrehe äußern.

In der **Grundration** sollte auf die stärke- und zuckerreichen Komponenten des Mehlkörpers weitestgehend verzichtet werden. Stattdessen eignen sich beispielsweise Fasern, Getreidekeimlinge, Ölfrüchte, Öle oder Schalenbestandteile des Getreidekorns als Basisfütterung. Gequetschter, hydrothermisch aufgeschlossener oder fermentierter Hafer eignet sich als bedarfs- und leistungsbezogenes „Topping" vor dem Training für die Portion Extra-Spritzigkeit, sofern diese erforderlich ist.

> „Pferde mit der P2-Variante reagieren nach unserer Erfahrung besonders ungünstig auf Stärke- und Zuckerzufütterung über 10 Prozent. Ich habe einige Pferde in Behandlung, da reicht schon eine Handvoll Maisflocken und sie werden im Verhalten sehr merkwürdig und unkooperativ. Ebenso zeigen sich Rittigkeitsprobleme. Je nach sportlicher Beanspruchung kann der Gesamtgehalt an Stärke, Zucker und Fruktan bis zu 12 Prozent betragen."
>
> (Christina Wessling)

Gras und Heu reicht?

Wer hätte das gedacht? „10 kg Heu enthalten etwa 0,8 bis 1 kg Zucker! Aufgrund der sich ändernden klimatischen Bedingungen ist in Zukunft mit weitaus höheren Zuckergehalten im Heu zu rechnen, wie bereits die Ernten 2022 und 2023 gezeigt haben.“
(Dipl.-Ing. Dr. Julienne Meints, Master Pferdewissenschaften, Pferdeernährung, Ernährungs- und Stoffwechselphysiologie, Promotion im Bereich Pferdeernährung)

Weiden- und Wiesenböden sind sehr unterschiedlich und somit enthalten Gras und Heu nicht alle Nährstoffe in ausreichender Menge, die Pferde benötigen. Die gemeinsame Studie „Comparison of nutrient digestibility between three diets for aged and adult horses“ der Michigan State University in den USA und dem Waltham-Zentrum für Haustierernährung in Leicester in England ergab, dass Pferden bei ausschließlicher Heufütterung wichtige Mineralstoffe und Spurenelemente fehlen (vgl. Elzinga et al. 2017).

- Tagesbedarf an Heu: 1,5 bis 2 kg /100 kg Zielkörpergewicht
- Tagesbedarf Heu Senioren: 1,7 bis 2,5 kg/100 kg Zielkörpergewicht
- Aussehen: blattreich, proteinhaltig, frei von Giftpflanzen und Schimmel

g/kg in Heu	Calcium	Phosphor	Natrium	Magnesium	Kalium	Eisen	Kupfer	Mangan	Zink
Mittelwert	4,3	1,8	1,2	1,9	10,3	117,4	5,6	69,2	25,9
Range	1,8 bis 9,8	0,9 bis 4,4	0,5 bis 2,6	1,1 bis 3,4	3,6 bis 23,7	31,8 bis 317,4	2,7 bis 10	19,0 bis 185,8	13,4 bis 50

(Mittelwerte aus 16 verschiedenen Heuproben; Saliu et al. 2022, Seite 50)

Zucker	**Stärke**	**Mehrfachzucker**	**Strukturkohlenhydrate**
leichtverdaulich, enzymatisch verdaut	leichtverdaulich, enzymatisch limitiert	wasserlöslich, werden nur im Dickdarm verdaut	schwerverdaulich, entspricht dem Verdauungssystem des Pferdes → mikrobielle Verdauung
besonders enthalten in:	**besonders enthalten in:**	**besonders enthalten in:**	**besonders enthalten in:**
Äpfeln, Obsttrester, Bananen, Möhren, Zuckerrüben, Melasse	Mais, Gerste, Hafer calciumarm phosphorreich energiereich	Fruktanen, Beta-Glucanen, Mannanen (auch MOS genannt)	Gras, Heu, Luzerne, Esparsette, Kräutern

Mannane & Glucane auf dem Weg als Medikament akzeptiert zu werden
Mannane (Mannan-Oligosaccharide, MOS) haben prebiotische Eigenschaften und können zur Stabilisierung des Darms durch den Aufbau einer intakten Mikroflora beitragen. Mannane sind in der Humanmedizin für zahlreiche gesundheitliche Vorteile bekannt und gut untersucht: Sie unterstützen die Bekämpfung von Fettleibigkeit und die Gewichtskontrolle im Allgemeinen, lindern Verstopfung, beugen Durchfall vor, hemmen Entzündungen bei Darmerkrankungen (z.B. bei der Behandlung von Darmausstülpungen), unterstützen das Gleichgewicht des Darmmikrobioms, trainieren das Immunsystems und verringern das Risiko für Darmkrebs (vgl. Korolenko et al. 2019).
Auch Beta-Glucane konnten in vielen Versuchen ihre immunmodulierenden Eigenschaften beweisen. Sie lösen eine Immunantwort aus und trainieren somit die Abwehr. Sie werden beispielsweise aus Hefezellwänden gewonnen und bilden einen schützenden Biofilm auf der Darmschleimhaut, wodurch Mykotoxine wesentlich schwieriger in den Blutkreislauf gelangen. Gemeinsam können Mannane und Glucane die Mykotoxine im Darm inaktivieren und abbauen. Mit mehr als 20.000 wissenschaftlichen Veröffentlichungen und etwa 80 laufenden klinischen Studien weltweit ist Beta-Glucan auf dem besten Weg, das Etikett „Immunmodulator" zu überwinden und als Medikament akzeptiert zu werden (vgl. Korolenko et al. 2019). Untersuchungen konnten zudem eine Tendenz zu verbesserter Leistung bei supplementierten Pferden beobachten (z.B. Paap & Roberti 2014).

4.7 Variantenbezogene Fütterungshinweise

Der herzliche Dank gilt an dieser Stelle den befragten Experten, vor allem Christina Wessling und Dr. Andreas Wessling, Dr. Peter Richterich und Dipl.-Ing. Dr. Julienne Meints, aber auch den befragten Besitzern und Fütterungsberatern, deren praktische Erfahrungsschätze in diesem Kapitel systematisiert wurden. Dabei wurden die gesammelten Daten mit der wissenschaftlichen Methode der qualitativen Inhaltsanalyse kodiert und analysiert. Die folgenden Unterkapitel sind alphabetisch angelegt.

> „Es hat mich zunächst sehr erstaunt, welchen positiven Einfluss das PSSM-2-konforme Fütterungs- und Trainingsmanagement auf bisher therapieresistente Fälle hatte. Heute können wir Besitzern von Pferden mit unklarer orthopädischer Diagnose, nach einer strukturierten PSSM-2-Diagnostik häufig schnell und gezielt helfen."
>
> (Dr. Andreas Wessling)

Allgemeine Fütterungshinweise bei Muskelkomplexerkrankungen

Der Leitgedanke der Fütterung sollte der individuelle und artgemäße Nährstoffbedarf des Pferdes sein, der somit auf die Gesunderhaltung, das Tierwohl sowie das individuelle Wesen des Pferdes ausgerichtet ist. Jedes Pferd ist ein Individuum mit Vorlieben beim Fressen, mit Unverträglichkeiten, Allergien oder anderen Grunderkrankungen, die nichts mit Muskelerkrankungen zu tun haben. Während das eine Pferd gierig ein bestimmtes Zusatzfutter aus der Maulspritze schlürft oder den Trog ausleckt bis auf den letzten Krümel, rümpft ein anderes Pferd die Nase. Leider ist nicht alles, was Ihr Pferd gern und gierig frisst, gleichzeitig auch gesund oder für das jeweilige Pferd geeignet. Auch neuen Futtermitteln stehen einige Pferde erstmal skeptisch gegenüber. Riecht es anders, kann dies bereits den Futter-Skeptiker auf den Plan rufen. Es empfiehlt sich deshalb, neue Futtermittel schrittweise in das bisher bekannte Futter einzuschleichen, mit Lieblingsfutter zu kombinieren und die Menge des bisher unbekannten Zusatzfutters oder Grundfutters im Verhältnis zum bisherigen Futter nur langsam zu steigern. Allgemeine Fütterungsempfehlungen, die insbesondere für die Zuckerstoffwechselspeichererkrankung PSSM 1 gelten, sollten nicht unreflektiert für PSSM-2-Pferde pauschalisiert werden. Denn PSSM-1-Pferde, mit der sogenannten GYS1-Mutation, profitieren nach dem derzeitigen Stand von einem niedrigen Zucker-, Stärke- und Fruktangesamtgehalt von 8 bzw. unter 10 Prozent. Manche PSSM-2-Pferde hingegen, scheinen bereits im Erhaltungsbedarf einen um 20 Prozent erhöhten Proteinbedarf zu haben (K1 ausgenommen). Die bisherigen praktischen Erfahrungen zeigen, dass insbesondere symptomatische PSSM-2-Pferde mit den MIM-Varianten P2, P3 und/oder P4 von einer Erhöhung der Proteinzufuhr besonders profitieren, so Christina Wessling. Der Proteinbedarf der PSSM-1-Pferde wiederum kann in einigen Fällen (z.B. Erhaltungsbedarf) über ein hochwertiges Grundfutter (Heu, Gras) und gegebenenfalls ergänzend Luzerne, Esparsette oder Grünhafer gedeckt werden. Auch hier bedarf es einer genauen Analyse des Grundfutters und der jeweiligen Haltungs- und Trainingssituation, dem Alter und Allgemeinzustand sowie weiteren individuellen Bedingungen (z.B. Art des sportlichen Einsatzes). Darüber hinaus ist zu bedenken, dass durch Witterung, Bodenbeschaffenheit und Schnittzeitpunkt die Mineralstoff- und Proteingehalte in Futtermitteln, beispielsweise im Heu und im Getreide, stark variieren können. Da die Heuballen gerade in großen Pensionsbetrieben im Verlauf des Jahres zumeist von verschiedenen Feldern oder sogar aus unterschiedlichen Regionen stammen, ist es zwar ideal, aber nicht immer möglich, jede Lieferung oder Charge analysieren zu lassen. Es ist zumindest hilfreich, mit möglichst aktuellen Durchschnittswerten der Region zu rechnen.

> MFM [Myofibrilläre Myopathie] geht mit dem Abbau von Muskelsarkomeren [= kleinste strukturelle Muskeleinheiten] und Muskelschwund einher. Daher sollte sich die Ration auf die Versorgung mit hochwertigem Protein und spezifischen Aminosäuren konzentrieren, um die Regeneration der Sarkomere zu unterstützen. Da oxidativer Stress wahrscheinlich am Degenerationsprozess beteiligt ist, sind Antioxidantien oder Vorstufen von Antioxidantien wichtig, um die mitochondriale Atmungskette zu unterstützen, die die Hauptquelle der Energiegewinnung bei der Muskelarbeit darstellt.
>
> (vgl. Pagan & Valberg 2020, Seite 72)

Nach der derzeitigen, noch nicht abgeschlossenen Studienlage zu den PSSM-2-Muskelkomplexerkrankungen, den klinischen Erfahrungen von PSSM-2-erfahrenen Tierärzten und den bisher unveröffentlichten Daten der Befragung des Gentestlabors, scheint die Proteinbedarfsdeckung bei P2, P3, P4 und P8 auch im Erhaltungsbedarf nicht über Heu und Gras möglich zu sein. Ein erhöhter Proteinbedarf gilt für Pferde mit Muskelerkrankungen, muskulären Defiziten oder im Muskelaufbautraining, um die Abdeckung mit den essenziellen Aminosäuren zu gewährleisten. Deren Zufütterung wird auch bei symptomatischen PSSM-2-Pferden allgemein sehr positiv bewertet, so Christina Wessling und Dr. Peter Richterich.

> „Wir haben sehr gute Erfahrungen mit einer PSSM-2-konformen Fütterung gemacht, wie sie in diesem Buch beschrieben wird. Damit diese Futterumstellung positive Auswirkungen auf die Muskulatur und das Gesamtbefinden der Pferde zeigen kann, müssen aber auch die weiteren Faktoren, wie systematischer Trainingsaufbau, gutes Reiten und die Haltung stimmen. Symptomatischen PSSM-2-Pferden kann auf diese Weise viel unnötiges Leid, Muskelschmerzen und letztlich Stress erspart werden."

(Tanja Bayha, Hofgut Kaltenherberge, Kandern)

Magenempfindlichkeit

Viele Pferde mit einer Muskelkomplexerkrankung scheinen auch eine Magensensibilität aufzuweisen. Unerkannte muskuläre Schmerzzustände können sekundäre Magenprobleme verursachen. Deshalb ist es sinnvoll, dass die Basisfütterung bereits einen Magenschutz enthält. Magenschutz und stärke- sowie zuckerreduzierte Fütterung passen an dieser Stelle gut zusammen. Einen leichten Magenschutz kann man beispielsweise über eine Mischung von gequollenem Leinsamen, entzuckerten Rübenschnitzeln, Kollagen und einem Beta-Glucan-Präparat erreichen. Wird bei Stress oder einer Überbelastung mit Muskelschmerz vom Tierarzt eine temporäre Magenempfindlichkeit als Folge vermutet, kann ein Behandlungsversuch (z.B. Sucrabest, Gastrogard) unter Anleitung des Tierarztes erfolgen. Zeigt sich jedoch nach drei bis fünf Tagen keine Besserung, sollten weitere diagnostische Möglichkeiten mit dem Tierarzt besprochen werden (z.B. Gastroskopie).

Kurz & knapp

- Stärke-, Zucker- und Fructangehalt in der Gesamtration bis 10 bis 12 Prozent (inklusive Weide und Heu)
- Die Deckung des Proteinbedarfs ist in der Gesamtration leistungsbezogen sicherzustellen (Trainingsintensität, Muskelaufbau, Wachstum, Laktation berücksichtigen).
- Der Proteinbedarf kann bei manchen PSSM-2-Pferden aufgrund der Regenerationsprozesse der Muskulatur bereits im Erhaltungsbedarf um bis zu 20 Prozent erhöht sein.
- Errechnen Sie den Proteinbedarf Ihres Pferdes altersbezogen in Erhaltungs- und Leistungsanforderung. Tasten Sie sich dann an den tatsächlichen, individuellen Proteinbedarf Ihres Pferdes

heran. In Phasen, beispielsweise bei Infektionen oder Wetterwechsel mit deutlichem Kälteeinbruch, kann der Proteinbedarf insbesondere bei PSSM-2-Pferden weiter ansteigen.

- Unterstützen Sie den Organismus mit einer gezielten Aminosäuren-Supplementierung (insbesondere Lysin, Methionin, Threonin, weitere Aminosäuren nach individuellem Bedarf) und Antioxidantien (z.B. Vitamin E).
- Füttern Sie hochwertige Fette und Keimlinge bedarfs- und leistungsbezogen als wertvolle Energielieferanten.
- Es ist grundsätzlich nicht zielführend, Proteine und ebenso Kohlenhydrate, Fette oder Supplemente mit dem Gießkannenprinzip ins Pferd zu kippen.

Praxistipp 1: Kohlenhydrate (Stärke, Zucker, Fruktane)

Wie bereits erklärt, sollte die Grundenergieversorgung mit Kohlenhydraten durch sogenannte Strukturkohlenhydrate (Fasern) erfolgen (z.B. Grünhafer). In der Gesamtration sind stets auch Heu und Gras zu berücksichtigen: Beispielsweise kann eine zu große Menge hochkalorisches, junges Weidegras aufgrund des Gehalts an wasserlöslichen Kohlenhydraten (Zucker, Fructane) zu Problemen führen. Die grundsätzlichen Regeln des Anweidens sind natürlich immer zu beachten!

Die bisherigen Erfahrungen mit einer PSSM-2-konformen Fütterung zeigen, dass aus den verschiedenen PSSM-2-Varianten durchaus auch unterschiedliche Bedürfnisse bei der Zusatzfütterung resultieren können. Hierbei handelt es sich um Erfahrungswerte aus der Befragung der am Buch beteiligten Experten. Die Umstellung und Anpassung der Fütterung im Anschluss an eine umfassende PSSM-2-Diagnostik bewirkt selbstverständlich keine Heilung der Ursache, da es sich um eine erbliche Disposition für die Entwicklung einer Muskelerkrankung handelt. Dass es keine Heilung gibt, ist aber kein Grund, den Kopf in den Sand zu stecken. In diesem Kapitel werden Best-Practice sowie medizinische und biochemische Erkenntnisse nach bestem Wissen verknüpft. In den meisten Fällen kann durch die Fütterungsumstellung, regelmäßige Bewegung und Trainingsanpassung bei Pferden mit Muskelproblemen und ebenso bei PSSM-2-Pferden viel Positives bewirkt werden. Diese Veränderungen erfordern Zeit und eine konsequente und langfristig angelegte Umsetzung.

Praxistipp 2: Futterumstellung

Jegliche Fütterungsumstellung und weitere Veränderungen (Training, Haltung, Reitweise) sollten langsam und schrittweise erfolgen. Es macht Sinn, Maßnahme, Beobachtung und Zeitpunkte zu dokumentieren. Führt man Veränderungen schrittweise ein, kann man die Wirksamkeit der einzelnen Maßnahmen leichter beurteilen.

Prinzip:

Umstellung/Veränderung → Beobachtung → ggf. Anpassung/Feinjustierung → Beobachtung → Gesundheitskontrolle/Trainingsreflexion → ggf. Anpassung/Feinjustierung → Beobachtung

Ist der Muskelstoffwechsel nachhaltig gestört und es kommen weitere gesundheitliche Faktoren hinzu (z.B. Exterieurmängel, Sehnenverletzungen, Übertraining, unregelmäßiges Training, bakterielle oder virale Infekte, Parasitenbefall, Nährstoffmangel, Proteinunterversorgung), kann eine störungsanfällige und instabile Gesamtkonstitution entstehen. Fellwechsel, Impfungen, Wurmkur, Witterungseinflüsse, Bewegungsmangel oder Übertraining können sich je nach Konstitution deutlicher, als es erwartungsgemäß beim „gesunden" Pferd der Fall wäre, auswirken. In solchen Phasen ist ein sorgsames und umfassendes Gesundheitsmanagement erforderlich.
Oft sind es viele Kleinigkeiten, die in der Summe positive Entwicklungen und eine Aufwärtsspirale anstoßen können. Diese Entwicklungen erfordern Zeit!

Aus der tierärztlichen PSSM-2-Praxis
Besitzer von umfassend befundeten Pferden mit PSSM-2-Diagnose und auf PSSM 2 spezialisierte Tierärzte haben mehrheitlich den Eindruck, dass sich eine temporäre, gezielte Aminosäurenergänzung, zusätzlich zu der ohnehin bereits erhöhten Basis-Proteinzufuhr bei Impfungen, während Infekten, in Situationen, die beim Pferd zu individuellen Stressreaktionen führen oder generell in symptomatischen Phasen (auch als Schub bezeichnet), positiv auswirkt. Bei der Proteinzufuhr sollten Sie unbedingt auf eine gute Dünndarmverdaulichkeit der Proteinquelle achten. Die Erhöhung des Proteinanteils in der Gesamtration sollte schrittweise und langsam erfolgen. Ebenso positiv wird eine Erhöhung der Antioxidantienzufuhr bewertet, so Christina Wessling. Wenn PSSM-2-/MFM-Pferde im erhöhten Leistungsbedarf gearbeitet werden, wird ein etwas höherer Anteil von Stärke, Fruktan und Zucker (wasserlösliche Kohlenhydrate) in der Tagesration vertragen (> 10 bis ca. 12 Prozent). Es gilt, sich individuell und systematisch an das Optimum heranzutasten. Auch bei sehr hoher sportlicher Belastung sollte im Leistungsbedarf ein Anteil an Stärke, Fruktan und Zucker von maximal 20 Prozent der Gesamtration (inklusive Heu, Gras, Kraftfutter) keinesfalls überschritten werden!

n/K1 – K1/K1

Aktuell liegen noch wenige Erfahrungen zur K1-Variante vor, da diese MIM-Variante erst seit November 2020 in Deutschland kommerziell getestet wird. Hier soll dennoch der Zwischenstand dargestellt werden, um darüber zu informieren, was die befragten Experten nach aktuellem praxeologischen Kenntnisstand empfehlen. Weitere allgemeine Informationen zu K1 und den weiteren Varianten finden Sie im Kapitel 5.2 ab Seite 220.

Pferde mit der K1-Variante scheinen nicht durchgängig beziehungsweise nicht im erwünschten Ausmaß auf die allgemeinen Empfehlungen für PSSM-2-Pferde anzusprechen. Einige Erfahrungsberichte geben Hinweise darauf, dass eine Zufütterung von Kollagen ausprobiert werden kann.

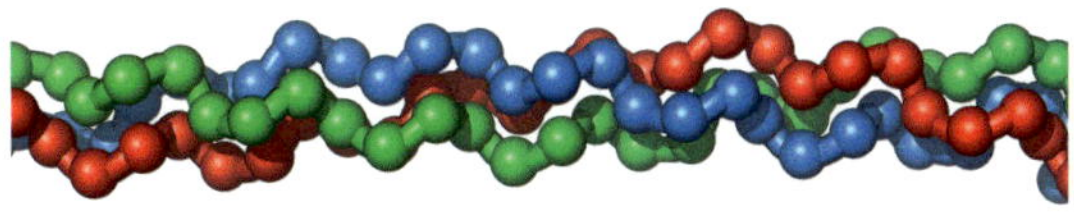

(Grafik zur Veranschaulichung der Helix aus https://de.wikipedia.org/wiki/Kollagene)

Zur Unterstützung von Bindegewebe und Gelenken können MSM, Lecithin und Kieselgur hilfreich sein. Achtung: MSM-Zufütterung sollte bei Blähungen und Durchfall reduziert und mit dem Tierarzt abgesprochen werden! Auch die Zufütterung von Mangan kann sich bei K1-Trägern positiv auswirken, um die Bildung des Bindegewebes zu unterstützen. Dies gilt ebenso für B-Vitamine. Ein Vitamin-C-Mangel sollte vermieden werden, da dieser die körpereigene Kollagensynthese schwächt. Denn fehlt der Cofaktor Vitamin C, ist die Bildung einer stabilen Kollagen-Dreifachhelix im Gewebe gestört (siehe Seite 238).

Gute Erfahrungen liegen bisher mit einer moderaten Trainingsintensität mit regelmäßiger, leichter und gleichmäßiger Arbeit, im Sinne der Dauermethode oder als extensives Intervall vor. Nicht alle K1-Pferde sind sportlich voll belastbar beziehungsweise reitbar, aber dennoch trainierbar und sollten regelmäßige, ihrem Zustand angemessene Bewegungsangebote erhalten.

n/P2 – P2/P2

Einige Besitzer und Tierärzte beschreiben positive Veränderungen des Gesamtbefindens durch die Zufütterung von

- Q10 (z.B. NanoShot Q10, 3 ml pro 100 kg Körpergewicht)
  Auch viele PX-Träger beziehungsweise Pferde mit einer Neigung zu Kreuzverschlag scheinen von einer Q10-Zufütterung zu profitieren. Dabei sollte die Form „Ubiquinol“ gewählt werden, da diese vom Pferd effektiver verstoffwechselt werden kann. In der Europäischen Union ist Q10 als Nahrungsergänzungsmittel für Menschen zugelassen, nicht jedoch für das Pferd. In den USA hat sich die Zufütterung beim Pferd bereits bewährt.
- Mangan (Bedarf scheint bei P2-Trägern insgesamt erhöht, z.B. gute Erfahrungen bei der Reduktion von Fühligkeit der Hufe)
- Magnesium, vor allem bei muskulären Verspannungen und zu hohem Muskeltonus (siehe Seite 166)
- Vitamin E (siehe Seite 156)

n/P3 – P3/P3 & n/P4 – P4/P4

Einige Besitzer und Tierärzte beschreiben positive Veränderungen des Gesamtbefindens durch die Zufütterung von

- **L-Carnitin**
  L-Carnitin ist ein wichtiger Cofaktor für die Bereitstellung und Energiegewinnung aus Fettsäuren in den Mitochondrien. Es unterstützt die Energiegewinnung aus der Zufütterung von Pflanzenölen und ist in geringen Mengen in Soja, Sonnenblumenkernen und vor allem in Magermilchpulver enthalten. Die Dosierung ist dem jeweiligen veterinärmedizinischen Präparat oder den Herstellerangaben des Ergänzungsfuttermittels zu entnehmen.
- **Magnesium, Mangan und Vitamin E**
  P3- und P4-Träger scheinen von der Zufütterung dieser Supplemente besonders zu profitieren.
- **Der Proteinbedarf scheint bereits im Erhaltungsbedarf deutlich erhöht.**

n/P8 – P8/P8

Bei der Variante P8 handelt es sich um eine muskuläre Instabilität, die in der Z-Scheibe der Muskulatur lokalisiert ist. Das Genprodukt hat mit dem antioxidativen Abwehrsystem des Körpers zu tun. Dieses Abwehrsystem kümmert sich um die sogenannten freien Radikale. Freie Radikale sind Zwischenprodukte des Stoffwechsels, die ständig in jeder Zelle entstehen. Es handelt sich um hochreaktive Sauerstoffmoleküle oder organische Verbindungen, die Sauerstoff enthalten. Freie Radikale bedeuten für das Gewebe oxidativen Stress (Ungleichgewicht des Stoffwechsels). Sie können schädigende und irreparable Kettenreaktionen auslösen. Das von dem gesunden Gen gebildete Protein kümmert sich um das Ungleichgewicht und kann geschädigtes Gewebe reparieren.

Oxidativer Stress ist ein Zustand des Stoffwechsels, bei dem ein Ungleichgewicht zwischen freien Radikalen und Radikalfängern besteht. Freie Radikale sind Sauerstoff-Verbindungen, denen ein Elektron fehlt. Sie sind besonders reaktionsfreudig, da sie danach streben, ihr fehlendes Elektron zu ersetzen. Das veränderte P8-Allel[G] des Pferdes verringert die Fähigkeit des PYROXD1-Proteins und hängt mit der Glutathionreduktase zusammen. Das Enzym spielt eine wichtige Rolle beim Schutz der Zelle vor oxidativem Stress.

Symptomatische P8-Pferde scheinen in Schüben von der Zufütterung von Mangan und weiteren Antioxidantien (unter anderem Vitamin E, Q10) deutlich zu profitieren. Ein Manganmangel kann auf hoch aufgekalkten Weiden oder Kalkverwitterungsböden entstehen. Eine hohe Manganaufnahme gilt als unkritisch (vgl. Coenen & Vervuert 2020, Seite 266). Bei einer informellen Befragung von Besitzern mit mischerbigen (n/P8) oder reinerbigen (P8/P8) Pferden (ohne weitere P-Varianten) beschrieben 92 Prozent, dass die Pferde von einer Fütterungsanpassung mit höherem Proteinanteil, Aminosäuren und Antioxidantien profitieren (Christina Wessling, informelle Datenerhebung 2022).

Antioxidantien (Radikalfänger)

- **Cystein** (semiessenzielle Aminosäure, unterstützt die Synthese von Glutathion)
  → siehe dazu Text Seiten 150 bis 152 und Übersichtstabelle Aminosäuren auf den Seiten 153 und 158
- **Glutathion** (Tripeptid, einer der stärksten antioxidativen Substanzen, hemmt entzündliche Reaktionen, steigert die Produktion von Abwehrzellen des Immunsystems, an der Regeneration der Vitamine C und E beteiligt)
  → siehe dazu Text Seiten 155, 158
- **Methionin** (essenzielle Aminosäure, kann vom Pferd nicht gebildet werden)
  → siehe dazu Text Seite 148
- **Vitamin E**
  Eine hohe Vitamin-E-Supplementierung zeigt laut Besitzern positive Auswirkungen (u.a. aufs Gemüt und den körperlichen Gesamtzustand), auch wenn die Werte im Blut bereits ausreichend erscheinen, beziehungsweise keinen Mangel aufzeigen.
  → siehe dazu Text Seite 156
- **Vitamin C**
  → siehe dazu Text Seite 157
- **Beta-Carotin**
  → siehe dazu Text Seite 160
- **Coenzym Q10**
  → siehe dazu Text Seiten 156 f., 158 f.
- **Spurenelemente Zink, Mangan, Selen**
  → siehe dazu Text ab Seite 161
- **Alpha-Liponsäure**
  → siehe dazu Text Seite 161
- **N-Acetylcystein (NAC)**
- **Mangan** wirkt durch das Enzym Mangan-Superoxid-Dismutase (MnSOD) präventiv oxidativem Stress entgegen.

NAC – N-Acetylcystein – Viel mehr als ein Schleimlöser!
Bei der Entwicklung der KER „MFM-Pellets“ (KER = Kentucky Equine Research) durch Dr. Valberg (Valberg et al. 2017; Valberg et al. 2016; McKenzie et al. 2016) erfolgte eine Supplementierung von 10 g N-Acetylcystein (NAC) per 240 g (Tagesration). Die Aminosäuren-Supplementierung von

täglich 4,8 g Lysin, 15 g Leucin, 8,8 g Isoleucin, 9 g Valin, 10 g NAC, 1,5 g Methionin und 3,6 g Threonin erfolgt vermutlich aufgrund der Kenntnis, dass die veränderten Genorte zu bestimmten Aminosäure-Substitutionen und somit veränderten Proteinprodukten führen. Die Aminosäure-Substitutionen soll eine positive Regulation der negativen Auswirkung der fehlerhaften Proteinprodukte auf die Muskulatur unterstützen. In der Fallstudie zum „MFM Pellet" wird aufgezeigt, dass sich die auffälligen, unphysiologischen Desmin-Aggregate (Verklumpungen) in der Muskelbiopsie eines symptomatischen Pferdes, bei dem eine MFM (Myofibrilläre Myopathie) diagnostiziert wurde, durch die Fütterung der Pellets deutlich normalisiert haben (KER ohne Jahr). Dabei unterscheidet sich die Aminosäuren-Supplementierung insbesondere durch das enthaltene NAC (N-Acetylcystein) von anderen Produkten auf dem Markt, die auf den Muskelstoffwechsel, die Regeneration der Muskulatur und den Muskelaufbau ausgerichtet sind.
Eine weitere Studie untersuchte den Einfluss von N-Acetylcystein und Coenzym Q10 auf die Zufütterung von Antioxidantien und die Gesamtheit der Proteine der Skelettmuskulatur bei trainierten Vollblutpferden. Es wurden 10 g N-Acetylcystein und 1,6 g Coenzym Q10 täglich zugesetzt. Der antioxidative Status wurde positiv beeinflusst (vgl. Henry et al. 2021a). NAC wird auch in Deutschland als hilfreich für Pferde mit MFM, insbesondere bei der P8-Variante diskutiert. Die Supplementierung sollte mit einem Tierarzt abgesprochen werden.

Kurz & knapp

Bei der metabolischen Umwandlung von Nährstoffen gewinnt der Körper Energie. Als Reste bleiben sogenannte freie Radikale zurück. Das ist ein natürlicher Vorgang. Sind diese freien Radikale jedoch in Überzahl vorhanden, führt das zu Zellschäden und Funktionsverlust. Antioxidantien sorgen dafür, dass freie Radikale unschädlich gemacht werden und oxidativer Stress verhindert wird. Dieser Vorgang ist vermutlich bei der sogenannten P8-Variante beeinträchtigt, sodass ein erhöhter Bedarf an Antioxidantien und NAC angenommen wird.

Symptomatische Pferde mit der genetischen MIM-Variante P8 (n/P8 oder P8/P8)
→ können durch Antioxidantien unterstützt werden.
→ benötigen eine höhere Vitamin-E-Zufuhr, um einen normalen beziehungsweise individuell ausreichenden Vitamin-E-Spiegel zu erreichen.

n/PX – PX/PX

Heute ist bekannt, dass insbesondere reine PX-Träger (auch reinerbige = PX/PX) erfolgreich im nationalen und internationalen Sport vorgestellt werden. Durch gutes Bewegungs-, Trainings-, Fütterungs- und Haltungsmanagement sind diese Pferde oft symptomfrei. Insbesondere Sportpferde, die viel Energie im

Training verbrauchen, vertragen möglicherweise einen moderaten Getreideanteil in der Fütterung. Bei hoher sportlicher Belastung (z.B. Lehrgang, Turnier, Pferde in der schweren Klasse, Distanzsport usw.) können kleine Mengen leicht verfügbarer Kohlenhydrate (Stärke und Zucker z.B. aus Hafer) idealerweise etwa 30 bis 60 Minuten vor der Trainingseinheit gefüttert werden, da diese dann während der Trainingseinheit zur Energiegewinnung zur Verfügung stehen, verbraucht werden und keine Einspeicherungsprozesse ablaufen.

Besitzer und Experten sehen einen Zusammenhang zwischen Magen- und Darmsensibilität und dem Vorliegen der PX-Variante. In diesem Fall werden gute Erfahrungen mit einer stärke-/zuckerreduzierten PSSM-2-Basisfütterung und einer kurweisen Gabe von Beta-Glucanen beschrieben. Bei immer wieder auftretenden leichteren Magen-Darmbeschwerden eignet sich eine Mischung aus hochwertigen Beta-Glucanen (siehe Seite 184), aufgequollenem Leinsamen oder aufgequollenem, geschältem Goldleinsamen und entzuckerten, aufgequollenen Rübenschnitzeln. (Siehe dazu Darmmikrobiom auf Seite 175.) Eine informelle Besitzer-Befragung ergab Hinweise darauf, dass viele PX-Träger bereits bei einer NSC-Zufuhr über 10 Prozent mehr Symptome, wie Muskelsteifheit und hohen Muskeltonus zeigen, so Christina Wessling.

> „Als alternative Energiequelle haben sich Lein- oder Reiskeimöl in der Praxis bewährt."
>
> (Christina Wessling)

PSSM 2 Expertin, Dressurreiterin und Tierärztin Christina Wessling füttert ihre eigenen PX-Pferde mit einer stärke-/zuckerreduzierten und proteinbetonten Basisfütterung (NSC bis 10 Prozent) und einem Mineralfutter mit hohem Anteil an Antioxidantien und essenziellen Aminosäuren. Im Leistungsbedarf deckt sie den erhöhten Energiebedarf durch hochwertige Fette.

> „Die Basis ist eine muskelanabole Fütterung. Das heißt zucker-, fruktan- und stärkearm, proteinreich, reich an Antioxidantien. Im Leistungsbedarf hochwertige Fette als Energielieferanten und Zufütterung essenzieller Aminosäuren. Bei einzelnen Supplementen, wie beispielsweise Vitamin E, Magnesium, Mangan oder Q10, muss man durchaus bereit sein, auszuprobieren, ab welcher Menge beim jeweiligen Pferd ein Effekt spürbar wird. Pferde sind Individuen. Man kann Probleme nicht wegfüttern.
> Das Gesamtkonzept aus Training, Fütterung und Haltung zählt."
>
> (Christina Wessling)

Magnesium und Mangan

Liegt bei PX-Trägern ein zu hoher Muskeltonus vor, kann zusätzlich zur Basismineralisierung eine erhöhte Gabe von Magnesium und Mangan ausprobiert werden.

„Ich empfehle Magnesium nicht nach Blutbild zu füttern, sondern nach Muskeltonus. Unterschiedliche Pferde kommen mit unterschiedlichen Formen von Magnesium unterschiedlich zurecht, hier muss man einfach ausprobieren. Bei einem Mangan-Wert im Blutbild ab 4 mmol/l beziehungsweise 70 µg/dl sollte keine weitere Erhöhung der Mangan-Zufuhr erfolgen."

(Christina Wessling)

Vitamin E

Gute Erfahrungen gibt es bei PX-Trägern mit der Zufütterung von Vitamin E. Für die tägliche Supplementierung sollte auf ein natürliches Vitamin-E-Präparat geachtet werden. Achten Sie auf folgende Abkürzungen oder Bezeichnungen: „natürliches Vitamin E", (R,R,R)-α-Tocopherol, D-α-Tocopherol. Gerade Turnierpferde profitieren von sogenannten Nano-Vitamin-E-Präparaten, die eine höhere Bioverfügbarkeit aufweisen und zusätzlich am Turniertag zum Einsatz kommen.

Calcium und Kalium

Calcium ist der biochemische Impulsgeber, um muskuläre Bewegung einzuleiten. Und es steuert die Funktion der Zelle. Stellen Sie sich Calcium wie Ruderschläge vor, die zur Verkürzung und somit zur Kontraktion der Muskulatur führen. Und damit das Ruder nicht außer Kontrolle gerät, stellt sich die Zellmembran mit ihren Kanalblockern (Magnesium) und Pumpen als letzte Barriere gegen eine übermächtige Calciumflut, aus der Verspannungen oder ein hoher Muskeltonus resultieren können. Bei der PX-Variante sind die Calcium-Kanäle betroffen (siehe dazu Seite 243). Spannig durch Calcium? Es heißt doch immer Calcium ist gesund! Ja, das reaktionsfreudige Calcium ist ein wichtiger Mineralstoff für Knochen, Knorpel, Zähne; es leitet die Muskelkontraktion und Blutgerinnung ein. Doch: Gerade bei ausgewachsenen PX-Pferden kann man hinsichtlich Calcium sagen: Weniger ist mehr! Oder korrekter ausgedrückt: Bedarfsdeckend reicht! Auch Kalium sollten PX-Pferde nur bedarfsdeckend erhalten. Denn eine zu hohe Kalium-Konzentration steht im Verdacht, besonders bei Pferden mit RER-Neigung (auch Tying-up oder kreuzverschlagsartige Symptomatiken) Muskelverspannungen zu verstärken. Als Interaktionspartner des Magnesiums kann eine hohe Kaliumkonzentration die Aufnahme von Magnesium reduzieren. Magnesium (Relaxation) wiederum ist der entscheidende Interaktionspartner des Calciums (Kontraktion) und sorgt für die Entspannung der Muskeln. Bedenken Sie: 10 kg Heu enthalten bereits durchschnittlich etwa 150 g Kalium! Details zum Calcium und Kaliumbedarf des Pferdes finden Sie auf Seite 167 f.

Kurz & knapp

- Calcium bei PX möglichst nur bedarfsdeckend

Bitte beachten Sie, dass der Calcium-Anteil in Futtermitteln oft in Prozent angegeben wird. Bei einem Zusatzfuttermittel (z.B. Mineralfutter, spezielle Zusatzfutter des Tierarztes) sind oft nur sehr kleine Tagesmengen erforderlich, sodass die tatsächlich zugeführte Calciummenge nicht zu hoch ist. Daher sollten sie immer die Gesamtration im Blick behalten – denn 10 kg Heu enthalten durchschnittlich etwa 40 g Calcium.

- Magnesium als Gegenspieler des Calciums und zur Unterstützung des Laktatabbaus
- Kalium nur bedarfsdeckend, denn Kalium regt die Calcium-Pumpe an
- Mangan zur Verbesserung der Regeneration, auch hilfreich bei Übertraining
- B-Vitamine, gegebenenfalls in Verbindung mit L-Tryptophan bei nervigen Pferden
- Natriumbedarfsdeckung gewährleisten
- Versorgung mit essenziellen Aminosäuren, Antioxidantien und für den Muskelstoffwechsel bedeutsamen Vitaminen und Spurenelementen
- Im Erhaltungsbedarf oder bei mittlerer Trainingsbelastung ist eine stärke- und zuckerreduzierte Ration empfehlenswert (8 bis 10 Prozent beziehungsweise bis 12 Prozent ohne weitere MIM-Variante oder andere gesundheitliche Einschränkungen).
- Bei reinen PX-Pferden ohne weitere P-Variante, kann ein NSC-Anteil von maximal 20 Prozent versucht werden – jedoch nur bei hoher sportlicher Belastung.

Hier sollten Sie sich individuell herantasten. Dabei muss der Calciumgehalt der Gesamtration inklusive Heu in den Blick genommen werden. Das gilt auch für die Dauer des Weidezugangs.

- moderate Proteinzufütterung
- regelmäßiges und systematisches Training
- viel freie Bewegung auf dem Auslauf oder einem Paddocktrail, mit der Möglichkeit zu traben und zu galoppieren. Achten Sie auf Bewegungsanreize!

4.8 Haltungs- und Gesundheitsmanagement

Haltungsformen und Wohlbefinden

Ist es besser, Pferde in Einzelboxen, Koppelhaltung, Offenstall, Aktivstall oder Paddockboxen zu halten? Diese Frage bewegt die Gemüter und führt gern mal zu hitzigen Diskussionen unter Pferdeleuten. In diesem Kapitel soll diese Frage aus mehreren Perspektiven betrachtet werden. Um das Für und Wider verschiedener Haltungsformen für das eigene Pferd besser abwägen zu können, wird der aktuelle Forschungsstand zu verschiedenen Haltungsformen aufgezeigt. Bei der Haltungsform treten eigene Bedürfnisse des Pferdebesitzers im Hinblick auf den Zugriff auf das Pferd, die Erreichbarkeit einer geeigneten Pferdehaltung mitsamt den Trainingsmöglichkeiten (Reithalle, Trainer) in Konkurrenz zu den Bedürfnissen des Pferdes. Diese Bedürfnisse können überdauernd – die Natur des Pferdes betreffend – oder temporär sein – beispielsweise, weil das Pferd aufgrund einer Sehnenverletzung Bewegungsruhe halten soll, aufgrund seiner Veranlagung oder Rasse spezielle Bedürfnisse hat. Ebenso kann eine Grunderkrankung zu einer Priorisierung bestimmter Aspekte führen, weil beispielsweise ein Wetterschutz, ein bestimmtes Fütterungsmanagement oder wetterunabhängige Möglichkeiten für das tägliche Bewegen und Trainieren vorhanden sein sollen.

Verhaltensanteile in vier Haltungsformen

Angaben in Prozent der Tageszeit (24 Stunden)

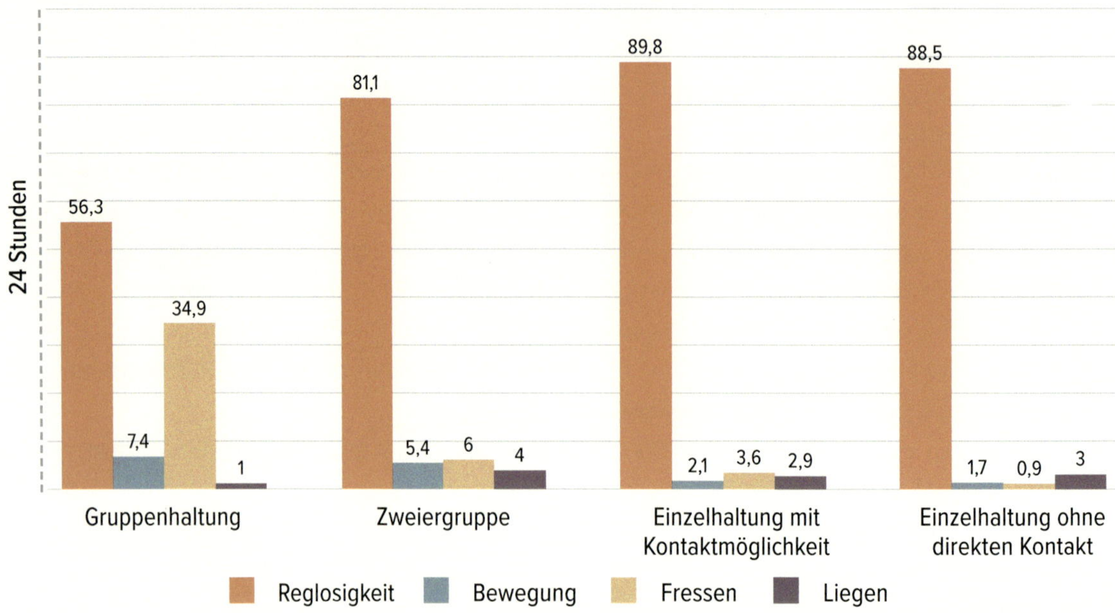

(Grafik nach Daten von Yarnell et al. 2015, Seite 55 f.)

Das Pferd ist ein soziales Wesen, das aufgrund seiner Natur die meiste Zeit in engem Kontakt mit Artgenossen verbringt. Wildpferde durchstreifen mit ihrem Herdenverband Gebiete von bis zu 78 km^2 (vgl. Green & Green 1977 zitiert nach Yarnell et al. 2015, Seite 51). Im Gegensatz dazu leben Sport- und Freizeitpferde in Haltungssystemen, die ein unterschiedliches Maß an räumlicher Freiheit, Sozialkontakten und Möglichkeiten zur Futtersuche bieten. Ob nun Gruppen- oder Einzelhaltung, jedes Pferd hat ein Bedürfnis danach, Kontakte zu knüpfen, Nahrung zu finden und natürliche Verhaltensweisen wie Bewegung, Wälzen oder Spielen zu zeigen. Wird das individuelle Bedürfnis nicht gestillt und das Pferd an der Ausübung bestimmter Verhaltensweisen gehindert, stellt das ein Problem für das Wohlbefinden dar. Unerwünschte und herausfordernde Verhaltensweisen sind die Folge. Die Forschung hat sogar festgestellt, dass Pferde, die die Möglichkeit haben, natürliches Verhalten auszuleben, bessere Lernleistungen im Training zeigen. Weiteren Studien zufolge lernen Pferde aus Gruppenhaltung schneller als Pferde, die einzeln ohne direkten körperlichen Artgenossenkontakt in Boxen untergebracht sind. Gemeinsam weidende Pferde, denen der körperliche Kontakt ermöglicht wurde, zeigten außerdem weniger feindselige Verhaltensweisen, wie Beißen oder Treten gegenüber dem Menschen, als isoliert in Boxen untergebrachte Pferde (vgl. Rivera et al. 2002, Seite 251). Eine Studie aus England gibt Hinweise darauf, dass Stressmarker mit dem Grad der Isolation ansteigen und in Einzelhaltung ohne Sozialkontakt am höchsten sind (z.B. Yarnell et. al. 2015; Rivera et al. 2002). Während die Gruppenhaltung hinsichtlich der Bewegungsanreize der Kleingruppenhaltung überlegen ist, ergeben sich in größeren Pferdegruppen auch negative Einflüsse durch Rangordnungsverhalten und Futterneid. Pferde, bei denen sich bereits Verhaltensweisen wie Koppen manifestiert haben, zeigten diese Verhaltensstereotypien weiterhin auch unabhängig von der Haltungsform, jedoch in unterschiedlicher Ausprägung. Bei einer Einzelbeobachtung eines chronisch koppenden Pferdes zeigte das Tier das Verhalten während der 7-stündigen Beobachtung in der Summe fast 40 Minuten. Dieses Pferd zeigten das Koppen jedoch nicht in Haltungssituationen, die soziale Kontakte mit anderen Pferden ermöglichten (vgl. Yarnell et al. 2015, Seite 21). Insgesamt waren alle Pferde in Einzelhaltung, ohne Sozialkontakte im Umgang für die Betreuer deutlich schwieriger zu handhaben. Pferde in Einzelboxen, die jedoch körperlichen Kontakt zu einem festen Nachbarn hatten, ruhten beispielsweise nebeneinander. Das verdeutlicht, wie wichtig es ist, bei der Gruppierung und Unterbringung von Pferden sorgfältig vorzugehen. Studien zeigen subtile Interaktionen zwischen den Pferden, feste Partnerschaften in den Gruppenhaltungen und die Bevorzugung bestimmter Partner (ebd.).

Körperkontakt

In der Schweiz haben Forscher Boxentrennwandsysteme untersucht, welche Körperkontakt zum Boxennachbarn erlauben und gleichzeitig ausreichend Rückzugsmöglichkeit bieten. Diese Rückzugsmöglichkeit ist beispielsweise während der Fütterung von Kraftfutter bedeutsam.
Ergebnis: Die längere Dauer sozialer Interaktionen in den „Sozialboxen" stellt eine wesentliche Bereicherung der relativ kargen Umgebung von Pferden in herkömmlichen Einzelboxen dar. Hengste waren in der Lage, mehr körperliche Kontakte zu pflegen, ohne dabei potenziell gefährliche aggressive Verhaltensweisen zu zeigen. Gitterstäbe müssen jedoch mit geeignetem Material gepolstert werden, um Kopfverletzungen beim Zurückweichen zu vermeiden (vgl. Agroscope 2015; Zollinger et al. 2016, Seite 34).

Dass die Haltung sich so nah wie möglich an den artgemäßen Bedürfnissen des Pferdes orientieren sollte, wurde bereits vielfach durch unzählige Studien belegt. Inwieweit jedoch moderne Haltungsformen diesem Anspruch gerecht werden können, haben Forscher aus der Schweiz untersucht.

Die Akroscope-Studie zeigt eindrücklich, dass sich die Zeitanteile in der untersuchten Gruppenhaltung mit Bewegungsanlässen, Ausweichmöglichkeiten für rangniedrige Pferde und mehreren Heu-/Strohraufen zur freien Verfügung nur geringfügig von denen des Wildpferdes unterscheiden. Ein deutlich verändertes Bild bietet sich hingegen bei einer Haltung in Einzelboxen mit Sozialkontakt sowie Heu und Stroh zur freien Verfügung. Hier lässt sich eine deutliche Verschiebung von der Fressdauer hin zur Zeit der Reglosigkeit erkennen, die in dieser Haltungsform bereits knapp zehn Stunden am Tag in Anspruch nimmt. Eine sehr deutliche Veränderung der Zeitanteile zeigt sich bei der Einzelboxenhaltung mit Sichtkontakt und Heu/Stroh zur freien Verfügung. Obwohl das Raufutter zur freien Verfügung angeboten wird, reduziert sich die Fressdauer auf etwa 3,5 Stunden. Gut 15 Stunden am Tag verbringen die Pferde in Einzelboxen mit reglosem Stehen. Wird in der Gruppenhaltung das Futterangebot begrenzt und steht nicht mehr zur freien Verfügung, reduziert sich die Fressdauer von 57 auf 35 Prozent (ca. 8,5 Stunden). In Boxenhaltung nimmt die Futteraufnahme bei Begrenzung des Raufutters noch knapp eine Stunde in Anspruch.

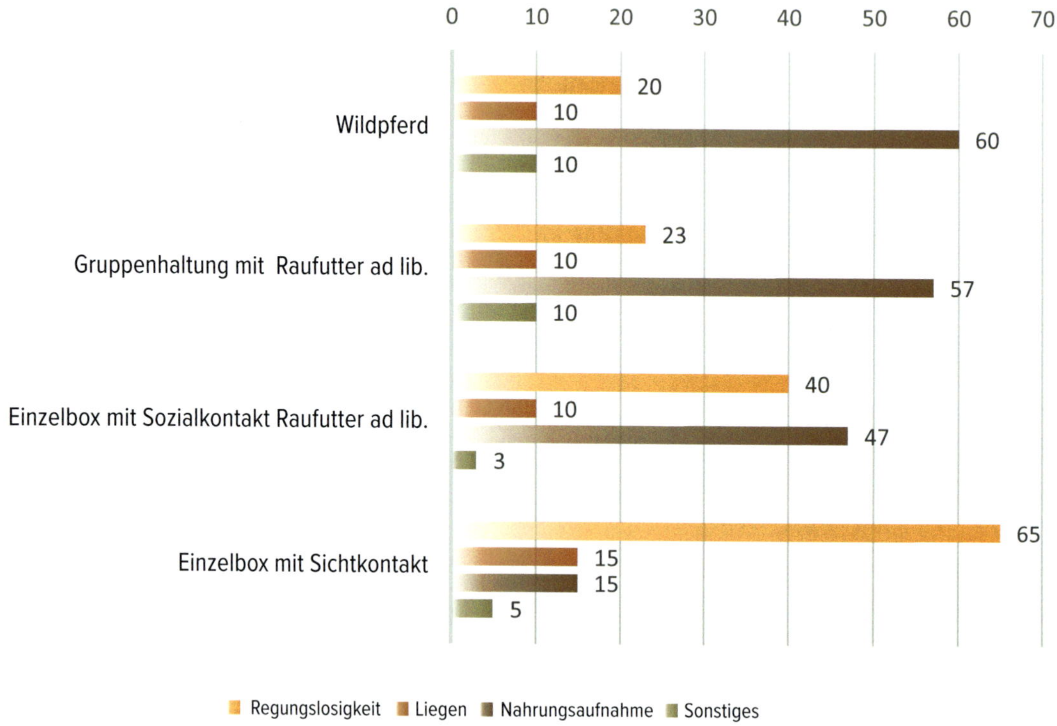

(Bewegungszeiteanteile nach Haltungsform, eigene Grafik nach Daten von Agroskope 2015, Angaben in Prozent/Tag)

Forscher in Italien sind der Ansicht, dass es unter Pferdebesitzern ein wachsendes Bewusstsein dafür gibt, dass die Einzelboxenhaltung ohne Sozialkontakte die natürlichen Bedürfnisse des Pferdes einschränkt. Gleichzeitig sehen die Forscher viele praktische Faktoren, die die Lebensqualität der Pferde auch bei einer Koppelhaltung beeinflussen (z.B. Gruppenzusammensetzung, sich ändernde Ernährungsbedürfnisse einzelner Pferde, Verfügbarkeit von Platz, Bewegungsanlässe, Vorhandensein von isolierten Unterständen; vgl. Mazolla et al. 2021, Seite 2 f.). Die Universität Mailand untersuchte deshalb den Stresslevel von 47 Pferden in drei unterschiedlichen Haltungsformen (siehe Tabelle). Dabei wurden viermal im Jahr die Cortisol-Konzentrationen in den Haaren der Tiere analysiert. Der Cortisolwert ist als zuverlässiger Marker für langfristigen Stress anerkannt. Es wurden drei Haltungsformen verglichen, wobei die Pferde in Bezug auf Geschlecht und Alter ähnlich waren. In allen Haltungsformen wurden im Herbst und Sommer die höchsten Cortisolwerte gemessen. Es gab keine Hinweise darauf, dass das Geschlecht oder die Fellfarbe den Stresslevel im Herbst und Sommer beeinflussen. Bei älteren Pferden über 15 Jahre waren die Werte in diesen Jahreszeiten erheblich höher (ebd. Seite 7).

Im Vergleich schlafen Pferde im Stall ruhiger!
Eine sehr interessante Erkenntnis der Studie: Im Sommer, Herbst und Winter war der Stresslevel bei Pferden, die die Nacht in Ställen verbrachten, deutlich niedriger. Die Forscher vermuten, dass der geringere Cortisolwert sich auch auf die Schlafqualität auswirkt.

Gruppe A	Gruppe B	Gruppe C
Weidegruppe am Tag, nachts in Einzelboxen	24 Stunden Koppel mit Unterstand	Herdenhaltung auf sechs Hektar großer Weidefläche, Waldstück, Olivenhain, zwei Teiche, drei Unterstände, vier Heuraufen, Kraftfutter über Computerchip im Fressstand
Heu/Stroh ad libitum, tierärztliche Betreuung, Pflege und Betreuung		

Nicht nur aus der Humanmedizin wissen wir: Schlaf ist wesentlich für das körperliche Wohlbefinden und die Leistungsfähigkeit. Es ist bekannt, dass Pferde als große Fluchttiere etwa drei Stunden am Tag schlafen. Für Pferde, die am Tag auf der Weide grasen und soziale Beziehungen pflegen können, kann das nächtliche Aufstallen der Gruppe A eine Umgebung bereitstellen, die den Schlaf fördert, so die Forscher der Universität Mailand. In der Nacht waren die Pferde in Gruppe B mehreren Faktoren ausgesetzt, die das Schlafverhalten und somit das Wohlbefinden negativ beeinflussen können:

- Wetter
- Temperatur
- Insekten
- negative soziale Interaktionen mit anderen Pferden (insbesondere bei rangniedrigen Pferden)

Hier wurde der Forschungsstand zusammengetragen. Dieser gibt wichtige Impulse. Aber von wissenschaftlicher Validierung[G] sind diese aufgrund des Mangels an wissenschaftlicher Literatur über die Auswirkungen der verschiedenen Pferdehaltungsformen auf das Wohlergehen der Pferde weit entfernt. Bei der Pferdehaltung müssen sich Stallbetreiber, Besitzer und Züchter deshalb auf die wenigen Untersuchungen stützen und vor allem auf Erfahrungswerte und den gesunden Menschenverstand setzen.

Kurz & knapp

Pferde sind nicht für ein einsames Leben geschaffen! Sie brauchen direkte körperliche Kontakte zu Artgenossen, mit denen sie Fellpflege und Spielverhalten zeigen können.

Im Sinne des Tierwohls sollten folgende Grundlagen des Haltungsmanagements berücksichtigt werden.

- Sichtkontakt zwischen Pferden als absolutes Mindestmaß → geringeres Risiko für stereotype Verhaltensweisen (vgl. McGreevy et al. 1995, Seiten 86, 90; Yarnell et al. 2015)
- Körperliche Kontakte ermöglichen (z.B. Fellpflege) → reduziert signifikant Weben und Koppen im Vergleich zu konventioneller Einzelboxenhaltung mit Sichtkontakt, bei der die Pferde keinen körperlichen Kontakt zueinander haben (vgl. Cooper et al. 2000)

Die Aufstallung in der Box während der Nacht kann für Pferde weniger Stress bedeuten und scheint die Schlafqualität zu verbessern (vgl. Mazolla et al. 2021, Seite 9).

> „Obwohl die Gruppenhaltung für die Mehrzahl der Pferde eine geringere Stressbelastung bedeutete und auch hinsichtlich des Bewegungs- und Sozialverhaltens am artgerechtesten einzustufen ist, sollte für jedes Pferd individuell unter Berücksichtigung seines Alters, seiner Rasse, seines Nutzungsgrades, aber vor allem seines Charakters und seiner Erfahrungen im Sozialverhalten ein passendes großzügig bemessenes Haltungssystem ermittelt werden, um die durch das Haltungssystem ausgeübte Stressbelastung zu minimieren und das Wohlbefinden der Pferde zu steigern."
>
> (Niederhöfer 2009, Seite 141 f.)

Am „stressfreisten" lebten Pferde in der Vergleichsstudie mit insgesamt 24 Pferden in der Variante „Mehrraumgruppenauslaufhaltung" mit 45 m^2 pro Pferd, mit Fressständen mit 3,5 m^2 pro Pferd und einem Ruhebereich mit 12 m^2 pro Pferd (vgl. Niederhöfer 2009, Seite 52). Erwähnt werden sollte, dass in der Vergleichsstudie jedes Pferd in jeder Variante einmal am Tag für circa eine Stunde in der Freilaufanlage bewegt wurde, um eine Vergleichbarkeit zu einem täglich etwa einstündig bewegten Reitpferd zu schaffen (ebd.).

Zusammenfassung verschiedener Studien

Der Großteil der Pferde in Gruppenhaltungen mit groß angelegten Mehrraum- und Auslaufbereichen (Auslauf = galoppierfähige Fläche, überdachter, wettergeschützer Ruhebereich mit 12 m^2 pro Pferd) zeigt eine geringere Stressbelastung, allerdings gab es in der Vergleichsstudie auch Pferde, bei denen in der Einzel-Auslaufhaltung mit Sozialkontakt die messbare Stressbelastung geringer war.

Untersuchungen zeigen, dass beim Vergleich der Varianten **Einzelhaltung und Gruppenhaltung ohne zusätzliche Bewegung** die Stressbelastung in der Gruppenhaltung bei etwa 70 Prozent der Pferde geringer war als in der Einzelhaltung (vgl. z.B. Hoffmann et al. 2009, Seite 109). In manchen Studien scheint die Rangordnung keinen Einfluss auf den Stresspegel zu haben (z.B. Niederhöfer 2009). Wichtig erscheint jedoch, dass Liegebereiche in diesen Studien verschiedene Kriterien erfüllen (Größe, Unterteilungen), damit rangniedrige Tiere nicht durch ranghöhere verdrängt werden (ebd. Seite 8). Auch andere Forscher stellten fest, dass ranghöhere Tiere mehr als doppelt beziehungsweise sogar dreimal so lange in Brust- beziehungsweise Seitenlage verbringen wie rangniedrigere (z.B. Zeitler-Feicht et al. 1999 zitiert in Niederhöfer 2009, Seite 11). Bei Pferden, die in der Einzelhaltung geringere Cortisolwerte (Stresswerte) aufwiesen (ca. 30 Prozent der Pferde), scheint dies durch ihre niedrige Rangposition begründet zu sein (kein Stress bei Futter- und Wasseraufnahme und während Ruhephasen). Es zeigte sich aber ebenso, dass einige ranghohe Stuten offenbar weniger Stress empfinden, wenn sie nicht dauerhaft auf ihre „Herde" achtgeben müssen und dadurch ungestörter ruhen können (vgl. z.B. Hoffmann 2009, Seite 110).

Beobachtungen von Versuchspferden in Einzel-Auslaufhaltung **ohne zusätzliches Bewegungsangebot** zeigten zum Teil gestörte Verhaltensweisen, wie vermehrtes Laufen und Graben von Löchern im Auslauf. Solche Verhaltensweisen sind als eine Antwort auf den erlebten Bewegungsmangel und ein Hinweis auf ungenügende Sozialkontakte zu verstehen.

„Die Haltung von Pferden in Mehrraum-Gruppenauslaufhaltungen bietet zwar eine gewisse Anregung zur Bewegung, ist aber mit dem natürlichen Bewegungsverhalten von Pferden nicht vergleichbar und deckt nicht ihren täglichen Bewegungsbedarf, wenn keine zusätzliche Bewegung angeboten wird" (Hoffmann et al. 2009, Seite 110).

Eine Studie zum „Auslaufmanagement von Sportpferden in Einzelhaltung", welche die „Beurteilung der Auswirkungen auf die Tiergerechtheit anhand des Tierverhaltens und der Stressbelastung" untersuchte, beurteilte den „Weidegang in Zweiergruppen im Hinblick auf die Bedürfnisse des Pferdes und die Ansprüche des Reiters von den untersuchten Varianten eindeutig am besten." „Die Stressbelastung in der Einzelhaltung ohne Auslauf war größer, als wenn Weidegang angeboten wurde" (Werhahn 2011, Seite 95 f.).

Förderliche Haltungsbedingungen für die Muskulatur

Möglichst durchgängige Bewegungsmöglichkeit

Muskulatur, Sehnen, Bänder und Knorpel benötigen die Be- und Entlastung durch Bewegung. Stellen Sie sich den Gelenkknorpel wie einen Schwamm vor, der sich durch die Bewegung wie ein Schwamm vollsaugt und wieder ausdrückt, wodurch der Knorpel mit Nährstoffen versorgt wird. Bei Bewegungsmangel wird der Knorpel nicht ausreichend versorgt und verkümmert. Irgendwann reibt schließlich Knochen auf Knochen, ohne schützende Knorpelschicht. Arthrosen und Lahmheiten entstehen. Stehtage sollten, insbesondere bei Boxenhaltung, unbedingt vermieden werden, denn Bewegungsmangel ist schon für ein gesundes Pferden weder körperlich noch mental förderlich.

Der Bewegungsmangel an Stehtagen ...

- hemmt und bremst den Muskelaufbau,
- sensibilisiert die Schmerzrezeptoren im Gewebe,
- beeinträchtigt den Selbstreinigungsmechanismus der Atemwege und den gesamten Stoffwechsel des Pferdes,
- führt langfristig zu einer mangelhaften Knorpelernährung mit Elastizitätsverlust und Degeneration des Knorpels.

Bewegung heißt Durchblutung

Für Pferde mit Muskelstoffwechselproblemen, trainingsbedingten muskulären Defiziten und insbesondere bei Muskelerkrankungen ist die regelmäßige Bewegung wichtig. Sie sorgt für die Durchblutung und damit für die Versorgung der gesamten Muskulatur mit Sauerstoff und Nährstoffen. Dabei werden außerdem Abbauprodukte beseitigt. Früher sprach man von „monday morning sickness“ oder „Feiertagskrankheit“. Am Wochenende hat der Reiter viel Zeit und genießt sein Hobby in vollen Zügen, montags hat das Pferd dann frei, soll sich erholen und hat einen Stehtag. Abbauprodukte, die durch das Training am Wochenende im Muskel entstanden sind, können ohne Bewegung nicht über die Durchblutung abtransportiert werden. Sie lagern sich ohne eine aktive Regenerationsphase (mit leichter Bewegung) im Gewebe an. An den folgenden Tagen hat die Muskulatur dann deutlich mehr Schwierigkeiten, den Anforderungen beim Reiten gerecht zu werden. Der Muskel verliert Masse, ermüdet schneller, verhärtet, und es kann bei unregelmäßigem Training und unpassender Trainingsbelastung zu Muskelfaserrissen kommen.

Beim gesunden Pferd und in verstärktem Ausmaß bei Pferden mit PSSM 2 kann Bewegungsmangel, ebenso wie Übertraining zu vermehrter muskulärer Steifheit, Muskelabbau, Muskelschäden, bei PSSM 2 im ungünstigsten Fall zu einem Krankheitsschub im Sinne von plötzlichen Verschlechterungen führen (siehe dazu auch Seiten 45, 269 in diesem Buch). Sind Lahmheiten die Folge, muss das Bewegungsangebot und die Art und Weise des Trainings mit dem behandelnden Tierarzt oder der Klinik individuell abgesprochen werden. Ebenso ist es empfehlenswert, einen kompetenten Trainer zur Trainingsplanung hinzuzuziehen.

Eindecken oder nicht Eindecken? – Das ist hier die Frage!

Die Körperwärme des Organismus ist ein Nebenprodukt des Zellstoffwechsels. Pferde haben weitere Kälteanpassungsmechanismen, wie beispielsweise das Aufstellen der Haare durch die Haarbalgmuskeln. Diese Muskeln müssen, ähnlich wie alle Muskeln im Pferdekörper, gewissermaßen einen Trainingsprozess durchlaufen. Entscheidet man sich für das Scheren, ist ein Teil der Kälteanpassung, nämlich das Aufstellen des möglichst dichten Winterfells, außer Kraft gesetzt. Weitere Schutzmechanismen des gesunden Körpers sind: Verengung der Blutgefäße an der Hautoberfläche, Schutz des tieferliegenden Gewebes durch die Fettschicht, Dicke der Haut, Dicke des Winterfells, Talgschicht im Fell/auf der Haut. Diese Mechanismen helfen Pferden gegen Kälte und sind bei Vollblütern, Warmblütern und Kaltblütern unterschiedlich ausgeprägt. Dabei haben Kaltblüter die besten Kälteanpassungen und Vollblüter schlechtere vorzuweisen. Decken können nützlich sein, um Pferde vor beißenden Insekten oder ungünstigen Wetterbedingungen zu schützen (z.B. um empfindliche Muskelpartien beim Aufwärmen oder Trockenreiten des Pferdes zu schützen).

Eine Nierendecke kann empfindliche Körperpartien beim Warmreiten und ebenso beim Abwärmen schützen. (Foto: Sabrina Doll)

Natürlich kann man argumentieren, dass Pferde sich über Jahrtausende an den klimatischen Lebensraum angepasst haben. Bei Wildpferdeherden, bei denen der Mensch nicht eingreift, kann ein langer, kalter Winter eine Herde aber auch deutlich dezimieren. In einem harten Winter 2009/2010 überlebten von 150 Przewalski-Pferden in einem Naturreservat nur 49 Pferde (vgl. Voigt 2015, Seite 6).
Bisher gab es nur sehr wenige Studien über die Auswirkungen von Decken im Allgemeinen und keine über die Auswirkungen verschiedener Arten von Decken auf die Körpertemperatur von Pferden. Heutzutage kann man mit Sensoren, die unter der Decke angebracht werden, Temperatur, Feuchtigkeit und sogar das Bewegungsprofil des Pferdes ermitteln. Manche Messsysteme berechnen diese Indikatoren sogar in Abhängigkeit zur lokalen Wettervorhersage. So kann der Besitzer wichtige Hinweise zur tatsächlich erforderlichen Füllung der Wetterschutzdecke erhalten. Forscher kamen zu dem Schluss, dass einige Arten von Decken die Oberflächentemperatur von Pferden erheblich und über die physiologische Temperatur hinaus erhöhen können. Ist dies der Fall, kann die Fähigkeit der Pferde zur Regulierung ihrer eigenen Temperatur beeinträchtigt werden. Während die Verwendung einer Decke beispielsweise bei einem Tying-up oder einer Koliksymptomatik hilfreich sein kann und sogar vom Tierarzt angeraten wird, ist es wichtig, die Funktionen und Füllungsgrade für die individuellen Bedingungen ernsthaft zu prüfen und auszuwählen (z.B. Janczarek et al. 2020; Hodgess et al. 2018). Bei älteren Pferden konnte beispielsweise durch das Verwenden einer dicken Decke ein interessanter Effekt erzielt werden: die Länge der Trabtritte vergrößerte sich (vgl. Janczarek et al. 2020). Die Verwendung einer Decke kann bei älteren Pferden helfen, die Thermoregulationsprozesse zu optimieren, die

das allgemeine Tierwohl verbessern (vgl. Mejdell et al. in Janczarek et al. 2020). Im Fazit der Studie mit älteren Pferden wird die Verwendung einer Decke auch bei schmerzenden Muskeln in den Hinterbeinen und in der Schulter empfohlen.

Das zu dicke Eindecken des stark verschwitzten Pferdes direkt nach dem Training verlängerte die Erholungszeit, weil sich die Hitze unter der Decke staut (vgl. Hartmann et al. 2017). Das Scheren ist eine gängige Praxis bei Sportpferden. Beweggründe für das Scheren im Winter hängen unter anderem von der Dichte des Fells, der individuellen Schweißmengen und Trocknungszeit und der reiterlichen Nutzung ab (vgl. Steinhoff-Wagner 2019). Geschorenen Pferde können nach dem Training die Wärme besser abbauen.

Was ist zu tun?

- Das Pferd im Schritt wirklich ausgiebig trocken reiten oder führen.
- Dann eine leichte und atmungsaktive Abschwitzdecke auflegen.
- Eine wärmende Winter- oder Outdoordecke erst eine halbe bis ganze Stunde nach dem Training auflegen.

Eine Studie der Universität Mailand, die nicht im Zusammenhang mit Muskelproblemen stand, erbrachte das interessante Ergebnis, dass Pferde ohne Decken einen statistisch deutlich niedrigeren Cortisol-

Eindecken ist bei geschorenen, sowie manchen alten oder kranken Pferden sinnvoll und schützt vor Nässe und Kälte. (Foto: Christiane Slawik)

spiegel (Marker für Stress) hatten (Mazzola et al. 2021). Als mögliche Erklärung führten die Forscher das milde Klima an, das keine thermoregulatorische Herausforderung für die Pferde erbrachte, sodass die Decke möglicherweise eher als Bewegungseinschränkung erlebt wurde. Die Testung des Cortisolspiegels erfolgte während der einjährigen Studie viermal. Unklar ist, ob die Pferdedecken regelmäßig auf Durchnässung kontrolliert wurden. Denn zu beachten ist: Auch die beste und teuerste Decke ist nur begrenzt wasserdicht! Ein bisher wenig diskutiertes Problem des Eindeckens bei Haltungsformen mit freiem Paddockzugang oder im Aktivstall ist die Auswirkung feuchter Decken auf das Pferd. Es kann nur vermutet werden, dass es vorkommt, dass das Pferd die feuchte oder gar durchnässte Decke über Stunden mit seiner eigenen Körperwärme trocknen muss. Jeder der schon einmal eine durchnässte oder feucht-kalte Regen- oder Winterjacke getragen hat, weiß, wie ungünstig sich das gesundheitlich oder zumindestens auf die Muskulatur auswirken kann.

Viele Besitzer von Pferden mit muskulären Problemen oder PSSM 2 oder Besitzer magerer Pferde beschreiben das Phänomen der Wetter- und Kälteempfindlichkeit. Einige Pferde werden bei winterlichen Temperaturen muskulär steifer und teilweise triebig, einige verlieren an Muskelmasse, andere versuchen durch explosive Bewegungsmuster ihren Körper aufzuwärmen.

> „Beim Nicht-PSSM-Pferd sehe ich das so: Hauptsache das Pferd friert nicht! Beim PSSM-2-Pferd sind meine Erfahrungen anders: Hauptsache es schwitzt nicht! Mein Pferd war im letzten Jahr vor der Futterumstellung bei 0 Grad mit 400 Gramm eingedeckt. Er war vor der Futterumstellung trotz dicker Decke muskulär steif, tat sich sehr schwer beim Reiten, locker zu werden. Dieses Jahr decke ich das Pferd auch ein. Im Moment bei 0 Grad mit 200 Gramm. Die Muskulatur ist warm und weich. Und ich sehe eine klare Verbesserung beim Reiten."
>
> (Western-Trainerin, Beritt eines n/P2-Pferdes)

Bei einem erhöhten Aminosäurenbedarf im Muskelaufbau erweist es sich zudem als ungünstig, wenn die in der Nahrung enthaltenen Aminosäuren für die Aufrechterhaltung der Körpertemperatur verbraucht werden (Erklärung auf Seite 54). Muskelaufbau und Regenerationsprozesse werden durch einen Protein-/Aminosäurenmangel beeinträchtigt. Die Muskeln können sich in der Folge verspannt anfühlen oder der Muskelaufbau verläuft weniger effektiv beziehungsweise stagniert.

Die bisherigen Erfahrungen mit PSSM-2-Pferden geben Anlass, dass Verschlechterungen beim Reiten mit äußeren Faktoren, wie einem deutlichen Kälteeinbruch, Wetterumschwung mit kaltem Regenschauer oder eisigem Wind, in Verbindung stehen. In diesem Fall hilft das Eindecken nicht nur dem geschorenen Pferd. Denn in genau solchen Situationen werden die für die Muskulatur wichtigen Aminosäuren zur Energiegewinnung verbrannt. Stehen diese Proteine im Organismus nicht mehr in der ausreichenden Menge zur Verfügung, können sogar Muskelstrukturproteine zur Wärmeerzeugung abgebaut und umgewandelt werden. Kommen Hunger und/oder Krankheit hinzu, steigt der Bedarf an Aminosäuren weiter an.

„Eindecken oder nicht? Ich war viele Jahre ein überzeugter Deckengegner. Eine Decke gab es nur bei komplett geschorenen Pferden. Jetzt habe ich eine ganze Armada an Decken in allen Variationen. Man kann fast sagen: Je mehr P-Varianten, desto mehr Decken stapeln sich im Schrank!"

(Bereiterin)

Nasskaltes Wetter kann sich Forschern zufolge negativ auf das Pferd auswirken. Marcia Hathaway von der University of Minnesota rät, Pferde im Winter einzudecken, wenn sie durch Regen oder Eisregen nass werden könnten. Denn das plattgedrückte, nasse Fell isoliert schlechter (vgl. Steinmann 2020). Es gibt jedoch auch Pferderassen oder Typen, bei denen die Isolationswirkung des dichten, ungeschorenen Fells im Winter ausreichend ist.
Ausgewachsene und an die jeweiligen Umweltbedingungen angepasste Pferde haben eine Komfortzone zwischen minus 15 bis plus 25 Grad (vgl. Coenen & Vervuert 2020, Seite 77). Die Internationale Gesellschaft für Pferdewissenschaften (ISES) markiert den optimalen Temperaturbereich eines erwachsenen Pferdes in milden Klimazonen zwischen 5 und 25 Grad. In dieser thermoneutralen Zone können ungeschorene, gesunde Pferde ihre eigene Körpertemperatur ohne Probleme aufrechterhalten (vgl. Sladky 2018.) Temperaturen ab 5 Grad und kälter gelten als bedarfsverändernder Faktor, die bei der Fütterung mit einem Zuschlag zum Erhaltungsbedarf von 10 Prozent berücksichtigt werden sollten (vgl. Coenen & Vervuert 2020, Seite 76).

Sensormessungen zeigen, dass ein großflächig geschorenes, gesundes Pferd mit einer 200-Gramm-Decke bei Außentemperaturen von circa minus 10 Grad unter der Decke eine Temperatur von circa 5 Grad haben kann und damit im unteren Bereich seiner Komfortzone ist. Im Frühjahr wiederum, wenn Sonnenstrahlen die Temperaturen schnell ansteigen lassen, ist es sehr wichtig, die Regendecken rechtzeitig zu entfernen, damit das Pferd unter der Decke nicht überhitzt. Was die Thematik des Eindeckens angeht, sind bei Reitpferden neben den bereits genannten makrobiologischen Besonderheiten (siehe dazu Seite 128) folgende Einflussfaktoren und individuellen Anforderungen bei der Abwägung hilfreich:

Auf welche Thermoregulationsmechanismen kann mein Pferd zugreifen?

- Regelmäßiges Bürsten entfernt die Talgschicht und somit den wasserabweisenden Effekt des Fells.
  → Das Putzen den jeweiligen Haltungs- und Nutzungsbedingungen anpassen, um die Talg- und Fettschicht des Haarkleides zu erhalten.
- Haarbalgmuskeln, die für das Aufstellen der Haare zuständig sind, erfordern einen gewissen Trainingsprozess, um vernünftig funktionieren zu können.
  → Anpassungsphase einrechnen! Ist ausreichend Fell zum Aufstellen vorhanden?
- Habe ich ein eher hoch im Blut stehendes Pferd mit wenig dichtem Winterfell?
- Der Anteil des Körperfetts spielt eine wichtige Rolle bei der Thermoregulation und ist etwa dreimal so isolierend wie anderes Körpergewebe.
  → Reicht die Fettschicht? Welche Rasse habe ich?

- Kleinere Pferde haben im Verhältnis einen größeren Wärmeverlust, da sie ein ungünstigeres Verhältnis von Körperinnerem (Wärmeproduktion) zu Körperoberfläche haben.
  → Wie sieht es konkret mit dem Verhältnis von Körperinnerem und Fläche für den Wärmeaustausch bei meinem Pferd aus?
- Wildpferde reduzieren ihre Bewegungsaktivitäten im Winter, um den Energieverbrauch zu senken.
  → Will ich im Winter mein Pferd reiten und in welchem Umfang? Wie reagiert mein Pferd auf unregelmäßige Trainingsanforderungen im Winter? Habe ich genug Zeit, um das Pferd trocken zu führen?

Interessant

Plötzliche motorische Aktivität in der eigentlich bewegungsreduzierten Winterzeit hilft Wildpferden mit widrigen Wetterumständen und Kälteeinbrüchen umzugehen. Diese Bewegungsausbrüche dienen dazu, das Einsetzen weiterer Kälteschutzmechanismen zu überbrücken.

Kurz & knapp

Das Eindecken ist nicht immer sinnvoll. Es gilt, viele unterschiedliche Faktoren abzuwägen. Was für den einen Fall von entscheidender Bedeutung ist, wird bei einer anderen Gesamtlage unbedeutend. Bei PSSM-2-Pferden ist oft die Witterungsempfindlichkeit des Pferdes ausschlaggebend, die bei diesen Pferden den Muskeltonus negativ zu beeinflussen scheint. Entscheiden Sie sich für das Eindecken, sollte die Temperatur unter der Decke zwischen 5 und 25 Grad betragen. 25 Grad in Ruhe sollten nur unwesentlich überschritten werden. Bewegen sich eingedeckte Pferde mit ihrer dicken Stalldecke auf der Winterkoppel oder kommt die Sonne zum Vorschein, kann die Temperatur unter der Decke schnell die Wohlfühltemperatur überschreiten.

Myotherapie

Unter dem Begriff Myotherapie werden mechanische oder physikalische Behandlungen des Muskelgewebes zusammengefasst. Sie zielen darauf ab, muskuläre Verletzungen zu verhindern, bestehende Verletzungen zu behandeln, Leistungsfähigkeit und Wohlbefinden des Pferdes zu steigern und die Rekonvaleszenz zu unterstützen.
Im Folgenden soll lediglich ein kurzer Überblick gegeben werden. Einige Methoden sind für Sie im Alltag anwendbar, andere gehören in die Hände eines erfahrenen Therapeuten oder Tierarztes! Sprechen Sie die Behandlungsstrategie und die individuellen Möglichkeiten für Ihr Pferd mit Ihrem Tierarzt und/oder Pferdephysiotherapeuten ab.

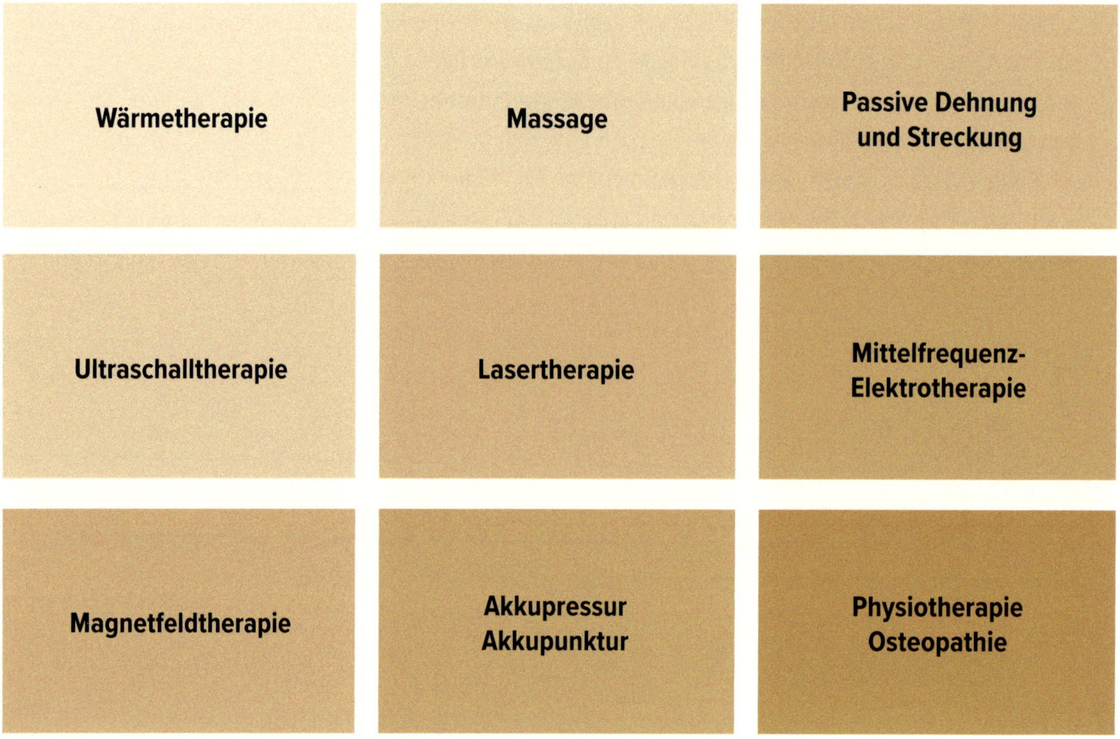

Therapeutische Unterstützungsmöglichkeiten beim Muskeltraining

Ziele

- Schmerzlinderung
- Wiederherstellung des Bewegungsspielraums
- Wiederherstellung der physiologischen Gewebespannung
- Prävention von Verletzungen, Steigerung des Wohlbefindens

Die **Wärmetherapie** können Sie selbst anwenden. Es handelt sich um feuchtwarme oder trockenwarme Anwendungen (z.B. Moorkissen, Thermopad). **Wärmezufuhr** dient der Steigerung der Stoffwechselaktivität im Gewebe (→ bessere Nährstoffversorgung und gesteigerter Abtransport von Stoffwechselprodukten). Die Wärmezufuhr steigert die Fähigkeit der Hauptnerven, Impulse zu empfangen und weiterzuleiten. Diese Überstimulation beeinträchtigt die Fähigkeit des Nervensystems, Schmerz wahrzunehmen und erhöht die Dehnbarkeit des Gewebes. Wärmeauflagen (z.B. Moorkissen) sind eine ideale Vorbereitung der Muskulatur auf Massage. Die Wärme entspannt, lockert die Muskulatur und Gelenke und lindert bereits vorhandene Schmerzen. Das Pferd kann sich auf die Massage besser einlassen. Durch die Tiefenwirkung der Wärme werden Stoffwechselprozesse und die Durchblutung angeregt. Wärmeauflagen eignen sich auch sehr gut, um die Rückenmuskulatur im Winter auf das Reitergewicht und die Aufwärmphase vorzubereiten.

Tipps

Achten Sie darauf, dass die Auflagen nicht zu heiß sind!
Legen Sie das Moorkissen beispielsweise einige Minuten auf Ihr Bein, um die Temperatur zu testen!

Massage

Bevor Sie selbst Hand ans Pferd legen, sollten Sie sich überlegen, woran Sie die Qualität der Muskulatur messen. Wie fühlt sich ein entspannter Muskel überhaupt an? Dieser Frage ist Helle Katrin Kleven in ihrem Buch *Biomechanik und Physiotherapie beim Pferd* (2020, Seite 125 ff.) ausführlich nachgegangen und gibt eine ausführliche und gut verständliche Anleitung zum Abtasten des gesamten Pferdekörpers. Bis Sie diese gelesen haben, können Sie sich vorsichtig an die Massage herantasten, in dem Sie Folgendes beachten:

- Die Muskulatur gibt beim Abtasten nach; der Druck, den sie mit Hand oder Fingern ausüben, erzeugt keine Abwehrspannung.
- Der Kopf des Pferdes senkt sich.
- Die Ohren hängen entspannt zur Seite oder sind zu Ihnen gerichtet.
- Die Unterlippe bleibt locker.
- Die Augen werden kleiner und das Pferd döst.
- Die Nüstern entspannen sich.
- Das Abtasten und sanfte Massieren lösen leichte Kaubewegungen, Kopfschütteln oder Gähnen aus.
- Die Hinterbeine werden wechselseitig entlastet.

Wenn Ihr Pferd beim vorsichtigen Abtasten, Ausstreichen und Massieren der Muskulatur entspannt bleibt und der Muskel sich weich anfühlt, können Sie davon ausgehen, dass das Pferd Ihre „Behandlung" genießt.

Durch regelmäßige Massagen können Sie bereits leichte Muskelverspannungen bei Ihrem Pferd aufspüren. Ein erfahrener Therapeut kann dies natürlich noch besser und kann muskuläre Dysbalancen entdecken, bevor Schmerzen entstehen. Einfache **Massagetechniken** können jedoch vom Reiter erlernt und selbst im Alltag durchgeführt werden. Die Massage dient dazu, unphysiologische Muskelspannung zu lösen und durch die leichte Streckung und Erwärmung des Muskelgewebes die Entstehung von Fibrosen, also Gewebeverhärtungen, zu vermeiden (vgl. Riegel & Hakola 2010, Seite 241 f.). Die korrekte Massage hat einen schmerzlindernden Effekt, denn es werden Endorphine (= körpereigene Hormone, die Stress und Schmerz reduzieren) freigesetzt. Sie kann Verspannungen regulieren, mental entspannend wirken und zu einer besseren Beweglichkeit beitragen. Außerdem unterstützt die Massage den Kontakt zwischen Mensch und Pferd.

Muskelknoten oder Verklebungen können Sie daran erkennen, dass es deutlich weiche und harte Bereiche innerhalb des Muskels gibt (nicht zu verwechseln mit knöchernen Strukturen). Diese verhärteten Bereiche sind für die Kraftentwicklung des Muskels dysfunktional, da der Muskel durch die Verspannungen nicht optimal durchblutet wird. Diese Bereiche sind zumeist schmerzhaft. In der Folge müssen andere Muskeln kompensatorisch arbeiten und auch Sehnen und Gelenke müssen diese muskuläre Dysfunktionalität ausgleichen. Ist eine muskuläre Verletzung durch Überbelastung entstanden, sollten Sie die Trainingsintensität gut dosieren, da solche Verletzungen eine hohe Rückfallquote haben. Bedenken Sie außerdem, dass die Heilung der Muskelzellen Zeit braucht und die neu gebildeten Muskelzellen erst gekräftigt werden müssen, bis Sie auf das vorherige Trainingslevel zurückkehren können.

Tipps

Zeigt ihr Pferd Widerstand bei der Massage, reduzieren Sie den Druck!
Arbeiten Sie nicht in den Schmerz (z.B. Muskulatur wird hart beim Abtasten) oder über Zeichen des Widerstands (z.B. Pferd weicht Druck aus, Anlegen der Ohren, angespannter Blick, Hochziehen der Nüstern) hinweg (vgl. Kleven 2020, Seite 128)!

Nach einer Massage sollten Sie das Pferd 10 bis 20 Minuten führen (vgl. Kleven 2020, Seite 139). Muskelknoten und Verklebungen sind ein Hinweis darauf, dass die Trainingsintensität zu hoch ist, beziehungsweise dass mehr Abwechslung beim Ansprechen verschiedener Muskelgruppen im Verlauf der Reiteinheit erfolgen sollte und Regenerationsphasen (z.B. Schrittphasen innerhalb der Arbeitsphase, lockeres Training am Folgetag einer intensiveren Trainingseinheit) optimiert werden sollten.

Im Anschluss an Massagebehandlungen eignen sich passive Dehnung und Streckung der Muskeln und der benachbarten Bindegewebsstrukturen, um Muskeln, Bänder und Sehnen elastisch zu halten. Manche Therapeuten geben dem Besitzer Hausaufgaben für tägliche Übungen bis zum nächsten Termin. Anspruchsvollere Techniken sollten Sie Fachleuten überlassen. Eine ausführliche Anleitung mit Dehnübungen finden Sie im Buchtipp *Biomechanik und Physiotherapie beim Pferd* (vgl. Kleven 2020).

Akupressur und Akupunktur

beeinflussen ebenso die Durchblutung des Gewebes und setzen Endorphine frei. Muskelspasmen können sich durch den Druck auf einen spezifischen Punkt lösen. Akupressur und Akupunktur lösen eine multiple Stimulation des Muskels aus. Infolge von Ermüdung ist die Muskulatur gezwungen zu relaxieren. Dadurch wird die Durchblutung des betroffenen Bereichs erhöht. Nährstoffzufuhr und Abtransport von Stoffwechselendprodukten werden gefördert.

Laser- und Ultraschalltherapie

werden in der Regel von Therapeuten und Tierärzten eingesetzt. Die **Lasertherapie** führt ebenso zu einer Erhöhung der Durchblutung und zu einer Steigerung des Lymphflusses. Sie hat schmerzlindernde und antibakterielle Wirkung und beschleunigt die Wundheilung. Die **Ultraschalltherapie** kann auch tiefere Gewebeschichten erreichen und fördert die Dehnbarkeit des Gewebes und somit eine Reduzierung der Steifheit. Der Ultraschall führt durch die Vibrationen zu einer Art Mikromassage. Die Schallwellen bewegen die Gewebsflüssigkeiten. Wärme entsteht und beeinflusst die Nervenfasern im Behandlungsbereich. Dadurch werden Schmerzstimuli blockiert. Im Anschluss an eine Ultraschallbehandlung kann durch Massage und passives Strecken beispielsweise Narbengewebe positiv beeinflusst werden. Ultraschall darf jedoch nicht bei akuten entzündlichen Veränderungen angewendet werden. Die **Elektrotherapie** ist eine Behandlung, die von Pferdephysiotherapeuten durchgeführt wird. Man unterscheidet Mittelfrequenztherapie und Tens (Schmerzlinderung). Die modulierte Mittelfrequenz-Elektrotherapie eignet sich hervorragend zur Behandlung von Läsionen und nimmt Einfluss auf Entzündungen und Ödeme. Die Muskulatur im behandelten Gebiet wird aktiviert. Während der Behandlung treten spontane, reaktive Eigenaktivitäten der Muskulatur auf, die einer normalen Muskeltonisierung ähnlich sind. Muskeln und Gewebe werden gezielt aktiviert. Die Wirkungen erstrecken sich auf muskulärer, nervaler und zellulärer Ebene. **Einsatzgebiete sind beispielsweise:** tiefenwirksame Schmerztherapie (z.B. Arthrosen, Muskelfaserriss, Muskelatrophie), Zellgewebsaktivierung (z.B. Sehen-/Bandproblematiken), Förderung der Blutzirkulation und Verbesserung der Gewebsernährung und des Stoffwechsels (z.B. Muskulatur), Unterstützung der Regeneration.

Bei Muskelsteifheit und Myopathien kommen auch **Magnetfelddecken** zum Einsatz, die mit pulsierenden Magnetfeldern arbeiten. Dabei erzeugen metallene Spulen ein Magnetfeld mithilfe elektrischer Spannung. Durch Ladungen und Entladungen werden die natürlichen Vorgänge Durchblutung und Stoffwechsel imitiert und gezielt verstärkt. Durch die Anregung der Mikrozirkulation wird die Versorgung und Entsorgung in den Zellen angeregt. In der Theorie werden Regenerationsprozesse unterstützt. Viele Pferdebesitzer, aber auch Kliniken und niedergelassene Tierärzte berichten bei Muskelproblemen oder orthopädischen Erkrankungen über gute Erfahrungen mit der pulsierenden Magnetfeldtherapie und schwören auf den einen oder anderen Hersteller. Trotz unsicherer Studienlage was die Wirksamkeit von Magnetfelddecken angeht, sehen PSSM-2-Experten und Besitzer die Magnetfeldtherapie als wertvolle ergänzende Therapie, die meist in Verbindung mit Bewegungstherapie, Medikamenten oder anderen Heilmethoden angewendet wird. Bei Tumorpatienten oder trächtigen Stuten unabhängig von PSSM 2 wird beim Einsatz von Magnetfelddecken von Medizinern zur Vorsicht geraten.
Sprechen Sie die Therapieformen am besten immer mit einem medizinischen Experten ab!

Praxistipps kompakt

Pferde mit Muskelproblemen, Muskelerkrankungen oder Myopathien

Positiv herauszuheben ist Folgendes:

- möglichst viel freie Bewegung auf galoppierfähigen Flächen
- Rückzugsmöglichkeiten zum Ruhen und Schlafen
- Wetterschutz (Unterstand, Eindecken bei Bedarf in Abhängigkeit von Witterung, Fell und Gesamtzustand)
- regelmäßige Gesundheitskontrollen durch den Tierarzt
- ungestörte Futter- und Wasseraufnahme
- Sozialkontakte, die Fellpflege und Spielverhalten ermöglichen, auch für Hengste!
- angepasste Physio- und Osteotherapiemaßnahmen, Massagen
- abwechslungsreiches, regelmäßiges Training zur geistigen und körperlichen Anregung
- alters- und entwicklungsangemessener, langfristiger Muskel- und Konditionsaufbau
- Versorgung mit qualitätvollem Heu ergänzt durch eine PSSM-2-konforme Fütterung

Nachteilig oder ungünstig können sich auswirken:

- Impfungen bei ungünstigen weiteren Faktoren (z.B. unerkannte Atemwegsinfektion)
- Medikamente (z.B. Schmerzmittelgabe ohne Magenschutz; Antibiotika aufgrund ungünstiger Auswirkungen auf das Darmmilieu oder unnötige Wurmkuren, wenn das Pferd gar keinen Befall aufweist)
  Der Einsatz von Medikamenten muss immer von Fall zu Fall abgewogen werden!
- Akute Infektionen können den Muskelaufbau und die PSSM-2-Situation verschlechtern.
- mit Stress verbundenes Anreiten, zu intensive sportliche Belastung ohne ausreichenden Trainingsaufbau, ein Stallwechsel oder unpassende Trainingsbelastungen direkt im Anschluss an einen Stallwechsel (u.a. kann Stress individuell durch Verlust der Sozialkontakte, Anpassungen des Immunsystems, veränderte Abläufe hervorgerufen werden)

Sehr nachteilig können sich auswirken:

- anhaltender negativer Stress = Distress (z.B. sozialer Stress in der Gruppe, Rangordnungskämpfe, neuer Boxenpartner; aber auch Überforderung im Training, zu intensive Trainingsreize, unregelmäßiges Training, grobe Einwirkung beim Reiten oder im Umgang)
- Stallwechsel mit Veränderungen der bekannten oder für das Pferd passenden Haltungsform (z.B. Gruppenhaltung, Weidehaltung zu Einzelbox und umgekehrt)
- Veränderungen durch Verkauf (z.B. durch Verlust der Bezugspersonen, Rituale, Weidekumpel, andere Anforderungen durch neuen Reiter, ungenügende Eingewöhnungszeit in der neuen Umgebung)

PSSM-2-/MFM-Muskelerkrankungen

5

Foto: Christiane Slawik

Larochela, 17-jährig mit Kirsten Guthöhrlein: Abreiten für die Dressurquadrille. (Foto: privat)

Fehlender Bewegungsdrang unter dem Reiter, wechselnde Lahmheiten ohne orthopädische oder neurologische Ursache, Dellen oder Einkerbungen der Muskulatur, unverhältnismäßig schneller Abbau der Muskulatur bei Infekten, Schwierigkeiten beim Angaloppieren, beim Erhalt eines schwungvollen Galopps mit losgelassener Muskulatur und/oder Probleme in der Versammlung?
Dies ist nur ein Auszug möglicher Symptome der Muskelerkrankung unter dem Sammelbegriff PSSM 2. Ob sich diese und weitere Symptome nun mit dem Krankheitsbild PSSM 2/MIM/MFM in Verbindung bringen lassen, ist auch für Wissenschaftler und Tierärzte keine einfache Frage. Denn nicht alle Pferde, die genetische Abweichungen der bisher bekannten Genvarianten aufweisen, zeigen (ausgeprägte) Symptome; so beispielsweise Pferde, die genotypisch Träger der bisher am häufigsten vorkommenden PX-Variante sind. Manchmal sind die phänotypischen Verläufe und Ausprägungen insbesondere bei Mehrfachträgern oder reinerbigen Trägern aber auch schwerwiegend. Eine Befragung von Bertels et al. (2018) ergab, dass 20 Prozent der Warmblutpferde mit einer PSSM-2-Diagnose, die durch Muskelbiopsie erfolgte, im weiteren Verlauf aufgrund des Krankheitszustandes eingeschläfert wurden.

„PSSM 2 hat das Potenzial zu einer schwerwiegenden und das Pferd stark belastenden Erkrankung zu werden. Vor allen Dingen führt das dann auch dazu, dass die Pferde nicht mehr reitbar sind. Und insofern ist das eine absolut ernstzunehmende Erkrankung."

(Prof. Dr. Karsten Feige, Direktor der Klinik für Pferde der TiHo Hannover und Präsident der Gesellschaft für Pferdemedizin, Podcast Folge 15)

Doch bevor wir uns nun die Hintergründe und den aktuellen Forschungsstand anschauen, die gute Nachricht vorweg: Falls es sich tatsächlich um eine Muskelerkrankung handelt, können Sie viel durch Fütterung und Training erreichen!

Was ist eigentlich PSSM 2?

PSSM 2 ist ein Sammelbegriff für wahrscheinlich erbliche Muskelerkrankungen des Pferdes, bei denen die PSSM-1-verursachende Genmutation (GYS1) fehlt. Risikogene, die aus der Humanmedizin für die Ausprägung von Muskelerkrankungen bekannt sind, konnten bei verschiedenen Rassen nachgewiesen werden. Der komplexe Zusammenhang von Genetik und Symptomatik und den weiteren Faktoren wird zurzeit weiter untersucht, um das heterogene Krankheitsbild noch besser zu verstehen. Bis dahin kann symptomatischen Pferden im Rahmen eines Gesamtbehandlungsansatzes aus Trainings- und Fütterungsanpassung geholfen werden. Eine grundlegende und umfassende internistische, orthopädische und neurologische Diagnostik sollte den Ausgangpunkt des Behandlungsansatzes bilden. Dieses Buch versucht hierzu einen Beitrag zu leisten. Durch das Wissens- und Kompetenznetzwerk liefert das Buch einen direkten Zugang zu den praxiserprobten Lösungsansätzen der Experten. Im Folgenden wird der bisherige Wissenstand abgebildet.

Nach Pagan & Valberg (2020, Seite 67) ist PSSM2 eine histopathologische Einstufung, die das Vorhandensein von bestimmten abnormalen Strukturen in Gewebeproben aus Muskelbiopsien von Pferden ohne GYS1-Mutation bezeichnet: Der Begriff PSSM 2 weist nicht auf eine spezifische Ursache hin, da bei diesen Pferden bisher keine allgemeinen, für alle gleichen genetischen Mutationen oder völlig identischen biochemischen Abweichungen festgestellt wurden. Eine histopathologische Einstufung beruht auf der Beurteilung von Gewebeproben, die aus verdächtigem Bereich der Muskulatur entnommen werden sollten (Muskelbiopsie) und anschließend von einem spezialisierten Pathologen untersucht werden.

Kurz & knapp

Eine Muskelbiopsie ist nicht zu verwechseln mit einem Gentest!
Ein Gentest ist eine Untersuchung der Erbinformationen. Die DNA (Doppelhelix mit Erbinformationen) wird gezielt auf bestimmte Abweichungen von der gesunden Norm untersucht. Das Ergebnis ist der Genotyp des Pferdes. Im Ergebnis des Gentests wird die gesunde Erbinformation als „n" bezeichnet (n = Wildtyp[G]). Sie können einen Gendefekt zu jeder Zeit (bereits beim Embryo) nachweisen. Ein genetisches Risiko ist über einen Gentest durch Einsenden von Haarwurzeln oder Blut, aus denen die DNA entnommen wird, auch außerhalb eines Schubs, beim Jungpferd oder (noch) nicht symptomatischen Pferd nachweisbar. Die Muskelbiopsie untersucht nicht die Erbinformationen (DNA), sondern die Muskelzellen und das Bindegewebe! Dabei wird die Struktur des organischen Gewebes auf einer mikroskopischen Ebene durch ein spezialisiertes pathologisches Institut untersucht (z.B. durch spezielle Einfärbungen). Es ist die bildliche Betrachtung der Muskelzellen unter dem Mirkoskop.

Die Muskelbiopsie analysiert nicht die DNA und kontrolliert nicht die Genetik Ihres Pferdes!
Eine chemische Haaranalyse ist kein Gentest!
Beim Gentest werden Haarwurzeln verwendet, weil in ihnen das DNA-Material vorhanden ist!

In den USA wurden bei Quarter Horses und verwandten Rassen etwa 28 Prozent der durch Muskelbiopsie diagnostizierten PSSM-Fälle als PSSM 2 klassifiziert (vgl. McCue, Ribeiro & Valberg 2010 in Pagan und Valberg 2020, Seite 67).
Quarter Horses mit PSSM 2 weisen durch angeborene Anomalien der Muskelfunktion chronische Belastungsmyopathien auf und haben biochemisch erhöhte Muskelglykogenkonzentrationen (vgl. Pagan & Valberg 2020, Seite 67). PSSM 2 scheint bei Hochleistungs-Quarter-Horses (Barrel Racing-, Reining- und Cutting-Pferden) sowie bei Freizeit- und Western-Pleasure-Pferden verbreitet zu sein. Etwa 80 Prozent der Warmblutpferde in den USA, bei denen durch Muskelbiopsie PSSM diagnostiziert wurde, werden als PSSM 2 eingestuft.

Bei Warmblutpferden äußert sich PSSM 2, im Unterschied zu Westernpferderassen, häufig als Belastungsintoleranz und deutlich seltener als ausgeprägte oder deutliche Belastungsmyopathie mit kreuzverschlagsartigen Symptomen. Bei Warmblutpferden, bei denen durch Muskelbiopsie PSSM 2 diagnostiziert wurde, sind biochemische Erhöhungen des Muskelglykogens unüblich. Chronische Formen von Belastungsmyopathien scheinen sich bei Pferden aufgrund der angeborenen Anomalien der Muskelfunktion zu entwickeln. In einigen Fällen wird die Muskelfunktionsstörung auf einen einzelnen Gendefekt zurückgeführt. In anderen Fällen können mehrere Gene die Muskelfunktionsstörung beeinflussen. Biochemische Prozesse, bei denen in mehreren Schritten aus einfachen Aminosäuren mittels Informationen, die in der DNA gespeichert sind, Muskelproteine gebildet werden (Genprodukte), führen unter bestimmten Umwelteinflüssen zu muskulären Problemen (vgl. Pagan & Valberg 2020, Seite 67).

„Obwohl diese Pferde unter besten Voraussetzungen aufgezogen werden und sich in jungen Jahren gut entwickeln, kann sich mit zunehmendem Alter und in Abhängigkeit von der Anzahl und Lokalisation der veränderten Gene eine Krankheitsausprägung entwickeln", schildert Dr. Melissa Luanne Cox ihre bisherigen Erkenntnisse. „Deutliche Symptome treten in der Regel erst im Alter zwischen sieben und zehn Jahren auf. Nach den bisherigen Erfahrungen aus der tierärztlichen Praxis können erste, milde Symptome auch früher auftreten, wenn es Stressfaktoren gibt", so Cox. Oft werden von Besitzern leichte Symptome in jüngeren Jahren erst rückblickend zugeordnet.

„Das bisher arbeitswillige und motivierte Pferd wirkt häufig kraft- und lustlos. Auch sein Verhalten ändert sich: Beim Satteln und beim Hufschmied wird das Pferd zunehmend unkooperativer. Tierärzte und Ausbilder werden zu Rate gezogen. Muss das Futter oder das Training angepasst werden? Fehlt es an Konsequenz? Keine Methode zeigt dauerhaften Erfolg. Mit der Zeit treten wiederkehrende Lahmheiten auf. Das Pferd wirkt zunehmend verspannt und das Training muss immer wieder pausiert werden. Keine Therapie vermag den Zustand des Pferdes nachhaltig zu verbessern."

(Dr. Melissa Luanne Cox 2019, Seite 32)

Pagan & Valberg geben an, dass bei Warmblutpferden, bei denen MFM durch Muskelbiopsie diagnostiziert wurde, schleichend eine Bewegungsunverträglichkeit auftritt, die sich im Alter von sechs bis acht Jahren durch mangelnde Ausdauer, fehlenden Vorwärtsdrang, Schwierigkeiten bei der Erarbeitung der Versammlung, bei Galoppübergängen und beim Erhalt des Galopps bemerkbar macht (2020, Seite 68).
Zu Beginn der Forschung vermutete man bei PSSM 2, ebenso wie bei PSSM 1, eine Zuckerspeicherstörung als Ursache für die Symptome (u.a. Muskelsteifheit, Bewegungsunlust, Triebigkeit beim Reiten, Leistungsabfall, Berührungsempfindlichkeit, Muskeldellen, Muskelschwund, widersetzliches Verhalten, Gangbildveränderungen, Belastungsintoleranz). Bei der PSSM-Typ-2-Komplexerkrankung werden Stand heute Abweichungen in den Muskelstrukturen, die vermutlich erblich bedingt sind, angenommen. Die ursächlichen Gene sind noch unklar. Es spielen auch Umweltfaktoren eine Rolle.

Kurz & knapp

Die DNA (Desoxyribonucleinsäure) liegt im Zellkern, besteht aus Zucker, Phosphaten und vier Basen (Adenin, Cytosin, Guanin, Thymin) und kommt in den meisten Zellen des Körpers vor. Sie trägt die Erbinformationen eines Lebewesens und und beeinhaltet die Bauanleitung der Proteine. Dadurch kann der Körper gezielt Eiweißmoleküle, unter anderem für das Muskelgewebe herstellen.
Die moderne DNA-Diagnostik kann immer differenzierter zwischen den unterschiedlichen Ausprägungen und Subtypen genetischer Veränderungen unterscheiden.
PSSM 1 = GYS1-Mutation = Glykogenspeicherstörung
PSSM 2 = Sammelbegriff für Muskelerkrankungen, bei denen GYS1 nicht vorliegt

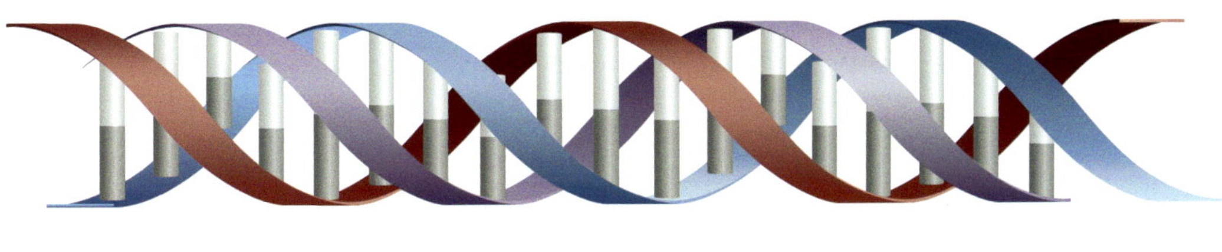

Schematische Darstellung der DNA-Doppelhelix, die die Erbinformation der Lebewesen enthält (Quelle: Powerpoint; lizenfrei)

Kurzer Exkurs PSSM 1

PSSM 1 äußert sich unter anderem durch folgende Symptome:

- *Muskelsteifheit*
- *klemmiges Gangbild bis hin zur Bewegungsunfähigkeit*
- *vermehrtes Schwitzen*

PSSM 1 führt zu einer stark erhöhten Speicherung von Glykogen (Zucker) in Muskelzellen, die bei falscher Fütterung zu einer Form der Trainingsintoleranz führt (vgl. McCue et al. 2008). Zu beachten ist, dass der Gentest bislang nur für Westernpferderassen validiert ist, so Dr. Peter Richterich. Es sind anteilig eher Westernpferde- und Kaltblutrassen betroffen, wobei PSSM 1 theoretisch bei jeder Rasse vorkommen kann.

Von PSSM 1 zu PSSM 2

Man forschte weiter, da viele Pferde in den PSSM-1-Studien zwar sehr ähnliche Symptome einer Trainingsintoleranz sowie ähnliche Biopsiebefunde (Muskeluntersuchung) zeigten, doch es fehlte die für PSSM 1 verantwortliche Mutation im sogenannten GYS1-Gen. So begann man diese Pferde als PSSM Typ 2 zu klassifizieren. Erst später fand man heraus, dass die durchaus ähnlichen Symptome nicht mit der Glykogenspeicherung in Zusammenhang stehen (vgl. Bertels et al. 2018). Nach aktuellem Stand handelt es sich bei PSSM 2 um erbliche Anomalien in den Muskelstrukturen, die in einer schweren Ausprägung als Myofibrillären Myopathie (MFM) abgegrenzt wird (vgl. Pagan & Valberg 2020, Seite 67; Valberg et al 2016). Weitere Forschung ist erforderlich.

PSSM-1-Pferde brauchen lebenslang eine sehr strikte Reduktion von Stärke und Zucker. Der Gesamtgehalt an Stärke, Zucker und Fruktan (wasserlösliche Kohlenhydrate) sollte unter 10 Prozent liegen (inkl. Heu und Weidegras). Daher ist eine getreidearme Kraftfutter-Ration notwendig. Mineralien (siehe ab Seite 161) und Antioxidantien (siehe ab Seite 155) wie Vitamin E beinflussen den Gesundheitszustand positiv. Chrom sollte nur bedarfsdeckend gegeben werden, um die Insulinsensitivität nicht unnötig zu verstärken. Denn Insulin aktiviert die Glykogensynthese. Außerdem brauchen diese Pferde ein regelmäßiges Training mit ausgedehnter Aufwärmphase. PSSM-1-Pferde profitieren von einer durchdachten Bewegungsstall- beziehungsweise Laufstallhaltung. Diese Haltungsform ist jedoch aufgrund von sozialem Stress in der jeweiligen Gruppe und den jeweiligen Haltungsbedingen nicht für jedes Pferd gleichermaßen geeignet.

„Bei der Polysaccharid-Speicher-Myopathie (PSSM 1) wird die Kohlenhydrat-Speicherform Glykogen unvollständig verstoffwechselt und dadurch mit deutlicher Schadwirkung in der Muskelzelle gespeichert. Die von PSSM 1 betroffenen Pferde zeigen ein klinisches Bild mit Bewegungsunlust, Muskeltremor oder Muskelspannung, Schwitzen, wechselnde Lahmheiten, Bewegungsunfähigkeit und deutlicher Schmerzsymptomatik."

(Dr. Peter Richterich)

Kurz & knapp

Bei den PSSM-Komplexerkrankungen (PSSM 1, PSSM 2, MIM, MFM) hat das individuell angepasste Fütterungs-, Haltungs- und Trainingsmanagement fraglos einen enormen Einfluss auf den Gesundheitszustand, das Leistungsvermögen, den Verlauf und auf das Wohlbefinden des Sport- und Freizeitpartners Pferd.

Verbreitung von PSSM 2

„Pferde mit einer PSSM 1 vergleichbaren Klinik und ähnlichen histologischen Befunden der Muskelbiospie, aber ohne GYS-1-Defekt, werden in der Gruppe PSSM 2 zusammengefasst. Untersuchungen renommierter Wissenschaftler, wie Valberg und Williams konnten zeigen, dass die Konzentration von Polysacchariden in den Muskelzellen bei PSSM-2-Pferden nicht krankhaft gesteigert ist. Vielmehr liegt die Ursache der Symptomatik in strukturellen Störungen. So sind die Myofibrillen krankhaft in ihrer Architektur verändert. Man kann also beim Pferd, wie in der Humanmedizin, Myofibrilläre Myopathien (MFM) diagnostizieren."

(Dr. Peter Richterich 2022, Seite 12)

Fachtierarzt Dr. Peter Richterich, der über 800 Pferde mit Krankheitssymptomen auf PSSM 2 und darüber hinaus zahlreiche nicht-symptomatische PSSM-2-Träger zur Zuchtanalyse untersucht hat, stellt fest:

„Um die 60 Prozent haben eine oder mehrere MIM-Anlagen. Von diesen wiederum werden um die 50 Prozent auffällig, bei 5 bis 10 Prozent kommt es zu starken Einschränkungen."

Kurz & knapp

Beim Krankheitsbild PSSM 2 sollte zwischen Genotyp (genetische Veranlagung, MIM-Gentest) und der tatsächlichen Ausprägung, also dem Phänotyp unterschieden werden. Der Phänotyp ist das durch Erbanlagen und Umwelteinflüsse geprägte Erscheinungsbild eines Organismus.
Deshalb ist das Trainings-, Fütterungs- und Haltungsmanagement extrem wichtig! Denn auch die besten Gene nützen nichts, wenn wir das Pferd nicht als Gesamtorganismus betrachten und unpassend versorgen und trainieren!

Die MIM-Varianten sind:
P2, P3, P4, P8, K1

- bedeutet genetisches Risiko zur Entwicklung einer ideopathischen (MIM) oder myofibrillären Myopathie (MFM), oder weiteren assoziierten Erkrankungen (z.B. Kollagen Dystrophie mit K1 assoziiert).

PX

- bedeutet genetisches Risiko für keuzverschlagsähnliche Symptomatiken, weshalb sich laut Dr. Cox eine idiopathische Myopathie entwickeln kann; zumeist jedoch nicht RER; wird bei Vollblütern und Westernpferderassen mit einem RER-Risiko in Verbindung gebracht; Allelhäufigkeit 16 Prozent (Dr. Melissa Cox), Störung des spannungsabhängigen Calciumkanals.

Die Übersichtstabelle aller MIM-Varianten am Ende des Kapitels zeigt die bisher diskutierten Zusammenhänge zwischen der Variante, dem betroffenen Gen und dessen Funktion im gesunden Körper. Die Mutation des Gens bewirkt durch eine veränderte Bauanleitung bei den P-Varianten P2, P3, P4, P8, vereinfacht gesagt, eine Fehlfunktion bei der Herstellung des daraus entstehenden Proteinprodukts. Dabei handelt es sich zum Beispiel um Muskelstrukturproteine (Bausteine des Muskels). Ob sich aus dem Vorliegen der MIM-Gen-Varianten signifikante Zusammenhänge zu Symptomen einer PSSM-2-Muskelkonplexerkrankung darstellen lassen, wird noch weiter erforscht.
Bei PSSM 2 wird vermutet, dass sich unter ungünstigen Bedingungen hinsichtlich der Aufzucht, Fütterung, des Trainings und der Haltung aus einer genetischen Risikoveranlagung akute oder chronische Krankheitsbilder (Phänotypen) entwickeln. Dabei stehen auch Exterieurmängel und „Instabilitätsprobleme“ als negativer Einflussfaktor im Fokus (Schnieder 2023, Seite 13).

5.1 „The Winner of Sorts“ – Ein Praxisbeispiel

Einige Jahre haben meine Tochter Anna-Lisa und ich gebraucht, um herauszufinden, welches Krankheitsbild den wechselnden Symptomen, teilweise auch widersetzlich wirkenden Verhaltensweisen im Training bis hin zu phlegmatischen Phasen auf der Weide unseres eigentlich bewegungsstarken, weit ausgebildeten und zuverlässigen Pferdes zugrunde liegt. In guten Zeiten ist es ein Pferd, das unglaublich viel Freude macht, dem viele Lernaufgaben bis hin zu den Einerwechseln, wie an der Schnur gezogen, leichtfielen. Doch in schlechten Phasen, vor allem im Winter, dominierten Triebigkeit, Steifheit, Bewegungsunlust und teilweise massiver Muskelabbau mit Muskeldellen und Einkerbungen. Beispielsweise stellte Luke nach einer guten Lösungsphase die Mitarbeit unvermittelt und ohne erklärbaren Grund ein, wurde sehr steif und konnte nicht mehr antraben. Teilweise begab er sich in eine Sägebockhaltung, bei der er die Hinterhand entlastend nach hinten stellte. In guten Phasen „the Winner“ und mit Anna-Lisa siegreich in der Dressur bis M**, in schlechten Phasen fühlten wir uns wie Reitanfänger, die Probleme beim Antraben hatten. Ohne die Ursache zu kennen, haben wir schon sehr früh Bindings Zitat als Leitsatz an Lukes Boxentür angebracht. Und wir finden, das Zitat passt letztlich sehr gut für viele Pferde.

> „Immer verlange ein Maß von Anstand, Aufmerksamkeit, Kraft; aber das Äußerste verlange auf kurze Zeit, auf Viertelstunden, auf Minuten, ja auf Augenblicke."
>
> (Rudolf G. Binding in *Reitvorschrift für eine Geliebte* 2001, Seite 62)

Ich kann sagen: In 40 Jahren Pferdehaltung hatte ich mit diesem Pferd die schwersten Zeiten bisher.
Es gab Phasen mit längeren Klinikaufenthalten zur Diagnostik und Behandlung, mit Zuständen, die die behandelnden Tierärzte und Kliniken an eine Kreuzverschlagsneigung des Pferdes denken ließen, unverhältnismäßig starkem Muskelschwund und Schwäche des Immunsystems mit Atemwegssymptomatik. Nach einem der Klinikaufenthalte, diesmal nur ein kurzer Aufenthalt wegen einer leichten Sinusitis, die ihm jedoch körperlich und auch mental deutlich mehr zusetzte, als es allgemein üblich ist, kam er nach Hause und war muskulär nur noch ein Schatten seiner selbst.
Im Rahmen der Diagnostik erfolgten eine umfassende internistische, neurologische und orthopädische Begutachtung, Bildgebung und Befragung zum bisherigen Verlauf und der Symptomatik. Ebenso erfolgte eine ergänzende DNA-Untersuchung der aktuell testbaren sechs Varianten. Luke ist heterozygoter[G] 5-fach-Träger (n/p2, n/p3, n/p4, n/p8, n/PX).
„Your horse is the winner of sorts“, schrieb mir Dr. Melissa Cox. Sie hatte die Qualitätskontrolle bei der genetischen Untersuchung unseres Pferdes Luke durchgeführt und das Ergebnis war ihr in Erinnerung geblieben. „The Winner of Sorts“ – Dieser kleine Satz treibt mir und meiner Tochter Anna-Lisa immer noch Tränen in die Augen und repräsentiert einen langen Diagnoseweg.
Regelmäßige Bewegung mit systematischen und durchdachten Trainingsreizen, ein durchgeplantes Wochenbewegungsprogramm, sowie weiterhin, wie bereits die Jahre zuvor, eine stärke-, fruktan- und zuckerreduzierte Fütterung und vor allem die Zufütterung von hochwertigen Proteinen, Vitaminen und Aminosäuren halfen ihm wieder zurück in ein Leben als gesundheitlich sensibler Partner – mit guten und etwas schlechteren Phasen – vor allem im Winter und bei Kälteeinbruch. Viele Erkenntnisse mussten wir uns mühevoll und in unendlicher Recherchearbeit aneignen. Jedes Detail haben wir aufgeschrieben, um Muster zu erkennen. Das war sicherlich hilfreich für die Diagnostik. Es wäre aber Vieles leichter gewesen, wenn uns schon früher Experten zur Seite gestanden hätten.

Anna-Lisa Guthöhrlein mit dem 5-fach-MIM-Träger Luke Skywalker. Bei ihm liegt eine MFM-Diagnose und außerdem noch ein hochgradiges ECVM vor. (Foto: Sabrina Doll)

Ich habe alle meine Pferde über die Jahrzehnte bereits stärke- und zuckerreduziert gefüttert – auch Luke. Den Durchbruch bei Luke brachte die dauerhafte Substitution von Aminosäuren und Vitamin E. Luke hat sich stabilisiert, ist trainierbar und zeigt keine Kreuzverschlagssymptome mehr. Steigen die Außentemperaturen, blüht er richtiggehend auf und genießt die freien Bewegungsmöglichkeiten auf dem an die Boxen angeschlossenen Paddocktrail und den Weiden.

5.2 Die bisher bekannten Varianten

P2 – P3 – P4 – P8 – K1 – (PX)

Nun geht es hinsichtlich der einzelnen Genveränderungen wirklich ins Detail. Dieses Kapitel spricht den wissenschaftlich interessierten Leser an. Sie werden etwas über das tiefste Innere und über die Genetik des Pferdes erfahren. Falls Sie ein getestetes Pferd mit einer der bisher bekannten P-Varianten besitzen, sollen Ihnen diese Informationen eine Grundlage geben, um die möglichen Zusammenhänge von Genetik und Symptomen besser zu verstehen. Wagen Sie diesen spannenden Blick in die kleinsten Zellen und Moleküle des Pferdes! In diesem Kapitel führt Ihre Reise zwar erstmal aus der Stallgasse raus, aber über das theoretische Hintergrundwissen zu einem besseren Verständnis Ihres Pferdes.

Kurz & knapp

Myofibrilläre Myopathien (MFM)

Unter dem Begriff „Myofibrilläre Myopathien" werden verschiedene Muskelstoffwechselerkrankungen zusammengefasst (Gliedergürteldystrophie, MFM1, MFM5, MFM8 usw.). Die Gen-Veränderungen der Varianten P3, P4, P8 können Verläufe und Symptome auslösen, die unter dem Begriff MFM zusammengefasst werden.

MFM verursachen eine spezielle Art von Schaden in den Muskeln, der sich, je nach betroffener Region, in unterschiedlichen muskulären Funktionsstörungen, Schweregraden und Ausprägungen zeigen kann.

Und nun etwas genauer ...

Das Labor Generatio bietet genetische Tests für verschiedene genetische Mutationen (MIM-Varianten) an, die mit dem Sammelbegriff PSSM-2-Muskelkomplexerkrankungen in Verbindung stehen. Diese MIM-Gentests treffen eine Aussage über ein Erkrankungsrisiko und sind bisher noch nicht wissenschaftlich validiert. Hat ein Pferd eine oder mehrere der bisher bekannten MIM-Varianten, weist der Test lediglich das Vorhandensein oder eben Fehlen von Risikogenen aus. Es wird also eine Aussage über die genetische Veranlagung (Genotyp) getroffen. Das Ausmaß des Risikos für die Ausbildung eines PSSM-2-Krankheitsbildes wird durch den Gentest nicht näher dargestellt. Wie bereits dargestellt, kommen verschiedene Autoren zum Schluss, dass bei allen Formen der Myofibrillären Myopathie (MFM) die Z-Scheibe des Muskels der früheste Ort der krankhaften Veränderung ist (u.a. Henry et al. 2021b; Lewis, Valberg, Nicholson, Reardon & Finno 2017). Schreiten die Auswirkungen der Erkrankung fort, kommt es zu Veränderungen der Muskelfaserstruktur oder zur Anhäufung von abgebauten Muskelfilamenten. Diese winzigsten Strukturen sind die eigentlichen Akteure der Muskelarbeit. Es wird vermutet, dass die Zersetzungen des Membranmaterials des Muskels erblich ist. Unklar ist, ob die bisher bekannten oder weitere, bisher noch nicht bekannte Gene ursächlich sind. Eine erbliche Komponente steht jedoch außer Frage.

Ganz allgemein lässt sich auf Basis der bisherigen praktischen Erfahrungen der Experten festhalten: Die Kombination mehrerer MIM-Gen-Veränderungen erhöht das Risiko für einen schwereren Verlauf, eine ausgeprägtere Symptomatik und ein früheres Auftreten von Symptomen!

„Aus unserer Erfahrung werden Pferde erst mit sieben bis zehn Jahren symptomatisch, sodass dann an PSSM 2 gedacht wird und es zur Diagnose kommt. Mitunter weil zuvor erste Schübe nur eine unspezifische Symptomatik ergaben."

(Dr. Andreas und Christina Wessling)

Die P-Varianten

Die genetische Disposition (= Veranlagung, also der Genotyp) wird derzeit nach Genort und Lokalisation der Mutation unterschieden. Der konkrete Zusammenhang der sehr wahrscheinlich polygenen Ursache[G] von PSSM 2 und MFM kann zu sehr milden oder deutlicheren Symptomen führen. Aufgrund der unterschiedlichen Mutationen, der Kombinationsmöglichkeiten der bisher sechs potenziellen Risikogene und den unterschiedlichen weiteren Faktoren (Training, Fütterung, Haltung, Exterieur, Fundament usw.) können sich, ähnlich wie bei assoziierten Muskelerkrankungen bei Menschen, sehr unterschiedliche Verläufe und Ausprägungen entwickeln.
Studien kommen überein, dass PSSM-2-Pferde durchschnittlich ab 6,4 Jahre erste Symptome zeigen. Meist zeigt sich im Alter von sechs bis acht Jahren eine schleichend einsetzende Symptomatik (z.B. Bertels, Williams & Valberg 2018).

Kurz & knapp

Beim Pferd gelten regelmäßiges Training, dem Fitnesszustand angepasste Trainingsreize, eine muskelanabole Fütterung und für das jeweilige Pferd passende Haltungsbedingungen als einflussstarke Faktoren, die sich positiv auf den Gesamtzustand eines PSSM-2-Pferdes auswirken können. Diese Faktoren können sich begünstigend auf die veränderten Gen- und Proteinreaktionen und die nachgeschalteten Effekte auf die Muskulatur (P2, P3, P4), die zelluläre Abwehr gegen oxidativen Stress (P8) und das Bindegewebe (K1) auswirken.

Kontraktile Proteine
Sammelbezeichnung für Proteine, wie Myosin und Aktin, die in Muskelproteinen, Motorproteinen (stabilisieren das Cytoskelett der Zellen, Transportmechanismen in den Zellen) und anderen Strukturen vorkommen
Fähigkeit: können das Sichzusammenziehen bewirken (besonders von Muskeln)

Die genetischen Veränderungen, die mit den PSSM-2-Muskelkomplexerkrankungen in Verbindung gebracht werden, haben nicht nur Auswirkungen auf die Muskelstruktur und -funktion, sondern kommen auch in anderen Geweben zum Tragen, die nicht Teil des kontraktilen Apparates sind. Die Auswirkungen der genetischen Veranlagung hängen wahrscheinlich zusammen mit:

- der Ausrichtung der kontraktilen Proteine in der Muskelstruktur
- oxidativem Stress in den Zellen
- der Funktion der Mitochondrien (siehe Seite 32)

Oxidativer Stress ist ein Zustand des Stoffwechsels, bei dem ein Ungleichgewicht zwischen freien Radikalen und Radikalfängern besteht. Freie Radikale sind Sauerstoff-Verbindungen, denen ein Elektron fehlt. Sie sind besonders reaktionsfreudig, da sie danach streben, ihr fehlendes Elektron zu ersetzen.
Muskelbiopsien **vor und drei Stunden nach dem Training** bei Pferden mit MFM deuten darauf hin, dass es einen Zusammenhang zwischen oxidativem Stress und PSSM 2/MFM gibt (Dr. Paul Szauter in persönlicher Kommunikation).

Zu viele freie Radikale → Ungleichgewicht → Schäden in Zellen oder deren Funktionen

Kurz & knapp

Bei einer Muskelkomplexerkrankung liegen funktionale und strukturelle Auswirkungen auf Muskelstrukturproteine vor. Proteine sind Eiweiße und liefern das Baumaterial für Muskeln, Organe, Blut, Enzyme und Hormone und sind an der Immunabwehr beteiligt. In einem Protein sind unterschiedliche Aminosäuren in langen Ketten miteinander verknüpft. Jeder der bisher bekannten Genorte kodiert ein zugehöriges Proteinprodukt. Jedes der Proteine, das bei den Varianten P2, P3 und P4 betroffen ist, beeinflusst die Struktur oder Funktion der Grundeinheit des Muskels. Liegt eine Schädigung der Grundbausteine des Muskels vor, ist der Muskel weniger belastbar. Diese erblichen Prozesse werden wahrscheinlich durch die Faktoren Training und Fütterung maßgeblich beeinflusst. Je mehr potenzielle Risikogene ein Tier trägt und je ungünstiger äußere Bedingungen sind, je wahrscheinlicher entwickelt sich ein Krankheitszustand.

Vielleicht denken Sie jetzt: „Bis hierhin war es ja schon ein bisschen kompliziert!"
Diese Einblicke in die Materie sollen deutlich machen, warum Muskelerkrankungen wie PSSM 2 und MFM sich so verschieden darstellen. Die unterschiedlichen Geno- und Phänotypen führen zu einer langen Liste an Symptomen, die in ihrer Gesamtheit betrachtet werden sollten. Wichtig ist zu verstehen, dass eine genetische Veranlagung und/oder ein Einzelsymptom keinesfalls PSSM 2 bedeutet! Bei einer PSSM-2-Diagnostik müssen das Ganze und die Details von einem erfahrenen Tierarzt zusammenführend betrachtet werden. Eine multiprofessionelle Zusammenarbeit scheint zielführend (z.B. Tierarzt, Trainer, Pferdephysiotherapeut, Futterexperte). Die Diagnose, Abgrenzung verschiedener Muskelerkrankungen, aber auch der Ausschluss von Lahmheiten durch Sehnenschäden usw. sind aufgrund der sich überschneidenden Symptome nicht ganz einfach. Bei Menschen findet man trotz identischer Muskelerkrankung und Diagnose mit identischer genetischer Krankheitsursache höchst unterschiedliche Verläufe. In den zehn Jahren seit der Veröffentlichung der Genomsequenz des Pferdes wurden kontinuierlich neue

Untersuchungswerkzeuge entwickelt, die das Verständnis der Struktur und Funktion des Pferdegenoms verbessert haben. Die nächste Generation der DNA-Sequenzierung hat weitere schädliche Gene als potenzielle Auslöser für Myopathien einschließlich PSSM 2 und Myofibrillärer Myopathie (MFM) erbracht. Um die Komplexität der Muskelerkrankungen beim Pferd besser zu verstehen, möchte ich Ihnen durch die folgende Tabelle deutlich machen, dass es sich bei genetischen Veränderungen, die Muskelfunktionen stören können, nicht um eine (Mode-)Erscheinung bei Pferden handelt. Die folgende Aufzählung dient nicht der Vollständigkeit, sondern soll die Bedeutung der Genetik für Mensch und Pferd verdeutlichen. Zu beachten ist: Die aufgezeigten Mutationen sind lediglich Risikogene, keine Krankheitszustände (Phänotypen).

Genetisches Risiko ≠ Kranheitszustand
Die menschlichen MFM-Bezeichnungen sind, ebenso wie PSSM 2, Krankheitszustände.
Beispiel: MFM3 beim Menschen wird durch eine Mutation in einem Gen verursacht, das als FLNC abgekürzt wird. Diese FLNC-Mutation wird beim Pferd P3-Variante genannt, beim symptomatischen Pferd als Krankheitszustand PSSM 2 bezeichnet.

Genetische Mutation	Krankheitszustand Mensch	Krankheitszustand Pferd
DES	MFM1	
CRYAB	MFM2	
MYOT	MFM3	P2
LDB3	MFM4	
FLNC	MFM5	P3
BAG3	MFM6	
KY	MFM7	
PYROXD1	MFM8	P8
TTN	MFM9	
SVIL	MFM10	
UNC45B	MFM11	

Die meisten dieser Gene werden in der Humanmedizin auch mit anderen Formen von Muskelkrankheiten in Verbindung gebracht. Darüber hinaus wurden bei vielen Patienten, bei denen eine Muskelerkrankung diagnostiziert wird, mehrere genetische Veränderungen in muskelbezogenen Genen gefunden.

Das Validierungsdilemma des Gentests: Ein Erklärungsversuch

„Ein DNA-Test ist ein genetischer Test, bei dem die Erbinformationen analysiert werden. Er kann an einer einzigen Zelle durchgeführt werden. Diese Zelle kann beispielsweise aus einem Embryo vor der Einpflanzung isoliert werden. In diesem Stadium gibt es noch kein differenziertes Muskelgewebe. Ein Forscher könnte also sagen, dass es absolut keinen Zusammenhang zwischen den Ergebnissen des Gentests und einer Biopsie gibt. Stellen Sie sich nun vor, dass wir eine Gruppe von neugeborenen Fohlen testen. Einige der Fohlen könnten eine oder mehrere genetische MIM-Varianten tragen, aber es wäre sehr ungewöhnlich, dass eines von ihnen in diesem Alter bei einer Muskelbiopsie, die die Zellen unter dem Mikroskop untersucht, Gewebeauffälligkeiten zeigt. Eine Muskelbiopsie untersucht nicht die Erbinformation, die DNA. Bei Embryonen oder neugeborenen Fohlen ist es also zu erwarten, dass eine Muskelbiopsie keine eindeutigen Anzeichen einer Muskelerkrankung erkennen lässt. Bei vergleichbaren Mutationen in menschlichen Patienten dauert es Jahrzehnte, bis sich der Krankheitszustand entwickelt, der in einer Muskelbiopsie nachgewiesen werden kann. Wenn Sie den Unterschied zwischen einem Krankheitszustand und einer genetischen, also erblichen Veranlagung für einen Krankheitszustand verstehen, wird vieles in dieser Diskussion um PSSM 2 nicht mehr verwirrend oder kontrovers erscheinen."

(Dr. Paul Szauter, Ph.D., Chief Scientific Officer EquiSeq)

Beim Krankheitsbild PSSM 1, für das ein einzelnes Gen ursächlich ist, wurde der Zusammenhang zwischen Genmutation und Krankheitsbild für die Westernpferderassen (Quarter Horse, Paint, Appaloosa) nachgewiesen (validiert). Der Sammelbegriff PSSM 2 ist aufgrund mehrerer beteiligter Gene schwieriger. Der Begriff gilt zurzeit in der Veterinärmedizin und juristisch als unscharf. Die Gesamtheit der Beschwerden des jeweiligen Phänotyps kann bei gerichtlichen Auseinandersetzungen im Zusammenhang mit dem Kauf eines Pferdes nicht ohne Schwierigkeiten mit den fraglos nachweisbaren genetischen Mutationen (Genotyp) in Verbindung gebracht werden, vielmehr muss der tatsächliche Phänotyp betrachtet werden. Ein Gentest stellt das Vorhandensein oder Fehlen von veränderten Genen fest. Um den Zusammenhang von Genmutationen (bei PSSM 2 vermutlich mehrere veränderte Genorte) und der Ausprägung einer Krankheit nachzuweisen, wünschen sich Besitzer, Tierärzte und Wissenschaftler, dass diese Zusammenhänge in einem sogenannten Peer-Review-Verfahren[G] veröffentlicht werden. Dabei werden die Forschungsergebnisse von Gutachtern geprüft. In der Diskussion um den MIM-Gentest steht genau dieser Stand der Validierung im Mittelpunkt, da die Ergebnisse noch nicht in einem solchen Begutachtungsverfahren veröffentlicht sind. Bei Validität geht es, ganz einfach gesagt, um die Qualitätssicherung einer wissenschaftlichen Untersuchung. Es geht um die Frage: Messe ich auch wirklich das, was ich messen will?

Das sogenannte Peer-Review ist ein Verfahren, bei denen wissenschaftliche Ergebnisse von einem oder mehreren anderen Experten begutachtet werden. Beispielsweise könnten hierfür zusätzlich zum veränderten Gentestergebnis auch noch Muskelbiopsien vorgenommen, Symptome der Pferde erfasst und andere Erkrankungen ausgeschlossen werden. Während der Gentest mit Haarwurzeln oder Blut einfach und schmerzlos durchgeführt werden kann, ist für die Muskelbiopsie eine Sedierung des Pferdes für die Gewebsentnahme nötig. Bei Quarter Horses und verwandten Rassen wurden etwa 28 Prozent durch Muskelbiopsie diagnostizierte Fälle als PSSM 2 klassifiziert. Die Muskelbiopsie untersucht das entnommene Muskelgewebe unter dem Mikroskop (nicht die Erbinformationen auf der DNA) und bringt, außer bei nicht umkehrbaren Schäden im Gewebe, nur im akuten Schub ein sicheres Ergebnis hinsichtlich PSSM 2/MFM, denn jeder Organismus versucht geschädigte Gewebestrukturen immer wieder zu reparieren. Das Problem der Validierung ist die Komplexität der Gen-Umwelt-Interaktion, verursacht durch mehrere verschiedene beteiligte Gene (polygene Ursache). Jeder Körper reagiert mit etwas unterschiedlichen Ausprägungen. Das liegt an kompensierenden Genen, dem Exterieur und dem per se unterschiedlichen Zustand der Muskelstruktur aufgrund von verschiedenen Trainings- und Fütterungssituationen (Umweltfaktor). Eine Schwierigkeit der Muskelbiopsie ist die Ausprägung des Krankheitszustandes zum Zeitpunkt der Biopsieentnahme (d.h. durch Alter, Trainingsintensität).

Es ist anzunehmen, dass viele Pferde, die eine Erbanlage für PSSM 2 tragen, sportlich erfolgreich sind oder als Freizeitpferd eingesetzt werden. Unser eigenes Pferd ist 5-fach-MIM-Träger, hat ein hochgradiges ECVM und war mit einem systematischen Trainingsplan bis S-Dressur siegreich. Leider bildete sich das Krankheitsbild PSSM 2/MFM mit zunehmendem Alter stärker aus, sodass er nicht mehr durchgängig auf diesem Niveau geritten werden kann. Dieser Verlauf ist aus Sicht von Tierärztin Christina Wessling, Dr. Peter Richterich, Dr. Andreas Wessling, Dr. Melissa Cox und Dr. Paul Szauter nicht ungewöhnlich für dieses Krankheitsbild und vor allem für ein Pferd, das fünf der sechs testbaren genetischen Varianten trägt. Die Diagnose erfolgte durch eine umfassende internistische, orthopädische und neurologische Diagnostik durch ein Kompetenzteam von Tierärzten (mehr dazu in Kapitel 6.1). Dass die genetischen Mutationen prinzipiell durch einen Gentest nachweisbar sind, wird auch von Kritikern nicht angezweifelt, jedoch deren Auswirkung als Krankheitsbild PSSM 2.

„Die fehlende Validierung ist ein Hauptargument von Kritikern. Dies ist jedoch typisch für multifaktorielle Erkrankungen, bei denen es bei der

Entwicklung von Symptomen ein starkes Zusammenspiel zwischen Umwelt und Genetik gibt. Dennoch sind die derzeit verfügbaren DNA-Tests ein wichtiger Schritt in die richtige Richtung."

(Dr. Melissa Luanne Cox)

Dr. Peter Richterich, Dr. Andreas und Christina Wessling sprechen sich Pro-Gentest aus und sind überzeugt davon, dass die Testung dazu beitragen kann, betroffenen Pferden durch angepasste Fütterungs- und Trainingsmaßnahmen zu helfen und züchterische Abwägungen zu ermöglichen. Manche Besitzer entscheiden sich auch nach der Durchführung des Tests zu einer umfassenden PSSM-2-Diagnostik. Insofern kann der Test dazu beitragen, betroffene Pferde zu identifizieren und Besitzer zu sensibilisieren.

„Ich bin ein Freund von Tests und ich war auch einer der ersten, die bei WFFS auf Gentests gedrängt haben. Meiner Meinung nach hätte man auch bei WFFS viel früher eingreifen sollen."

(Dr. Peter Richterich in Wackermann, St. Georg 2022)

Derzeit beschäftigt sich ein großes Forschungsprojekt an der Universität Minnesota (USA), welches weltweit DNA-Proben von Pferden sammelt, mit der Zuordnung von genetischen Markern und Symptomen sowie weiteren Einflussfaktoren (Fütterung, Training, Haltung). Viele Behandlungen basieren im tierärztlichen Alltag auf Verdachtsdiagnosen. Sicherlich könnte man noch ein paar Jahre abwarten, bis noch mehr Daten über das Syndrom PSSM 2/MFM vorliegen, aber welche Behandlung erhalten symptomatische Pferde bis dahin?

Fehlende Erklärungen der ganz genauen Wirkmechanismen sind in der Human- und Veterinärmedizin nicht ganz ungewöhnlich. Im Unterschied zu Pferdesport und Zucht, steht beim Menschen jedoch vorrangig die Gesundung im Mittelpunkt, während im Pferdesport durchaus auch Werterhalt und Vermarktbarkeit eine nicht unerhebliche Rolle in der Diskussion spielen. Das ist eine mögliche Ursache dafür, warum Gentests, die ein nicht genauer beziffertes Risko für eine mögliche Verschlechterung der Nutzbarkeit eines Reitpferdes ausweisen, aus einer marktwertorientierten Perspektive kritisch betrachtet werden.

„Mein Tierarzt sagte mir heute PSSM 2 wäre eine totale Modekrankheit und wenn die Wendy-Mädchen von heute ihre Pferde nicht bedienen könnten, dann wäre es eben diese Krankheit. Das Pferd wurde in einer Klinik, inklusive Röntgen aller vier Beine, Rücken und HWS komplett auf den Kopf gestellt. Es wurde nichts gefunden, was die Symptome erklären kann. Eine Behandlung oder ein weiterer Lösungsansatz wurde nicht vorgeschlagen. Als Modekrankheit abgestempelt. Dabei bleibt es dann."

(Besitzerin auf Nachfrage beim Tierarzt zur Durchführung eines PSSM-2-Gentests)

Sabine Ellinger macht es Freude, wenn Reha-Pferde zunehmend Fortschritte machen: „Das gibt mir mehr als jede Platzierung auf dem Turnier.“ (Foto: Christiane Slawik).

„Nur drüber reiten, ignorieren oder PSSM 2 als Mode-Diagnose abtun, hilft nicht weiter! Und wenn ich ein Pferd habe, das auffällige Symptome zeigt, bereits alle Diagnostik gemacht wurde und dann noch positiv getestet wird, dann ist es mir egal, dass der DNA-Test nicht validiert ist. Spricht es dann noch auf ein verändertes Training und die Futterumstellung an, reicht mir das, um entsprechend zu handeln.“

(Sabine Ellinger, Ausbilderin in einem Pferde-Reha-Zentrum in Murrhardt)

Sabine Ellinger ist eine erfahrene Ausbilderin und Fachbuchautorin. Von der Fachzeitschrift „Mein Pferd“ wird sie als eine der 50 besten Ausbilder Deutschlands ausgewiesen. In verschiedenen Fachzeitschriften wird Ellinger als Expertin in Ausbildungsfragen herangezogen.

„Ich habe eine sehr gute und erfahrene Tierärztin, aber bei PSSM 2 vertritt sie die Einstellung: Der Gentest für PSSM 2 ist bisher nicht validiert und hat deshalb keine Aussagekraft! Deshalb gibt es aus ihrer Sicht auch die Krankheit nicht."

(Besitzerin eines n/P2, n/K1-Pferdes)

Ist PSSM 2 eine „Modeerscheinung"?

Symptomen einer möglichen PSSM-2-Erkrankung sollte nicht mit stumpfen Aussagen wie „Modeerscheinung", „nicht validiert" oder „dem Pferd fehlt nur die Einstellung zum Sport" begegnet werden. Äußerungen von Tierärzten wie diese, mit denen Besitzer leider noch allzu oft konfrontiert werden, sind im diagnostischen Prozess weder hilfreich noch zielführend. Vor allem ohne einen hinreichend logischen Lösungsansatz in der weiteren Diagnostik vorzuschlagen. Auch beim Menschen sind die Wirkmechanismen und Ursachen nicht immer bis ins letzte Detail nachvollziehbar oder noch nicht umfassend erforscht, dennoch erfolgt eine Therapie (z.B. Physiotherapie), Behandlung (z.B. Schmerzmedikation), Verlaufskontrollen und weitere Diagnostik (z.B. Blutuntersuchung, Bildgebung).

What really matters ...

Bis zum Abschluss einer wissenschaftlichen Validierung muss betroffenen Pferden symptombezogen geholfen werden. Hierzu stehen praxiserprobte Behandlungsansätze zur Verfügung.

Good to know ...

Die kommerziellen Gentests für PSSM 2 testen das Vorhandensein einer genetischen Veränderung. Sie machen keine Aussage über die Ausprägung des Krankheitszustandes. Der Zusammenhang zwischen Genveränderung und Krankheitsbild konnte bisher noch nicht eindeutig nachgewiesen werden.

Das Labor Generatio startete Mitte September 2022 eine umfassende und groß angelegte Befragung, um umfangreiche Daten von Pferden zu erfassen, die auf genetische Varianten von PSSM 2 getestet wurden. Die Studie hat das Ziel, ein besseres Verständnis des Auftretens und der Stärke der mit PSSM 2 einhergehenden Symptome sowie mögliche, beeinflussende Faktoren im Umfeld der Pferde zu untersuchen.

Link zur Studie & Befragung:

P2 – Die neuronale Strukturschwäche

Bei P2 handelt es sich um die Variante MYOT-S232P, eine Missense-Mutation[G], bei der ein fehlerhaftes Protein kodiert wird (vgl. Szauter 2019b). Über die genaue Funktion des MYOT Genprodukts Myotilin ist noch nicht alles bekannt. Bekannt ist: Myotilin spielt eine entscheidende Rolle für die Struktur und Stabilität der Z-Scheibe der Muskulatur, an deren Aufbau ein komplexes Zusammenspiel vieler Proteine beteiligt ist (vgl. Zehetmeyer 2015, Seite 16). Mutationen im Myotilin-Gen können bei Menschen die MYOT-assoziierten Myofibrillären Myopathien (Myotilinopathien) verursachen und sind mit großer Wahrscheinlichkeit Ursache einer spät beginnenden, schwerwiegend verlaufenden Gliedergürteldystrophie (Typ LGMD1A[G]; ebd., Seite 59).

Die P2-Variante scheint eine relativ weitverbreitete Variante in der Pferdepopulation zu sein. Valberg et al. (2020, Seite 694 ff.) führen zu P2 an, dass häufige Varianten nicht unbedingt harmlos sind und vertreten die Ansicht, dass P2 bereits seit längerem etwa 15 Prozent der Population betreffen könnte und als alleinige Variante (n/P2) nicht zur Diagnose von PSSM 2/MFM verwendet werden könne. Die P2-Variante trat in der Warmblutgruppe bei 15 Prozent der Kontrollgruppe und 27 Prozent der PSSM2/MFM-Gruppe auf; bei der Arabergruppe trat P2 bei 20 Prozent der Kontroll- und 33 Prozent der PSSM2/MFM-Gruppe auf (ebd.). Die Autoren vertreten die Hypothese, dass es unwahrscheinlich ist, dass sich die P2-Variante über einen langen Zeitraum in der Population manifestiert hätte, wenn es nennenswerte, negative Einflüsse auf den Organismus gäbe. Die Forschergruppe um Valberg hat den PSSM-1-Gentest entwickelt und lizenziert. Die ursächliche Mutation des GYS1-Gens konnte in fossiler DNA von Pferden identifiziert werden, die vor 2500 Jahren lebten.

Die Nutzbarkeit als Reitpferd oder ungünstige Auswirkungen auf die Rittigkeit sind möglicherweise für die Evolution keine Selektionserfordernisse. Insbesondere wenn man die Tatsache berücksichtigt, dass die Auswirkungen der genetischen Risiko-Varianten des MYOT-Gens (P2), bei menschlichen Patienten erst spät in der Lebensspanne beginnen und langsam fortschreiten.

> „Die P2-Variante (MYOT) bei Pferden betrifft das Myotilin-Gen. Es handelt sich um eine andere Region des Gens als beim Menschen. Die Mutationen dieses Gens sind für erbliche Muskelerkrankungen verantwortlich, die ursprünglich als Gliedergürtel-Muskeldystrophie bezeichnet wurden und seit kurzem als Myofibrilläre Myopathie 3 (MFM3) klassifiziert werden. P2 ist eine Veränderung einer Aminosäure (Serin), in einem Bereich, wie die Mehrzahl der pathogenen menschlichen MYOT-Allele."
>
> (Dr. Paul Szauter)

Myotilin ist das Genprodukt des gesunden MYOT-Gens. Dieses Produkt ist ein Muskelstrukturprotein, das in der Skelett- und Herzmuskulatur, im Knochenmark und in der Schilddrüse gebildet

wird. Es bindet sich mit Aktin (= Hauptkomponenten der stabilisierenden Z-Scheibe im Muskel; siehe Seite 42 f. in diesem Buch) und dem Filamin C (= Genprodukt der P3-Variante). Das aus der Erbinformation gebildete Protein Myotilin sorgt für die Stabilität der Muskelfasern während der Muskelkontraktion. Veränderungen des MYOT-Gens betreffen vor allem die Skelettmuskulatur, Zunge und Haut (vgl. The Human Protein Atlas; Uhlén et al. 2015).

In Muskelbiopsien bei erkrankten Menschen mit veränderten MYOT-Allelen lassen sich abweichende Muskelfasern nachweisen. Unter dem Mikroskop zeigen sich die Abweichungen in den Gewebeproben, die durch verschiedene Färbemittel sichtbar gemacht werden. Außerdem sind Antikörper vorhanden, die gegen bestimmte Muskelproteine gerichtet sind. Hauptsymptome veränderter MYOT-Allele sind eine fortschreitende Schwäche der distalen Muskulatur (von der Körpermitte entfernt) und eine periphere Neuropathie (Störung eines oder mehrerer Nerven in den äußeren Zonen des Körpers, äußern sich durch eine Beeinträchtigung der Sensorik, der Motorik und/oder der sogenannten vegetativen, nicht willentlichen Funktionen). Menschen mit dieser genetischen Mutation berichten zum Teil über fehlende Wahrnehmung oder Gefühlsstörungen (z.B. Kribbeln, Ameisenlaufen, Brennen) in Händen, Füßen oder Beinen Bei Schmerzen wird gegebenenfalls eine Therapie mit Medikamenten und Mikronährstoffen eingeleitet (z.B. Alpha-Liponsäure (ALA), Vitamine der B-Gruppe, Amitriptylin, Carbamazepin u. a.). Dabei handelt es sich natürlich nicht um ursächliche Therapien, sondern um die Behandlung von Symptomen.

Es wird angenommen, dass die Prozesse bei Säugetieren ähnlich verlaufen und ein Erfahrungsübertrag aus der Humanmedizin hilfreich sein könnte, um betroffenen Pferden symptombezogen zu helfen. Gleichzeitig ist festzuhalten, dass die P2-Variante des Pferdes eine andere Region des Myotilin-Gens als beim Menschen betrifft und somit keine völlig identischen Auswirkungen zu erwarten sind. Die unterschiedlichen Ausprägungen beim einzelnen Tier sind, wie auch beim Menschen, von vielen inneren Faktoren (unbekannte Schadgene, weitere Krankheiten, Exterieurmängel, Stellungsfehler, knöcherne Malformationen usw.) und äußeren Einflussfaktoren (Aufzucht, Training, Fütterung, Haltung, Verletzungen usw.) abhängig. Als Pferdebesitzer eines symptomatischen PSSM-2-Pferdes können Sie die äußeren Faktoren beeinflussen.

P3 – Der fehlende Kabelbinder

Beim Pferd treten zwei Variationen des veränderten P3-Gens auf.

a) P3a

Die P3a-Variante führt zum Ersetzen der im Standardgenom angegebenen Aminosäure Glutaminsäure durch die Aminosäure Lysin. Beim Menschen entspricht die P3a-Variante (FLNC-E753K) der

Myofibrillären Myopathie 5 (MFM5). Der Phänotyp manifestiert sich demnach vermutlich im mittleren Alter und ähnelt den Symptomen einer Gliedergürteldystrophie. Das heißt die Schwäche beginnt im Bereich des Hüftgürtels. Beim Menschen sind oft die Beine stärker betroffen als die Arme. Zu Beginn der Erkrankung werden beim Menschen Rückenschmerzen beschrieben. Bei einem Drittel der betroffenen Menschen liegt eine Herzbeteiligung vor.

b) P3b

Die P3b-Variante führt zum Ersetzen von Alanin durch Threonin. Die Variante (FLNC-A1207T) entspricht beim Menschen der Distalen Myopathie 4 (DM4). Die Krankheit manifestiert sich bei Menschen in der Regel während des dritten Lebensjahrzehnts und geht mit einer Schwäche der Griffkraft einher. Die Krankheit schreitet sehr langsam voran. In der Regel tritt erst nach weiteren zehn Jahren eine Schwäche der Wadenmuskulatur auf. Im fünften Lebensjahrzehnt sind die Muskeln der Körpermitte fühlbar beeinträchtigt. Ausgespart bleiben die vorderen Schienbeinmuskeln und die Atemmuskulatur. Eine leichte Herzschwäche wird gelegentlich beobachtet (vgl. Zierz 2014).

Die Genvariante P3a und P3b sind gekoppelt. Diese Mutationen liegen sehr nahe beieinander.

> „Wir haben nie P3a ohne P3b gefunden. Es gehört fest zusammen. Daher geben wir P3 nur als ein Ergebnis an. P3a ist manchmal schwer zu erkennen, aber unsere Untersuchungsmethode ist in der Lage, es zuverlässig zu erkennen."
>
> (Dr. Melissa Luanne Cox)

Bei P3 handelt es sich um eine Missense-Mutation, die das Gen FLNC betrifft, welches das Protein Filamin C kodiert (vgl. Szauter 2020a, 2020b). Durch die Missense-Mutation wird eine veränderte Aminosäure kodiert und in den Muskel eingebaut. Das kodierte Filamin C besitzt eine spezifische Sequenz aus 96 (!) Aminosäuren, die mit der Z-Scheibe des Muskels interagiert (siehe Abbildung Seite 42).
Filamin ist elastisch und arbeitet im Muskel eng mit zahlreichen weiteren Proteinen zusammen. Dabei fungiert es als eine Art molekularer Kabelbinder: Es hilft den haarfeinen Muskelfibrillen dabei, sich zu dickeren und kräftigeren Fasern zu vernetzen. Dies führt zu einer Quervernetzung der Muskelfibrillen und trägt damit zu einer Stabilisierung der Muskelstruktur bei. Bei jeder Muskelkontraktion muss das Protein mit großen Scherkräften fertig werden. Und wie eine ausgeleierte Sprungfeder kann sich das veränderte Protein mit der Zeit auch dauerhaft verformen und unbrauchbar werden.
Bei Menschen ist das veränderte Gen die Ursache der sogenannten Filaminopathie, einer Form der Myofibrillären Myopathien (MFM), die Gemeinsamkeiten mit dem Phänotyp der Gliedergürtel-Muskeldystrophien aufweist. Bei der Filaminopathie führen veränderte Gene dazu, dass defekte „Kabelbinder" (Filaminmoleküle) sich zusammenlagern und Aggregate bilden, anstatt entsorgt zu werden. Außerdem ist das veränderte Filamin C instabiler und anfälliger für Proteinabbau. Der gestörte Proteinabbau sorgt für die Muskelerkrankung bei Mensch und Pferd. Bei Menschen führt die Filaminopathie im mittleren Erwachsenenalter zu einer langsam fortschreitenden Muskelschwäche, die bevorzugt die stammnahe

Muskulatur (Beckengürtel, später Schultergürtel, Herz, Atmungsmuskulatur) betrifft und sich bei schweren Verläufen bis hin zum Verlust der Gehfähigkeit äußern. Atemprobleme infolge der Beteiligung der Atemmuskulatur sind ein häufiges Symptom.
Die P3-Variante konnte laut Valberg et al. (2020, Seite 696) in der Warmblutgruppe bei 9 Prozent der Kontrollgruppe und bei 12 Prozent der PSSM-2-MFM-Gruppe nachgewiesen werden. Bei Arabern konnte P3 bei in 3 Prozent der Pferde in der Kontroll- und Studien-Gruppe nachgewiesen werden (ebd.).

Bei der P3-Mutation handelt es sich um eine sogenannte „Missense"-Mutation. Das bedeutet, durch die Veränderung wird bei der Genexpression[G] eine andere Aminosäure eingebaut. Dies führt vermutlich zu der verringerten Stabilität der Muskulatur, vorzeitigem Abbau und veränderten Eigenschaften der Muskulatur, wie sie bei PSSM-2-Pferden beschrieben werden.

P2 = Myotilinopathie – P3 = Filaminopathie: Ähnlich und doch verschieden
Die Mutation des Genprodukts Myotilin wird als Variante P2 bezeichnet. Beim Menschen wird die Veränderung als Myotilinopathie bezeichnet. Die P3-Variante betrifft das Filamin C und wird beim Menschen als Filaminopathie bezeichnet. Beide Varianten des Pferdes sind mit der Gliedergürtel-Muskeldystrophie des Menschen assoziiert – eine vererbliche, genetisch bedingte Muskelerkrankung. Es gibt verschiedene Ausprägungen (je nach betroffenem Gen). Gemeinsames Merkmal sind zunehmende Lähmungen der Muskulatur des Schulter- und Beckengürtels (= Gliedergürtel) im Verlauf von 20 Jahren, nachdem die ersten Symptome aufgetreten sind. Es kommt zu Umbauprozessen des Muskelgewebes. Auffallend ist, dass die gleichen Genmutationen zu unterschiedlichen Ausprägungen und Verlaufsformen führen. Der Beginn der Erkrankung reicht vom Kindes- bis ins hohe Erwachsenenalter. Es sind sowohl milde als auch schwere Verläufe möglich. Beim Menschen können sogar Geschwister mit denselben Genmutationen sehr unterschiedliche Symptome und Krankheitsverläufe aufweisen, obwohl sie ein ähnliches Umfeld haben. Dies verdeutlicht den Einfluss kleiner Umweltveränderungen bei gleichem genetischem Hintergrund. Ebenso können geringe genetische Veränderungen in einem Organismus jeweils winzig kleine Einflüsse auf diesen haben. Ist bei Menschen das Myotilin (= das Genprodukt des veränderten MYOT-Gens, beim Pferd P2) betroffen, führt dies zu einer Schwäche der hüftnahen Beinmuskeln. Jahre später sind Armmuskeln betroffen. Bei 20 Prozent der Betroffenen mit einem veränderten MYOT-Gen kommt es auch zu Schwächung von Gesichts- und Schlundmuskeln.

P4 – Der Signalstörer

Die P4-Variante war bei Warmblütern bei 19 Prozent der Kontrollgruppe und 24 Prozent der PSSM-2-/MFM-Gruppe vorhanden (vgl. Valberg et al. 2020, Seite 696); bei Arabern lag P4 bei 13 Prozent der Kontrollgruppe und 20 Prozent der PSSM-2-/MFM-Gruppe (Die im Folgenden noch dargestellten Varianten P8, K1 und PX wurden in dieser Studie nicht berücksichtigt). Die P4-Variante (MYOZ3) betrifft das Genprodukt Myozenin 3 (vgl. Szauter 2020c). Dieses Gen ist bisher als direkte Ursache einer bestimmten Myopathie beim Menschen nicht bekannt, ist jedoch ein sogenanntes Kandidatengen für die Orphan-Muskelerkrankungen bei Menschen. Myozeninproteine tragen zur Bildung der sogenannten Z-Scheibe des Muskels bei (siehe Abbildung Seite 42). Myozenine sind Proteine, die dafür sorgen, dass sich andere Proteine in den Muskelzellen miteinander verbinden können. Das sorgt nicht nur für die Stabilität der Muskulatur.
Sind die Verbindungsprozesse gestört, kann dies möglicherweise zu Problemen bei der Signalübertragung eines bestimmten Enzyms in den Muskelzellen führen, der sogenannten Calcineurin-Signalübertragung. Dieses Phosphatase-Enzym vernetzt Mitochondrien im Muskel miteinander und optimiert dadurch die Zellatmung. Es übernimmt auch eine Schlüsselrolle in der Regulation der Immunantwort.

Es wird vermutet, dass die gestörte Signalübertragung eine Art neuronales Dauerfeuer auslösen könnte, das zu Muskelverhärtungen und verminderter Durchblutung führt. Calcineurin ist auch an der Regulation des Energiehaushalts beteiligt. Veränderungen des MYOZ3-Gens betreffen vor allem die Skelettmuskulatur und die Zunge (vgl. The Human Protein Atlas; Uhlén et al. 2015).

In der Humanmedizin setzen bestimmte Immunsuppressiva, also Substanzen, welche die Funktionen des Immunsystems vermindern, genau an diesem betroffenen Enzym an. Myozenin 3 ist ein wichtiges Gen, das bereits vor der Geburt die Entwicklung von Muskelfasern reguliert. Deshalb interessiert sich Nutztierforschung seit langem dafür, um bei Tieren, die nach der Geburt oder nach dem Schlüpfen nur einen begrenzten Aktivitätsraum haben und deren Muskelgewebe von großem wirtschaftlichem Wert ist, wie zum Beispiel Hühner, bereits während der embryonalen Entwicklung Einfluss auf bestimmte Muskelfasern zu nehmen (vgl. Maosen Ye et al. 2017).

P8 – Der Antioxidantien-Staubsauger

Das veränderte PYROGD1-Gen wird beim Pferd als P8-Variante bezeichnet (vgl. Szauter 2020e, 2020g), und hängt mit der MFM8 des Menschen zusammen (Myofibrilläre-Myopathie-8). Die erbliche Muskelerkrankung zeichnet sich durch eine langsam fortschreitende proximale (= zur Körpermitte hin gelegen) Muskelschwäche und durch Muskelschwund aus, die zu vermehrten Gangstörungen und zum Stolpern führen kann. Das Genprodukt ist nicht gewebespezifisch und ist in fast allen Körpergeweben lokalisiert (außer Auge). Neuere Publikationen aus dem Humanbereich beschreiben, dass die möglichen Auswirkungen (Phänotyp) der genetischen Veränderung (Genotyp) sehr unterschiedlich sind und unterschiedlich früh beginnen. So werden Fälle beschrieben, bei denen es erst im Erwachsenenalter zu Symptomen kam. Bei Menschen kann die PYROXD1-Variante in einigen Fällen auch eine Beeinträchtigung der Atmung mit sich bringen (vgl. Woods et al. 2020). Es können sich Veränderungen der Muskelfaserstruktur (sarkomere Desorganisation) entwickeln. Bei der Myofibrillären-Myopathie-8 (MFM8) sind folgende Symptome bekannt (vgl. O'Grady et al. 2016; Lornage et al. 2019; Woods et al. 2020):

- langsam fortschreitende Schwäche der Gliedmaßen
- Muskelschwäche
- häufig Lungenerkrankungen, Atmungsbeschwerden
- Schluckstörungen, Schluckbeschwerden
- periphere Neuropathie

Forschungsstand Pferd

Das P8-Allel von PYROXD1 ist unter den Pferderassen weit verbreitet. Es wurde bereits bei Islandpferden, Miniaturpferden, Arabern (vgl. Szauter 2019b), Vollblütern, Warmblütern, Quarter Horses, Paints und Appaloosas nachgewiesen. Die gute Nachricht für Pferdebesitzer ist: Die Forscher von EquiSeq gehen aktuell davon aus, dass die Variante P8 des PYROXD1 beim Pferd weniger schädliche Auswirkungen als die veränderten Varianten dieses Gens beim Menschen hat.

Allelhäufigkeit von P8 bei einer Stichprobe mit Arabern (n=318, Stichprobe mit RER-Symptomen auf einer Distanzprüfung (vgl. Szauter 2020f):
P8/P8: 6 Prozent
n/P8: 37 Prozent
n/n: 57 Prozent

„Die menschlichen PYROXD1-Allele, die mit MFM8 assoziiert sind, sind alle schädlicher als das P8-Allel bei Pferden. Das P8-Allel von PYROXD1 bei Pferden ist ein Missense-Allel, das im Gegensatz zu den beiden pathogenen Missense-Allelen bei menschlichen Patienten außerhalb der beiden aktiven Stellen des Enzyms liegt. Bei menschlichen Patienten wurden sogenannte Spleißstellenmutationen gefunden, welche die Proteinfunktion stark beeinträchtigen. Die Untersuchung des mutierten PYROXD1-Pferde-P8-Allels zeigt im Vergleich zum Wildtyp-PYROXD1-Pferde-Gen [= natürlicher Zustand] eine verringerte Proteinkonzentration, was darauf schließen lässt, dass das P8-Allel die Proteinstabilität beeinträchtigt, wahrscheinlich durch Fehlfaltung bei der Proteinbildung."

(Dr. Paul Szauter)

Defekt im oxidativen Schutz

Oxidativer Stress kann mitochondriale Schäden verursachen und die mitochondriale Funktion verringern. Bei der P8-Variante können die Mitochondrien in der Sauerstoffaufnahme beeinträchtigt sein. Es entsteht weniger ATP, der Energietreibstoff der Zellen. Man geht davon aus, dass die veränderte Skelettmuskelfunktion und -struktur bei P8 teilweise eine Folge des erhöhten oxidativen Stresses ist.

Bitte werfen Sie eine Münze ein!

Adenosintriphosphat (ATP) ist als Energieträger die Kraftstoffquelle des Körpers. Ist die oxidative Abwehr geschwächt, werden bei der Energiegewinnung (Atmungskette) vermehrt freie Radikale gebildet, die zu einer Schädigung der DNA in den Mitochondrien führt. Nach aktueller Forschungslage handelt es sich beim Pferd um eine weniger schädliche Variante des PYROXD1-Allels. Viele Besitzer von P8-Pferden berichten von Atmungsproblemen ohne eindeutigen Endoskopiebefund.

„Bei den P8-Pferden haben einige mit einer chronischen Atemsymptomatik ohne Schleimbildung zu kämpfen. Wir sehen bei P8, die besonders kälteempfindlich erscheinen, eine positive Wirkung auf die Muskulatur durch ein angepasstes, etwas dickeres Eindecken. Die Pferde dürfen natürlich nicht überhitzen unter der Decke."

(Christina Wessling)

Redoxzustand der Cysteinthiole

Bei bestimmten Vorgängen im Körper (z.B. Stress, Sport, Sauerstoffmangel, Infektion, Impfung) kommt es zu einer ungünstigen Verschiebung der Cysteinthiole. Diese flüchtigen Thiole wirken toxisch auf das Zentralnervensystem. Alpha-Liponsäure wirkt als Antioxidans und kann beispielsweis auch die Ausscheidung von Blei, Quecksilber und Platin unterstützen. Es bindet die Metallionen über ihre Thiolgruppen. Vermutung: Ein Mangel an cysteinhaltigen Antioxidantien führt zu Verklumpungen in Muskelproteinen (vgl. McKenzie et al. 2016; Bertels et al. 2018; Wiliams et al. 2020; Szauter 2020f).

> „Unsere bisherigen Untersuchungen der Auswirkungen des P8-Allels bei Pferden deuten darauf hin, dass es semidominant[G*] ist und mit anderen Mutationen interagiert, die mit der Polysaccharid-Speicher-Myopathie Typ 2 (PSSM 2) und der Myofibrillären Myopathie (MFM) in Verbindung stehen. Homozygote[G] (P8/P8) sind stärker betroffen."
>
> (Dr. Paul Szauter)

*semidominant = Es wirkt sich auch dann auf den Phänotyp aus, wenn nur eines der beiden Allele mutiert ist.

Die bisher bekannten genetischen Veränderungen stehen im Verdacht
→ Auswirkung auf die Muskelfaserstruktur zu haben (bei P2 wird dies aufgrund der Kenntnisse des Genortes angenommen, da bei reinen P2-Träger-Pferden Auffälligkeiten in der Muskelbiopsie bisher noch nicht nachgewiesen wurden).
→ Auswirkung auf die Ausdauerleistung des Muskels und Leistungseinbußen führen.
→ Auswirkungen auf die Signalübertragung im Muskel führen.

Die Gen-Varianten P2, P3, P8 und K1 des Pferdes werden alle in Genen gefunden, die beim Menschen für Muskelerkrankungen ursächlich sind.

Im Sinne des Tierwohls und des Tierschutzes sollte vor allem eines zählen:
Pferde, bei denen eine Muskelerkrankung diagnostiziert wurde oder vermutet wird, sollten symptombezogen behandelt werden. Pferden dürfen unabhängig von PSSM 2 „keine Leistungen abverlangt werden, denen sie aufgrund ihres Zustands nicht gewachsen sind" (§ 3 TierSchG).

K1 – Der zitternde Seiltänzer

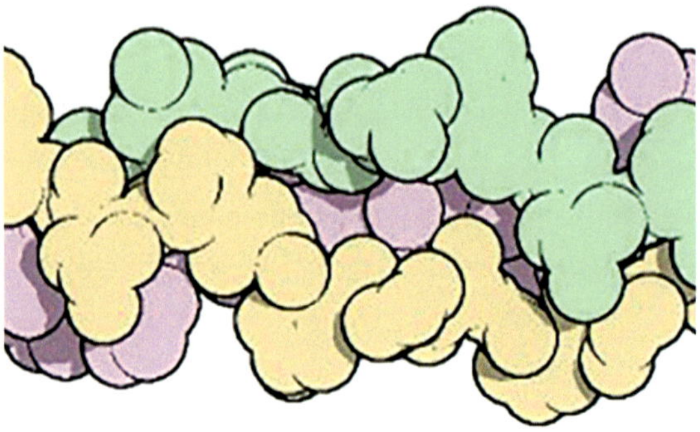

Dreifachhelix des Kollagens (Quelle: Szauter 2020d)

Bei K1 wird das Typ-VI-Kollagen fehlerhaft kodiert (vgl. Szauter 2020d). Das Genprodukt ist Bestandteil des Endomysiums, welches jede einzelne Muskelfaser bedeckt (Abbildungen auf den Seiten 38, 45, 55). Kollagene sind eine Familie von Proteinen, die Strukturkomponenten des Bindegewebes sind. Mit einem Anteil von circa 30 Prozent eines der häufigsten Proteine im Körper. Als Strukturprotein bestimmt es Elastizität, Zugfestigkeit und Reißfähigkeit von Haut, Bindegewebe, Knorpel, Sehnen und Bändern. Typ-VI-Kollagen dient der extrazellularen Matrix als Verbindung zwischen den Muskelzellen. Es wird angenommen, dass K1 zu einer Instabilität des Bindegewebes und somit zu einem degenerativen Verlauf führen kann, der auch die Muskulatur betrifft. Die Mutation gilt bei Menschen als ein Auslösergen der Bethlem-Myopathie und der Muskeldystrophie Typ Ullrich. Diese Krankheitsbilder sind beim Menschen sehr selten (5/1 Million). Die Abbildung zeigt die Dreifachhelix des Kollagens, die schraubenförmig umeinandergewickelt ist und aus Aminosäuren besteht.

„Um die Beziehung zwischen den Symptomen und den beeinflussenden Umweltfaktoren besser zu verstehen, brauchen wir noch mehr Informationen von Pferden. Die bisherigen Fallstudien mit K1-Pferden zeigten bisher, dass reinerbige Pferde schwerer betroffen sind als mischerbige. 2023 entstand jedoch eine Fallstudie eines K1/K1-Arabers im Distanzsport, das getestet wurde, weil dem Pferd manchmal Gangfreudigkeit fehlt. Das Pferd nimmt, anders als durch die anderen K1/K1-Fallstudien erwartet, weiterhin an Distanzen teil. Die Hypothese ist, dass der Distanz-Sport dem evolutionären Bewegungsbedürfnis nahe kommt: Lange Schrittphasen, Trab, etwas Galopp, Versammlung spielt eine untergeordnete Rolle. Dies könnte ein Grund dafür sein, dass das Pferd seine Disposition gut kompensieren kann. Natürlich gibt es keine wirkliche Möglichkeit, diese Hypothese zu testen."

(Dr. Melissa Luanne Cox, persönliche Kommunikation)

Bei Pferden gibt es bisher noch zu wenige Erfahrungen, da K1 beim Pferd erst seit 2019 bekannt ist. Deshalb soll an dieser Stelle zur Veranschaulichung der möglichen Auswirkungen der Kenntnisstand bei menschlichen Patienten zugrunde gelegt werden:

- allgemeine, langsam zunehmende Muskelschwäche
- meist milder Verlauf bei Bethlem-Erkrankung
- Überbeweglichkeit der Gelenke der Hand, des Fußes und der Finger möglich
- im späteren Verlauf Gelenkversteifungen, meist in Ellbogen, Kniegelenk
- Schief- beziehungsweise Fehlhaltung des Halses
- im Verlauf entstehen Veränderungen der Wirbelsäule (z.B. strukturelle Verformungen der Wirbelkörper)
- Atemprobleme durch eine zunehmende Schwächung des Zwerchfells möglich

Bitte beachten Sie, dass eine 1-1-Übertragung zum Pferd nicht sinnvoll ist.
Der Genotyp K1 wurde als Erstes im Genom eines Paint Horse gefunden, welches Symptome von Belastungsintoleranz zeigte und bereits im Alter von einem Jahr auffällig geworden war (vgl. Szauter 2020d). Im Alter von vier Jahren wurde das Krankheitsbild PSSM 2 anhand einer Muskelbiopsie diagnostiziert. Bei den Westernpferderassen wie Quarter Horse, Paint und Appaloosa ist K1 dennoch statistisch selten. Es wurden nur zwei n/K1-Pferde bei 242 Westernpferden in der Stichprobe gefunden. In einer Stichprobe des Labors EquiSeq mit 144 Englischen Vollblütern wurde K1 nicht gefunden, so Dr. Paul Szauter. Bei einer Stichprobe von 24 Haflingern wurden ein K1/K1-Pferd und sieben n/K1-Pferde gefunden. Die aktuelle Forschung konzentriert sich auf die Identifizierung von Pferden, die reinerbig (homozygot, beide Kopien sind verändert) für die K1-Variante (K1/K1) sind. Ziel der laufenden Datenerhebung ist es, K1/K1-Homozygoten zusammen mit n/K1-Pferden und n/n-Kontrollen tierärztlich zu untersuchen, um das Verständnis der Auswirkungen weiter zu verbessern. In Deutschland fand man diese eher seltenen homozygoten Fälle bereits häufiger als in den USA.

> „K1/K1-Homozygoten sind bisher selten. Mischerbig betroffen sind vor allem Friesen, Haflinger, Isländer, Welsh D Cob. Es gibt K1 selten auch bei anderen Rassen. Wir nennen jedoch nur eine Rasse einer Variante zugehörig, wenn mehr als 25 Pferde der jeweiligen Rasse im Datensatz sind."
>
> (Dr. Melissa Luanne Cox)

Aus dem laufenden Datenerhebungen des Labors Generatio: Häufigkeit der Allele bei 12 000 getesteten Pferden: P2: 0.15, P3: 0.6, P4: 0.8, PX: 0.16, P8: 0.8, K1: 0.02
„Wir sehen nun, dass wir etwas mehr PX- als P2-Pferde haben", so Dr. Melissa Cox.

„Generatio arbeitet weiterhin an Fallstudien zu K1/K1-Pferden. Ziel ist es, Symptome, Einflussfaktoren und Auswirkungen besser zu charakterisieren. Es macht den Anschein, dass K1/K1 sich in den meisten Fällen schwerwiegend auf die Gesundheit der Pferde auswirkt. Besitzer berichten, dass ihre Pferde stark symptomatisch sind und sie den Eindruck haben, dass ihre K1-Pferde im Vergleich nicht so stark wie andere Varianten von einer PSSM-2-konformen Fütterungssumstellung profitieren. Diese Pferde wirken rein optisch oft gut bemuskelt. Wir wissen jedoch von Biopsien bei n/K1-Pferden, dass die Muskulatur bei diesen Pferden unter einer auffallend dicken Fettschicht liegt“ (Dr. Melissa Luanne Cox).

Ein wesentliches Ziel der Erforschung des Pferdegenoms ist die Identifizierung von Genen, die ursächlich zur Entstehung von Krankheiten beitragen. Es wird also die Unterschiedlichkeit untersucht. Die große Zahl der Varianten bei erblichen Muskelerkrankungen erschwert es, diejenigen herauszufinden, die als individuelle Veranlagung dann an der Entstehung von Krankheiten beteiligt sind. Dabei wird das Organisationsprinzip der genetischen Unterschiede untersucht. So auch in der K1-Studie. Mit Spannung werden die Erkenntnisse der Fallstudien zum K1-Allel (COL6A3) des Pferdes erwartet.

„Der bisherige Zwischenstand der laufenden Studie mit bislang 250 Amerikanischen Trabern (Standardbreds) zeigt eine Häufigkeit des K1-Allels von 8,8 Prozent. Da die Allelhäufigkeit von K1 in anderen Rassen viel geringer ist, konzentrieren wir uns in der K1-Studie auf Amerikanische Traber.“

(Dr. Paul Szauter)

Da bisher nur wenige praktische Erfahrungen mit K1-Pferden vorliegen, können nur erste Hinweise gegeben werden.

Mögliche Symptome bei K1-Pferden sind:

- Muskelzuckungen nach mäßiger Belastung (Faszikulationen = unwillkürliche feine Zuckungen kleiner Muskelfaserbündel, beispielsweise in Bereich der Schultermuskulatur)
- fehlender Vorwärtsdrang nach mäßiger Belastung
- Gangbild, das als „Schnüren“ „Seiltänzergang“ oder „rope walk“ bezeichnet wird (= Standbein wird vor Stützbein abgesetzt). Diese Ganganomalie ist beim ausgeruhten Pferd nicht beschrieben.

„Bei meinem Pferd liegt neben K1/K1 auch noch PSSM 1 vor. Die Symptome begannen 5-jährig. Sie hatte Kreuzverschläge und einen dauerhaft hohen Muskeltonus. Die Leber- und Nierenwerte waren schlecht und das Pferd hatte keinen Vorwärtsdrang mehr. Es lief mit angezogener

Handbremse und auch das Rückwärtsrichten war nicht mehr möglich. Unter dem Reiter war kaum noch Galopp möglich. Im Gelände bockte sie gern. Im Sommer war sie weniger symptomatisch. Nach und nach kam dann Empfindlichkeit beim Putzen und Satteln dazu. Die Intervalle, in denen das Pferd reitbar war, wurden mit zunehmendem Alter kürzer und bei den Symptomen kam der ‚Rope Walk' dazu. Eindecken ist sehr wichtig, darf aber nicht allzu dick sein, denn rassebedingt hat mein Pferd ein dichtes Fell im Winter. Ich bewege sie täglich. Spazieren gehen, Longe oder gemäßigte Ausritte. Ohne eine lange Aufwärmphase geht es gar nicht. Das Pferd ist jetzt 10 Jahre alt."

(Besitzer K1/K1+PSSM 1)

Auf Basis von ersten Fallstudien, Beobachtungen von Tierärzten und Besitzern wird bisher Folgendes empfohlen:

- Physiotherapie und Massage zur Lockerung der Muskulatur
- leichtes, regelmäßiges Bewegungstraining am Boden und unter dem Sattel
- bei reinen K1-Trägern ohne weitere P-Varianten kann ein Fütterungsversuch mit einer moderaten Proteinzufuhr erfolgen; liegen jedoch hinzukommend andere P-Varianten vor (insbesondere P2, P3, P4) wird dies nicht empfohlen

Die gute Nachricht für Pferdebesitzer ist:

„Wir erwarten beim Pferd im Vergleich zu der Symptomatik in der Humanmedizin beim K1-Allel von COL6A3 vor allem im Vergleich zu den beiden schädlicheren menschlichen Allelen etwas mildere Symptome. Bei K1 wird Alanin durch Glycin ersetzt. Dabei handelt es sich um eine weniger schädliche Substitution in der Kollagen-Triplehelix."

(Dr. Paul Szauter)

Die bisherigen Kenntnisse bei menschlichen Patienten legen nahe, dass n/K1 bei Pferden gemäßigte Auswirkungen und K1/K1 im Verlauf zu einschränkenden Auswirkungen beim Reitpferd führt. Es gibt für menschliche Patienten mit Bethlem-Myopathie oder angeborener Ullrich-Muskeldystrophie leider noch keine wirksame Behandlung.

PX – Eifriges Schlitzohr – Eigenwilliger Hasenfuß

Seit der ursprünglichen Entdeckung des PX-Allels wurde eine große Anzahl von Pferden gezielt auf das Vorhandensein dieser Variante getestet. Viele Pferde wurden sogar mittels Ganzgenomsequenzierung analysiert. Dabei wurden asymptomatische Pferde gefunden, die n/PX- und PX/PX-Träger sind.
„Wir haben auch Pferde mit klinisch bestätigter RER (Recurrent Exertional Rhabdomyolysis = wiederkehrender belastungsbedingter Verschlag) untersucht, denen die PX-Variante fehlt", so Dr. Paul Szauter. Studien und klinische Beobachtungen deuten darauf hin, dass die PX-Variante, die zwar häufig mit RER assoziiert wird, nur eine genetische Komponente ist, die zu Krankheitsbildern mit kreuzverschlagsartigen Symptomen führen kann (vgl. z.B. Pagan & Valberg 2020; Aldrich et al. 2021). RER ist eine erbliche Erkrankung, die beispielsweise bei bis zu 10 Prozent aller reinrassigen Vollblutrennpferde vorkommt und sich in schmerzhaften Skelettmuskelkrämpfen äußert (vgl. Fritz et al. 2012). Es werden Umwelt- und genetische Faktoren diskutiert, die zur Ausprägung eines RER-Phänotyps führen (vgl. Aldrich et al. 2021). Ursprünglich identifierte eine Studie zur wiederkehrenden Belastungs-Rhabdomyolyse (RER) das PX-Allel als Ursache des Krankheitszustands (vgl. Fritz et al. 2012). Der Zusammenhang von Genmutation (PX-Allel) und Symptomen zeigte sich jedoch nur in einer Untergruppe von verwandten Pferden, was die Forscher vermuten lässt, dass es eine weitere genetische Komponente geben könnte. Der Forschungsstand ist unabgeschlossen.

> „Wir empfehlen, die PX-Gentestergebnisse nicht als Ausschlusskriterium für den Zuchteinsatz bei Pferden zu verwenden, die frei von Symptomen sind."
>
> (Dr. Paul Szauter)

Kurz & knapp

Bei einigen Pferden scheint die PX-Variante recht wenige Auswirkungen zu haben. Forscher und das Expertenteam hinter dem Buch haben den Eindruck, dass PX als negativer Verstärker bei Vorliegen anderer P-Varianten fungieren kann. Die PX-Variante wird aktuell als Subtyp von MIM verstanden.

> „PX beeinträchtigt die Muskelfunktion, so dass es als CACNA2D3-bezogene Myopathie eingestuft werden kann, die den Calcium-Kanal-Komplex betrifft. Wir sehen bei allen Varianten einige Unterschiede in den Muskelbiopsien, aber bisher nichts statistisch Signifikantes im Unterschied der Varianten. Es sind in der Regel unspezifische Muskelerkrankungen (idiopathische Myopathie, chronisch degenerative Myopathie usw.)."
>
> (Dr. Melissa Cox)

PX-Allel und Calciumkanäle der Zelle

Im Folgenden soll der Funktionsbereich des PX-Allels dargestellt werden. Das PX-Allel hat Auswirkungen auf die sogenannten Calciumkanäle. Die Genveränderung stört die Calciumregulierung in der Zelle und die Calciumbindung in der Skelettmuskulatur, sodass die Calciumkonzentration im Muskelgewebe um das 8-fache erhöht sein kann (vgl. McKenzie et al. 2004; Szauter 2020h). Calciumkanäle steuern zentrale Funktionen in den Zellen und haben deshalb Auswirkungen auf viele Körperfunktionen; zum Beispiel auf die Kontraktion von Herz- und Skelettmuskulatur, die Ausschüttung von Hormonen und Botenstoffen (z.B. Adrenalin) und auf die Bildung verschiedener genkodierter Produkte.

Das veränderte CACNA2D3-Gen (= PX-Allel) kodiert ein Mitglied der Familie der sogenannten alpha-2-/delta-Untereinheiten. Dabei handelt es sich um ein Protein des spannungsabhängigen Calciumkanal-Komplexes. Die Veränderung wirkt sich gewebespezifisch aus. Ausgehend von wissenschaftlichen Erkenntnissen zur Proteinbildung des CACNA2D3-Gens wirkt sich PX vermutlich verstärkt auf die Calciumkanäle in den Zellen in Gehirn, Zunge, Skelettmuskulatur, Herzmuskulatur, Eierstöcken, Netzhaut, Nieren, Lymphknoten und Dickdarm aus (in abnehmender Reihenfolge, vgl. „The Human Protein Atlas").

Bemerkenswert ist, dass viele Proteine in den Mitochondrien bei kreuzverschlagsanfälligen Pferden herunterreguliert sind, was auf einen verstärkten Proteinabbau in den Muskeln hindeutet (vgl. Aldrich et al. 2021).

Kreuzverschlag

RER ist eine Form von Kreuzverschlag mit zumeist unvermittelt, schnell und heftig verlaufendem Beginn. Erkrankte Pferde entwickeln lokal begrenzte oder generalisierte Muskelschmerzen und zeigen Muskelschwäche.

Bereits 1993 fand man heraus, dass die Calciumregulation in den Muskelfaserbündeln bei RER-Pferden nicht normal war (vgl. Beech et al. 1993). Die betroffenen Pferde reagierten bei Trainingsbelastung mit Skelettmuskelkrämpfen. In Muskelbiopsien zeigen sich in der Muskulatur dieser Pferde im akuten Zustand entweder keine Gewebeveränderungen oder geringgradige bis mittelschwere Anzeichen einer fortschreitenden Muskelerkrankung (vgl. Beech et al. 1993; Lentz 1999). Die Diagnosestellung sollte aus dem Gesamtbild der bisherigen klinischen Symptomatik und dem Blutbild erfolgen. Ergänzend kann eine DNA-Analyse (Gentest) durchgeführt werden. Zu beachten ist, dass das Blutbild nicht immer die eindeutigen Erhöhungen der CK- und AST-Werte zeigt. Die Werte sollten 20 bis 30 Minuten nach der Belastung beziehungsweise im akuten Muskeltrauma bestimmt werden (siehe dazu z.B. Baumgartner 2009, Seite 456). In der Praxis werden teilweise erhöhte Kalium-Werte oder Werte am oberen Normalbereich beschrieben.

„In einem normalen Muskelstoffwechsel wird bei jedem neuronalen Reiz Calcium aus dem röhrenförmigen Membransystem im Innern der Muskelfasern freigegeben. Nach der Aktin-Myosin-Wirkung (Kontraktion – Erschlaffung) wird es dorthin zurückgeführt. Wenn nun die Calcium-freisetzung zu früh erfolgt und insbesondere die Rückführung gestört ist, kommt es zu einer erhöhten Calciumkonzentration in der Muskelzelle. Eine Ödematisierung der Muskelzelle mit einer mehr oder weniger starken Schädigung und Freisetzung des Muskelfarbstoffs Myoglobin ist die Folge. Das Pferd zeigt dann einen massiv steifen Gang, eine reheähnliche Haltung, die Atemfrequenz und der Puls sind schmerzbedingt erhöht. In der Blutchemie sind die Muskelwerte (AST, LDH) deutlich und die Creatininkinase (CK) sehr massiv erhöht. Das Akute-Phase-Protein SAA (Serum-Amyloid-A) ist ebenfalls deutlich erhöht. Eine schnelle Therapieeinleitung ist für diesen Notfall essenziell, um bleibende Gewebeschädigungen oder Schübe von chronischen Entzündungen als Teil der Immunreaktion der Akute-Phase-Reaktion zu verhindern."

(Dr. Peter Richterich; vgl. Richterich 2022, Seite 15)

Kurz & knapp

Pferde, die kreuzverschlagartige Symptome entwickeln, können bei einem subakuten Verlauf ähnliche Symptome, wie die bisher beschriebenen P-Varianten zeigen. Im Unterschied zu einer akuten Zustandsverschlechterung (PSSM-2-/MIM-Schub) sind bei RER zusätzlich die Blutwerte der Kreatinkinase (CK) und der Aspartat-Aminotransferase (AST) erhöht, und in schweren Fällen kann dunkel gefärbter Urin auftreten. Die Ursache des dunkel gefärbten Urins ist die Gewebeauflösung der quergestreiften Muskulatur, das heißt, der Untergang von Muskelfasern.
Bei einer kreuzverschlagartigen Symptomatik muss sofort sollte ein Tierarzt hinzugezogen werden! Im Gegensatz zu PSSM 1 und einem akuten Fall von RER können Pferde mit einer PSSM-Typ 2-Muskelkomplexerkrankung Serum-CK- und AST-Werte aufweisen, die am oberen Ende oder innerhalb des Normalbereichs liegen. Das bedeutet, dass die Messung von Serum-CK und AST als diagnostisches Kriterium für PSSM 2 möglicherweise keine Erkenntnisse bringt (vgl. Lewis et al. 2017).

„Wir sehen in der Praxis, dass circa 70 bis 80 Prozent der PX-Pferde keine RER-Neigung haben."

(Christina Wessling)

„Es sind nur vorläufige Umfragetrends der laufenden Erhebung, aber die Befragung der Besitzer getesteter Pferde mit MIM-Varianten zeigt bisher, dass es keine Korrelation zwischen AST, CK, LDH und einer der Varianten gibt. Das bestätigt die klinischen Erfahrungen der MIM-erfahrenen Tierärzte. Bisher haben wir Daten von 2.146 Pferden ausgewertet."

(Dr. Melissa Cox)

Looking for some hot stuff?

Einige PX-Träger-Pferde werden als anfänglich muskulär etwas steife, aber auch sehr wache und in der weiteren Arbeit willige Pferdetypen beschrieben. Viele Besitzer haben den Eindruck, bei diesen Pferden legt sich schlagartig eine Art Schalter um, und man versucht die dann überschießende Energie in geordnete Bahnen zu lenken. Die bisherigen Erfahrungen geben Hinweise darauf, dass diese explosiven Tendenzen insbesondere bei einer überhöhten Calciumzufuhr vorkommen, die die Bedarfsdeckung übersteigt. Calciumkanäle sorgen für das Gleichgewicht zwischen Erregung und Hemmung (Aufgabe von Calcium bei der Muskelkontraktion: mehr dazu auf Seite 44). Das defekte Genprodukt stört die Regulation des Kanals, der für die Übertragung des Nervenzellsignals in Muskelkontraktionen zuständig ist. Das hat zur Folge, dass die elektromechanische Kopplung gestört wird. Experten, wie Dr. Peter Richterich und Christina Wessling, vermuten darin die Ursache, dass PX-Pferde tendenziell „elektrisch" sind. Diese Eigenschaft wird von erfahrenen Reitern oft geschätzt, da diese Pferde sich bei gutem Trainings-, Fütterungs- und Bewegungsmanagement als leistungsstarke und motivierte Sportpartner erweisen.

„Jedes Pferd ist natürlich ein Individuum, aber aus unserer Praxiserfahrung sind PX-Pferde eher etwas eigene Charaktere. Ich sage immer, die sind ein bisschen autistisch. Bitte nicht zu viel Abwechslung im Training, ein regelmäßiges, systematisches und ritualisiertes Training. Zu viel Abwechslung und ständig Neues kann auch Stress für diese Pferde bedeuten. Das muss man sehr individuell handhaben. Ich empfehle deshalb Neues Stück für Stück einbauen. Das sind auch oft Ein-Personen-Pferde, weil diese Pferde gern immer die gleichen Abläufe beim Satteln und im Umgang haben. Dann funktionieren diese Pferde auch im Sport sehr gut. Aus meiner Erfahrung drehen viele PX-Pferde gern immer die gleiche Runde im Gelände und dann relaxen die auch."

(Christina Wessling)

Die Feinabstimmung von Untereinheiten der Calciumkanäle ist für die Balance von hemmenden und erregenden Nervenzellen entscheidend. Sie haben auch Auswirkungen auf die Interaktionen in Hirnregionen (vgl. Heck et al. 2021). Bei Calcium-Dauerfeuer am Kanal zeigen sich Mäuse körperlich übererregbar.

Sie sind quasi, wie Sie es von Ihrem Pferd vielleicht kennen, ein wenig „aus dem Häuschen". Was ein gestörter Calciumkanal durch ein verändertes CACNA2D3-Gen bedeuten kann, das können Maori in Neuseeland berichten. Dort ist in einigen Familien eine Krankheit verbreitet, die sich durch Kurz- und Weitsichtigkeit, Nachtblindheit oder auch Autismus äußert. Calciumkanäle finden sich auch in den Augen. Vielleicht kann dies ein Hinweis darauf sein, warum manche dieser Pferde als „guckig" oder „schreckhaft" beschrieben werden. Unklar ist, ob eine mehr als bedarfsdeckende Calciumzufuhr eine negative Auswirkung auf diese Pferde hat. Klar ist: Ohne Calcium geht es nicht, denn der Organismus benötigt es für die Muskelkontraktion. Wie immer im Leben ist es auch eine Frage der Balance. Calcium ist auch für PX-Träger-Pferde ein wichtiger Mineralstoff, der bedarfsdeckend zugeführt werden sollte – vor allem bei Pferden im Wachstum. Zum Calciumbedarf des Pferdes lesen Sie bitte ab Seite 167 weiter.

Hormone und PX

Dr. Peter Richterich hat festgestellt, dass Stuten mit der PX- und der P4-Variante während der Rosse besonders zickig sind. Den Grund vermutet er im negativen Einfluss des ansteigenden Östrogenspiegels auf den Muskelstoffwechsel. Bei Hengsten scheint sich der erhöhte Testosteronspiel hingegen als natürliches Anabolika des Muskelaufbaus positiv auszuwirken, sodass einige Hengste erst nach einer Kastration Symptome zeigen.

Spannendes – Ein Blick über den Tellerrand

CACNA2D als Risiko-Gen für Autismus-Spektrum-Störungen

Das bei PX veränderte Gen (CACNA2D3) konnte in der Humanmedizin in Studien und im Tiermodell als potenzielles Risikogen für Autismus-Spektrum-Störungen nachgewiesen werden (vgl z.B. Iossifov et al. 2012; De Rubeis et al. 2014; Landmann et al. 2018a; Johannes-Gutenberg-Universität, Mainz zum Thema „Autismus").

Beim Menschen wird der Gendefekt CACNA2D nicht nur mit Autismus (vgl. Knippers 2016), Nachtblindheit und Sehschärfeminderung, sondern auch mit Depressionen in Verbindung gebracht. 153 Gene stehen nach aktuellem Wissen mit Depressionen in Verbindung. Das Beispiel soll lediglich deutlich machen, wie komplex die genetischen Zusammenhänge im Organismus sind und wie unterschiedlich somit die Ausprägungen bei Mensch und Tier sein können. Trotz aller Unterschiede versuchen Ärzte, ob nun beim Mensch oder beim Pferd, Gemeinsamkeiten zu finden, um zu helfen. Dabei wird aber auch deutlich, dass eine rein Gentest-orientierte Diagnostik bei PSSM 2 nicht sinnvoll erscheint. Vielmehr sollten der Gesamtorganismus und die äußeren Einflussfaktoren umfassend untersucht und im Zusammenhang betrachtet werden. Genetische Untersuchungen können die gewonnenen diagnostischen Erkenntnisse ergänzen!

Kurz & knapp

Die PX-Variante

→ muss nicht mit Symptomen verbunden sein.
→ kann sich ungünstig auf das An- und Abspannen der Muskulatur und den Muskeltonus auswirken.
→ wirkt sich auf den Calciumkanal und die ATP-Produktion aus (vgl. Aldrich et al. 2021).
→ kann zu einer mehr oder minder stark ausgeprägten Erregbarkeit und wechselhafter Stressanfälligkeit führen.

PX-Träger-Pferde trainieren – das sagen Besitzer und Experten:

- verlässliche Abläufe im Stall
- Routinen sorgen für mehr Gelassenheit.
- Rituale im Umgang (z.B. beim Satteln, fester Anbindeplatz, keine Hektik usw.)
- Abwechslung im Sinne eines strukturierten Wochenplans mit biologisch sinnvollem Eustress[G] (Training, das den Gesamtorganismus stärkt und zu Gesunderhaltung beiträgt), jedoch kein Übermaß an Abwechslung im Sinne von ständig Neuem oder Chaos
- wiederkehrende Abläufe innerhalb der Trainingseinheit (Systematik)
- Eine gewisse Gleichförmigkeit kann bei sehr wachen Typen hilfreich sein.
- möglichst keine überfüllte Reithalle
- Tagesform akzeptieren, Kompromisse eingehen, dennoch konsequenter Umgang mit dem Pferd in den grundlegenden Dingen
- Klare Verhaltenserwartungen (→ die eigenen Erwartungen reflektieren) und sachliche Konsequenz bei unerwünschtem Verhalten geben dem Pferd Sicherheit und Verlässlichkeit.
- regelmäßige Schrittphasen innerhalb einer Trainingseinheit

„Übungsreihen beim Springen und Lektionsabfolgen in der Dressur trainiere ich mit System und Tagesschwerpunkten. Also zum Beispiel Seitwärtsverschiebung, dann in die Volte und daraus geradeaus und das gleiche Spiel dann auf beiden Händen. Kann man natürlich sagen: Das hilft doch jedem! Stimmt! Aber diese Pferde brauchen strukturiertes Reiten eben mehr als andere."

(Bereiterin eines PX/PX-Trägers)

„Gerade bei übereifrigen Pferden achte ich in der Arbeitsphase auf die Atmung und den Bewegungsfluss, die mir zeigen, wann eine aktive Schrittpause oder ruhiges Leichttraben mit Öffnen des Ganaschenwinkels erforderlich ist, um die Muskulatur mit Sauerstoff und Nährstoffen zu versorgen."

(Alexandra Kappes, Pferdewirtschaftsmeisterin)

Zusammenfassung PSSM Typ 1 und PSSM Typ 2/MIM

Kurz & knapp

PSSM Typ 1 und PSSM Typ 2/MIM

→ sind aufgrund der genetischen Verankerung nicht heilbar. Bei PSSM 2 wird eine genetische Verankerung angenommen. Ob die bisher bekannten MIM-Gene ursächlich für PSSM 2 sind oder noch weitere Gene das Krankheitsbild mit verursachen wird weiter erforscht.
→ Beide sind durch angepasste Fütterung, Haltung und Training im Verlauf positiv beeinflussbar (vgl. u.a. Pagan & Valberg 2020; Bertels et al. 2018; Löffler & Gerber 2022).
→ Nicht alle Träger genetischer Risikovarianten entwickeln Symptome. Es werden weitere Einflussfaktoren vermutet, die die Ausprägung des individuellen Krankheitsbildes (Phänotyp) auf Basis eines genetischen Risikos (Genotyp) beeinflussen.

PSSM 1

→ Kohlenhydrat-Speicher-Störung (vgl. u.a. McCue et al. 2008; Löffler & Gerber 2022)

PSSM 2/MIM/Muskel-Komplexerkrankungen

→ Sammelbegriff für komplexe Muskelstoffwechselerkrankungen mit ähnlichen klinischen Symptomen
→ Die sogenannte Validierung des MIM-Varianten-Gentestes, die auf den klaren statistischen Zusammenhang von genetischer Veränderung und Symptomen abzielt, gilt als noch nicht abgeschlossen.

- P2, P3, P4, P8 und K1 werden mit dem Begriff Muskel-Integritäts-Myopathie (MIM)in Verbindung gebracht. P3, P4 und P8 werden auch mit Myofibrillären Myopathien (MFM) in Verbindung gebracht. Welche genetischen Veränderungen und Umweltfaktoren für die PSSM-2-Komplexerkrankung ursächlich sind wird weiter erforscht.
- Die Erforschung von n/K1- und K1/K1-Trägern, die keine anderen P-Varianten aufweisen, steht noch am Anfang. Erste Forschungsergebnisse wurden von Kirsten Dimmler und Dr. Molly McCue (University of Minnesota) im Januar 2023 auf der „Plant and Animal Genomes Conference" vorgetragen.
- PX wird in wissenschaftlichen Publikationen, insbesondere bei Vollblutpferden mit RER-Phasen in Verbindung gebracht und ist eine komplexe Erkrankung, die im Zusammenhang mit erblichen Faktoren und Umweltfaktoren (Fütterung, Trainingsbelastung, Stress) steht.
- Die Varianten (P2, P3, P4, P8, K1, PX) zeigen sich als semidominante Varianten mit unvollständiger Penetranz[G]. Bei einer unvollständigen Penetranz wird das Merkmal nicht in jedem Fall ausgeprägt! Der Grund dafür können zum Beispiel kompensierende Gene[G] oder günstige Umwelteinflüsse sein.
- Für jede Variante wurden Homozygoten (Reinerbige) beobachtet, bei denen beide Allele (Kopien) betroffen waren (P2/P2, P3/P3, P4/P4, P8/P8, PX/PX, K1/K1).
- Die bisherigen klinischen Erfahrungen zeigen, dass reinerbige (homozygote) Träger schwerwiegendere Ausprägungen entwickeln können als Pferde, die mischerbige (heterozygote) Träger

sind. Bei Mischerbigen ist nur ein Allel betroffen, sodass dem Organismus eine gesunde Kopie des jeweiligen Gens zur Verfügung steht. Die Hypothese der Mutationslast (Mehrfachträger verschiedener Risikovarianten) konnte in den bisherigen Trends der Generatio-Befragung der Besitzer getesteter Pferde bestätigt werden, so Dr. Melissa Cox. Die wissenschaftliche Publikation ist zum Zeitpunkt der Herausgabe dieser 2. Auflage in Vorbereitung. Sind beide Allele betroffen, scheint dies mit einem früheren Auftreten von Symptomen und einer schwereren Symptomatik einherzugehen.

- Es ist wird vermutet, dass es weitere Risikogene gibt, die mit einer Schwäche der Muskulatur einhergehen (Myopathie).
- Es sind weitere Varianten im Fokus (z.B. P5, P6). Im Unterschied zu den bisher hier dargestellten, semidominanten Varianten, handelt es sich bei P5 und P6 um Varianten eines bisher noch nicht veröffentlichten Genorts desselben Gens. Damit sich bei P5 und P6 ein Krankheitszustand entwickelt, muss die Veränderung auf beiden Allelen vorliegen (P5/P5, P6/P6 = rezessiv). Die molekulargenetischen Ursachen eines rezessiven Erbgangs herauszufinden, ist auch in der Humangenetik eine große wissenschaftliche Herausforderung.
- Semidominante Mutationen wirken sich auch dann auf den Phänotyp aus, wenn nur eines der beiden Allele mutiert ist (z.B. n/P2 oder n/P8 = heterozygot). Die Auswirkung ist jedoch bei einem heterozygoten Zustand vermutlich weniger stark als bei einem homozygoten Zustand. Im Unterschied dazu: Bei einer rezessiven Mutation ist der Phänotyp nur dann betroffen, wenn beide Allele mutiert sind (z.B. WFFS).

5.3 Tabellarischer Überblick

		Gen	Defektes Genprodukt	Auswirkung	Mögliche Leitsymptome	Beim Menschen assoziiert mit	Do's
MIM	P2	MYOT Variante -S232P chr14:37,818,823 A/G	Myotilin (= Muskelprotein, das sich mit Aktin und Filamin C bindet)	Z-Scheibe atypische Muskelfasern; oxidativer Stress → Funktion der Mitochondrien gestört	K(C)reatinkinase (CK) meist normal; meist schwache Hinterhand, im Verlauf kann auch Vorhand betroffen sein	Gliedergürtel-Beckengürtel-Muskeldystrophie[G], Myofibrilläre Myopathie 3 (MFM3), Spheroid-Körper-Myopathie[G]	++ Mn + Protein + AS + Vit. E + Mg + B-Vit + Se + Zn
MIM/MFM	P3a P3b	FLNC Varianten -E753K chr4:83,837,774 G/A -A1207T chr4:83,840,299 G/A	Filamin C	Z-Scheibe Instabilität der Muskelfibrillen	Muskelschwäche Muskelschwund	MFM5 (entspricht FLNC-E753K) distale Myopathie 4 (entspricht FLNC-A1207T) Filaminopathie langsam fortschreitende Verläufe	+ Protein + AS + Vit. E + Mg

	Gen	Defektes Genprodukt	Auswirkung	Mögliche Leitsymptome	Beim Menschen assoziiert mit	Do's
MIM/MFM **P4**	MYOZ3 Variante -S42L chr14:26,710,261 G/A	Myozenin 3	Muskelfasern Zellatmung Immunsystem Signalübertragung	Muskelverhärtungen verminderte Durchblutung	keine Entsprechung bekannt	+ Protein + AS + Vit. E + Mg
MIM/MFM **P8**	PYROXD1 Variante -D492H chr6:48,924,749 G/C	Pyridine nucleotide-disulfide oxidoreductase domain 1	sarkomere Desorganisation, Abbau der Z-Scheibe und Myofibrillen, Verklumpungen im Muskelprotein, Defekt im oxidativen Schutz betrifft Zentralnervensystem und mitochondrialen Stoffwechsel	Muskelschwäche und -schwund Stolpern Gangstörungen Belastungsintoleranz Auswirkung auf respiratorische Muskulatur	MFM-8: langsam fortschreitend; in der Kindheit beginnend, vermehrtes Stürzen, Gangstörungen und Schwierigkeiten beim Laufen oder Treppensteigen, Atmungsproblematik	wie P2 +++ Vit. E ++ weitere Antioxidantien
MIM/Kollagen Dystrophie **K1**	COL6A3 chr6:23,416,882 C/G	kodiert Kollagene	Elastizität, Zugfestigkeit und Reißfähigkeit von Haut, Bindegewebe, Knorpel, Sehnen und Bändern sind betroffen	Serum-Kreatinkinase-Konzentration (CK) ist meist normal oder nur leicht erhöht	Bethlem-Myopathie, Muskeldystrophie Typ Ullrich, frühe Beteiligung der Atemmuskulatur	wie P2 + Versuch mit Kollagenzufütterung
Subtyp MIM **PX**	CACNA2D3 chr16:34,635,494	voltage-dependent alpha 2/delta 3 subunit	Störung der Calcium-Ionen-Kanal-Einheiten neuronale Signalübertragung	manchmal merkwürdig oder schreckhaft, phasenweise lustlos erscheinend, in sich gekehrt oder leicht erregbar, oft personenbezogen, oft leistungsbereit	Autismusspektrumstörung, Sehstörungen, Analyse beim Menschen ergab bisher keine pathogenen Mutationen	++ Mn ++ Vit B ++ Mg + AS + Vit E + Q10 - Calcium - Kalium

+ Zuführen; - bedarfsdeckend

5.4 Symptome – Auslöser – Häufigkeit

Symptome allgemeiner Muskelprobleme

Muskuläre Probleme müssen keinesfalls sofort in einem Zusammenhang mit einer PSSM-Erkrankung gesehen werden und können andere Ursachen haben (u.a. falsches Training, Gliedmaßenfehlstellungen etc.; zur Unterscheidung siehe Überblickstabelle Seite 28 f.). Die allgemeinen Symptome muskulärer Probleme sind:

- lokale Muskelentzündungen, Muskelverspannungen, Muskelverhärtungen
- kurzfristig sichtbare Dellen in der Muskulatur, die sich sehr schnell normalisieren
- Muskelschwund aufgrund von Bewegungsmangel
- dysfunktionale Bemuskelung aufgrund von einseitigem Training bestimmter Muskelpartien
- wiederkehrende oder wechselnde Lahmheiten, ohne andere erkennbare oder diagnostizierbare Ursachen

Symptome von Muskelerkrankungen

Im Folgenden werden nun klinische Symptome von verschiedenen Muskelerkrankungen beschrieben, die zur Diagnose von PSSM 1, PSSM 2, RER, MFM, Myotonie und zu Formen der Malignen Hyperthermie herangezogen werden (vgl. University of Minnesota, College of Veterinary Medicine, Leatherdale Equine Center).

- **Belastungs- oder Trainingsintoleranz**
  Aufgrund einer ausgeprägten Muskelerkrankung entwickeln manche Pferde trotz passender Trainingsgestaltung eine Belastungs- beziehungsweise Trainingsintoleranz. Sie sind also vermindert leistungsfähig oder nicht mehr, wie bisher, körperlich belastbar, beziehungsweise in ihrer Leistungsfähigkeit als Sport- oder Freizeitpartner wenig bis stark eingeschränkt.
- **Muskelschwäche**
  Muskelschwäche bezeichnet einen qualitativen Mangel an Muskelkraft, der zu Beginn nicht optisch sichtbar sein muss. Je nach Schweregrad und medizinischer Grundlage der Schwäche bewegen sich die Pferde ungern oder haben Schwierigkeiten beim Ablegen und/oder Aufstehen. Manche Pferde legen sich deshalb offenbar seltener zum Schlafen ab. Auch andere Faktoren, wie zum Beispiel Arthroseprozesse oder unpassende Einstreu können dazu führen, dass Pferde sich weniger oder nicht ablegen.
- **Muskelschwund (Atrophie)**
  Muskelschwund bezeichnet eine sichtbare Abnahme der Muskelmasse trotz passender Trainingsgestaltung oder einen unverhältnismäßig starken Muskelabbau bei Infektionen oder nach Operationen trotz angepasster, präventiver Fütterung und Supplementierung. Der Muskelschwund kann einen Teil eines Muskels, den gesamten Muskel oder mehrere Muskeln gleichzeitig betreffen. Der Muskelschwund verstärkt eine bereits bestehende Muskelschwäche oder führt zu einer Muskelschwäche, da die Gesamtkraft eines Muskels direkt mit seiner Gesamtmasse zusammenhängt.
- **Muskelzuckungen (Faszikulationen)**
  Muskelfaszikulationen sind unregelmäßige, unwillkürliche Muskelkontraktionen in einem oder mehreren Muskeln beziehungsweise Muskelfaserbündeln.
- **Unklare Lahmheiten**
  Abnormaler Gang oder Lahmheiten, die nicht auf eine Schädigung der Gelenke, Sehnen oder Bänder zurückgeführt werden können.
- **Muskelsteifheit**
  Trotz guter Trainingsbedingungen haben diese Pferde mit chronischer muskulärer Steifheit oder Verspannungen zu kämpfen und zeigen einen dauerhaft hohen bis sehr hohen Muskeltonus. Die verspannte Muskulatur löst sich auch in der systematisch gestalteten Aufwärm- und Lösungsphase

nur unzureichend oder mit vergeleichsweise längerem Zeitaufwand. Bei angemessener Trainingsintensität bleibt eine Steifheit der Muskulatur, trotz regelmäßiger Physiotherapie oder Thrainingstherapie, bestehen und ist reiterlich beziehungsweise physiotherapeutisch nur bedingt beeinflussbar. Bei ungünstigen Trainings-, Fütterungs- oder Haltungsbedingungen und weiteren konstitutionellen Erschwernissen (z.B. Fehlstellungen, Exterieurmängel) und/oder weiteren additiven Faktoren (z.B. andere Grunderkrankungen, wie Magenprobleme, Lungenerkrankung, Maligne Hyperthermie, Fehlbildung der unteren Halswirbelsäule beim Pferd) können Pferde mit einer PSSM-2-Veranlagung erhebliche muskuläre Probleme entwickeln. Kompensatorische Potentiale des Gesamtorganismus haben dem nicht mehr genug entgegenzusetzen. Die mit einer ausgeprägten Steifheit einhergehenden, mitunter krampfartigen Muskelschmerzen können (sub-)akut, chronisch oder phasenweise in unterschiedlicher Ausprägung vorhanden sein.
Bitte beachten Sie: Als alleiniges Merkmal ist eine Muskelsteifheit überaus indifferent und kein ausreichender Hinweis auf eine Muskelkomplexerkrankung ist!

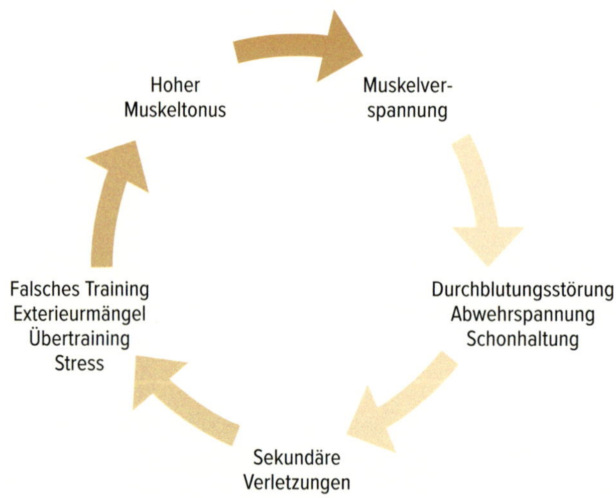

Insbesondere Verletzungen des Bewegungsapparates und Infektionen, die jedoch nicht in einem direkten Zusammenhang zu Muskelerkrankungen stehen, können aufgrund von notwendiger Boxenruhe und einer länger andauernden krankheitsbedingten negativen Stickstoffbilanz zu einer Abwärtsspirale bei Pferden führen. Diese Erkrankungen müssen natürlich entsprechend diagnostiziert und behandelt werden und können nicht unter MIM/MFM oder PSSM 2 subsumiert werden.

> „Regelmäßige Bewegung ist für Mensch und Pferd das A und O. Das sportliche Training ist ein ganz wichtiger Baustein des Gesundheitsmanagements und es bedarf gut konzipierter, individueller Strategien, um einem symptomatischen Pferd bestmöglich dabei zu helfen, wieder in die Bewegung zu kommen."
>
> (Christina Wessling)

Weitere Informationen/Tipp: University of Minnesota: Letherdale Equine Centre

Auf der Internetpräsenz der University of Minnesota finden Sie ausführliche Informationen über die laufenden Forschungsprojekte zu „Genetic Muscle Disease in Horses“; darunter auch ausführliche Informationen über die PSSM-2- und RER-Studie: „Muscle disease test validation study“.

Die Wissenschafter der University of Minnesota verfügen über langjährige Forschungserfahrung zu genetischen Muskelerkrankungen bei Pferden. Diese sollen in Kombination mit dem Kompetenznetzwerk und den bisherigen Forschungsergebnissen zu Muskelerkrankungen bei der Entwicklung gültiger Gentests genutzt werden, um festzustellen, ob die derzeit verfügbaren Gentests auf PSSM 2/Myofibrilläre Myopathie (MFM) und Rezidivierende Belastungs-Rhabdomyolyse (RER) tatsächlich mit Muskelerkrankungen assoziiert sind. Neben der Suche nach den Auswirkungen einzelner Allele oder in Kombination verschiedener reinerbiger und mischerbiger Varianten will die Forschergruppe weitere Erkenntnisse gewinnen, um besser zu verstehen, wie bestimmte Genveränderungen und klinische Symptome für Muskelerkrankungen bei Pferden in Verbindung stehen. Dabei werden auch vier weitere Mutationen (HYPP, IMM, MH, PSSM 1; alle im Glossar) und deren Einfluss betrachtet. Die Studie zielt zudem darauf ab, noch besser zu verstehen, ob und inwiefern Fütterung und Training die Krankheitsausprägung beeinflussen. Die Möglichkeit zur Teilnahme an der Studie beziehungsweise bereits veröffentlichte Ergebnisse finden Sie unter folgenden QR-Codes.

Link zur Befragung:

Bei Fragen: eggl-muscledis@umn.edu
Dr. Molly McCue, c/o Kendall Blanchard
Veterinary Diagnostics Laboratory
University of Minnesota
1333 Gortner Avenue
St. Paul, Minnesota 55108

Sie finden auf den Seiten auch weitere wertvolle Informationen und einen Überblick über weitere Muskelerkrankungen bei Pferden unter „Genetic and management factors influencing muscle diseases in horses“.

Hinweise auf Muskelerkrankungen aus dem Spektrum der PSSM-2-Muskelkomplexerkrankungen

Aufgrund der vermuteten polygenen Ursachen, der unvollständigen Penetranz beziehungsweise unvollständige Dominanz der Varianten und den äußeren Einflußfaktoren zeigt sich ein heterogenes Bild mit einer komplexen Symptomatik, die eine umfassende internistische und orthopädische Differentialdiagnostik erforderlich macht (siehe Kapitel 6 ab Seite 275). Die Liste der Symptome weist eine große

Schnittmenge mit anderen Krankheitsbildern auf, erfordert ein systematisches diagnostisches Vorgehen und macht deutlich, dass weitere Forschung sinnvoll ist. Aufgrund der bisherigen Ausführungen in Kapitel 5.1 (ab Seite 218) mag die Verschiedenheit der Symptome nicht verwundern.
Dennoch kann nicht oft genug betont werden, dass eine umfassende Ausschlussdiagnostik durch den erfahrenen Tierarzt erforderlich ist, wie sie in Kapitel 6 beschrieben wird!
Wie bereits aufgezeigt, geht aus einer wissenschaftlichen Untersuchung in den USA bei Pferden, bei denen ein auffälliges Muskelbiopsieergebnis vorlag und das Krankheitsbild „PSSM 2/MFM“ diagnostiziert wurde hervor, dass Symptome bei PSSM 2/MFM im Durchschnitt ab dem sechsten Lebensjahr beobachtet wurden und durch einen milden, diffusen Beginn gekennzeichnet sind (ø 6,4 Jahre: Bertels et al. 2018). Durchschnittlich bedeutet, dass es in der Studie auch Pferde gab, bei denen Symptome bereits vor dem sechsten Lebensjahr auftraten. In der ambulanten Praxis werden Symptome oft erst zwischen dem siebten und zehnten Lebensjahr in dem Ausmaß deutlich, sodass die Pferde einem Tierarzt vorgestellt werden, so Dr. Peter Richterich und Dr. Andreas Wessling. Allgemein kann festgehalten werden, dass die schleichend beginnenden Symptome vermutlich zu Beginn oft übersehen werden, beziehungsweise keine wesentlichen Einschränkungen für das Reitpferd mit sich bringen. Symptome können jedoch in Verlauf und Ausprägung variieren und ebenso schubartig auftreten.

> „Ich höre manchmal diese Argumentation, dass es nicht möglich sein könnte, dass diese genetischen Veränderungen sich ungünstig auf Reitpferde auswirken. Begründet wird es damit, dass man immer mehr Menschen kennt, die Pferde mit MIM-Varianten haben und diese hätten keine Probleme damit, um dann im nächsten Satz zu relativieren: ‚Es gibt ja auch keine wirklich gesunden Pferde.‘
> Aber es wird dann keine Verbindung zum Symptomkomplex hergestellt.“
>
> (Dr. Melissa Luanne Cox)

Symptome die nach aktuellem Stand mit dem Krankheitsbild PSSM 2 in Verbindung gebracht werden:

Kreuzverschlagsähnliche Symptomatiken

Ein akuter Schub kann mit kreuzverschlagsähnlichen Symptomen einhergehen.
Beispielsweise

- Sägebockstellung (Camped out)
- Schmerzgesicht
- zunehmende Ganzkörpersteifheit
- steifer Gang
- Bewegungsunlust bis Bewegungsverweigerung

- Faszikulieren (Krämpfe kleiner Muskelfaserbündel, die als unwillkürliche Zuckungen unter der Haut sichtbar werden) → Hinweis auf myofasziale Schmerzen oder muskuläre Dysbalancen

Tying-up ist eine Form beziehungsweise ein Überbegriff für ein Krankheitsbild eines Pferdes mit Muskelschäden, das viele verschiedene Ursachen haben kann. Der medizinische Überbegriff für die im Deutschen oft verwendete Bezeichnung „Kreuzverschlag" lautet Rhabdomyolyse und bezieht sich auf die körperliche Schädigung und Zerstörung von Skelettmuskelzellen. Bei einer Rhabdomyolyse bewegen sich die Pferde aufgrund der genannten Auswirkungen, die teilweise mit starken Muskelschmerzen (Myalgie) einhergehen, nur ungern. Je nach Ausprägung schwitzen manche Pferde stark. Treten die Symptome nach Trainingsbelastung auf, spricht man von Belastungs-Rhabdomyolyse. Es gibt aber auch Pferde, bei denen das Syndrom ohne Trainingsbelastung auftritt. Gängige Annahmen über das Tying-up-Syndrom wurden durch verschiedene wissenschaftliche Studien widerlegt (z.B. ist Milchsäure als Ursache widerlegt). Dr. Stephanie Valberg, die sich seit langem mit Tying-up beschäftigt, betont, dass es sich nicht um eine Krankheit, sondern um mehrere verschiedenen Krankheiten handelt und es in der Behandlung rassespezifische und nutzungsabhängige Unterschiede gibt (vgl. American Association of Equine Practitioners). Da es mehrere Ursachen gibt, von denen einige anscheinend vererbt werden, gibt es keine Patentlösung, so Valberg.

> „Es handelt sich wahrscheinlich um eines der am meisten missverstandenen und umstrittenen Syndrome bei Sportpferden. Da es mehrere Ursachen gibt, von denen einige anscheinend vererbt werden, gibt es nicht die eine Heilmethode."
>
> (Interview mit Dr. Stephanie Valberg in American Association of Equine Practitioners, eigene Übersetzung)

Mögliche Stressoren

- Übertraining
- Stress, Aufregung beim Schmied oder beim Training
- Verletzung
- Operation
- Infektion
- Stallwechsel
- Veränderungen in der gewohnten Umgebung
- Überforderung beim Anreiten, verbunden mit Stallwechsel
- grobe reiterliche Einwirkung oder Grobheiten im Umgang
- sehr fordernde Trainingsmethoden
- ernährungs- oder krankheitsbedingte negative Stickstoffbilanz (in der Muskulatur werden mehr Proteine und damit Aminosäuren ab- als aufgebaut; mehr dazu ab Seite 54)

Dunkler Urin (Myoglobinurie)

Dunkler, kaffeebrauner Urin entsteht durch das Vorhandensein des Muskelproteins Myoglobin, das aufgrund einer Zellschädigung aus den Muskelzellen freigesetzt und mit dem Urin ausgeschieden wird. Myoglobinurie ist eine Folge einer ausgeprägten Rhabdomyolyse.

> „Was man bislang an Bewegungsstörungen mit PSSM 2 in Verbindung bringen kann, sind Belastungsmyopathien, wiederkehrend massive, kreuzverschlagsähnliche Symptome, Shivering, Hyperflexion der Gliedmaßen und unkoordinierte Bewegungen."
>
> (Dr. Peter Richterich 2022, Seite 15)

Ein belastendes Ereignis kann eine milde, unauffällige PSSM-2-Symptomatik verschlimmern oder einen ersten Schub beziehungsweise eine Verschlechterung auslösen. Eine Symptomatik kann durch verschiedene Stressoren ausgelöst werden. Diese Stressoren können nicht immer vorhergesehen, minimiert oder ausgeschaltet werden (mögliche negative Stressoren = Disstress; im Unterschied zu Eustress = positiver Stress im Sinne von Anregung, Abwechslung, Lerngelegenheit).

> „Bei einer Symptomatik aus dem Spektrum Kreuzverschlag muss sofort ein Tierarzt hinzugezogen werden. Es geht darum eine Schmerzlinderung sicherzustellen oder sogar eine Schmerzfreiheit zu erreichen, aber auch darum, eine dauerhafte Schädigung der Nieren zu vermeiden. Die Notfallbehandlung ist das eine, aber es gilt auch der individuellen Ursache auf den Grund zu gehen. Dazu muss ich Fragen zu Training, Haltung und Fütterung des Pferdes stellen und internistische und mögliche genetische Parameter zusammenführend betrachten. Gemeinsam mit dem Besitzer gilt es Stressoren und Auslöser zu identifizieren und wenn möglich auszuschalten oder zu reduzieren. Das Wohl des Pferdes steht für mich im Mittelpunkt."
>
> (Dr. Andreas Wessling, Fachtierarzt für Pferde)

Symptome, wie Bewegungsunlust, steife Bewegungsabläufe und harte Muskelpartien können bei anfälligen Pferden beispielsweise auch etwa 15 bis 20 Minuten nach Trainingsbeginn einsetzen und von Widersetzlichkeit bis hin zu einer Bewegungsverweigerung führen. In solchen Fällen empfiehlt sich ein diagnostisches Vorgehen, wie ab Seite 276 beschrieben. Schmerzassoziierte Verhaltensweisen (u.a. Scharren, häufiges Gähnen oder Flehmen, Hochziehen des Bauchs, Berührungsempfindlichkeit, Abwehrverhalten, bretttharte Muskulatur) sind immer ein Fall den Tierarzt zu rufen, um die notwendigen Schritte mit ihm individuell abzuklären!

„Bei einer kolikartigen Symptomatik handelt es sich um einen Notfall. Unabhängig von PSSM 2/MIM ist sofort ein Tierarzt hinzuzuziehen, um eine schnelle Therapieeinleitung sicherzustellen.“

(Christina Wessling)

Formen des Kreuzverschlags

- früher als „Feiertagskrankheit“ bezeichnet
- Verspannungen der Rückenmuskulatur bis hin zu Bewegungsverweigerung, generelle Muskelsteifheit

Akute Form: Sporadic Exertional Rhabdomyolysis (SER)	**Chronisch wiederkehrende Formen: zum Beispiel Recurrent Exertional Rhabdomyolysis (RER)**
nach Überbelastung, Stress, möglicherweise auch durch zu kohlenhydratreiche Fütterung an „Stehtagen“ ohne Leistungsenergiebedarf	Steifheit und Verhärtung der Rücken-, Kruppen- und Lendenmuskulatur, Bewegungsverweigerung; in schweren Fällen Anstieg der Muskelenzyme und dunkel gefärbter Harn durch Freisetzung des roten Muskelfarbstoffs (Myoglobin) aus abgestorbenen Muskelzellen

Die Symptome können nicht per se mit PSSM 2/MIM in Verbindung gebracht werden.

Was kann ich tun, wenn mein Pferd Anzeichen für eine Art von Kreuzverschlag zeigt?

1. **Beenden Sie sofort das Training beziehungsweise versuchen Sie, das Pferd aus der stressauslösenden Situation zu bringen!**
2. **Bringen Sie das Pferd in eine Box, wenn diese in direkter Nähe ist, oder lassen Sie das Pferd ruhig stehen (möglichst im Schatten beziehungsweise wind- oder regengeschützt)!**
3. **Rufen Sie Ihren Tierarzt an!**
4. **Zwingen Sie das Pferd nicht, zu laufen! Im Zweifel muss das Pferd mit einem Hänger zurück in den Stall transportiert werden!**

Tipp: Regt sich das Pferd allein im Stall auf, weil alle anderen Pferde noch auf der Weide sind, kann ein Boxennachbar hilfreich sein. Ruhe ist jetzt das A und O!

Bis der Tierarzt kommt

- Decken Sie das Pferd bei kühlem Wetter mit einer leichten Baumwolldecke ein.
- Bieten Sie dem Pferd Wasser an (möglichst nicht eiskalt). Lassen Sie das Pferd aber nicht zu große Mengen saufen, sondern bieten Sie ihm den Wassereimer lieber mehrmals an.
- Ist das Pferd dehydriert und verweigert den Wassereimer, können Sie ihm Wasser über eine große Maulspritze anbieten (jedoch nur, wenn die Maulspritze keinen Stress auslöst).
- Bis der Tierarzt kommt, können Sie bereits die Körpertemperatur messen.
- Bleiben Sie beim Pferd, beobachten Sie es genau, damit Sie dem Tierarzt Auskunft über das gezeigte Verhalten geben können.

Was der Tierarzt vermutlich tut

- allgemeine Untersuchung, Palpation der Muskulatur, Messen der Körpertemperatur, Checken der Darmgeräusche, rektale Untersuchung zum Ausschluss einer Kolik, Blutentnahme: Muskelenzyme
- Der Tierarzt verabreicht Medikamente zur Linderung von Angst und Schmerzen (Schmerzmittel, Muskelrelaxans, gegebenenfalls Beruhigungsmittel, gegebenenfalls Infusion bei Dehydration).

Mögliche weitere Vorgehensweise (Bitte stets mit Ihrem Tierarzt absprechen!):
Tag 1: Entfernen Sie Kraftfutter und geben Sie nur Heu, bis die Symptome abklingen.
Tag 2: Es dauert in der Regel circa 12 bis 24 Stunden, bis sich das Pferd wieder weitestgehend normal und schmerzfrei bewegen kann. Bis dahin sollte das Pferd beispielsweise in einem kleinen Auslauf auf der Koppel in der Nähe seines Herdenverbands einen geschützten Bereich haben oder in einer Box mit etwas größerem Paddock untergebracht sein, in dem es sich im Schritt gut bewegen kann.
Tag 3: Bewegt sich das Pferd weitestgehend normal, sollte es ein bis mehrere Tage an der Hand im Schritt geführt werden.

Das Vorgehen hängt immer auch von der Schwere des Kreuzverschlags ab (mild bis schwere Form). Behalten Sie in Zukunft das Verhalten und die Ausscheidungen Ihres Pferdes im Auge: Strohgelber bis kaffeebrauner Urin ist immer ein Grund sofort den Tierarzt zu rufen!

Wetterfühligkeit

Bei Pferden mit MIM werden Episoden mit milden bis ausgeprägten kolikartigen Symptomen, die im direkten Zusammenhang mit plötzlichen Wetterveränderungen stehen (schnell absinkende Außentemperaturen, Kälteeinbruch, wechselhafte Wetterverhältnisse, Starkregenereignisse) beschrieben.

Diese Wetterveränderungen werden eher häufig im Zusammenhang mit Kälte, Wind oder Regen beschrieben und eher selten mit Hitze in Verbindung gebracht. Insbesondere eine nasskalte Witterung scheint eine Verschlechterung mit sich zu bringen. Der Muskeltonus steigt und die Pferde zeigen im Auslauf, Stall oder auf dem Paddock deutliche Verspannungen.

Kurz & knapp

Pferde mit Muskelerkrankungen können verschiedene klinische Anzeichen (Symptome) aufweisen. Die beschriebenen Symptome des jeweiligen Pferdes müssen von einem Tierarzt in ihrer Gesamtheit (Training, Fütterung) und im Rahmen einer umfassenden internistischen, orthopädischen und neurologischen Diagnostik betrachtet werden.

Die Aufzählung im Folgenden kann dem Besitzer eines symptomatischen Pferdes lediglich erste Hinweise liefern, die ihm Anlass geben können, eine umfassende Untersuchung in die Wege zu leiten. Sie dienen nicht als Anleitung zur Selbstdiagnose!

Mögliche Hinweise auf PSSM 2/MIM/MFM

- kreuzverschlagsähnliche Symptomatik (z.B. ähnlich Tying-up-Krankheitsbildern)
- deutliche, überdauernde oder wiederkehrende Muskeldellen, Muskelrisse, Kick marks (siehe Seite 212), die nicht von (Tritt-)Verletzungen stammen
- Muskelzittern/Faszikulieren, Myofasziales Schmerzsyndrom oder Dysbalancen
- schlecht bemuskelte Hinterhand (ist als Einzelmerkmal wenig aussagekräftig)
- plötzlicher massiver Gewichtsverlust beziehungsweise Muskelschwund innerhalb kurzer Zeit bei fehlender weiterer Ursache
- Muskelabbau an der Wirbelsäule (dachförmig), trotz gutem Gesundheits- und Trainingsmanagement, bei Ausschluss einer anderen Erkrankung (z.B. der Wirbelsäule)
- Zweiteilige Pferde: starke Vorderhand, schwach bemuskelte Hinterhand, wenn keine trainingsbedingte Ursache gefunden werden kann
- ausgeprägte waschbrettartige Struktur der Muskulatur, manchmal fehlerhaft als „Leberstreifen" bezeichnet, Struktur bezieht sich nicht auf Haare, sondern Muskeln was leicht verwechselt wird
- Auffälligkeiten in der Bemuskelung (ist als Einzelmerkmal wenig aussagekräftig, kann trainings- und fütterungsbedingt sein)
- überdauernd hoher bis sehr hoher Muskeltonus/verspannte Muskulatur, bei guter lösender Arbeit und angemessener Trainingsintensität (muss im Gesamtzusammenhang betrachtet werden)
- Myofasziale Auffälligkeiten wie: schwacher Muskeltonus, schlaffes Bindegewebe oder hoher Muskeltonus, bindegewebige Verhärtungen und Restriktionen
- möglicherweise schmerzbedingte Bewegungsunlust, insbesondere zu Beginn der Arbeit, in der Aufwärmphase

Aus dem Vorliegen vereinzelter Hinweise oder einer genetischen Veranlagung (MIM-Varianten) kann keine PSSM-2-Erkrankung abgeleitet werden. Wie die Klammersetzungen im folgenden, ersten Abschnitt exemplarisch zeigen, sind auch andere Ursachen möglich. Hier ist nur eine kritische und mehrdimensionale Betrachtung zielführend. Ziehen Sie deshalb Tierarzt, Trainer, Fütterungsberatung und weitere Experten, wie Pferdephysiotherapeuten, hinzu.

Mögliche Hinweise beim Reiten/Training

- schmerzbedingte Reizbarkeit
  - könnte sich äußern in plötzlichem „Explodieren aus dem Nichts" aufgrund von Muskelschmerz (könnte auch Bewegungsmangel sein)
  - Geräuschempfindlichkeit (könnte auch fehlende Erfahrung und Ausbildung sein)
  - könnte sich äußern in Angst vor „Gegenverkehr" (könnte fehlende Gewöhnung sein)
- Steifheit (könnte auch Übertraining oder Arthrose sein)
- vermehrtes Schwitzen (könnte auch fehlende Kondition oder Hitze sein)
- starkes Aufstützen auf die Hand (könnten Ermüdungsanzeichen oder fehlende Selbsthaltung sein)
- Schwierigkeiten bei der Lastaufnahme (könnte auch fehlende Kraftausdauer sein)
- sehr gangstarke und in der Vorhand und Halswirbelsäule hypermobile Jungpferde, mit exaltiertem Vorderbein und aufwendiger Mechanik, die mit der weiteren Ausbildung muskuläre Probleme entwickeln (könnten auch Fehler im Ausbildungsweg oder Übertraining sein)
- Atemgeräusche (könnten Ermüdungsanzeichen oder Atemwegsinfekt sein)

Mögliche Hinweise im Gangbild

- passartiger Schritt, Pass; Taktverlust, insbesondere in Wendungen; Taktstörungen bis hin zu ataktischen Bewegungsmustern
- häufiges Stolpern bis hin zu „Rope Walk"/„Seiltänzer-Gang" (Voreinandersetzen der Beine, als würde das Pferd auf einer Linie laufen)
- ungenügender Durchsprung im Galopp bis hin zu „Bunny Hop" (Hasen-Galopp, hinten gleichzeitig)
- unerklärliche, wechselnde Lahmheiten
- Verzögerungsmoment der Hinterhand
- Gangbild, das an Hufrehe-Pferde erinnert
- Schwierigkeiten beim Aufstehen und Ablegen; Pferde legen sich nicht mehr zum Schlafen hin

Die in einer Studie beschriebenen Lahmheiten und Leistungseinbußen bei PSSM-2-Pferden können sich mit Anzeichen überschneiden, die mit orthopädischen Erkrankungen in Verbindung gebracht werden (vgl. Bertels et al. 2018).

„Dass bei PSSM 2 neben dem gestörten Bewegungsbild auch andere Symptome, wie zum Beispiel Veränderungen am Kehlkopf muskulärer Genese oder eine Magendilatation[G] beobachtet werden können, ist richtig und lässt sich auch statistisch darstellen."

(Dr. Peter Richterich 2021, Seite 41)

Mögliche Hinweise im Umgang/Stall/Haltung:

- Myofasziales Schmerzsyndrom: Berührungsempfindlichkeit beim Putzen; Pferd lässt sich aufgrund von Muskelschmerzen nicht gern anfassen oder massieren; Ohren anlegen, Beißen oder Zähneknirschen beim Satteln und Putzen bis hin zu Sattelzwang aufgrund von Muskelschmerzen
- wechselhaftes Verhalten beim Schmied, insbesondere beim längeren Anheben der Hinterhand, sonst brav; plötzliches Wegziehen von Vorder- und/oder Hinterhuf, manchmal ein bestimmter Huf
- Probleme mit oder nach dem Anhängerfahren aufgrund von muskulären Schmerzen oder muskulärer Anstrengung durch das Ausbalancieren während der Hängerfahrt; Pferd steht nicht gut/unsicher auf dem Hänger, fällt, stolpert rückwärts aus dem Hänger
- schmerzbedingte Wesensveränderungen von freundlich und anhänglich hin zu zickig, von grell und außenorientiert zu apathisch, matt und lustlos oder in sich gekehrt

Es gibt vereinzelte Berichte von Fohlen mit heftigen Ataxien, die bei der genetischen Untersuchung als Doppel- und Mehrfachträger (exemplarisches Beispiel: P2/P2 + P4/P4 + n/P8 + n/PX) identifiziert wurden. Diese Fälle sind bisher überaus selten. Es wird vermutet, dass diese Einzelfälle im Fohlen- und Jungpferdealter mit erhöhtem Stress (Infektionen, Absetzen von der Mutterstute, Verlust der Mutterstute oder Ähnliches) und vor allem weiteren ungünstigen Faktoren (z.B. deutliche Fehlstellungen, andere internistische oder neurologische Grunderkrankungen) in Verbindung stehen und die vorliegenden P-Varianten nicht ursächlich für den Gesamtzustand des Tieres waren.

Forschungsbefunde: Symptome bei „PSSM 2"

Stichprobe mit 188 Pferden (Lewis, Nicholson, Williams & Valberg 2017), Warmblutpferde, bei denen ein auffälliges Muskelbiopsieergebnis vorlag und das Krankheitsbild „PSSM 2/MFM" diagnostiziert wurde, davon:

76 Prozent der PSSM-2-Pferde zeigten:

- mangelnden Vorwärtsdrang

67 Prozent der PSSM-2-Pferde zeigten:

- Leistungsabfall

66 Prozent der PSSM-2-Pferde zeigten:

- Ganganomalien (z.B. Taktunreinheiten, Störungen im Bewegungsablauf)

58 Prozent der PSSM-2-Pferde zeigten:

- Schwierigkeiten, Unwilligkeit, sich (vermehrt) zu versammeln

26 Prozent der PSSM-2-Pferde zeigten:

- Symptome eines Kreuzverschlags (gelegentlich RER und kreuzverschlagähnliche Zustände bei PSSM 2: vgl. dazu Bertels et al. 2018)

12 bis 33 Prozent der PSSM-2-Pferde zeigten:

- Schwierigkeiten bei Galoppübergängen/beim Angaloppieren (hier und im Weiteren: Lewis et al. 2017)
- unzureichende Rückenmuskulatur
- Berührungsempfindlichkeit (z.B. beim Putzen)
- Widerwillen beim Gurten

6 bis 24 Prozent der PSSM-2-Pferde zeigten:

- leichte Lahmheiten, Muskelschwund, Muskelfaszikulationen

Welche Symptome waren in der Studie trotz Fütterungs- und Trainingsumstellung wenig beeinflussbar?

Die Mehrheit der Pferde verbessert sich durch Fütterungs- und Trainingsanpassungen. Etwa die Hälfte der Pferde ist jedoch nicht in der Lage, die Leistungserwartungen des Besitzers zu erfüllen (Lewis, Nicholson, Williams & Valberg 2017; dies zeigt sich auch bei Bertels et al. 2018). Trotz Verbesserungen zeigte eine Studie von Bertels et al. (2018), dass bei **45 Prozent** der PSSM-2-Pferde ein **mangelnder Vorwärtsdrang**, insbesondere **zu Beginn** der Reiteinheit als bleibendes Symptom trotz Fütterungs- und Trainingsanpassungen fortbestand.

Weitere Ergebnisse:

bei 33 Prozent weiterhin vorhanden: Schwierigkeiten bei Übergängen
bei 30 Prozent weiterhin vorhanden: Schwierigkeiten bei der Versammlung
bei 30 Prozent weiterhin vorhanden: mangelnde Muskulatur der Oberlinie
bei 24 Prozent weiterhin vorhanden: Muskelfaszikulationen
→ Bisherige Studienergebnisse deuten darauf hin, dass selbst bei Einhaltung der aktuellen Fütterungs- und Trainingsempfehlungen bestimmte Auswirkungen der zugrunde liegenden Muskelerkrankung bestehen bleiben. Diese sind so individuell wie die Krankheit selbst.

Nebenbefund: Magen

Ein unerwartetes Ergebnis einer Studie zu Fütterung und Training von PSSM-2-Pferden war die Häufigkeit von endoskopisch bestätigten Magengeschwüren (36 Prozent) (vgl. Bertels et al. 2018, Seite 6; Richterich 2021, Seite 41).

Beachte!

Viele der hier angeführten leistungsbezogenen Symptome sind als Einzelsymptom nicht spezifisch für PSSM 2, sondern können auch durch eine Vielzahl von Trainingsfaktoren, unpassendes

Equipment, Fütterungsfehler oder durch reiterliche Einflüsse hervorgerufen werden. Es ist deshalb ratsam, diese Probleme oder Faktoren differentialdiagnostisch vollständig zu untersuchen und zusammenführend zu betrachten!

In der folgenden Tabelle wurden Ergebnisse aus mehreren informellen Befragungen von Christina Wessling zusammengefasst. Die Ergebnisse sind nicht als Forschungsergebnisse zu verstehen, sondern geben Hinweise auf mögliche Symptome einzelner Varianten, wie sie die Besitzer wahrnehmen und beschreiben.

Variante	**Reine n/P2 oder P2/P2 (Anzahl: 20 von 100 Teilnehmern)**	**Reine n/P8 oder P8/P8 (Anzahl: 16 von 100 Teilnehmern)**	**Reine n/PX oder PX/PX (Anzahl: 38 von 100 Teilnehmern)**
Symptome	• reagieren gut auf angepasstes Fütterungs- und Trainingsmanagement • Atemsymptomatik oder ein Atemgeräusch • Magenprobleme • selten Darmprobleme mit Kotwasser oder Koliken • selten nicht sportlich nutzbar/nicht zu managen • die Hälfte eher wach bis grell • alle reagieren gut auf vergleichsweise deutlich dickeres Eindecken • deutliche Reaktion auf unpassende Fütterung • scheint deutlicher als andere P-Varianten auf unpassendes Management zu reagieren • können unerwartet explosiv reagieren; seltener, wenn Fütterung und Trainingsumfang gut eingespielt sind • manche haben fühlige Hufe	• alle profitieren von Vitamin E (10 von 16 werden bei hohen Gaben ruhiger) • schnelle Ermüdung • stolpern • selten nicht sportlich nutzbar/nicht zu managen • häufig gutes Ansprechen auf Management • viele beschreiben Atemsymptomatik oder ein Atemgeräusch • mehr als die Hälfte zeigen Sattelzwang bzw. Probleme beim Gurten • die Hälfte sind eher sehr wache Pferde • weniger als die Hälfte zeigen Magenprobleme und/oder Darmprobleme mit Kotwasser oder Koliksymptomen • alle reagieren gut auf deutlich dickeres Eindecken • selten Rehe-Problematiken	• hoher Muskeltonus • bei gutem Management häufig rittig • mögen Rituale • brauchen viel Bewegung, regelmäßiges Training • Neigung zu Atemgeräusch (z.B. bei Aufregung oder Anstrengung) • Neigung zu Magenproblemen • spritzige Pferdetypen bis explosive Überreaktionen (grell) • Neigung mentale Anspannung in muskuläre Verspannung umzuwandeln

Quellen: Protokolle mehrerer Befragungen von Christina Wessling mit jeweils 100 Teilnehmern (Achtung: Die kleinen Stichproben führen zu einer geringen Aussagekraft!)

Auswahl an Symptombeschreibungen nach Stichworten

Die folgenden Beschreibungen sind exemplarische Beispiele deutlicherer Symptomatiken bei schweren Verläufen oder in schlechten Phasen (akuter Krankheitsschub).

- **Muskuläre Steifheit, hoher Muskeltonus, Verspannungen**

„Es ist natürlich nicht einfach anzusehen, wenn die Pferde zu Beginn der Arbeit so steif laufen. Und es ist schon eine gewisse Überwindung, dann trotzdem dranzubleiben. Natürlich mit vielen Pausen, aber ich bleibe dran! Meiner Meinung nach ist das der häufigste Fehler bei PSSM-2-Pferden, dass die nicht mehr trainiert werden und das Training durch diverse therapeutische Maßnahmen ersetzt wird, statt diese ergänzend zum Training durchzuführen. Und Training, das ist ja nicht nur Reiten!"

(Besitzer)

„Unser Wallach ist nur Einfachträger, aber schon mit knapp sieben Jahren sehr symptomatisch geworden. Er war sehr steif, stolperte und konnte zeitweise gar nicht mehr galoppieren, ja, er wirkte dadurch regelrecht lahm. Ich habe über 6000 € in Kliniken für Diagnostik ausgegeben. Ohne klare Diagnose, ohne Behandlungsansatz – bis ich selbst durch Recherchen auf PSSM 2 gekommen bin. Dann die Bestätigung durch den DNA-Test. Seit der Futterumstellung geht es dem Pferd deutlich besser. Die Probleme sind nicht völlig weg, und es gibt auch einfach schlechte Tage."

(Besitzer)

- **Bewegungsunlust**

„Ich weiß, das hören viele nicht gern, aber ich weiß aus meiner mittlerweile doch größeren Erfahrung im Training mit diesen Pferden, dass es bei manchen Pferden mehrere Monate bis zu einem ganzen Jahr dauert, bis die positiven Effekte der angepassten Fütterung und das regelmäßige Training Stabilität bringen. Denn man muss lernen, das Pferd in allen Jahreszeiten zu managen und mit den individuellen Stellschrauben zu spielen. Bei Wetterwechseln frühzeitig eindecken. Die richtigen Stellschrauben sofort benutzen! Nur so holt man diese Pferde nachhaltig aus ihrer Bewegungsunlust raus.

(Trainer)

„Dieses Berittpferd war immer sehr sanft, umgänglich und immer bemüht, alles richtig zu machen. 4-jährig wurde er vorm Einreiten vom Boden aus vorbereitet. Die fehlende Hinterhandaktivität habe ich auf die Abstammung und Langbeinigkeit geschoben. Er war mir immer etwas schlapp und baute zwar Muskeln auf, aber irgendwie nicht so, wie ich es erwartet hätte. Dann habe ich ihn 4 ½ -jährig sehr schonend angeritten. Das ging alles wirklich gut, bis er irgendwann dann nicht mehr antraben wollte. Empfindlichkeit beim Gurten und am Bauch. Er hatte Magengeschwüre, die Magen-Behandlung schlug gut an. Ich habe direkt gesagt, dass da noch mehr dahinterstecken muss. Auf PSSM 2 wurde ich dann durch Zeitschriftenartikel aufmerksam. Ich habe mich eingelesen. Durch die Fütterungsumstellung haben sich dann anhaltende Verbesserungen gezeigt."

(Ausbilder)

- **Muskelschmerz**

„Der Pferdephysiotherapeut hat mal zu mir gesagt: Ja, der hat Körper. Ich habe auch Menschen in der Praxis, die das haben. Das ist so ein Typ, dem tut immer alles weh. Der neigt zum Muskelschmerz."

(Besitzer)

- **Muskelverhärtungen**

„Leichte Massage und Magnetfelddecke, das tut ihm auch gut. Aber nicht mit der Massagepistole drauf rumhämmern, wenn das Pferd sich wehrt. Dann wird es zu viel. Also, da muss man sich schon vom Fachmann Rat holen."

(Besitzer)

- **Muskeldellen, -löcher und -risse**

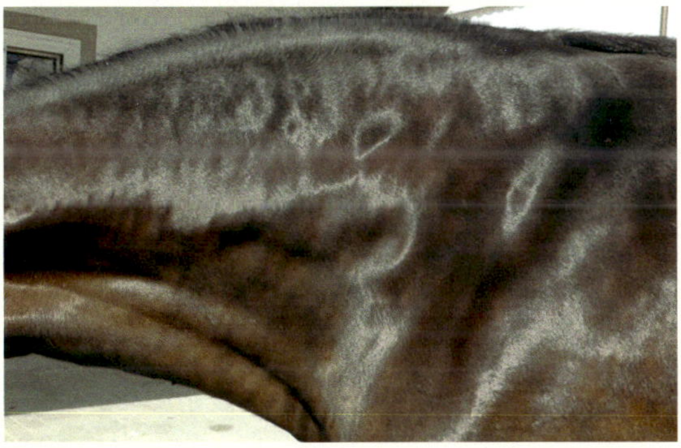

Muskeldellen am Hals bei einer 10-jährigen Stute mit den genetischen Mutationen n/P2, n/PX (Foto: privat)

„Über die Jahre hat meine Stute immer wieder mal Dellen gehabt. Also meist an der Schulter und am Hals. Die meisten sind nach einer Weile wieder verschwunden. Aber manche sind auch geblieben. Die fühlen sich an, als ob jemand mit dem Daumen ein Loch in den Muskel gedrückt hätte. Manchmal war sie sogar etwas empfindlich beim Putzen, wenn es eine neue Delle gab. Ich dachte immer,

Muskelschaden an der Hinterhandmuskulatur (Foto: Dr. Peter Richterich)

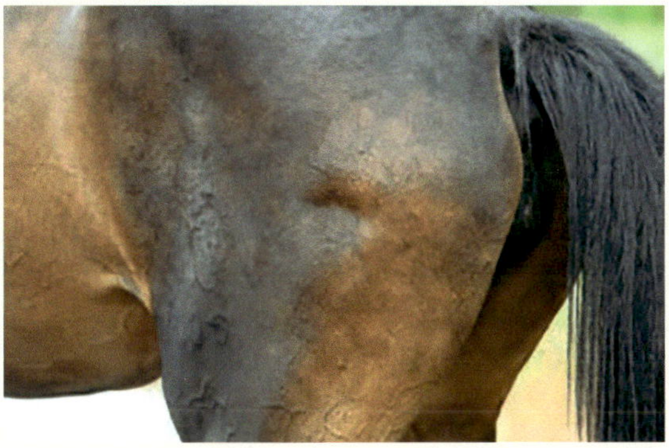

Muskelschaden an der Bauchmuskulatur (Foto: Christina Wessling)

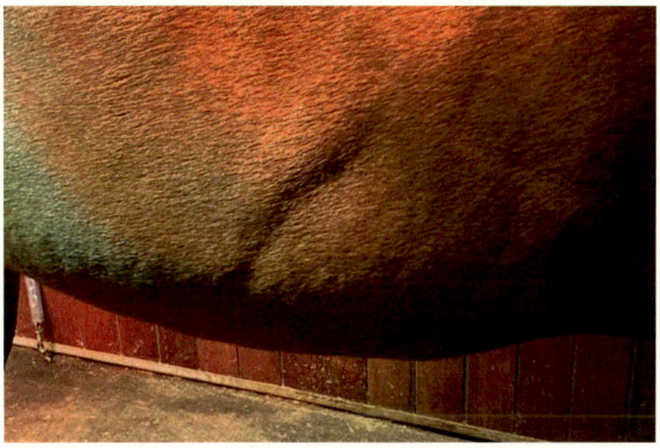

dass sie sich mit anderen Pferden auf der Koppel streitet und die sich beißen. Einmal hatte sie das auch am Oberschenkel, das war handgroß und wellig. Ich habe mich nur gewundert. Obwohl sie die Zicke ist, hat immer nur sie Löcher abgekriegt."

(Besitzer)

- **Wetterfühligkeit, Kälteempfindlichkeit (mehr dazu auf den Seiten 54, 199 ff.)**

„Problematisches oder merkwürdiges Verhalten tritt in der Regel mit Kälte, Regen, Wind oder bei Infektionen auf."

(Besitzer)

„Im Winter lief Luke immer schon schlechter. Schon 8-jährig war das so. Je kälter es wird, je steifer wird die Muskulaturr. Ich versuche immer irgendwie durch die kalte Jahreszeit zu kommen. An Turniere brauche ich da gar nicht zu denken. Im Spätsommer M gewonnen, dann heftiger Wetterwechsel und ich kann von einem Tag auf den anderen nicht mal mehr angaloppieren. Mit Mühe kriege ich ihn zum Traben, aber nur mit sehr langer Aufwärmphase im Schritt. Wenn ich dann 20 bis 30 Minuten mit Führen, dann Schritt und lockeres Vorwärts-abwärts-Traben an der Schnalle überstanden habe, dann wird er jede Runde bewegungsfreudiger. Es ist, als ob ich zwischendurch auf ein anderes Pferd steigen würde. Von „Schritt-Trab-WBO-Niveau" auf „Serienwechsel abrufbar" in 35 Minuten. Manchmal fühlt man sich, als ob man nicht reiten könnte. Natürlich ist der durchgeröntgt von vorn bis hinten, von Gastroskopie bis Bronchoskopie, von Lahmheitsdiagnostik bis Blutuntersuchungen, Physio, Osteo, Maßsattel. Man wird ja auch belächelt, wenn man da am Anfang so außen rumschlurft. Aber dann denke ich: Abwarten, Geduld haben, ihm Zeit lassen, bis die Muskulatur warm ist. Und an guten Tagen noch eine Runde im Schritt nach dem langen Aufwärmen und dann ist er ‚on fire' und hat Spaß! [...] Das Ergebnis der DNA-Untersuchung hat dann letztlich nur die Diagnose ergänzt. Das war schon ein Schock, aber auch eine Hilfe. Wir haben ihn sowieso schon seit Jahren zucker- und stärkereduziert gefüttert, weil wir gemerkt haben, dass er dadurch rittiger wurde. Durch die speziellen Zusätze hat sich der Gesundheitszustand stabilisiert. Aber seit zwei Jahren ist ein konstantes Training auf seinem früheren Niveau nicht mehr möglich. Er ist jetzt vierzehn Jahre."

(Anna-Lisa Guthöhrlein, Reiterin 5-Fach-MIM-Träger, MFM-Diagnose, RER-Neigung)

- **Sattelzwang/Gurtzwang (als Beispiel für ein eher unspezifisches Symptom mit sehr großer Überschneidung zu anderen Ursachen, z.B. unpassender Sattel und Gurt)**

„Trotz Futterumstellung ist eine gewisse Empfindlichkeit beim Gurten geblieben. Das war im Sommer deutlich weniger, kommt aber bei Kälte und Wetterwechsel immer mal wieder vor".

(Besitzer)

Nach dem Führen, wodurch Pferd und Reiter mobilisiert werden, folgt eine ausgedehnte Schrittphase zu Beginn des Aufwärmens, die auch im Anschluss an die Arbeitsphase erfolgt. (Foto: Sabrina Doll)

„Natürlich denkt man bei Gurtzwang sofort an Magen. Bei meinem P8-Pferd ist auch eine leichte Magenproblematik festgestellt worden. Auch Muskelschmerz kann Stress machen und das schlägt auf den Magen. Ein anderer Gurt hat viel gebracht. Aber wenn die Muskulatur noch nicht aufgewärmt ist, dann ist die Stute vor allem im Winter empfindlich, und ich muss sehr vorsichtig angurten und eine ausgedehnte Aufwärmphase einplanen. Auch Massagen helfen und bringen muskuläre Entspannung. Bei meiner Stute mache ich das aber nach dem Ablongieren, also mit warmer Muskulatur. Longieren, Massage, dann sattle und gurte ich erst. Im Sommer ist es insgesamt unkomplizierter."

(Besitzer)

- **Unklare, wiederkehrende Lahmheiten beziehungsweise wechselnde Lahmheiten**

„PSSM 2 ist keine Erklärung für alles. Lahmheiten und Rittigkeitsprobleme müssen vom Tierarzt diagnostisch abgeklärt werden und nur wenn nichts anderes gefunden wird, dann kann man an PSSM 2 denken. Auch das muss man diagnostizieren. Vermuten ist nicht Wissen! Es ist möglich, diese Pferde gut einzustellen, sonst wären nicht so viele Pferde, die im Sport hoch erfolgreich sind, auch Träger."

(Besitzer)

Forschungsergebnis

Bei 60 Prozent der Warmblüter mit PSSM 2 konnte die Lahmheiten trotz tierärztlicher Behandlung nicht behoben werden (vgl. Bertels et al. 2018, Seite 12). Ganganomalien wurden bei PSSM-2-Pferden in mehreren Studien festgestellt (vgl. z.B. Lewis et. al. 2017; Bertels et al. 2018).

„Für alle, die an DNA-Tests und der klinischen Relevanz zweifeln, mal wieder ein Beispiel aus dem täglichen Leben: Nach dem Testergebnis konnte ich mir ihre unerklärlichen, wechselnden Lahmheiten besser erklären. Diagnostisch war das mit Internistik, Lahmheitsdiagnostik, Röntgen, Ultraschall und MRT nicht greifbar. Freitag hatten wir auf einmal wieder einen Tag mit Lahmheit vorn und hinten aus dem Nichts! Montag plötzlich die Muskeldellen. Ich bin selbst Tierarzt. Das Pferd ist optimal gemanagt und gefüttert. Auch hier passen mal wieder genetischer Befund und erkennbare Symptome und Beschwerden perfekt. Es gibt Rückschläge, und ich würde mir tatsächlich sehr wünschen, die genetische Veranlagung wäre nicht so!"

(Tierarzt, Besitzer)

- **Schlechte Bemuskelung**

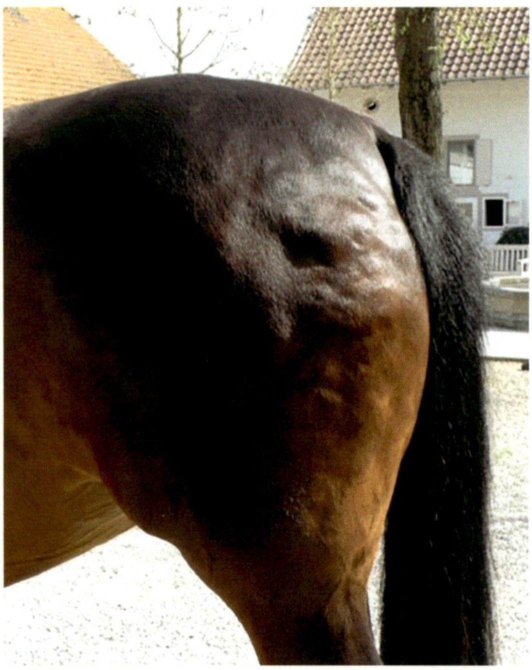

Muskelschaden an der Hinterhand
(Foto: Bayha)

„Mein Eindruck ist, dass die Muskulatur ständig überlastet war und keine Substanz aufbauen konnte. Obwohl ich als Profi viel Erfahrung habe und schon einige Pferde in den Sport gebracht habe, war bei diesem Pferd alles anders. Der Muskelaufbau hat einfach nicht so funktioniert, wie ich es kenne. Man kann sagen, dass ich im Training jetzt nach der PSSM-2-Diagnose nichts Grundlegendes verändert habe. Aber ich mache deutlich mehr Schrittpausen, wie bei meinen anderen Berittpferden. Und ich achte sehr auf Erholungsphasen und ein gutes Verhältnis von Trainingsreiz und Regeneration für den Muskel. Was jedoch komplett umgekrempelt wurde, ist die Fütterung. Also Hafer und die klassischen Pellets mit viel Stärke haben wir durch ein Proteinfutter und Leinöl ersetzt. Das Pferd bekommt ein spezielles Pellet und auch ein Mineralfutter, das extra für PSSM-2-Pferde ist. Die Verbesserung ging nicht von heute auf morgen, aber er ist mittlerweile ein anderes Pferd, das reell gearbeitet werden kann und aufmuskelt. Und ich habe diese Fütterung auch an ungetesteten Pferden mit Erfolg ausprobiert."

(Bereiter)

- **Atemgeräusch ohne Ton, Husten ohne Befund in der Bronchoskopie**

„Zwerchfell und Atmung sind so gut wie immer ein Problem. Ich reite das Pferd immer wieder mit offener Ganasche, damit er gut durchatmen kann. Er läuft dann gut vorwärts, hat aber ein Atemgeräusch, das manchmal kaum hörbar ist und in schlechten Phasen eben mehr. Die Lunge ist natürlich untersucht worden."

(Besitzer)

- **Deutlicher, plötzlicher Muskelschwund nach Infekt oder Impfung**

„Nach der Impfung hatte er dann einen Schub, konnte nicht mehr wirklich antraben, hatte enorme Schmerzen und konnte im Trab nicht mehr loslaufen. Die Muskulatur wurde enorm fest. Also das ging über eine normale Impfreaktion deutlich hinaus. Er muskelte innerhalb kürzester Zeit massiv ab, hatte Dellen."

(Ausbilder)

- **Sägebockstellung und akuter Schub**

„Wenn ich sehe, dass sie ein Schmerzgesicht hat, dann muss ich direkt was machen, bevor das schlimmer wird und sie sägebockartig entlastet. Ich gehe eine große Runde spazieren, aber ohne Stress. Danach lasse ich sie wälzen und biete ihr geeignetes Mash an. Vor allem muss ich sie in Bewegung und warmhalten."

(Besitzer)

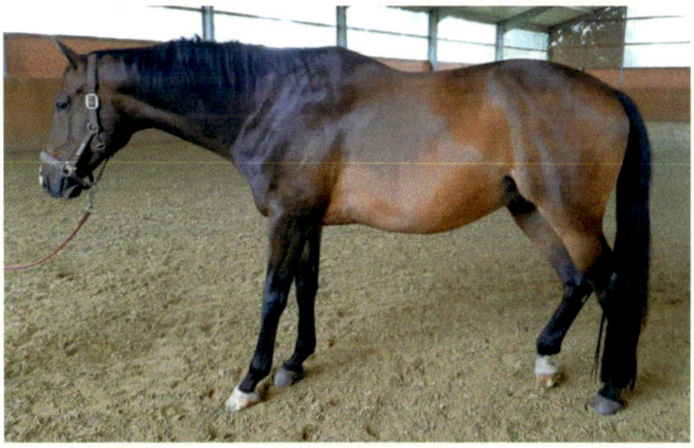

Sägebockstellung (Foto: Dr. Peter Richterich)

„Nicht verzweifeln! Es gibt einfach schlechtere Tage, dann ist die Devise: Was ist möglich, was tut dem Pferd gut, und kann ich das noch selbst handeln oder brauche ich den Tierarzt."

(Besitzer)

Muskelerkrankungen

- **Berührungsempfindlichkeit**

„Sie war immer schon ein waches, nervöses Pferd, zuckt bei Berührungen durch den ganzen Körper. Sie hat auch Muskelzittern und sackt manchmal in der Hinterhand ein. In Stresssituationen ist eine massive Verschlechterung zu erkennen."

(Besitzer)

„Mein Pferd zeigt seit einigen Jahren Auffälligkeiten auf ihrer linken Bauchseite. Sie lässt sich dann nicht anfassen, nicht satteln und auch nicht richtig reiten. Sie zieht ihre ganze linksseitige Bauchmuskulatur bei jeder Berührung zusammen. Wenn es ganz schlimm ist, sogar wenn man nur in ihre Nähe kommt. Beim Reiten darf man den Schenkel dann zeitweise gar nicht anlegen und muss ihn richtig wegstrecken, ansonsten verspannt sie sich und rennt. Mir ist aufgefallen, dass diese Symptomatik bei Stress auftritt. Untersuchungen haben keine Erklärung gebracht."

(Besitzer)

- **Schreckhaftigkeit, Verhaltensprobleme**

„Beim Anreiten war die Stute sehr problematisch. Es gab extreme Reaktionen auf Bewegungen und Geräusche des Reiters, dann kurze Unzurechnungsfähigkeit und Durchstarten. Teilweise wirklich kopflose Momente. Sie ist mal über eine Mauer und den Mistanhänger aus dem Paddock auf die Straße gesprungen. Nach der Diagnose und Futterumstellung ist sie heute beim Reiten ganz locker und bei der Sache, ein bisschen irre ist sie manchmal trotzdem noch. Ich bin mit ihr erfolgreich auf Turnieren unterwegs."

(Besitzer)

„Meine Stute ist bei der nass-kalten Wetterlage extrem schreckhaft, es reicht ein kleines Geräusch und sie zuckt zusammen. Sie ist angespannt und grell. Es kommt mir vor wie Ganzkörpersteifheit. Ich stelle sie jetzt unters Solarium vorm Reiten und das hilft."

(Besitzer)

„Mein Pferd ist bei nasskaltem Wetter sehr explosiv, schreckhaft und verspannt. Als es noch wärmer war, war er deutlich entspannter."

(Besitzer)

„Vor der Futterumstellung: Einen Tag lief er noch wie ein Glöckchen, dann am nächsten Tag verspannte Muskulatur und überall Gespenster. Durch die Zufütterung von Aminosäuren ein Mega-Unterschied."

(Besitzer)

5.5 Zum Verwechseln ähnlich
(Differentialdiagnosen)

Exkurs Shivering und PSSM – Stand der Forschung

Shivering ist eine Bezeichnung für ein chronisch-neuromuskuläres Syndrom bei Pferden, das seit Jahrhunderten bekannt ist. Sind Pferde sowohl von PSSM als auch von Shivering betroffen, haben Besitzer über Verbesserungen berichtet, wenn ein fettreiches und stärkearmes Futter gegeben wird. Dies führt nicht zu einer Heilung, kann aber die Häufigkeit der Muskelkrämpfe verringern. Ebenso verhält es sich mit einer angemessenen Vitamin-E-Zufuhr. Es wird angenommen, dass der Vitamingehalt im Serum das Fortschreiten der Erkrankung verlangsamt, jedoch nicht die bereits vorhandenen Symptome verschwinden lässt. Massagen und Akupunktur, so zeigen Untersuchungen, können hilfreich sein, um das Wohlbefinden und die Leistungsfähigkeit dieser Pferde zu erhalten. Ebenso zeigen Studien, dass Shivering-Pferde schnell Muskelmasse abbauen können, wenn sie aus verschiedenen Gründen nicht weiter trainiert werden können. Dabei geht es weniger um den optisch sichtbaren Muskelabbau, sondern vielmehr um funktionale Verschlechterungen. Die Pferde neigen insbesondere zu Verkrampfungen der Hintergliedmaßen und es kann nach einer Trainingspause länger dauern, bis das Pferd wieder die ursprüngliche Trainingsform erreicht hat. Neuer Forschung zufolge scheint es hilfreich zu sein, die Pferde möglichst kontinuierlich im Training zu halten. Die Gesamtsymptomatik wird gelindert, je mehr sich die Pferde bewegt (Valberg, ohne Datum, 7. „How do you treat Shivers in horses?")

> „Pferde, die von Shivering betroffen sind, weisen mit besonders hoher Häufigkeit auch eine Polysaccharid-Speicher-Myopathie auf. Eine Studie von Forschern der Universität von Minnesota hat aber gezeigt, dass die Myopathie nicht in einem direkten Zusammenhang mit dem Auftreten von Shivering bei ein und demselben Pferd steht und die statistische Häufung eher zufällig als ursächlich ist."
>
> (Valberg, ohne Datum, 5. „Is Shivers related to Polysaccharide Storage Myopathy?", eigene Übersetzung)

Eine umfangreiche Studie aus dem Jahr 2015 ergab, dass das Gehirn von Shivering-Pferden in einem bestimmten Bereich des Kleinhirns geschädigt ist (vgl. Valberg et al. 2015). Die Schäden lagen in einem Teil des Gehirns, der hauptsächlich für die Regulierung der Muskeltätigkeit zuständig ist. Pferde mit Shivering bewegen sich in den Grundgarten oft unauffällig und können sehr gute sportliche Leistungen erbringen. Häufig zeigen diese Pferde jedoch extreme Schwierigkeiten beim Rückwärtsrichten oder dem Anheben der Hinterbeine beim Schmied. Studien deuten darauf hin, dass diese langsamen und erlernten Bewegungsabläufe durch einen Pfad im Kleinhirn reguliert werden, der von den Schaltkreisen in der Wirbelsäule getrennt ist, die an schnelleren und angeborenen Vorwärtsbewegungen beteiligt sind. Darüber hinaus weisen die Muskeln von Pferden mit Shivering eine typische Veränderung der schnellen Muskelfasern auf. Während normale Pferde diese Faserveränderungen durch Training erwerben, fehlt

Pferden mit Shivering sozusagen der „Aus-Schalter“, den das Kleinhirn normalerweise für die Muskelkontraktion bereitstellt, sodass die Muskeln ständig aktiv sind. Laut aktuellem Forschungsstand wird eine genetische Ursache im Sinne einer Veranlagung für die Erkrankung vermutet. Berichte aus vergangenen Jahrhunderten deuten darauf hin, dass die Ausbreitung von Shivering durch den Zuchtausschluss erkrankter Pferde teilweise verhindert, beziehungsweise eingedämmt wurde. In einigen Ländern wird empfohlen, Hengste mit Shivering-Symptomatik nicht für Zuchtzwecke zu nutzen. Derzeit ist noch kein spezifisches genetisches Muster beziehungsweise Auslösergen bekannt.

Kurz & knapp

- Häufig treten erste Anzeichen bereits vor dem fünften Lebensjahr auf.
- In der Regel zeigen sich deutliche Symptome vor dem zehnten Lebensjahr. 4 Prozent der in einer Studie untersuchten Pferde zeigten einen fortschreitenden Verlauf.
- Beide Geschlechter können betroffen sein; bei Wallachen wird Shivering dreimal häufiger diagnostiziert.
- Bei Ponys gilt Shivering als selten.
- Die endgültige Ursache von Shivering ist unbekannt.
- Eine genetische Ursache für die Erkrankung wird vermutet.

Behandlungsansätze

Derzeit gibt es nur wenig Behandlungsmöglichkeiten und keine Heilung bei Shivering. Gelegentlich können sich die Anzeichen durch Laufstallhaltung und andere dauerhafte Bewegungsmöglichkeiten verbessern. Es zeigen sich Vorteile durch eine fettreiche und stärke- und zuckerreduzierte Fütterung, wenn diese frühzeitig im Krankheitsverlauf eingeleitet wurde (Valberg, ohne Datum, 7. „How do you treat Shivers in horses?“). Die klinischen Anzeichen des Shiverings verschwanden bei den untersuchten Pferden jedoch nicht, wenn lediglich Getreide durch ein fettreiches Ergänzungsfuttermittel ersetzt wurde und weiterhin eine uneingeschränkte Graszufuhr erfolgte. Die Empfehlungen beinhalten vielmehr eine Kombination aus Ernährungs- und Trainingsanpassung mit einem allmählich zunehmenden täglichen Bewegungsprogramm und möglichst viel freier Bewegung (z.B. Auslauf, Sandpaddock). Dabei stellt sich stets die Frage, ob der Auslauf ausreichend Bewegungsanlässe bietet oder die Pferde nur auf dem Paddock herumstehen.

Weitere Differentialdiagnosen

Hahnentritt

Der sogenannte Hahnentritt (Stringhalt) wird am häufigsten mit Shivering verwechselt. Dabei handelt es sich um eine plötzliche Beugung von einem oder beiden Hinterbeinen (Hyperreflexion ohne Hemmung). Die Erkrankung kann bei allen Pferderassen und in jedem Alter auftreten.

„Was man bei einer myopathischen Symptomatik differenzialdiagnostisch bedenken muss, ist, dass das ‚gemeine Ferkelkraut' von weniger intensiv genutzten Grünlandflächen in höheren Mengen ebenfalls diese Symptome auslösen kann."

(Dr. Peter Richterich)

Charakteristisch für den Hahnentritt ist eine krampfartige und übermäßig schnelle Beugung einer oder beider Hintergliedmaßen. Am deutlichsten zeigt sie sich, wenn sich das Pferd in Bewegung setzt. Am besten zu beobachten ist dies in langsamen Gangarten und insbesondere beim Wenden oder Rückwärtsrichten. Beim Hahnentritt werden die Sprunggelenke plötzlich und heftig zum Bauch hin gebeugt und dann mit einer schnellen Bewegung auf den Boden zurückgesetzt, wenn das Bein vorwärtsbewegt wird. Dieser Bewegungsablauf der Hintergliedmaßen kann leicht ausgeprägt sein und mit einer aktiven Hinterhand verwechselt werden. In schweren Fällen führt die Erkrankung zu heftigen Bewegungen, bei denen die Fessel oder die Zehe den Bauch, den Brustkorb und gelegentlich den Ellbogen berührt. Im Gegensatz zu Shivering zeigen sich die Anzeichen des Hahnentritts häufig in der Vorwärtsbewegung, wobei das überwiegende Bewegungsmuster oder alle Schritte abnormal erscheinen. Zuckungen im Kopfbereich und das Anheben des Schweifes gehören nicht zu den Symptomen des Hahnentritts. Während beim Hahnentritt Auffälligkeiten manchmal auch im Trab zu beobachten sind, traben Shivering-Pferde normal. Der Schweregrad beim Hahnentritt ist sehr unterschiedlich. Manche Pferde zeigen zudem einen Muskelschwund der Hintergliedmaßen oder eine Kehlkopflähmung. Die Diagnose im Frühstadium ist äußerst schwierig, denn bei beiden Erkrankungen kann das Pferd nur vorübergehende Anzeichen zeigen.

„Das Gangbild erinnert an einen stolzierenden Gockel im Stechschritt einer Militärparade. Ursächlich kann eine Entzündung der Kruppenmuskulatur oder eine Nervenentzündung (*N. femoralis, N. fibularis* oder *N. tibialis* oder deren Kombinationen) in Betracht gezogen werden. Eine einseitige Störung ist auch schon in schwächerer Ausprägung zu erkennen, das klinische Bild steigert sich in vielen Fällen im zeitlichen Verlauf. Ein beidseitiges Auftreten ist in der Intensität abgeschwächter und wegen des Gleichmaßes der krankhaften Bewegung schwerer zu erkennen. Bei einem Hahnentritt im Trab muss eine Ausschlussdiagnostik erfolgen, da dies sehr selten auftritt – hier ist eine Muskel-/Nervenbiospie zu empfehlen. Röntgenologisch muss Spat ausgeschlossen werden, da der beschriebene Bewegungsablauf vielfach die Spatsehne reizt."

(Dr. Peter Richterich 2022, Seite 13)

Stiff-Horse-Syndrom

Das „Stiff-Horse-Syndrom" (SHS) wurde erst vor kurzem bei Pferden in Belgien mit zeitweiliger Steifheit und Krämpfen in den Muskeln des unteren Rückens und in der Hinterhandmuskulatur festgestellt. Die Krämpfe wurden in der Regel durch Erschrecken oder beunruhigende Geräusche ausgelöst. Es lag keine Schwäche oder Muskelschwund vor, sondern eine besonders ausgeprägte Muskelpartie. Nach den ersten Schritten werden die Bewegungen bei diesen Pferden entspannter. Im Trab sind keine verspannten Bewegungsabläufe mehr zu beobachten. Da die Symptome viele Gemeinsamkeiten mit dem „Stiff-Person-Syndrom" haben, wurde der Zustand als „Stiff-Horse-Syndrom" bezeichnet. „Stiff-Horse-Syndrom" ist eine Erkrankung des zentralen Nervensystems. Man geht davon aus, dass die überdauernde Muskelsteifheit und Krämpfe eine Folge einer Autoimmunerkrankung sind.

EMND

Die motorische Nervenkrankheit des Pferdes (Equine Motor Neuron Disease = EMND) ist klinisch gekennzeichnet durch fortschreitenden Gewichtsverlust trotz guten Fressverhaltens, symmetrischen Muskelschwund, Muskelzittern, übermäßiges Schwitzen, aufgezogenen Bauch, abnormalen Bewegungsablauf und eine ungewöhnlich tiefe Kopfhaltung. Es gibt einige Ähnlichkeiten zwischen den klinischen Anzeichen von Shivering und EMND. Bei einigen chronisch erkrankten EMND-Pferden wurden bizarre, hahnentrittartige Bewegungen der vorderen oder hinteren Gliedmaßen beobachtet. Häufig zeigen diese Pferde ein auffälliges Anheben des Schweifes, legen sich häufiger hin und haben einen stärkeren Muskelschwund als Shivering-Pferde.

Der „echte Pferdemensch" kennt nicht nur die Skala der Ausbildung des Pferdes, sondern hat auch seine eigene reiterliche und fachliche Aus- und Weiterbildung im Blick. Die Verbindung von Theorie und Praxis hilft uns nicht nur beim Reiten, sondern auch im Umgang und in der Haltung fachgerecht, einfühlsam, fair und gefühlvoll vorzugehen und die Bedürfnisse des Pferdes stets vor die eigenen zu setzen. Die Liebe zum Pferd hilft das Wesentliche zu bewahren: die Gesundheit des Pferdes in den Mittelpunkt zustellen, damit beide zusammen alt werden können. (Foto: Sabrina Doll)

Vom Verdacht zur Diagnose

6

Foto: Christiane Slawik

6.1 Zielgerichtete Diagnostik bei Muskelerkrankungen

Bei einem Verdacht auf myopathische Veränderungen empfiehlt Fachtierarzt Dr. Peter Richterich eine zielgerichtete Diagnostik. Seine Vorgehensweise wird im Folgenden beschrieben.

> „Es bedarf einer konkreten und gerichteten Auswertung der Klinik, der blutchemischen Diagnostik, der histologischen Bewertung der Muskelbiopsie, der Verlaufsbeurteilung durch Management des Pferdes und letztlich der Genetik."

(Dr. Peter Richterich 2022, Seite 15)

Mögliche Vorgehensweise

1. **Anamnesegespräch**
   - Vorberichte, bereits vorliegende Untersuchungsergebnisse, Diagnosen und Vorerkrankungen
   - Gezielte Befragung des Besitzers beziehungsweise Reiters:
     - Symptome im Alltag und im Umgang
     - Symptome im Training
     - Informationen zur Haltung und Fütterung
     - Informationen zu Trainingsbedingungen und Art des Trainings
2. **Adspektion und Palpation**
   - optische Untersuchung
   - manuelles Tasten und Fühlen
3. **Lahmheitsdiagnostik, Ganganalyse sowie orthopädische, internistische und neurologische Diagnostik**
   - vollständige orthopädische Untersuchung auf hartem Boden auf geraden und gebogenen Linien
   - Durchführung der klassischen orthopädischen Provokationsproben (meist bekannt als Beugeprobe): Dabei erfolgt eine gezielte Reizsetzung, um die Funktion der einzelnen Gelenke sowie der umliegenden Knochen, Bänder und Sehnen zu kontrollieren. Ein positives Ergebnis gibt Hinweise auf eine Schädigung im betroffenen Gebiet beziehungsweise der betroffenen Struktur.
   - Durchführung neurologischer Provokationsproben
   - Ausschluss von Hahnentritt (Stringhalt) und Shivering (siehe dazu Seiten 271 und 272 f.)
4. **Beurteilung und Belastungsuntersuchung auf weichem Boden an der Longe und wenn möglich unter dem Reiter (Vorreiten)**
   - Belastungsuntersuchung mit Kontrolle der Muskelenzyme
     - vor Belastung
     - nach circa 15 bis 20 Minuten mittlerer Belastung an der Longe oder unter dem Sattel
   - Großes Blutbild und Blutchemie inklusive Vitamin-E-Bestimmung
     - circa 3 bis 4 Stunden nach Belastung
5. **Palpation der Muskulatur nach Belastung (insbesondere Rücken, Kruppe, Hals, Schulter)**

6. **Atemstimulation und Bronchoskopie (bei Verdacht auf eine Atemwegsproblematik)**
   Bei belastungsinduzierter Schwäche der Muskulatur sollte eine chronische Atemwegsproblematik ausgeschlossen werden, da eine Sauerstoffschuld ebenfalls in der Muskulatur zu akuten und chronischen myopathischen Veränderungen führen kann.
7. **Möglicherweise ergänzende Durchführung von Gentests,** um Risikogene (Genotyp) zu bestimmen (z.B. PSSM 1, MIM, MH, IMM, HYPP, siehe Glossar).
8. **Durchführung einer Muskelbiopsie,** um den Zustand des Muskelgewebes und den Ausprägungszustand der Erkrankung (Phänotyp) zu beurteilen.

> „Ich kann Besitzern von Pferden mit unklarer Lahmheitsdiagnose oder diffuser Symptomatik, die bereits eine umfassende internistische und orthopädische Diagnostik durchlaufen haben, nur dazu raten, PSSM 2 als möglichen Faktor zu berücksichtigen."
>
> (Dr. Andreas Wessling)

Zuerst sollten ein ausführliches Anamnesegespräch und eine klinisch-orthopädische Untersuchung erfolgen. Aus dem umfassenden Anamnesegespräch und der klinischen Diagnostik ist es einem erfahrenen Pferdefachtierarzt meist möglich, eine eng umgrenzende Verdachtsdiagnose zu stellen, aus der sich ein gezielter Einsatz einzelner oder mehrere Zusatzuntersuchungen ableiten lässt. Reitpferde sollten dem Tierarzt möglichst auch unter dem Sattel vorgestellt werden. Liegen Veränderungen des Bewegungsablaufs vor, müssen diese auch bei angewendeten Leitungsanästhesien nachvollziehbar bleiben, so Fachtierarzt Dr. Peter Richterich. Differentialdiagnostisch sollte Schritt für Schritt vorgegangen werden. Durch diese strukturierte Diagnostik können andere Grunderkrankungen ausgeschlossen werden. Bei fraglichen Befunden müssen ergänzende bildgebende Verfahren erfolgen (z.B. Ultraschall, Röntgen, MRT, CT, Szintigrafie, Muskelbiopsie). Auf Basis dieser Untersuchungsergebnisse können Zusammenhänge mit der sichtbaren Bewegungsproblematik der Muskulatur vermutet werden. Die blutchemische Untersuchung kann einen moderaten Anstieg der muskelspezifischen Creatinkinase (CK) bis 2.000 U/l [Ref.: < 1.000] ergeben, so Richterich. Zu den Besonderheiten der einzelnen Blutparameter beim PSSM-2-Pferd hat der PSSM-2-Experte bereits Daten erhoben, die aber noch nicht publiziert wurden.

CK-Werte bei Warmblutpferden mit PSSM 2 meist unauffällig

Die K(C)reatinkinase (CK) hat eine sehr kurze Halbwertzeit von nur 20 bis 30 Minuten und ist daher nur im akuten Muskeltrauma und akuten Krankheitszuständen erhöht (vgl. Baumgartner 2009, Seite 456 f.). Daher ist es leicht nachvollziehbar, dass zum Zeitpunkt einer routinemäßigen Blutentnahme meist keine messbare Erhöhung der CK vorliegt, obwohl das Pferd phasenweise oder überdauernd leichte Symptome einer Muskelerkrankung hat. Injektionen in die Muskulatur oder Muskelentzündungen führen zu einem kurzzeitigen CK-Anstieg.

Ein Gentest ist ein nicht-invasives Verfahren. Das bedeutet, es wird kein Gewebe verletzt. Wenn Sie eine Muskelbiopsie aus verschiedenen Gründen bei Ihrem Pferd (noch) nicht durchführen möchten, können Sie in Ergänzung der beschriebenen diagnostischen Schritte verschiedene Gentests (z.B. PSSM 1, MIM, MH, IMM, HYPP) durchführen lassen. Dazu werden 30 bis 50 Haare mit Wurzel (enthält DNA) vom Besitzer oder Tierarzt gezupft. Für einen MIM-Gentest müssen die Mähnenhaare zu einem lizensierten Labor gesendet werden (in Europa: Labor Generatio; in den USA: Labor EquiSeq; andere genetische Tests werden auch von anderen Laboren durchgeführt). Derzeit ist eine Testung auf sechs MIM-Varianten möglich. Der MIM-Gentest wurde bisher nicht durch ein Gutachtenverfahren validiert. Die Publikation ist zum Zeitpunkt der 2. Auflage in Vorbereitung, so Dr. Melissa Cox. Die Zuordnung von Symptomatik und bisher bekannten Genvarianten wird weiter erforscht.

Tierarzt Dr. Peter Richterich hat seine bisherigen Erfahrungen und Daten mit über 800 PSSM-2-Patienten systematisch dokumentiert:

> „Vergleichende Patientenuntersuchungen und eine Verwandtschaftsanalyse unter Standardumweltbedingungen zeigen, dass gewisse PSSM-2-Variationskombinationen zu deutlichen Muskelstörungen führen können."
>
> (Dr. Peter Richterich)

> „Die Genetik ist nicht so einfach, wie bei Mendel durch seine drei elementaren Regeln beschrieben, zu erklären. Wir haben hier zum Teil eine additive Genwirkung, bei der sich Genausprägungen addieren und hierbei 1 plus 1 nicht gleich 2 ist. Das erschwert eine Prognose und auch eine wissenschaftliche Aufarbeitung. Bei einer Semidominanz[G] spielen Kofaktoren eine Rolle, sodass das gleiche Gen bei unterschiedlichen Individuen eine stark variierende Ausprägung seiner phänotypischen Klinik haben kann."
>
> (Dr. Peter Richterich 2022, Seite 15)

Kurz & knapp

In den Erbinformationen sind die Bauanleitungen für den Körper. Erbanlagen und Umwelteinflüsse prägen das tatsächliche Erscheinungsbild.

Der Erbgang der MIM-Varianten verläuft autosomal semidominant, das bedeutet

- die Erkrankung kann von Generation zu Generation weitergegeben werden.

- die Veränderung muss nur auf einem (z.B. n/P2) der beiden identischen Kopien vorliegen (n/n = Wildtyp = normal), um vererbt zu werden. Siehe dazu auch das Vererbungsschema auf Seite 293 in diesem Buch.
- ein Merkmal (Genotyp) kann sich bereits bei einem veränderten Allel phänotypisch ausprägen (z.B. n/p4 oder n/p8).
- ist nur ein Allel betroffen, nennt man das heterozygot (z.B. n/P4), sind beide betroffen homozygot:
  - Ein Beispiel für eine reinerbige (homozygot) vorliegende Variante ist PX/PX.
  - Ein Beispiel für eine mischerbige (heterozygote) Variante ist n/p2 oder n/PX.
  - Die Vererbung erfolgt mit unvollständiger Penetranz!
  - Das bedeutet, dass Genträger nicht zwangsweise Symptome entwickeln.
- Gleicher Genotyp, aber unterschiedlicher Phänotyp!
  - Unterschiede ergeben sich durch:
  - verschiedene Umweltfaktoren (z.B. Grunderkrankungen, Fütterung, Aufzucht, Haltung, Training, Exterieur, Fundament usw.).
  - durch den weiteren genetischen Hintergrund des einzelnen Pferdes.

„Die klinische Praxis zeigt, dass sogenannte mischerbige Träger eines einzelnen Gendefekts ohne weitere Erkrankungen oder Exterieurmängel, oft milde Symptome haben, die lange unbemerkt bleiben oder recht unspezifisch sind und erst nach der Diagnose vom Besitzer zugeordnet werden können. Ich selbst reite einen Einfachträger, der eine heterozygote, also mischerbige genetische Veränderung hat – das heißt, nur ein Allel ist betroffen. Das Pferd ist im Sport in der schweren Klasse erfolgreich. Durch passende Gymnastizierung und Fütterung sind wenige Symptome vorhanden und diese sind reiterlich gut lösbar. Es ist vom Typ her ein muskulär etwas steiferes Pferd mit hohem Muskeltonus, was beim Aufwärmen und in der lösenden Arbeit zu berücksichtigen ist."

(Christina Wessling)

Bitte bedenken Sie:
Ein MIM-Test identifiziert ein Pferd genotypisch! Das Gentestergebnis zeigt Ihnen, ob das Pferd hinsichtlich MIM
- **ohne Risiko (n/n) oder**
- **mit einem Risiko (n/P; P/P) für die Ausprägung eines Krankheitsbildes zum Symptomkomplex geboren wurde.**

Zu beachten ist:
Der DNA-Test kann unabhängig von akuten Symptomen beziehungsweise unabhängig vom Phänotyp zu jeder Zeit durchgeführt werden. Er macht jedoch keine Aussage über den tatsächlichen Ausprägungszustand.
Bei Pferden, die eine Kopie einer der sechs bisher kommerziell verfügbaren Varianten tragen (z.B. n/P2 oder n/P3 oder n/P4 oder n/P8 oder n/K1), wird eine Veranlagung (Disposition) vermutet, eine Muskelerkrankung zu entwickeln.

Erfahrungswerte aus der tierärztlichen Praxis
Pferde mit zwei Kopien der jeweiligen Variante (z.B. P2/P2 oder P3/P3 oder P8/P8 oder K1/K1) sind tendenziell stärker betroffen (z.B. mit schwereren Symptomen, instabilen Verläufen, früherer Beginn der Symptome). Wenn beide Allele verändert sind, kann der Körper bei der Proteinbildung, nicht auf die gesunde Funktion eines unveränderten Allels zurückgreifen.
Aufgrund des bekannten Erbgangs der bisher testbaren MIM-Varianten kann vermutlich ein einzelnes verändertes Gen bei ungünstigen Einflussfaktoren zu symptomatischen Phasen führen. Es besteht weiterer Forschungsbedarf!

Kurz & knapp

Behandlungsansätze sollten nicht ausschließlich aufgrund des Ergebnisses des Gentests erfolgen. Bei Muskelerkrankungen sollte immer auch der tatsächliche Phänotyp beurteilt werden, da die Verläufe und Einflussfaktoren sich sehr unterschiedlich darstellen. Eine Prognose ist somit schwierig.

„Ich war doch vom Ergebnis n/P2, n/P3, n/P8 etwas überrascht. Der Test brachte mir Gewissheit schwarz auf weiß, aber ich war auch erschüttert. Danach habe ich mir die Fütterung meines Pferdes sehr genau angeschaut. Also musste ich so einiges anpassen, auch im Training, und trotz vieler Hürden und viel, viel Arbeit hab' ich es geschafft, dieses Pferd bis zur S-Dressur zu bekommen. Und darum war das auch die richtige Entscheidung, mein Pferd testen zu lassen."

(Besitzer)

6.2 Was Genetik ist und warum man sich damit auskennen sollte

Vor rund 40 Jahren revolutionierte die Analyse und Bestimmung der DNA die Molekularbiologie. Während die Geräte früher ganze Räume füllten und die Proben aufwendig vorbereitet werden mussten, liefert die moderne Technologie heute schnelle Erkenntnisse mit deutlich kleineren Geräten.
Man kann sagen: Die Genetik legt die Grundlage für die biologischen Prozesse jedes Lebewesens. Die Gene eines Organismus sind Abschnitte auf der DNA (Desoxyribonucleinsäure) – der grundlegenden Einheiten der Vererbung. Sie enthalten die Baupläne für das Aussehen des Pferdes und beeinflussen den Körper vom Augenblinzeln, über die Funktion der Muskeln bis zur Veranlagung für Krankheiten. Gerade weil die gesamte Biologie von Genetik und Epigenetik bestimmt wird, ist das Verständnis der genetischen Grundlagen für Pferdezucht, Tiermedizin und Landwirtschaft von entscheidender Bedeutung.
Das folgende Kapitel soll Ihnen einen Einblick in die Welt der Gene geben. Ich hoffe die Informationen helfen Ihnen bei Ihrer Entscheidung, ob Sie neben der tierärztlichen Diagnostik gegebenenfalls einen ergänzenden Gentest durchführen möchten.

Die Erbinformationen als Geheimschrift aus vier Buchstaben

Alle Erbinformationen zum Ausehen, Verhalten und zur Veranlagung jedes Lebewesens liegen in seinem genetischen Code – der DNA. Sie setzt sich aus vier paarigen Basen zusammen: Adenin und Thymin, Guanin und Cytosin. Sie funktioniert im übertragenen Sinn wie ein Morsealphabet.

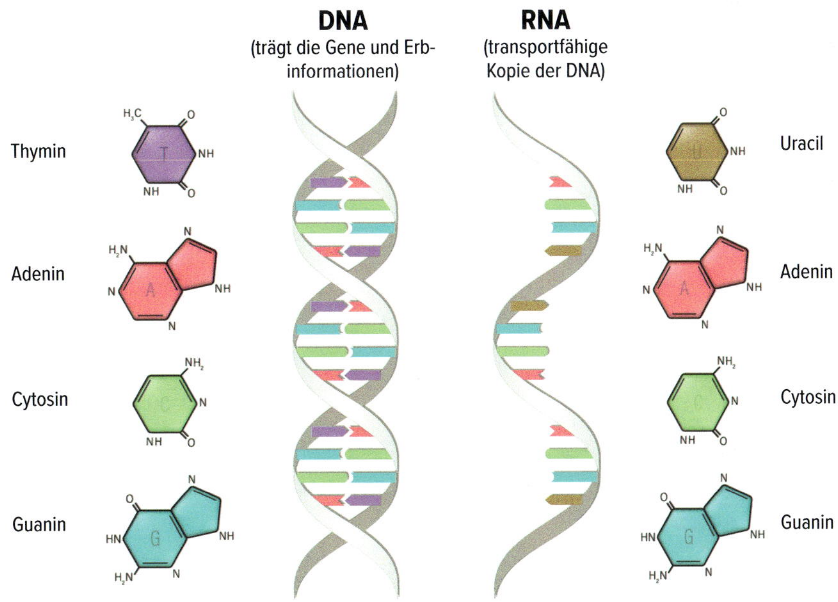

Struktur von DNA und RNA (Quelle: © Rujirat Boonyong – iStockphoto.com)

Doch was ist überhaupt eine DNA?

In der Natur werden Informationen durch die wie eine in sich verdrehte Strickleiter aufgebaute DNA weitergegeben (Desoxyribonucleic acid, deutsch: Desoxyribonucleinsäure = DNS). Bei der DNA werden immer drei Basen (Codon[G]) in eine Aminosäure übersetzt. Dieser Code ist für alle Zellen, ob Pferd oder Mensch, völlig universell. Die verschiedenen, aus der DNA übersetzten Aminosäuren werden miteinander verknüpft. Je nach Reihenfolge und Anzahl der Aminosäuren entsteht ein bestimmtes Protein. Diese Proteine bilden die Baustoffe des Körpers. Die DNA ist also eine codierte Geheimschrift zur Proteinherstellung. Auf den Abschnitten der DNA, den Genen, befinden sich nicht nur die Informationen über die Struktur des Proteins, sondern auch über dessen genauen Arbeitsplatz. Das bedeutet, dass auf der DNA indirekt auch Stoffwechselvorgänge gespeichert sind. Die DNA jedes Lebewesens ist unabhängig von Alter, Ernährungszustand und Lebensraum immer gleich. Alle DNA-Proben aus verschiedenen Organen oder Geweben eines Lebewesens sind und bleiben identisch. Die Erbinformationen werden bei der Zellteilung im Zellkern kopiert (Umschreibung). Die Kopie des Gencodes (Boten-RNA) wird als Bauanleitung für ein Protein ins Zellplasma zu den Proteinfabriken der Zelle (Ribosome) gebracht. Wie bei einer rasanten Schlittenfahrt werden die körpereigenen Proteine aus mehreren Aminosäuren auf einer Schiene (Boten-RNA) gebildet. Der Weg zu dieser Übersetzungsleistung wird von Heerscharen an Enzymen geebnet. Heute wissen wir, dass viele entscheidende Vorgänge nicht in den Genen stattfinden, sondern durch Eiweißmoleküle verursacht werden. Die Beziehungen zwischen dem Genom (Gesamtheit der Gene) und dem Proteom (der Gesamtheit aller zugehörigen Proteine) sind keineswegs einfach. Man kann sagen: Wir haben hier nun ein kleines Feld beackert und theoretisch wartet ein ganzer Kontinent auf Bearbeitung. Tief durchatmen! Denn in diese Tiefen der Materie müssen wir nicht einsteigen. Man kann vereinfacht sagen, dass die Gene die Bauanleitungen für die Entstehung und zum Erhalt des Organismus liefern. Es geht darum, zu verstehen, dass genetische Veränderungen konkrete Auswirkungen auf die täglichen Prozesse im Körper haben. Das führt zum Beispiel zu anders zusammengesetzten Strukturproteinen im Muskel und kann mächtig Ärger machen.

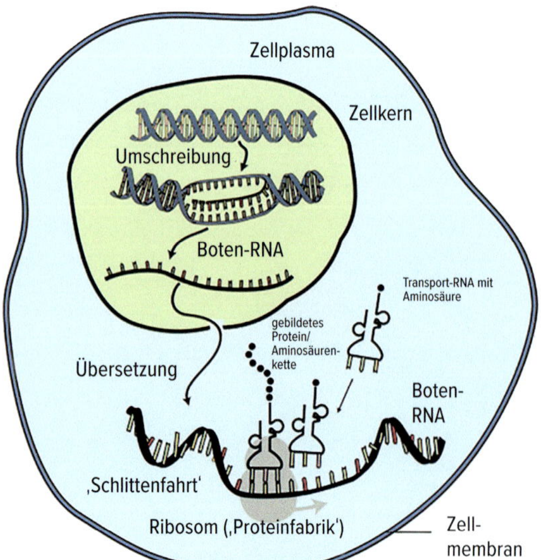

Schematische Darstellung der Genexpression in einer Zelle: Mit den Bauanleitungen der Gene werden spezifische Erbinformationen in Muskelstrukturproteine übersetzt. (Quelle: https://de.wikipedia.org/wiki/Transkription_(Biologie))

6.3 Die Muskelbiopsie

Muskel-, Nerven und Bindegewebe können durch histologische Aufarbeitung in spezialisierten Biopsie-Laboren auf pathologische (krankhafte) Veränderungen untersucht werden. Die Muskelbiopsie liefert den mikroskopischen Beweis für eine phänotypische, myopathische Veränderung (vgl. Richterich 2021, Seite 40). Die Gewebeentnahme erfolgt durch einen Tierarzt, die Beurteilung der Gewebeprobe durch einen Pathologen. Der erfahrene PSSM-2-Experte und Fachtierarzt Dr. Peter Richterich bevorzugt die Muskelbiopsie an der Kruppe des Pferdes.
„Der genaue Entnahmepunkt der Gewebeprobe ist essenziell", so Richterich im Gespräch, „denn fasziennahe Strukturen können zu Veränderungen des Zellbildes führen, die zu falsch-positiven Ergebnissen führen können." Der Experte stellt ebenso kritisch fest,

> „[...], dass pathologische Auswirkungen auch innerhalb des gleichen Muskels variieren können und die Zeitspanne vom Erkrankungsschub bis zur Probengewinnung einen Einfluss auf die Beurteilung hat. Auch die Fixierung der Probe und die Erfahrung des untersuchenden Pathologen hat einen Einfluss auf die Befundung."
>
> (Dr. Peter Richterich 2021b, Seite 40).

In der Humanmedizin kann die Diagnosestellung bei erblichen Muskelerkrankungen über eine molekulargenetische Untersuchung erfolgen (also mittels Gentests). Auf eine Muskelbiopsie wird in der Humanmedizin vielfach verzichtet. Gelingt der Nachweis der vermuteten Auslösergene durch die DNA-Analyse aber nicht, und der Patient zeigt Symptome einer akuten Muskelerkrankungen, kann eine Muskelbiopsie die Auswirkungen im Gewebe darstellen und die Diagnose erhärten. Der genaue Ort der Gewebeentnahme wird in der Humanmedizin durch Bildgebung erleichtert (in der Regel MRT). Beim Pferd ist ein MRT der Hinterhandmuskulatur aufgrund der Größe der meisten Pferde technisch schwierig. Der große Unterschied beim menschlichen Patienten ist darüber hinaus, dass er präzise mitteilen kann, welcher Muskelbereich betroffen ist, sodass eine gezielte Gewebeentnahme erfolgen kann.
Sehr wichtig für eine zielführende Muskelbiopsie ist ein erfahrener (Histo-)Pathologe, der auf Muskelerkrankungen spezialisiert ist. Um mit der Muskelbiopsie aussagekräftige Ergebnisse zu erzielen, müssen die Gewebeproben

a) zum richtigen Zeitpunkt (symptomatisch, florider Zustand)
b) an einem betroffenen Muskelgewebe

chirurgisch entnommen, per Express verschickt und dann vom Pathologen mit bis zu zehn verschiedenen histopathologischen Färbungen untersucht werden.

Eine falsch-negative Diagnose bei einer Muskelbiopsie kann auftreten, wenn Proben unzureichend gekühlt werden und aufgrund von Versandverzögerungen verspätet das Biopsie-Labor erreichen. Das Problem dabei ist, dass das Glykogen im entnommenen Gewebe während des Transports abgebaut wird. Außerdem gibt es Überschneidungen in den Muskelbiopsien von Pferden mit PSSM 2 und RER. Die Menge an abnormem Glykogen wird nach Valberg als leichtes, mittelschweres und schweres PSSM 2 eingestuft. Dies korreliert nicht immer mit der Prognose oder dem Schweregrad der klinischen Symptome. Die Diagnose eines milden PSSM 2 (z.B. bei einer beginnenden Krankheitsausprägung) liegt in der Muskelbiopsie in einer Grauzone (vgl. Valberg, ohne Datum, 3. „How is a diagnosis of PSSM 2 established?").

> „Eine klare Abgrenzung zu einer Störung der Glykogenspeicherung ist aber schwierig, weshalb auch das oft unter PSSM 2 subsummiert wird."
>
> (FN-aktuell 2021: „Gendefekt PSSM: Interview mit Professor Jens Tetens")

Ablauf

Bei einer Muskelbiopsie wird Muskelgewebe entnommen, um den mikroskopischen Feinbau von Muskelzellen und Zellverbänden zu untersuchen. Seltene Komplikationen sind Wundheilungsstörungen oder Infektionen. Die Muskelbiopsie sollte im floriden Stadium der Erkrankung erfolgen. Florid bedeutet „blühend" und drückt in der Medizin aus, dass eine Erkrankung sich in einem Stadium befindet, in dem alle Symptome deutlich ausgeprägt sind.

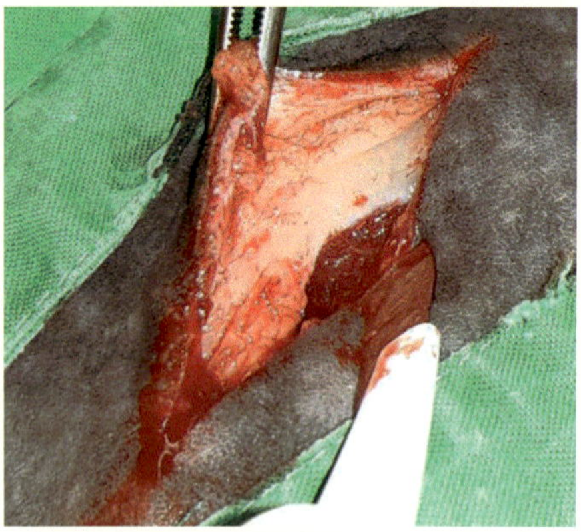

Muskelbiopsie (Foto: Dr. Peter Richtericht)

In der Regel wird ein betroffener Muskel oder eine standardisierte Entnahmestelle (im Fall von Equinen Myopathien der Oberschenkelmuskel (*Musculus semimembranosus*) gewählt. Die Gewebestücke werden konserviert, indem sie in Wachs eingebettet beziehungsweise gefroren werden, danach werden sie in dünne Scheiben geschnitten. Aus der persönlichen Erfahrung von Dr. Peter Richterich eignet sich „die Glutealmuskulatur (Kruppe) besser als Proben aus dem *Musculus semitendinosus* bzw. *semimembranosus*, da man den Faserverlauf längs bei der Gewebegewinnung besser beurteilen kann" (Richterich 2021b, Seite 40).

Ergebnisse verstehen

Die Muskelbiopsie kann beispielsweise verkleinerte, atrophierte Muskelzellen aufzeigen oder Zellen, die sich kompensatorisch vergrößert haben (hypertrophe Zellen). Abgestorbene Zellen können dargestellt werden und erscheinen blasser oder farblos. Vermehrt oder verstärkt kontrahierte Fasern erscheinen stärker angefärbt. Fehlen Muskelfasern werden diese durch Bindegewebe und Fettgewebe ersetzt. In diesem Fall wird von Fibrose (Bindegewebe statt Muskelgewebe) und Vakatfett (Fett statt Muskelgewebe) gesprochen. Eine Vakatfettvermehrung zeigt ein fortgeschrittenes Stadium einer Muskelerkrankung an.
Auch bei stark auffälligen Biopsiebefunden liefert das Ergebnis keine Aussage über die ursächliche Genvariante, da der histologische Befund diesbezüglich keine eindeutige Differentialdiagnostik ermöglicht. Beispielsweise ist bei verschiedenen Gendefekten die Muskelzelle selbst betroffen, sodass sich unterm

Mikroskop ähnliche Veränderungen zeigen. Umgekehrt wissen wir auch aus der Humanmedizin, dass der identische Gendefekt zu verschiedenen abnormen Gewebestrukturen führen kann. Ist eine Myopathie molekulargenetisch diagnostizierbar, also per DNA-Test, wird im Humanbereich heutzutage in der Regel auf eine Biopsie verzichtet. Grund sind die enormen technischen Weiterentwicklungen auf dem Gebiet der DNA-Sequenzierung.

Mögliche Nebenwirkungen und Komplikationen der Muskelbiopsie

> „Die histopathologischen Kriterien für PSSM 2 in Muskelbiopsien sind unspezifisch, was die Wahrscheinlichkeit erhöht, dass mehr als eine genetische Ursache für die Muskelerkrankung unter dieselbe histopathologische Diagnose fällt. Die histopathologischen Befunde könnten ein Fortschreiten des PSSM-2-Phänotyps in Richtung einer schwerwiegenderen Verlaufsform darstellen oder eine separate Krankheit (MFM) repräsentieren." (Bertels et al. 2018, Seite 13; eigene Übersetzung)

Muskelbiopsie-Studien mit einer größeren Anzahl von Pferden verschiedener Rassen aus mehreren internationalen Einrichtungen können in Zukunft dazu beitragen, die bisherigen Einschränkungen durch Fallauswahl und Muskelproben, die den Krankheitsprozess aufgrund des Entnahmeortes oder des Krankheitsstadiums zum Zeitpunkt der Entnahme nicht repräsentieren zu beseitigen (Aleman et al. 2022, Seite 8). Zusammenfassend unterstreicht die Studie „Prevalence of Genetic Mutations in Horses With Muscle Disease From a Neuromuscular Disease Laboratory" die Bedeutung genetischer Ursachen für Muskelkrankheiten.

Kurz & knapp

Die Auswirkungen im Muskel- beziehungsweise Bindegewebe sollten bei akut symptomatischen Pferden (= florides Stadium) durch die Entnahme einer Gewebeprobe (Muskelbiopsie) und die anschließende Untersuchung durch einen erfahrenen Pathologen in einem spezialisierten Biopsie-Labor untersucht werden. Sind bereits irreparable Veränderungen vorhanden, kann die Biopsie auch in einem nicht-symptomatischen Zustand des Pferdes Auffälligkeiten aufzeigen. Es handelt sich um einen kleinen operativen Eingriff.
Bitte beachten Sie: Eine Gen-Mutation kann durch eine Muskelbiopsie nicht festgestellt werden, da die Biopsie Gewebe unter dem Mikroskop analysiert. Es erfolgt keine Untersuchung der Erbinformation. Eine Muskelbiopsie ist kein Gentest!

„Während eines Schubs, also in einem floriden Zustand, sind die Voraussetzungen besser, bei einer Muskelbiopsie aussagekräftige Ergebnisse zu erhalten. Doch nicht immer ist in der Muskelbiopsie bereits eine pathologische Veränderung nachweisbar."

(Dr. Melissa Luanne Cox)

6.4 Kritik am kommerziellen Gentest

Dieses Kapitel richtet sich vorrangig an PSSM 2 interessierte Fachkreise. Ich möchte unterstreichen, dass alle Leser und Leserinnen für mich als Autorin gleich wertvoll sind!

Validierung – Was heißt das?

Über den Einsatz und die Aussagekraft der genetischen Untersuchung auf MIM-Varianten ist eine Debatte entstanden. Neue Erkenntnisse in der Veterinär- und ebenso in der Humanmedizin werden vor allem in den Anfangsjahren in der öffentlichen Meinung teilweise als Modeerscheinung dargestellt und erlangen erst später allgemeine Anerkennung. Prominente Beispiele sind

- WFFS (Warmblood Fragile Foal Syndrome),
- HERDA (Hereditäre Equine Regionale Dermale Asthenie) oder
- PSSM 1 (Gentest lizensiert durch Valberg).

Genetische Abweichungen eines einzelnen Gens (monogen), die eine hohe Penetranz und einen klar definierten Phänotyp aufweisen, sind in der Medizin eher selten und deutlich leichter zu erforschen und zu validieren (z.B. PSSM 1).

Es gibt kein mir bekanntes Beispiel für einen von Experten begutachteten Gentest (validiert), der mit einer polygenen Ursache in Verbindung steht.
Unser Verständnis der genauen genetischen Einflüsse auf komplexe Erkrankungen, bei denen mehrere genetische, aber auch nicht genetische Faktoren (z.B. Training, Fütterung, Exterieur) zusammenwirken, ist noch unvollständig.

Folgende Veröffentlichungen haben sich mit dem PSSM-2-Gentest („6-Variant-Panel-Test") auseinandergesetzt:

- Studie 1 (Valberg et al. 2020): Untersucht wurden insgesamt 182 Pferde (Warmblutgruppe (WB)): Die Studiengruppe bestand aus 68 Pferden (PSSM 2/MFM), die Kontrollgruppe aus 54 gesunden WB; Arabergruppe: Die Studiengruppe bestand aus 30 Pferden (PSSM 2/MFM), die Kontrollgruppe aus 30 gesunden Arabern. Die Pferde in der Studiengruppe hatten mindestens eine mischerbige P-Variante; es wurden nur drei der sechs verfügbaren P-Varianten in der Studie betrachtet (P2, P3, P4); Altersgruppe in beiden Gruppen: 2 bis 29 Jahre
- Studie 2 (Williams et al. 2021): Untersucht wurden insgesamt 16 Pferde, davon acht mit mindestens einer mischerbigen P-Variante (Studiengruppe); es wurden ebenso drei der sechs verfügbaren Varianten betrachtet (P2, P3, P4); Altersgruppe: 2 bis 22 Jahre

Die Studien zweifeln nicht am Krankheitsbild PSSM 2/MFM, an dem die Wissenschaftler selbst forschen. Kritisch betrachtet wird jedoch die Aussagekraft des kommerziell verfügbaren Gentests. Zur Diagnostik von PSSM 2/MFM wurde in beiden Studien die Muskelbiopsie als „Goldstandard" hervorgehoben. Bei den Muskelbiopsien wurden eigene Durchführungs- und Auswertungskriterien angewendet. Diese beziehen sich unter anderem auf Erfahrungen, die die Forschergruppe bereits zur Entdeckung der Krankheiten PSSM 1, PSSM 2 beziehungsweise MFM angewendet hat.
Im Folgenden soll es keinesfalls darum gehen, die Muskelbiopsie oder genetische Untersuchung zu favorisieren. Es sollen Informationen bereitgestellt werden, die eine eigene Einschätzung ermöglichen.

Auswahl der Pferde und Aufbau der beiden Studien

Wenn ein Assoziationstest zwischen einer Gen-Variante und der Krankheit verfolgt werden soll, dann sollte eine Studiengruppe im Idealfall miteinander verwandte, erkrankte Tiere mit einer gesunden Kontrollgruppe vergleichen, um die Genauigkeit der Assoziation sicherzustellen. Das ist in den Studien nicht der Fall und vermutlich ist die Zusammenstellung einer solchen Studiengruppe in der Praxis sehr schwierig.

Das Alter der Pferde in beiden Studien

Die Altersspanne (2 bis 29 Jahre) in den Studien- und Kontrollgruppen sind vergleichbar. Der Studienaufbau folgt dem Ansatz, dass jedes Pferd der Studiengruppe mit einer genetischen Risikoveranlagung (also das Vorhandensein einer oder mehrerer der P-Varianten) zu jeder Zeit, zumindest jedoch zum Zeitpunkt der Gewebeentnahme, einen Krankheitszustand mit deutlicher muskulärer Auswirkung aufweist, der in der Muskelbiopsie darstellbar ist.

Kurz & knapp

Studie 1: 40 Prozent der Pferde in der Studiengruppe im Alter von 2 bis 29 Jahren, mit vorhandener P-Variante, hatten keine histopathologische Auffälligkeiten in der Muskelbiopsie. Die Studie kommt zum Ergebnis, dass diese 40 Prozent durch den Gentest fälschlicherweise als PSSM 2 diagnostiziert wurden. Die Studie 1 kommt daher zu dem Ergebnis, dass der Gentest nicht valide ist. Der Gentest

diagnostiziert jedoch kein PSSM 2, sondern ermittelt Risikogene für eine Muskelerkrankung. Beide Studien kritisieren, dass kein statistischer Zusammenhang zwischen Gentest und dem Vorhandensein von Auffälligkeiten in der Muskelbiopsie vorliegt. Die Studien untersuchen beide „nur" MYOT (P2), FLNC (P3) und MYOZ3 (P4). Zum Zeitpunkt der Studien waren die Varianten P2, P3, P4, P8, PX, K1 kommerziell verfügbar. Auch hierbei zeigt sich, dass noch weiterer Forschungsbedarf besteht.
Zur Altersspanne in den Studien (2 bis 29 Jahre) kann problematisierend angemerkt werden, dass die Symptomatik bei Pferden, bei denen PSSM 2 oder MFM mittels Muskelbiopsie diagnostiziert wurde, zwischen sechs und acht Jahren schleichend beginnt (vgl. Bertels et al. 2018). Die schleichend einsetzende Trainingsintoleranz äußert sich unter anderem durch mangelnde Ausdauer, mangelnde Bereitschaft zum Vorwärtsgehen, Schwierigkeiten bei der Versammlung, abnormale Galoppübergänge und Unfähigkeit, einen normalen Galopp aufrechtzuerhalten (vgl. Bertels et al. 2018). Insofern kann der Einfluss der Altersspanne auf die Ausprägung von krankhaften Veränderungen im Muskelgewebe angemerkt werden. Möglicherweise zeigt nur der altersgemäß passende Anteil der Pferde krankhafte Veränderungen im Muskelgewebe auf. Dies könnte ein Erklärungsansatz dafür sein, dass 40 Prozent der Pferde mit genetischer P-Variante keine histopathologische Auffälligkeiten zeigten. Anzumerken ist, dass ein mildes PSSM 2 in der Muskelbiopsie in einem Graubereich liegt (vgl. Valberg, ohne Datum, 3. „How is a diagnosis of PSSM2 established?"). Zielführend wäre zukünftig sicher auch die zusammenführende Darstellung der äußeren Faktoren (Training, Fütterung) mit Befunden der Muskelbiopsie.

Studie 1 (Valberg et al. 2020)

Zustand der „gesunden" Kontrollgruppe in der Studie 1

Die Autorengruppe selbst gibt limitierende Faktoren an: Ein Problem in der vorliegenden Studie war die Auswahl der Kontrollgruppe (Gruppe der gesunden Pferde) (vgl. Valberg et al. 2020, Seite 698). „Wir haben uns entschieden, die Warmblutpferde der Kontrollgruppe als gesund zu definieren, wenn diese Narben einer bereits erfolgten Muskelhistopathologie aufwiesen. 16 dieser Pferde hatten wahrscheinlich eine neurologische Störung mit klinischen Anzeichen von Stringhalt/Shivering" (Valberg et al. 2020, Seite 698, eigene Übersetzung).
Anzumerken ist, dass Pferde in Kontrollgruppen oft der Forschung zur Verfügung gestellt werden, weil sie aus verschiedenen Gründen von ihren Besitzern abgegeben werden. Des Weiteren sind Narben von Muskelbiopsien nicht ganz einfach zu finden. Die Kontrollgruppe der gesunden Pferde wird wie folgt beschrieben:

„11 Pferde der gesunden Kontrollgruppe hatten keine klinischen Anzeichen einer Muskelerkrankung, 16 Pferden hatten Shivering/Stringhalt, 10 Pferde mit einer Ganganomalie der Hintergliedmaßen (Ataxie, Schwäche und Lahmheit), sieben mit Atrophie/Faszikulationen, fünf mit schlechter Leistung, drei mit ER [chronische Belastungsmyopathie] und zwei mit Muskelkater."

(Valberg et al. 2020, Seite 692, eigene Übersetzung)

„27 Pferde der gesunden Kontrollgruppe wiesen ein breites Spektrum an klinischen Symptomen auf, die bei Sportpferden üblich sind und von Lahmheit über Leistungsschwäche bis hin zu Muskelkater reichen. Um der Befürchtung entgegenzuwirken, dass bei einigen der Warmblutpferde der Kontrollgruppe PSSM2/MFM vorliegen könnte, das durch bisherige Muskelbiopsien nicht entdeckt wurde, unterteilten wir diese in eine Gruppe mit überlappenden Anzeichen von PSSM2/MFM und eine Gruppe mit potenziellen Anzeichen von PSSM2/MFM, wie Muskelkater, Rhabdomyolyse, Lahmheit/Ganganomalien und Leistungsschwäche."

(Valberg et al. 2020, Seite 698, eigene Übersetzung)

Studie 2 (Williams et al. 2021)

In einer weiteren Studie, die sich mit dem PSSM-2-Gentest befasst, wurden 16 Quarter Horses untersucht (Williams et al. 2021). Bei 57 Prozent der 8 Pferde in der Studiengruppe lag eine der mit PSSM 2 assoziierten Varianten P2, P3, P4 vor. Es konnte kein statistischer Zusammenhang zu Auswirkungen in der Muskelbiopsie festgestellt werden. P8, PX und K1 wurden ebenso nicht berücksichtigt. Bei 43 Prozent der untersuchten Pferde mit P-Variante konnte ein Krankheitszustand in der Muskelbiopsie dargestellt werden.
In der kleinen Studienstichprobe mit insgesamt 16 Pferden konnten keine signifikanten Unterschiede in der Häufigkeit zwischen der gesunden Kontroll- und der Studiengruppe der PSSM-2/MFM-Pferde erhoben werden.
Die Studie 2 führt aus, dass in einer Sequenzanalyse von 16 Genen 26 sogenannte Missense-Varianten gefunden wurden, darunter auch P2, P3 „von denen bekannt ist, dass sie MFM oder MFM-ähnliche Krankheitszustände beim Menschen verursachen" (Williams et al. 2021). Missense-Variante bedeutet, dass eine andere Aminosäure in das betreffende Muskelstrukturprotein eingebaut wird. Aufgrund der sehr kleinen Stichprobe (Studiengruppe Größe der Stichprobe = 8, Kontrollgruppe Größe der Stichprobe = 8) kann auf die geringe statistische Aussagekraft hingewiesen werden.

Aus der Perspektive des Pferdewohls

Für die Zukunft ist es wichtig, Zusammenhänge zwischen genetischen und Umweltfaktoren, aber auch die Bedeutung von Mehrfachträgern und Histopathologie unter Beachtung klinischer Symptome, Alter, Fütterung und Trainingszustand zu dokumentieren und zu analysieren. So könnte man mögliche Hinweise finden, um die Ausprägung eines Krankheitszustandes zu verhindern oder abzumildern. Ebenso hilfreich könnte die Identifizierung schädlicher und weniger schädlicher Varianten beziehungsweise ungünstiger Einflussfaktoren sein.

Zwischenfazit oder Überlegungen zum weiteren Forschungsprozess

Die Bezüge, die in diesem Buch zu den Erkenntnissen aus der Humangenetik hergestellt werden, sind nicht als Eins-zu-Eins-Übertragung zu begreifen. Es ist unbedingt weitere Forschung bei Pferden erforderlich. Die Bezüge können ein erster Schritt sein, um das grundlegende Verständnis von Muskelerkrankungen zu verbessern. Denn die Veterinärmedizin hängt der Humanmedizin in der Diagnostik, aber auch bei Behandlungsmöglichkeiten Jahrzehnte hinterher (vgl. Chane 2019; Gerster & Steinmetz 2018). Um zu verstehen, warum Veränderungen in einer Muskelbiopsie möglichwerweise nicht immer gefunden werden könnenn, hilft folgendes Wissen darüber, was wir bereits über diese Mutation beim Mensch wissen: Sie führt zu höchst unterschiedlichen Krankheitsbildern. Dieses Wissen soll helfen, die Verschiedenheit der Symptome beim Pferd besser nachvollziehen zu können.

Wenn Sie sich den Unterschied zwischen einem Krankheitszustand (Phänotyp) und einer genetischen Prädisposition (Genotyp, P-Variante = Risiko im Verlauf der Lebenszeit einen Krankheitszustand zu entwickeln) verdeutlichen, wird die Herausforderung der Erforschung von verschiedenen Risikogenen und Symptomen klarer.
Die Aussagekraft des Gentests wird unter Forschern und Tierärzten kritisch diskutiert.
Es bleiben hinsichtlich des Forschungsstandes Fragen offen:
Ist die Muskelbiopsie als alleinige Methode zur Bestimmung der Aussagekraft des Gentests geeignet? Könnten weitere Faktoren, wie Rasse, Alter, Geschlecht, Trainingszustand, Exterieur, Fütterungszustand mit einbezogen werden?
Interessant wäre vor allem die Berücksichtigung der konkreten Trainingsbelastung im Verhältnis zum Fitnesszustand der Pferde, da es sich um eine Erkrankung handelt, die sich vor allem durch Belastungs- beziehungsweise Trainingsintoleranz zeigt.
Welche Erkenntnisse ergeben sich unter Berücksichtigung von Krankheitsausprägung, Trainingszustand und aktueller Belastung im Vergleich von Studien- und Kontrollgruppe?
Es ist offensichtlich, dass es noch einen großen Forschungsbedarf gibt. Ein ausgewogener wis-

senschaftlicher Diskurs verschiedener Meinungen könnte den Erkenntnisprozess unterstützen.
Bei den bisher diskutierten Genmutationen beim Pferd, die beim Menschen mit Muskelerkrankungen assoziiert sind, kann man vom Gen auf den potenziellen Auswirkungsbereich schließen (z.B. Beginn oder Hauptauswirkung am Rumpf oder Schultergürtel/Arme oder Beine usw.). Diese Genetik wirkt sich also molekularbiologisch auf das Muskelgewebe aus. Ob diese Genetik dazu führt, dass Pferde im Verlauf der Lebensspanne Symptome aus dem PSSM-2-Spektrum ausprägen, aus denen ein Krankheitszustand entsteht, kann zum Zeitpunkt dieser 2. Auflage noch nicht mit Sicherheit gesagt werden.
Im Verlauf der Lebensspanne können sich bei disponierten Pferden spezifische Krankheitsbilder ausprägen und ein Krankheitszustand entsteht. Welche Gene und Gen-Umwelt-Interaktionen dafür verantwortlich sind, sollte weiter präzisiert werden.
Um potenzielle Risiko-Varianten isoliert und in der Kombination mit anderen Varianten zu untersuchen, sollten symptomatische Pferde mit einzelnen Varianten identifiziert werden, um biochemische oder biophysikalische Beweise für die Auswirkungen dieser Variante auf das kodierte Protein und das betroffene Gewebe zu analysieren. Die weitere Datenanalyse könnte ergänzend zu den bisherigen Untersuchungsparametern, getrennt nach Rassen (Warmblüter, Westernpferderassen, Vollblüter, Nordische Rassen, Südeuropäische Rassen), Trainings- und Fütterungszustand und Alter erfolgen.

Gentest versus Muskelbiopsie?

Im Gegensatz zu einer Muskelbiopsie ist ein Gentest ein nicht-invasives Verfahren, ohne jegliches Risiko für das Pferd (z.B. Wundheilungsstörung, Wundinfektion). Es sollte jedoch nicht um einen direkten Vergleich gehen, denn beide Verfahren haben grundsätzlich ihre Berechtigung!

6.5 Die Ergebnisse des Gentests verstehen

Falls Sie einen MIM-Gentest durchgeführt haben, soll Sie die folgende Tabelle dabei unterstützen, die Kürzel und deren Bedeutung zu verstehen.

n/n	Dieses Pferd ist negativ, beispielsweise auf P3 negativ getestet. Das Pferd wird den Defekt nicht an seine Nachkommen weitergeben.
z.B. n/P3 oder n/P4	Ein Allel ist betroffen. → Sowohl das normale als auch das mutierte Allel sind vorhanden. Dieses Pferd ist positiv für die P3-Variante und **kann** Symptome einer Equinen Myopathie entwickeln.
z.B. P3/P3 oder P2/P2	Beide Allele des Gens sind betroffen. → Dieses Pferd trägt zwei Kopien der P3-Variante. Es ist zu erwarten, dass das Pferd Symptome entwickelt.
Pferde, die die MIM-Variante tragen, entwickeln vermutlich mit zunehmendem Alter Symptome von Bewegungsunlust und/oder Belastungsintoleranz. Das Alter des Auftretens und der Schweregrad der Symptome sind unterschiedlich. Es können mehrere Gene betroffen sein.	
MIM-Varianten	Die Vererbung erfolgt unvollständig-autosomal-dominant (semidominant). → Pferde mit nur einer Kopie der Variation (n/P) zeigen meist eine mildere Form der Erkrankung und einen späteren Krankheitsausbruch, vor allem im Vergleich zu Tieren mit zwei mutierten Kopien (P/P). → Eine mutierte Kopie = mischerbig = heterozygot: Dem Organismus liegt noch eine gesunde Kopie der Erbinformation vor. → zwei mutierte Kopien = reinerbig = homozygot) **Beispiel** Eine n/P3-Stute wird mit einem n/P3-Hengst besamt; das heißt, Stute und Hengst haben jeweils eine Kopie des semidominanten Allels (n/P3). → Jedes Fohlen dieser Verpaarung hat ein 75-%iges Risiko potenziell betroffen zu sein und eine 25-%ige Chance keinen genetischen Befund zu haben. 25-%ige Chance zwei Kopien des normalen Allels zu haben (= n/n) 50-%ige Chance eine Kopie des semidominanten Allels zu haben (= n/P3) 25-%ige Chance zwei Kopien des semidominanten Allels zu haben (= P3/P3)

Das folgende Vererbungsschema zeigt den bekannten Erbgang der MIM-Varianten.

n/n	n/P	P/P
normal – gesund	**betroffen (mischerbig)**	**betroffen (einerbig)**
Das Pferd besitzt keine Anlagen.	Die Genveränderung wird zu 50 Prozent an die Nachkommen weitergegeben. Diese 50 Prozent zeigen ein erhöhtes Risiko zu erkranken.	Die Genveränderung wird zu 100 Prozent an die Nachkommen weitergegeben. Alle Nachkommen haben ein stark erhöhtes Risiko, zu erkranken.

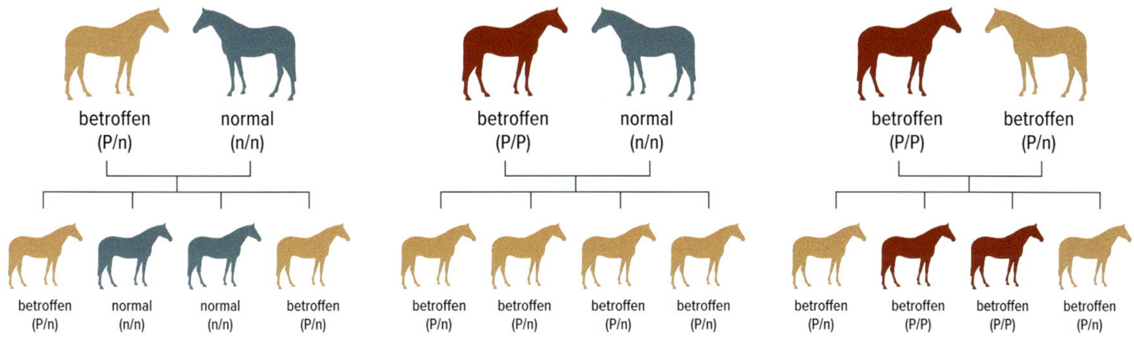

Vererbungsschema (Quelle: Wackermann 2022, https://www.st-georg.de/wissen/pssm2-beim-pferd-die-trainings-intoleranz/)

6.6 Zwischenfazit und aktuelle Forschung

Die zum Zeitpunkt dieser 2. Auflage nach wie vor fehlende wissenschaftliche Publikation der vom Gentestlabor erhobenen Daten getesteter Pferde, zum Zusammenhang der MIM-Varianten und der Symptomatik der PSSM-2-Muskelkomplexerkrankung, ist kritisch zu betrachten. Einigkeit unter Wissenschaftlern besteht weiterhin dahingehend, dass es „bei Warmblutpferden eine ausgeprägte und wahrscheinlich vererbbare Form der Muskelschwäche gibt, die mit Belastungsintoleranz und abnormalem Bewegungsablauf einhergeht. Das Muskelgewebe ist durch eine übermäßige Anhäufung von Desmin und Z-Scheiben und die Degeneration von Myofibrillen gekennzeichnet“ (Lewis, Valberg, Nicholson, Reardon & Finno 2017, eigene Übersetzung). Uneinigkeit besteht darüber, ob der kommerziell verfügbare Gentest die ursächlichen Varianten (alle) erfasst, beziehungsweise ob ein signifikanter Zusammenhang zwischen Variante und Symptomatik vorliegt. Die genannte Forschergruppe geht davon aus, dass es bei Warmblutpferden eine ausgeprägte und möglicherweise vererbbare Form der Myofibrillären Myopathie (MFM) gibt, die sich durch Belastungsintoleranz und Störungen des Gangbildes der Hintergliedmaßen auszeichnet:

> „A distinctive and potentially heritable form of MFM exists in Warmblood horses that present with exercise intolerance and abnormal hindlimb gait. Muscle tissue is characterised by ectopic accumulation of desmin and Z disc and myofibrillar degeneration."
>
> (Lewis, Valberg, Nicholson, Reardon & Finno 2017)

Die Schwierigkeit der Diagnostik und Erforschung erblich bedingter Muskelkrankheiten liegt unter anderem in der anspruchsvollen Differentialdiagnostik, die von Ähnlichkeit oder überlappenden Symptomen geprägt ist, so Dr. Peter Richterich.

> „Bei PSSM 2 liegt eine additive Genwirkung vor, bei der sich phänotypische Ausprägungen addieren und die Prognose und auch die wissenschaftliche Aufarbeitung erschweren."
>
> (Dr. Peter Richterich 2022, Seite 15)

Aufgrund der Vielschichtigkeit ist es fast unmöglich, Pferde mit einer wissenschaftlich vergleichbaren Symptomatik für die genetische Analyse in verschiedene Gruppen einzuteilen. Wenn man eine große Gruppe von Pferdetypen (Kaltblüter, Warmblüter, Vollblüter, Westernpferderassen), mit mehreren verschiedenen Mutationen hat, ist es schwierig, die jeweils zugehörigen Merkmale herauszufiltern, da diese sich gegenseitig überlagern. Wenn man Analysen des gesamten Genoms eines Organismus durchführt, gibt es so unfassbar viele Merkmale, dass man die wesentlichen Unterschiede nicht finden kann.

> „Wir haben den Ansatz, den andere Forschungslabore bei PSSM 2 verwendet hatten, genau analysiert. Sie verwendeten eine genomweite Assoziationsstudie bei einer relativ kleinen Gruppe von PSSM-2- und Kontrollpferden, die nicht miteinander verwandt waren. Dieser Ansatz wäre bei einem monogenen Krankheitszustand wirksam gewesen, bei dem eine einzige Variante mit hoher Penetranz verantwortlich ist. Dies war bei einigen früheren pathogenen Varianten bei Pferden der Fall (z.B. GYS1-R309H (P1) für PSSM 1). Dieser Ansatz scheiterte aber bei der Identifizierung einer Kandidatenregion für PSSM 2. Wir erkannten, dass entweder die Variante eine unvollständige Penetranz aufweist oder dass die Erkrankung polygen ist, also mehrere Gene ursächlich sind. Heute wissen wir, dass beides zutrifft. Wir verwendeten einen sogenannten Kandidatengenansatz, der sich bereits bei anderen Erbkrankheiten bei Pferden bewährt hat. Das heißt, es wurden bestimmte Gene, die als Risikogene für Muskelerkrankungen bekannt sind, gezielt auf Veränderungen untersucht. So haben wir den MIM-Gentest entwickelt."
>
> (Dr. Paul Szauter)

Kurz & knapp

Mit der zunehmenden Anerkennung der Bedeutung genetischer Erkrankungen bei Pferden und anderen Nutztieren und der enormen Weiterentwicklung neuer Technologien steigt das kommerzielle Interesse an der raschen Entwicklung und Vermarktung von Gentests. Es ist jedoch von entscheidender Bedeutung, dass die Forschung langfristig schlüssig nachweisen kann, dass Tests, die auf Allelen basieren, genetische Veränderungen markieren, die krankheitsverursachend sind. Die weitere Erforschung der funktionellen Allele, die erblichen Muskelerkrankungen zugrunde liegen, soll ein immer tieferes Verständnis für diese genetischen Varianten ermöglichen, die eine gesunde Muskelfunktion stören können. Kritisches Abwägen des züchterischen Einsatzes klinisch symptomatischer Pferde ist ganz unabhängig von einem MIM-Gentestergebnis Tierschutz und Prävention zugleich! Im Mittelpunkt sollten dabei die Gesundheit und das Wohl des Pferdes stehen!

Laufende Forschungsprojekte

An der University of Minnesota untersucht das Team um Molly McCue und Kendall Blanchard in der groß angelegten, internationalen Studie „Muscle Disease in Horses Survey" genetische Muskelerkrankungen bei Pferden (siehe Link zur Studie in Kap. 5.4.2, Seite 253). Ziel ist es, eine spezifische, zielgerichtete Therapie zu entwickeln. Die langfristigen Forschungsziele sind die Weiterentwicklungen von Gentests für Muskelerkrankungen des Pferdes, um es Pferdebesitzern, Tierärzten und Züchtern zu ermöglichen, Pferde mit einem Risiko für die Entwicklung einer Muskelerkrankung vor dem Auftreten klinischer Anzeichen zu identifizieren, sodass ein frühzeitiges Eingreifen und fundierte Zuchtentscheidungen möglich sind. Dazu zählen: PSSM 1, PSSM 2, RER, HYPP, MH, IMM.

In Deutschland startete das Labor Generatio Mitte September 2022 eine umfangreiche Befragung der Besitzer getesteter Pferde, deren Ergebnisse noch nicht veröffentlicht wurden. Zum Zeitpunkt dieser 2. Auflage liegen folgende Umfragetrends vor:

> „Wir haben 8.558 Besitzer von getesteten Pferden kontaktiert. Es liegen bisher Informationen zu 2.146 Pferden im Alter von 3 Monaten bis 25 Jahre vor. 52 Prozent Wallache, 1 Prozent Hengste, 47 Prozent Stuten, 76 Prozent Freizeitpferde, 24 Prozent Sportpferde (davon 42 Prozent im Turniersport aktiv).
> Zur Symptomatik gibt es folgende Trends: 66 Prozent der Pferde zeigen schmerzbedingte Verhaltensveränderungen wie Schmerzgesicht oder Berührungsempfindlichkeit, 55 Prozent plötzliches explosives Verhalten wie Aggressivität oder Buckeln, 72 Prozent Bewegungsunlust,

79 Prozent hohe Muskelspannung, 75 Prozent benötigen eine lange Aufwärmphase, 69 Prozent zeigen Schwierigkeiten bei der Versammlung, 57 Prozent haben Probleme beim Wechseln der Gangart, 48 Prozent wechselnde/nicht eindeutige Lahmheiten, 42 Prozent Muskelzittern/Verspannungen, 13 Prozent kreuzverschlagsähnliche Symptome, 38 Prozent Koordinationsprobleme/ataktischer Gang/Seiltänzergang, 64 Prozent Schwierigkeiten beim Muskelaufbau, 50 Prozent Muskelschwund und bei 47 Prozent treten Muskelatrophien auf.
Die Befragung gibt Hinweise darauf, wie die klinischen Auswirkungen der MIM-Varianten bewertet werden können. Der Einfluss der einzelnen Faktoren ist von Fall zu Fall verschieden. Die Beziehung zwischen den Symptomen und den beeinflussenden Umweltfaktoren ist komplex.
Da die Daten hauptsächlichvon symptomatischen Pferden stammen, können wir noch keine abschließende Aussage zu den tatsächlichen Häufigkeiten in der Gesamtpopulation treffen. Deshalb arbeiten wir mit der IAFH und den Warmblutzuchtbüchern zusammen und subventionieren eine groß angelegte Stichprobe an symptomatischen und asymptomatischen Pferden, damit wir mehr hinsichtlich der tatsächlichen Häufigkeit von Varianten in verschiedenen Rassen erfahren können."

(Dr. Melissa Luanne Cox)

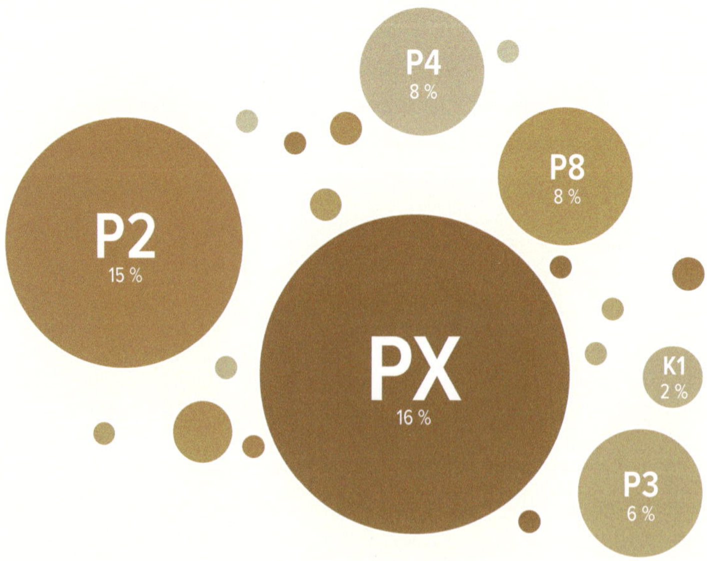

Veranschaulichung der Allelhäufigkeit (Stand: 03/2024, Dr. Melissa Cox)

Mit den zum Zeitpunkt der 2. Auflage verfügbaren Stichprobendaten, die mir das Labor Generatio freundlicherweise zur Verfügung gestellt hat (Stand: März 2024), kann zwischen Tieren, die aufgrund von Symptomen getestet werden und solchen, die getestet werden, aber keine Symptome haben (z.B. vor dem Kauf, vor der Zucht, aus Interesse), unterschieden werden. 89 Prozent der Pferde wurden aufgrund von Symptomen getestet, knapp 3 Prozent präventiv vor der Aufzucht, 14 Prozent weil verwandte Pferde betroffen sind, knapp 11 Prozent aus sonstigen Gründen (z.B. Ankaufsuntersuchung).

> „Bei den bis März 2024 getesteten über 12 000 Pferden kann ich sagen, dass PX die am häufigsten vorkommende Variante ist. P2 ist die Variante, die am zweithäufigsten vorkommt. Die Varianten P4 und P8 kommen etwa gleich häufig vor, dann folgt P3. Die Variante K1 ist am seltensten in der bisherigen Stichprobe."
>
> (Dr. Melissa Luanne Cox)

PX kommt am häufigsten vor und betrifft vor allem Vollblüter und Warmblutpferde. Doch auch bei vielen anderen Rassen tritt die PX-Variante auf, allerdings deutlich seltener. Die Varianten P3, P4 und P8 sind bei einer Vielzahl von Rassen verbreitet. K1 ist die in den verschiedenen Rassen am wenigsten verbreitete Variante. Sie ist jedoch bei den aufgeführten Rassen (Friese, Haflinger, Welsh D, Isländer) die häufigste Variante.

Die Angaben zu Rassen und Varianten berücksichtigen über 12 000 getestete Pferde, jedoch nur diejenigen Rassen, von denen im Labor Generatio bereits mehr als 25 Pferde getestet wurden.

Wenn eine bestimmte Variante in einer Rasse bisher noch nicht gefunden wurde, heißt das nicht, dass sie nie gefunden wird. Aufgrund der Größe der Stichprobe ist es jedoch unwahrscheinlich. Zu beachten ist, dass unter dem Überbegriff Tinker auch Irish Cobs, Gypsy Cobs und Gypsy Vanner zusammengefasst werden. In ähnlicher Weise werden die Warmblüter gruppiert, wenn die Zuchtgebiete sehr ähnliche Häufigkeiten aufweisen.

Rassen, bei denen eine bestimmte Variante bisher nicht gefunden wurde
(Stand: 03/2024, n = 12 000 getestete Pferde)

KEIN P2	Isländer
KEIN P3	Araber, Friese
KEIN P4	Friese, Isländer
KEIN PX	Isländer, Noriker, Traber

Rassen, bei denen eine bestimmte Variante nicht gefunden wurde (Stand: 03/2024, n = 12 000 getestete Pferde)	
KEIN P8	Noriker, Traber
KEIN K1	Freiberger, Irisches Sportpferd, Noriker, Norweger, Vollblüter, die meisten Warmblüter

Rassen, bei denen die jeweiligen Varianten bisher am häufigsten gefunden wurden (Stand: 03/2024, n = 12 000 getestete Pferde)	
P2	Appaloosa, Criollo, Cruzado, Freiberger, Lewitzer, Lusitano, Pura Raza Española, Quarter Horse, Traber
P3	Criollo, Freiberger, Paint Horse, Rocky Mountain Horse, Vollblut, Tinker/Gypsy/Cob, Welsh D Cob
P4	Appaloosa, Araber, Cruzado, Freiberger, Lusitano, Pura Raza Española, Warmblüter, Welsh D Cob
PX	Vollblüter, Warmblüter
P8	Araber, Cruzado, Deutsches Reitpony, Pura Raza Española, Tinker/Gypsy/Cob, Warmblüter
K1	Friese, Haflinger, Isländer, Welsh D Cob

„Wir haben jetzt Daten von mehr als 12 000 Pferden, die zur Untersuchung eingesandt wurden. Diese Daten zeigen folgende Allelhäufigkeit in der Stichprobe:
P2: 0.15 (15 Prozent der getesteten Pferde hatten mindestens eine Kopie, P3: 0.06 (6 Prozent), P4: 0.08 (8 Prozent), Px: 0.16 (16 Prozent), P8: 0.08 (8 Prozent), K1: 0.02 (2 Prozent)."

(Stand: 03/2024, Labor Generatio)

Ausblick

7

Foto: Christiane Slawik

Die Herausforderungen eines erfolgreichen Muskelaufbaus und letztlich des gesamten Gesundheitsmanagements beginnen bereits bei der Anpaarung, der Fütterung der tragenden und laktierenden Stute, den Aufzuchtbedingungen des Jungpferdes, liegen im komplexen Zusammenspiel von Training, Ausbildung, Fütterung und Haltung des Reitpferdes und korrespondieren mit den Erbanlagen, dem korrekten Exterieur und den gesunden, ausreichend großen Hufen des Pferdes. Die Züchtung sportlicher Phänotypen hat die Pferdezucht seit Jahrhunderten beeinflusst. Man kann mit Fug und Recht behaupten, dass das Pferd eine Spezies ist, die sehr stark auf athletische Phänotypen selektiert wurde. Beispielsweise haben sie die Fähigkeit, auf Kurzstrecken schnell zu galoppieren (Vollblüter, Quarter Horse), schwere Lasten zu ziehen (Kaltblüter) oder hohe Hindernisse zu überwinden (Warmblüter). Die intensive Ausrichtung auf Leistungsmerkmale hat zu einer Selektion auf bestimmte Allele geführt, die unter anderem die Muskelmasse und Muskelleistung betreffen. Das zeigt sich beispielsweise in der Vollblutzucht, in deren Population Kreuzverschlagssymptome im Vergleich zu anderen Rassen weit verbreitet sind.
Prominente und gut vermarktete Hengste der Voll- und Warmblutpferdezucht werden, vor allem zu ihrer Blütezeit, oft sehr intensiv genutzt und haben dadurch genetisch großen Einfluss (Popular Sire Syndrome = PSS). Die Linienzucht (Inzucht) führt dazu, dass Zuchttiere im Allgemeinen mit nahen Blutsverwandten, zum Teil in stark verkürzten Generationsintervallen, verpaart werden. So kommt es, dass in Stammbäumen eine eingeengte Populärgenetik entsteht, bei der die Wahrscheinlichkeit des Auftretens von homozygoten Extremen im Positiven sowie im Negativen erhöht ist. Eine Selektion auf „Muskelphänotypen" kann eine mögliche Ursache der überraschend großen Anzahl vererbbarer Muskelerkrankungen beim Pferd sein (HYPP, PSSM 1, PSSM 2, RER, IMM, MFM, Myotonie, Formen der malignen Hyperthermie, mitochondriale Myopathien) (University of Minnesota, College of Veterinary Medicine, Leatherdale Equine Center). Addieren sich mehrere dieser genetischen Veranlagungen in einem Organismus, kann eine Störung der Muskelfunktion beim Reitpferd zu Leistungsbeeinträchtigungen und schlimmstenfalls zu Kurzlebigkeit führen (z.B. ein Defekt im Energiestoffwechsel der Mitochondrien, in der Kontraktionsfähigkeit oder in der Erregungskontraktionskopplung der Muskulatur, in der Muskelstruktur selbst oder eine verzögerte Regenerationsphase).

> „Liebe und Begeisterung für Pferde bedeuten für uns auch, die Leitgedanken Prävention und Gesunderhaltung in allem, was wir mit den Pferden tun, zu berücksichtigen. Das beginnt auf der gedanklichen Ebene, beispielsweise bei züchterischen Anpaarungsüberlegungen. Auf der Handlungsebene zählt bereits die Fütterung und Haltung der tragenden Stute."
>
> (Tanja Bayha, Hofgut Kaltenherberge, Kandern)

Die bisher bekannten Mutationen wie HYPP, MH oder PSSM 1 können die phänotypischen Krankheitsbilder beim Pferd nicht erklären. Unser Verständnis von den grundlegenden genetischen Ursachen, epigenetischen und äußeren Einflussfaktoren hat sich weiterentwickelt. Forscher untersuchen die Wechselwirkungen zwischen den Genen und Allelen, sowohl zwischen bekannten Mutationen als auch zwischen Kandidatengenen in der Erforschung, die unter dem Sammelbegriff PSSM 2 zusammengefasst werden.

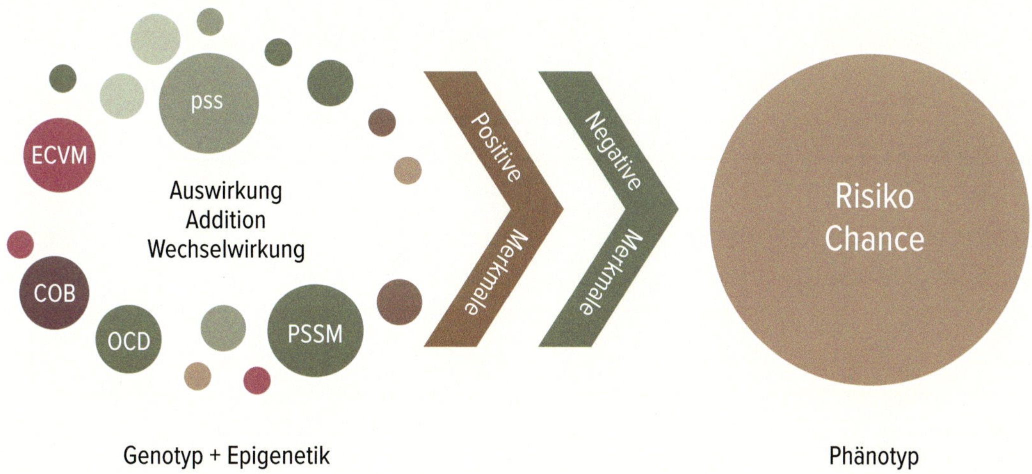

Legende: COB = Chronisch-obstruktive Bronchitis, PSS = Popular Sire Syndrome, OCD = Osteochondrosis dissecans, ECVM = Equine Complex Vertebral Malformation = missgebildete Wirbel in der unteren Halswirbelsaule

Auswahl möglicher Einflussfaktoren auf den Phänotyp des Reitpferdes

Hier zeigt sich eine Gruppe noch nicht abschließend erforschter Muskelerkrankungen mit komplexen Symptomzuständen, die von mehreren Genen und Umwelteinflüssen in ihrer klinischen Ausprägung beeinflusst werden. Die Minnesota-Studie soll die Rolle der bisher erkannten P-Varianten weiter erforschen. Den Link zur Studie finden Sie in Kapitel 5.4.2 ab Seite 253.

Der PSSM-2-Experte Dr. Peter Richterich hat seine umfangreichen praktischen Erfahrungen akribisch dokumentiert. Er ist Fachtierarzt für Reproduktionsmedizin, Zuchthygiene und Biotechnologie der Fortpflanzung, Zuchtrichter FN, passionierter Züchter und nicht zuletzt Pferdeliebhaber. Seine Erfahrungen zeigen deutlich, dass ein korrektes Exterieur und Fundament einen sehr positiven Einfluss auf die Muskulatur hat:

> „Ein perfekt zugeschnittenes Exterieur, mit korrekter Winkelung des Pferdes im passenden Rahmen, und ein auf die Größe des Pferdes zugeschnittenes, gesundes Fundament, mit gut ausgeprägten Gelenken und passender Einschienung, ergeben eine Knochenstruktur, die eine funktionelle Pufferung der Muskulatur erbringt. Eine durch das korrekte Exterieur gepufferte Muskulatur kann alle Muskelfunktionen und die zugehörigen Stoffwechselprozesse deutlich gesünder und stabiler ablaufen lassen! Aus diesem Grund sollte die Exterieurbeurteilung ziel- und zweckmäßig für die Verwendung als Reitpferd durchgeführt werden, um grobe Exterieurfehler zu verhindern und dadurch möglichst langlebige, gesunde, leistungsbereite und ‚belastbare' Reitpferde zu züchten."
>
> (Dr. Peter Richterich)

Der Hannoveraner Hengst All Star (geb. 2003): gesund bis ins Alter, frei von PSSM 1, PSSM 2, WFFS und ECVM, im Parcours international siegreich bis GP5* (Foto: Christiane Slawik)

7.1 Eine Perspektive auf die Pferdezucht

„Warum züchten so viele Menschen mit Hengsten, die berühmt dafür sind, krumme Vorderbeine zu vererben, von denen bekannt ist, dass die Nachzucht schwer zu reiten ist, oder warum werden Hengste eingesetzt, von denen man weiß, dass sie schon in jungem Alter nur mit Spezialbeschlag und aufwendigstem Management überhaupt noch auf vier Beinen in der Box stehen können?"

(André Hascher, Züchter, Reiter, spezialisierter Anwalt für Pferderechtsfragen und 1. Vorsitzender des Zuchtverband für deutsche Pferde (ZfdP) in einem Facebook-Beitrag mit der Überschrift „Hengstwahl 2022 / WFFS / ECVM" vom 11. Februar 2022)

„Die Veterinärmedizin und ebenso die genomische Zuchtselektion entwickeln sich immer weiter. Für uns ist es nur logisch, die zur Verfügung stehenden Testverfahren auch in die züchterischen Selektionsentscheidungen mit einzubeziehen. Dies ist umso bedeutsamer, weil wir durch die Auseinandersetzung mit PSSM 2 auf einen weiteren gesundheitlich relevanten Komplex stießen – die Equine Complex Vertebral Malformation, kurz ECVM genannt. Auch wenn ECVM nicht in direktem genetischen Zusammenhang mit der erblichen Disposition PSSM 2 zu stehen scheint, so beeinflussen sich beide Diagnosen in der Symptomatik enorm, wenn beides gemeinsam dem Pferd Schwierigkeiten bereitet. Wir wollen unserer Verantwortung als Züchter und Pferdehalter gerecht werden und beziehen alle verfügbaren Faktoren in unsere Entscheidungen ein. Die Basis für sportliche Ambitionen ist eine zielgerichtete Zucht, die auf Gesundheit, Langlebigkeit und Rittigkeit ausgerichtet ist. Deshalb haben wir alle unsere Pferde auf PSSM 2 testen und auf ECVM röntgen lassen."

(Tanja Bayha, Hofgut Kaltenherberge, Kandern)

Wohlproportioniert im Gebäude mit guter Oberlinie auf korrektem Fundament zeigt sich der 2018 geborene Trakehner-Hengst Santo Scuro bei seinem 50-Tage-Test als bester 3-jähriger. Der Hengst hat keine MIM-Variante, ist frei von PSSM 1, ECVM, WFFS und MH.
Züchter: Dr. Peter Richterich (Foto: Dr. Peter Richterich)

Was die Pferdezucht braucht, sind genetische Vielfalt, korrekte Fundamente, ausreichend große, gesunde Hufe, qualitätvolle und dabei physiologische Bewegungsabläufe und körperlich sowie mental belastbare Zuchttiere.

Die erheblichen Fortschritte in den letzten Jahren beim Verständnis der Gene des Pferdes, die Gesundheit, Aussehen und Leistungsmerkmale von Pferden beeinflussen, werden als genetische Marker für Krankheitsrisiken oder andere Merkmale vermutlich zunehmend an wirtschaftlicher Bedeutung gewinnen. Die Diskussion um genetische Tests (WFFS, HYPP, PSSM, MIM usw.) geht mit praktischen und gesellschaftlichen Herausforderungen und Widerständen einher. Bei komplexen Vererbungsmerkmalen, bei denen mehrere Gene und Gen-Umwelt-Interaktionen involviert sind, können Gentests als ein Screening- und Zuchtselektionsinstrument neben weiteren Anpaarungskriterien angesehen werden (vgl. Ablondi et al. 2018).

Um die Nachhaltigkeit und genetische Vielfalt einer gesunden Pferdepopulation in der Zukunft nicht zu gefährden, ist es von großer Bedeutung, nicht-symptomatische, gesunde, mischerbige Zuchttiere mit korrektem Fundament nicht von der Zucht auszuschließen, sondern gezielt anzupaaren. Die Integration genetischer Informationen in die traditionellen Zuchtansätze wird sich langfristig als wertvoll erweisen.

„Die semidominanten myopathischen Genotypen haben aufgrund der unvollständigen Penetranz eine große Variabilität in der Ausprägung möglicher Symptome. Pferde, die die gleiche genetische Veränderung tragen, zeigen zum Teil stark unterschiedliche klinische Profile. Das bedeutet: Während viele Pferde mit Varianten keine Symptome und manche Pferde nur sehr leichte Symptome zeigen, können andere deutlich stärker betroffen sein. Die Verschiedenheit in der Ausprägung kann durch weitere, bekannte und unbekannte genetische Varianten und/oder durch Umwelteinflüsse, wie Fütterungsmängel, Trainingsfehler, schlechte Haltungsbedingungen, Disstress, Infektionen und vor allem Mängel im Fundament bedingt sein. Aus diesem Grund ist ein ‚Verbot' der Zucht mit Pferden, die eine mischerbige MIM-Mutation haben, nicht unbedingt zielführend. Durch das Ausschließen aller betroffenen Pferde aus der Zucht würde die Vielfalt in der Population reduziert."

(Dr. Peter Richterich)

Die Gefahr der Reduktion der Vielfalt in der Population, wie sie Richterich beschreibt, könnte durch eine strenge und enge Selektion auf bestimmte andere Merkmale weitere Erbkrankheiten hervortreten lassen,

Aufzuchtimpressionen auf dem Hofgut Kaltenherberge (Foto: Christiane Slawik)

die bisher unbekannt oder unerkannt sind. Ein komplettes Ausschließen mischerbiger Individuen von der Zucht wäre insofern falsch. Hier kann das Beispiel WFFS herangezogen werden.

Forschung ist immer ein dynamischer Erkenntnisprozess. So kann dieses Buch im Hinblick auf potenziell erbliche Muskelerkrankungen nur einen Zwischenstand aufzeigen. Ähnlich wie beim Menschen erweist sich die Erforschung erblich bedingter Muskelerkrankungen beim Pferd als komplexe Herausforderung in Studiendesign und Umsetzung. Die Einbeziehung äußerer Faktoren, wie Trainingsumsetzung, Trainingsbelastung, Trainingssystematik, Regenerationszeiten, Fütterung, bisherige und aktuelle Haltungsbedingungen ist sinnvoll, verkompliziert jedoch die Datenerhebung und erhöht Forschungskosten. Durch die schnellen Fortschritte in der funktionellen Genomik, der Bioinformatik und der computergestützten Biologie werden Erkenntnisprozesse der biochemischen Details und zelluläre Zusammenhänge möglich, sodass dies in der Zukunft zu Weiterentwicklungen der bisherigen diagnostischen und therapeutischen Ansätze führen kann. Was für die Pferdezucht in Deutschland hilfreich sein könnte, ist ein systematisches Monitoring, das in der Zusammenarbeit von Forschung, Tierärzten, Pferdezuchtverbänden und der Deutschen Reiterlichen Vereinigung e.V. (FN) erfolgen könnte. Die Ergebnisse könnten durch einen Zusammenschluss von unabhängigen Wissenschaftlern ausgewertet werden. Da Zuchtstuten häufig nicht oder nur kurz im Sport eingesetzt werden, ist es bei einer Erkrankung, die mit Trainingsintoleranz einhergeht, zielführend, nicht nur Züchter, sondern auch die Besitzer von Sport- und Freizeitpferden aufzufordern, einen evaluierten Fragenkatalog zur sportlichen Nutzung und gegebenenfalls zu Nutzungseinschränkungen sowie zu den Fütterungs- und Trainingsbedingungen zu beantworten, um diese Daten in die wissenschaftlichen Auswertungen miteinzubeziehen.

> „Aus den bereits vorliegenden Daten können beispielsweise geschlechtsspezifische Auswirkungen bei gewissen Kombinationen der Genvarianten beobachtet werden. Aus der Kombination klinischer Parameter, der Blutchemie, dem histologischen Befund und genomischer Daten kann eine potenzielle Diagnose abgeleitet werden."
>
> (Dr. Peter Richterich 2021a, Seite 41)

7.2 Eine Perspektive auf den Lieblingsvierbeiner

Gutes Reiten und der respektvolle Umgang mit dem Pferd verlangen uns emotional, intellektuell und physisch viel ab. Wir stecken unser Herz in die Reiterei und in die Pferde, all unsere Zeit, Energie, Passion, Geld, einfach alles. Wir sind unsere schlimmsten Kritiker und werden konfrontiert mit unseren eigenen Unzulänglichkeiten, den Schwierigkeiten des Pferdes, äußeren Faktoren und erblichen Veranlagungen. All das gilt es „Pro-Pferd" zu managen. Das macht den Reitsport zu einer komplexen und wunderbaren Aufgabe.

Die Ausbildung des Reiters ermöglicht eine Sprache, die das Pferd versteht, sodass beide zu einer harmonischen Einheit verschmelzen – mühelos und leicht. (Foto: Sabrina Doll)

Dieses Handbuch möchte Bewusstseinsprozesse anregen, um Besitzer bei der Beobachtung und Bewertung des Gesundheitszustandes ihres Pferdes zu unterstützen. Es kann weder einen guten Tierarzt noch spezialisierte Futterberater noch einen kompetenten Trainer ersetzen. Das Buch versucht, Informationen zu vermitteln, um muskuläre Probleme des Pferdes besser verstehen und gemeinsam mit kundigen Fachleuten des Vertrauens lösen zu können. Und warum sollten wir uns die bisherigen Hypothesen der Wissenschaft und Möglichkeiten der modernen DNA-Diagnostik nicht zum Wohle der Tiere zu Nutze machen, um Risiken einzugrenzen?

Durch ein individuell angepasstes Fütterungs- und Haltungsmanagement und ein systematisches Training kann nicht nur die Muskulatur,

Wenn ein Pferd beim Reiten Widerstände zeigt oder nicht mehr freudig mitarbeitet, versuchen Sie es zu verstehen und untersuchen Sie gemeinsam mit Experten alle möglichen Ursachen eingehend! (Foto: Sabrina Doll)

sondern die gesamte Gesundheit eines jeden Pferdes positiv beeinflusst werden. Für die Versorgung des Pferdes im Alltag ist und bleibt wichtig, dass nicht jedes potenzielle Einzelsymptom eines Pferdes dem PSSM-2-Spektrum zugeschrieben werden sollte!
Insgesamt offenbart die Darstellung der beschriebenen Muskelerkrankungen einmal mehr die schwer zu erfassende und gleichzeitig faszinierende Komplexität des Körpers. Die netzartige Feinabstimmung zwischen den Geweben und Organen ist unerlässlich, damit der Gesamtorganismus des Bewegungskünstlers Pferd funktioniert. Gutes Training veranlasst das größte Organ des Pferdekörpers, die Muskulatur, zur Produktion von Signalstoffen, die den Verlauf von Alterungsprozessen und Krankheiten positiv beeinflussen.

> „Bewegungslust kommt von Bewegung!“
>
> (Christina Wessling)

Insbesondere die intensiven Recherchen und Ausflüge in die Genetik, Medizin und Biochemie für dieses Buch haben mir einmal mehr die Begrenztheit unseres Wissens in einer schier grenzenlosen Wissenswelt deutlich gemacht. Im Mittelpunkt muss immer ein artgerechter Umgang mit dem Pferd stehen, um Entwicklungswege, gemeinsam mit Experten, und vor allem im Einklang mit unserem Pferd zu beschreiten.

Danke!

Mein ausdrücklicher Dank gilt den beteiligten und befragten Experten, Tierärzten, Besitzern, Therapeuten und Pferdewissenschaftlern, auch denen, die hier nicht namentlich aufgeführt sind die eine für mich immer noch umwerfende Bereitschaft zeigten, fachliche Rückmeldungen zu geben, sich die Zeit für den intensiven Diskurs mit mir nahmen und damit einen wesentlichen Beitrag zur qualitativen Tiefe dieses Buchs geleistet haben. Ein solch konstruktiver Austausch und die Bereitschaft sein Wissen ohne Konkurrenzdenken zu einem gemeinsamen Werk wachsen zu lassen ist keine Selbstverständlichkeit!

Das zentrale Expertenteam hinter den Kulissen:

Dr. Peter Richterich (Fachtierarzt für Reproduktionsmedizin, Zuchthygiene und Biotechnologie der Fortpflanzung, PSSM-2-Experte, Allgemeiner Richter Zucht FN, passionierter Züchter und Pferdeliebhaber)

Christina Wessling (Tierärztin, PSSM-2-Expertin, Züchterin, Dressurreiterin mit Erfolgen bis zur schweren Klasse in der Dressur)

Dipl.-Ing. Dr. Julienne Meints (Master Pferdewissenschaften, Promotion Tierernährung, Ernährungs- und Stoffwechselphysiologie, Expertin für Pferdefütterung, PSSM-2-Expertin)

Dr. Andreas Wessling (Fachtierarzt für Pferde, PSSM-2-Experte)

Dr. Paul Szauter (Wissenschaftliche Leitung und Gründer EquiSeq USA, 20 Jahre Erfahrung in der Säugetiergenomik und Bioinformatik)

Dr. Melissa Luanne Cox (Doctor of Philosophy in Genetics from Texas A&M University in the Department of Veterinary Pathobiology in the Interdisciplinary Program of Genetics, Spezialgebiet: Tiergenetik und funktionelle sowie vergleichende Genomik, ehemalige wissenschaftliche Leiterin von Generatio)

und weitere

Das noch nicht abschließend erforschte Thema PSSM 2/MIM ausgewogen darzustellen ist und bleibt eine Herausforderung und war nicht nur eine Frage von Recherche, Schreibdisziplin und der kooperativen Zusammenarbeit mit Experten. Es erforderte auch Unterstützung im privaten Umfeld. Ein besonders herzliches Dankeschön geht an meine fleißigen und kritischen Korrekturleserinnen Ulrike Sahm-Lütteken (Pferdewirtin, Agrarwissenschaftlerin, Berufsschullehrerin, Reiterin, Züchterin, Autorin des Buchs „1000 Fragen für Pferdewirte"), Ruth Rück (Amateurreiterin, Pferdeliebhaberin), Verena Skrypczak (Trainer C Leistungssport), vor allem aber an Anna-Lisa Guthöhrlein (Dressurreiterin siegreich bis M**, Trainer C Leistungssport mit Lütke Westhues Auszeichnung der FN).

Kirsten Guthöhrlein und ihr Herzenspferd „Woody" (Foto: Sabrina Doll)

Mein Dank gilt ebenso dem besten Ehemann, Jürgen Guthöhrlein, der mich immer unterstützt und oft entbehren musste, weil ich bis spät in die Nacht am Schreibtisch saß, um zu lesen, Publikationen zu übersetzen oder am Text zu arbeiten. Ich möchte mich bei allen Lesern bedanken. Eure Rückmeldungen und Nachrichten sind wunderbar und überwältigen mich regelmäßig!

Last but not least geht mein herzlicher Dank an das gesamte Team des **FN***verlags*, insbesondere an Lena Rindermann, Dr. Carla Mattis und Beate Winterberg. Vielen Dank für die intensive Zeit und gute Zusammenarbeit!

Über mich:

Pferde sind meine Leidenschaft und eine Herzensangelegenheit von Kindesbeinen an. Ich bin mit Pferdehaltung groß geworden und lebe heute mit meiner Familie und fünf Pferden in einem Pferde-Wohngebiet in der Nähe von Koblenz. Medizinische und biochemische Themen begeistern mich bereits seit dem Biologie- und Sportstudium. Da ich seit über 10 Jahren empirischen Forschungsprojekten in der Bildungsforschung tätig bin und publiziere, ist die wissenschaftliche Auseinandersetzung mit Themen und das Erheben und Dokumentieren des Forschungsstandes in meiner beruflichen Epigenetik tief verwurzelt. Beim Buch *Pferdemuskeln managen* trafen Faszination Pferd und mein Bedürfnis, Themen intensiv aufzuarbeiten und fachlich zu durchdringen, aufeinander. Der lösungsorientierte und konstruktive Austausch miteinander ist für mich wesentlich, um alle Themen rund ums Pferd gemeinsam voranzubringen.

Literaturverzeichnis

Ablondi, M.; Antczak, D.; Bailey, E. et al. (2018). „Equine Genome Workshop Scientists' Approval of Consensus Statement 2018". Verfügbar unter https://www.equine.umn.edu/sites/equine.umn.edu/files/consensus_statement.pdf (Stand: 22.12.2022).

Agroscope (2015). „Forschung für eine moderne Pferdehaltung". Verfügbar unter https://www.agroscope.admin.ch/dam/agroscope/de/dokumente/themen/nutztiere/Pferde/pferdezucht-und-haltung/jahresbericht-sng-2015.pdf.download.pdf/Jahresbericht_PZHA_2015_D_DEF_auf_Internet.pdf (Stand: 22.05.2022).

Aldrich, K.; Velez-Irizarry, D.; Valberg, S.J. et al. (2021). „Pathways of calcium regulation, electron transport and mitochondrial protein translation are molecular signatures of susceptibility to recurrent exertional rhabdomyolysis in thoroughbred racehorses". In: *PLOS ONE, 16(2),* e0244556. Verfügbar unter https://doi.org/10.1371/journal.pone.0244556 (Stand: 10.04.2022).

Aleman, M., Scalco, R., Malvick, J., Grahn, R.A., True, A. & Bellone, R.R. (2022). Prevalence of Genetic Mutations in Horses With Muscle Disease From a Neuromuscular Disease Laboratory. In: Journal of Equine Veterinary Science, 118, 104129, 1-9. Verfügbar unter https://doi.org/10.1016/j.jevs.2022.104129 (Stand: 29.02.2024).

American Association of Equine Practitioners (ohne Jahr). „Interview mit Dr. Stephanie Valberg zu Tying-up". Verfügbar unter https://aaep.org/issue/Ü (Stand: 21.12.2022).

Amt der Steiermärkischen Landesregierung (2016). „Förderungsbericht 2016". Verfügbar unter https://www.landesjugendbeirat.at/wp-content/uploads/2020/12/frderungsbericht-land-steiermark-2016.pdf (Stand: 07.01.2023).

Andersson, L. S.; Larhammar, M.; Memic, F. et al. (2012). „Mutations in DMRT3 affect locomotion in horses and spinal circuit function in mice". In: *Nature 2012, 488,* 642-646. Verfügbar unter https://www.nature.com/articles/nature11399#citeas (Stand: 18.12.2022).

Aretz, J. (2021). „Was steckt hinter PSSM 2 beim Pferd?" In: *Cavallo Online Magazin*. Verfügbar unter https://www.cavallo.de/medizin/was-steckt-hinter-PSSM 2/. (Stand: 10.04.2022).

Baakhtari, M.; Imaizumi, N.; Kida, T. et al. (2022). „Effects of branched-chain amino acids on immune status of young racing horses". In: *Journal of Veterinary Medical Science, 84(4),* 558-565. Verfügbar unter https://www.jstage.jst.go.jp/article/jvms/84/4/84_21-0529/_article/-char/ja (Stand: 07.05.2022).

Baumgartner, W. (Hrsg.) (2009). *Klinische Propädeutik der Haus- und Heimtiere*. 7. Auflage. Stuttgart: Enke.

Beech, J.; Lindborg, S.; Fletcher, J. E. et al. (1993). „Caffeine contractures, twitch characteristics and the threshold for Ca(2+)-induced Ca2+ release in skeletal muscle from horses with chronic intermittent rhabdomyolysis". In: *Veterinary Science, 54(1),* 110-117. Verfügbar unter https://doi.org/10.1016/0034-5288(93)90019-c (Stand: 18.05.2022).

Bertels, M.; Williams, Z.J. & Valberg, S.J. (2018). „Muscle glycogen concentrations and response to diet and exercise regimes in warmblood horses with type 2 Polysaccharide Storage Myopathy". In: *PLOS One, 13(9),* e0203467. Verfügbar unter DOI: 10.1371/journal.pone.0203467 (Stand: 21.12.2022).

Bertone, J.J. (2000). „Prevalence of gastric ulcers in elite, heavy use Western performance horses". In: *American Association of Equine Practitioners (AAEP): Proceedings of the Annual Convention of the AAEP, 46,* 256-259. Verfügbar unter https://www.ivis.org/sites/default/files/library/aaep/2000/256.pdf (Stand: 05.01.2023).

Binding, R. (2001). *Reitvorschrift für eine Geliebte*. Hildesheim: Georg Olms.

Börner,D. & Klingler, W. (2019). „Netzwerk Faszien - use it or loose it". In: Hands on - Manuelle und Physikalische Therapien in der Tiermedizin, 1, 25–29. Stuttgard, New York: Thieme. Verfügbar unter https://doi.org/10.1055/a-0977-1295 (Stand: 02.03.2024).

Bookbinder, L.; Finno, C.J.; Valberg, S.J. et al. (2019). „Impact of alpha-tocopherol deficiency and supplementation on sacrocaudalis and gluteal muscle fiber histopathology and morphology in horses". In: *Journal of Veterinary Internal Medicine, 33(6),* 2770-2779. Verfügbar unter https://onlinelibrary.wiley.com/doi/10.1111/jvim.15643 (Stand: 05.01.2023).

Brandes, J.; Hummel, J. & Sünder, A. (2022). „Untersuchungen zu Futterwertkennzahlen von Esparsette und Luzerne für den Einsatz in Pferderationen". In: *Tierische Produktion. Verband Deutscher Landwirtschaftlicher Untersuchungs- und Forschungsanstalten e.V.* Speyer: VDLUFA-Schriftenreihe, 2021/77, 282-290. Online erschienen April 2022. Verfügbar unter https://www.researchgate.net/publication/359894241_Untersuchungen_zu_Futterwertkennzahlen_von_Esparsette_und_Luzerne_fur_den_Einsatz_in_Pferderationen (Stand: 05.01.2023).

Brehm, W.; Gehlen, H.; Ohnesorge, B. & Wehrend, A. (2016). *Handbuch Pferdepraxis*. 4. vollständig überarbeitete und erweiterte Auflage. Erlangen: Enke Verlag.

Brown, J.C.; Valberg, S.J.; Hogg, M. & Finno, C.J. (2017). „Effects of feeding two RRR-*α*-tocopherol formulations on serum, cerebrospinal fluid and muscle *α*-tocopherol concentrations in horses with subclinical vitamin E deficiency". In: *Equine Veterinary Journal, 49(6),* 753-758.

Bürger, U. & Zietzschmann, O. (2021). *Der Reiter formt das Pferd*. Warendorf: **FN***verlag*.

Bürger, U. (2006). *Vollendete Reitkunst: Klassiker der Reitkunst: Erstrebt-Erforscht-Erfühlt*. Stuttgart: Müller-Rüschlikon.

Carroll, C.L. & Huntington, P.J. (1988). „Body condition scoring and weight estimation of horses". In: *Equine Veterinary Journal, 20(1),* 41-45. Verfügbar unter https://beva.onlinelibrary.wiley.com/doi/abs/10.1111/j.2042-3306.1988.tb01451.x?sid=nlm%3Apubmed (Stand: 05.01.2023).

Chane, M. (2019). „Veterinär-Radiologie". Verfügbar unter https://www.imaios.com/de/ressourcen/blog/veterinaermedizin-und-bildgebung (Stand: 22.12.2022).

Coenen, M. & Vervuert, I. (2020). *Pferdefütterung.* 6. aktualisierte Auflage. Stuttgart: Georg Thieme Verlag.

Cooper, J.J.; McDonald, L. & Mills, D.S. (2000). „The effect of increasing visual horizons on stereotypic weaving: implications for the social housing of stabled horses". In: *Applied Animal Behaviour Science, 69,* 67-83. Verfügbar unter https://doi.org/10.1016/S0168-1591(00)00115-5 (Stand: 20.12.2022).

Cox, M.L. (2019). „PSSM 2 – erblich bedingte Muskelerkrankungen". In: *EQUIMONDI PROfessional PFERD, 2/2019.* Verfügbar unter https://www.dqha.de/uploads/media/Ebi_EQUIMONI_PROfessional_Pferd_2019_22019_CAG_PSSM2_article.pdf (Stand: 23.04.2022).

Dalla Costa, E.; Minero, M.; Lebelt, D. et al. (2014). „Development of the Horse Grimace Scale (HGS) as a pain assessment tool in horses undergoing routine castration". In: *PLOS One, 9(3),* e92281. Verfügbar unter https://pubmed.ncbi.nlm.nih.gov/24647606/ (Stand: 05.01.2023).

Dalla Costa, E.; Pascuzzo, R; Leach, M.C. et al. (2018). „Can grimace scales estimate the pain status in horses and mice? A statistical approach to identify a classifier". In: *PLOS One, 13(8)*, e0200339. Verfügbar unter https://journals.plos.org/plosone/article?id=10.1371/journal.pone.0200339 (Stand: 05.01.2023).

Davis, B.P.; Engle, T.E.; Ransom, J.I. & Grandin, T. (2017). „Preliminary evaluation on the effectiveness of varying doses of supplemental tryptophan as a calmative in horses". In: *Applied Animal Behaviour Science, 188,* 34-41. Verfügbar unter https://www.sciencedirect.com/science/article/pii/S0168159116303768?via%3Dihub (Stand: 27.03.2022).

De Rubeis, S.; He, X.; Goldberg, A. P. et al. (2014). „Synaptic, transcriptional and chromatin genes disrupted in autism". In: *Nature, 515,* 209-215. Verfügbar unter https://doi.org/10.1038/nature13772 (Stand: 21.12.2022).

Deutsche Reiterliche Vereinigung e.V. (FN) (Hrsg.) (ohne Jahr). „Ausbildung des Reiters, Ausbildungsweg des Reiters". Verfügbar unter https://www.pferd-aktuell.de/ausbildung/ausbildung-des-reiters (Stand: 16.12.2022).

Deutsche Reiterliche Vereinigung e.V. (FN) (Hrsg.) (ohne Jahr). „Tierschutz rund ums Pferd". Verfügbar unter https://www.pferd-aktuell.de/ausbildung/pferdehaltung/tierschutz (Stand: 16.12.2022).

Deutsche Reiterliche Vereinigung e.V. (FN) (Hrsg.) (2020a). „Die Ethischen Grundsätze des Pferdefreundes. Ethik im Pferdesport Teil 1". 16. überarbeitete Auflage. Verfügbar unter https://www.pferd-aktuell.de/shop/downloadable/download/sample/sample_id/226/ (Stand: 16.12.2022).

Deutsche Reiterliche Vereinigung e.V. (FN) (Hrsg.) (2020b). *Weiterführende Ausbildung für Pferd und Reiter: Richtlinien für Reiten und Fahren, Band 2.* 14. Auflage. Warendorf: **FN***verlag*.

Deutsche Reiterliche Vereinigung e.V. (FN) (Hrsg.) (2021a). *Grundausbildung für Reiter und Pferd: Richtlinien für Reiten und Fahren, Band 1.* 33. Auflage. Warendorf: **FN***verlag*.

Deutsche Reiterliche Vereinigung e.V. (FN) (Hrsg.) (2021b). *Grundwissen zur Haltung, Fütterung, Gesundheit und Zucht: Richtlinien für Reiten und Fahren, Band 4.* 20. Auflage. Warendorf: **FN***verlag*.

Deutsche Reiterliche Vereinigung e.V. (FN)/Uta Helkenberg (2021c). „Gendefekt PSSM: Interview mit Professor Jens Tetens". Verfügbar unter https://www.pferd-aktuell.de/news/aktuelle-meldungen/zucht/gendefekt-pssm-interview-mit-professor-jens-tetens (Stand: 20.01.2023).

Diaz-Castro, J.; Guisado, R.; Kajarabille, N. et al. (2012). „Coenzyme Q10 supplementation ameliorates inflammatory signaling and oxidative stress associated with strenuous exercise". In: *European Journal of Nutrition, 51,* 791-799.

Einhorn, L.; Hofstetter, G.; Brandt, S. et al. (2018). „Molecular allergen profiling in horses by microarray reveals Fag e 2 from buckwheat as a frequent sensitizer". In: *Allergy, 73(7),* 1436-1446. Verfügbar unter https://www.ncbi.nlm.nih.gov/pmc/articles/PMC6032949/ (Stand: 05.01.2023).

Ellendorff, F. (2011). *Leistungstraining für das Pferd.* Hannover: Schlütersche Verlagsgesellschaft.

Ellinger, S. (2021). „Richtig reiten reicht – oder nicht?“ Facebookbeitrag vom 03.10.2021. Verfugbar unterhttps://www.facebook.com/people/Reha-Zentrum-Ellinger/100057262218273/?paipv=0&eav=Afbhyn9uv2m1LJtzh6AfWn-XDrGU1F8IDRc0cpiPdmXyMH5tPJNsfDmVf0Br08I_

Kww&_rdr (Stand: 18.12.2022).

Elzinga, B.D.; Nielsen, H.C.; Schott, J. et al. (2017). „Comparison of nutrient digestibility between three diets for aged and adult horses“. In: *Journal of Equine Veterinary Science, 52,* 89.

Feige, K. (2022). PSSM 2 – Wenn die Muskeln degenerieren. Podcast Folge 15. Verfügbar unter verfügbar unter https://www.tiho-hannover.de/kliniken-institute/kliniken/klinik-fuer-pferde/informationen-fuer-pferdebesitzer/podcast-pferdemedizin-heute (Stand: 30.01.2024)

Fritz, K. L.; McCue, M. E.; Valberg, S. J. et al. (2012). „Genetic mapping of recurrent exertional rhabdomyolysis in a population of North American Thoroughbreds“. In: *Animal Genetics, 43(6),* 730-738. Verfügbar unter https://doi.org/10.1111/j.1365-2052.2012.02351.x (Stand: 20.12.2022).

Fotino, A. D.; Thompson-Paul, A. M. et al. (2013). „Effect of coenzyme Q 10 supplementation on heart failure: a meta-analysis“. In: *The American Journal of Clinical Nutrition, 97(2),* 268-275. Verfügbar unter https://doi.org/10.3945/ajcn.112.040741 (Stand: 18.12.2022).

Frühwirth, P.; Tiefenthaler, F.; Resch, R. et al.(2022). *Die Luzerne – Eine Eiweißfutterpflanze mit Zukunft.* Irdning-Donnersbachtal: Österreichische Arbeitsgemeinschaft für Grünland und Viehwirtschaft (ÖAG).

Gerber, M. & Schilling, R. (2018). „Stress als Risikofaktor für körperliche und psychische Gesundheitsbeeinträchtigungen“. In: Fuchs, R. & Gerber, M. (Hrsg.). *Handbuch Stressregulation und Sport.* Berlin, Heidelberg: Springer, 93-122.

Gerster, F. & Steinmetz, F. (2018). „Développement de la médecine vétérinaire spécialisée des animaux de compagnie et animaux de sport dans les écoles nationales vétérinaires“. In: *Ministère de l'agriculture et de l'alimentation. Rapport Nr. 17014.* Verfügbar unter https://agriculture.gouv.fr/developpement-de-la-medecine-veterinaire-specialisee-des-animaux-de-compagnie-et-animaux-de-sport (Stand: 28.11.2022).

GfE (Gesellschaft für Ernährungsphysiologie) (2014). *Energie- und Nährstoffbedarf landwirtschaftlicher Nutztiere Nr. 11: Empfehlungen zur Energie- und Nährstoffversorgung von Pferden*. Ausschuss für Bedarfsnormen der Gesellschaft für Ernährungsphysiologie. Frankfurt am Main: DLG-Verlag.

Gleerup, K. B.; Forkman, B.; Lindegaard, C. & Andersen, P. H. (2015). „An equine pain face“. In: *Veterinary Anaesthesia and Analgesia, 42(1),* 103-114. Verfügbar unter https://www.ncbi.nlm.nih.gov/pmc/articles/PMC4312484/ (Stand: 05.01.2023).

Graham, P. M., Ott, E. A., Bredemuhl, J. H. & Tenbroek, S. H. (1994). „The effect of supplemental lysine and threonine on growth and development of yearling horses“. In: Journal of Animal Science, 72(2), 380-386. Verfügbar unter DOI: “https://doi.org/10.2527/1994.722380x”10.2527/1994.722380x (Stand: 28.02.2024).

Graham-Thiers, P.M.; Kronfeld, D.S.; Hatsell, C. et al. (2005*).* „Amino acid supplementation improves muscle mass in aged and young horses“. In: *Journal of Animal Science, 83(12),* 2783-2788. Verfügbar unter https://doi.org/10.2527/2005.83122783x (Stand: 05.01.2023).

Green, N.F. & Green, H.D. (1977). „The wild horse population of Stone Cabin Valley, Nevada: A preliminary report". In: *Proceedings of the National Wild Horse Forum.* Reno: University of Nevada, Cooperative Extension Service, 59-65.

Hammond, C.J.; Mason, D.K. & Watkins, K.L. (1986). „Gastric ulceration in mature thoroughbred horses". In: *Equine Veterinary Journal, 18,* 284-287. Verfügbar unter https://doi.org/10.1111/j.2042-3306.1986.tb03629.x (Stand: 05.01.2023).

Hascher, A. (2022). „Hengstwahl 2022/WFFS/ECVM". Facebook-Beitrag vom 11. Februar 2022. Verfügbar unter https://m.facebook.com/story.php?story_fbid=pfbid02xvWW4GgkhvVvvcnasUK-P9rfaFUhGTRxtAPwuoxosfFcxW8B3VbmKavkZmJ4PyA26l&id=100004221639823&eav=AfYd-WLH8kxaQboKltcsDiQQMQ4lHSlc9-8z7Z8Rkjlj8yivLEYpnUQTji-c9AvqvN0&paipv=0 (Stand: 07.01.2023).

Hartmann, E.; Bøe, K. E.; Jørgensen, G. H. et al. (2017). „Management of horses with focus on blanketing and clipping practices reported by members of the Swedish and Norwegian equestrian community". In: *Journal of Animal Science, 95(3),* 1104-1117. Verfügbar unter https://doi.org/10.2527/jas.2016.1146 (Stand: 25.11.2022).

Heck, J.; Palmeira, A.; Amaral, D. et al. (2021). „More than a pore: How voltage-gated calcium channels act on different levels of neuronal communication regulation". In: *Channels, 15(1),* 322-338. Verfügbar unter https://www.ncbi.nlm.nih.gov/pmc/articles/PMC8205089/ (Stand: 21.12.2022).

Henneke, D. R.; Potter, G. D.; Kreider J. L. & Yeates B. F. (1983). „Relationship between condition score, physical measurements and body fat percentage in mares". In: *Equine Veterinary Journal, 15(4),* 371-372. Verfügbar unter https://beva.onlinelibrary.wiley.com/doi/abs/10.1111/j.2042-3306.1983.tb01826.x?sid=n-lm%3Apubmed (Stand: 05.01.2023).

Henry, M.L.; Velez-Irizarry D.; Pagan J.D. et al. (2021a). „The impact of N-acetyl cysteine and coenzyme Q10 supplementation on skeletal muscle antioxidants and proteome in fit thoroughbred horses". In: *Antioxidants 2021, 10*, 1739. Verfügbar unter https://doi.org/10.3390/antiox10111739 (Stand: 20.12.2022).

Henry, M.; Fenger C.; Pagan, J. et al. (2021b). „24 Antioxidant, reactive oxygen species, and coenzyme Q10 concentrations and expression of electron transfer proteins in thoroughbreds with recurrent exertional rhabdomyolysis". In: *Journal of Equine Veterinary Science, 100,* 103487. Verfügbar unter https://doi.org/10.1016/j.jevs.2021.103487 (Stand: 20.12.2022).

Hodgess, K.; Horseman, S. & Walker, A.M. (2018). „To rug or not to rug?" In: *International Society for Equitation Science Conference Proceedings 2018*, 57-58.Verfügbar unter https://static1.squarespace.com/static/58029b19b8a79b9e80002175/t/5bf3258903ce64ef0e4cef60/1542661513717/Rugging.pdf (Stand: 20.12.2022).

Hoffmann, G.; Bockisch, F.-J. & Kreimeier P. (2009). „Einfluss des Haltungssystems auf die Bewegungsaktivität und Stressbelastung bei Pferden in Auslaufhaltungssystemen". In: *Landbauforschung – vTI Agriculture and Forestry Research, 2(59)*, 105-112. Verfügbar unter https://literatur.thuenen.de/digbib_extern/bitv/dk041903.pdf (Stand: 20.12.2022).

Horn F. (2019). *Biochemie des Menschen. Das Lehrbuch für das Medizinstudium*. 7. korrigierte Auflage. Stuttgart: Georg Thieme Verlag.

Iossifov, I.; Ronemus, M.; Levy, D. et al. (2012). „De novo gene disruptions in children on the autistic spectrum". In: *Neuron, 74(2),* 285-299. Verfügbar unter https://doi.org/10.1016/j.neuron.2012.04.009 (Stand: 21.12.2022).

Janczarek, I.; Wiśniewska, M., Wnuk-Pawlak, E. & Wilk, I. (2020). „Effects of horse blankets on the physiological and motion parameters of geriatric horses". In: *Journal of Veterinary Behavior, 38*, 32-37. Verfügbar unter https://www.sciencedirect.com/science/article/pii/S1558787820300587 (Stand: 13.08.2022).

Johannes-Gutenberg-Universität, Mainz (ohne Jahr). Universitätsmedizin – Institut für Humangenetik. „Autismus". Verfügbar unter https://www.unimedizin-mainz.de/humangenetik/diagnostik/gen-panels-und-einzelgendiagnostik/autismus.html (Stand: 21.20.2022).

Kane, E.; Stuert, L. R & Pusterla, N. (2010). „Influence of source and quantity of supplemental vitamin E on equine serum and cerebrospinal fluid alpha-tocopherol and its implication for neurologic diseases". In: *American Association of Equine Practitioners (AAEP): Proceedings of the Annual Convention of the AAEP, 56,* 343-347. Verfügbar unter https://kppusa.com/wp-content/uploads/2012/05/Influence-of-Source-and-Quantity-of-Supplemental-Vitamin-E-on-Equine-Serum-and-Cerebrospinal-Fluid-a-Tocopherol-and-Its-Implication-for-Neurologic-Diseases-Kane-et-al-AAE.pdf (Stand: 18.12.2022).

Kaupp, S. (2022). *Pferdetraining trifft Physio*. Warendorf: **FN***verlag*.

KER (ohne Jahr). „MFM Pellet. Case report". Verfügbar unter https://ker.com/wp-content/uploads/MFM-Technical-Bulletin_Case_Study.pdf (Stand: 14.08.2022).

Kienzle, E.; Coenen, M. & Zeyner, A. (2010). „Der Erhaltungsbedarf von Pferden an umsetzbarer Energie". In: Übers*ichten zur Tierernährung 38*, 33-54.

Kienzle E. & Zorn N. (2006). „Bioavailability of minerals in the horse". In: *European Equine Health and Nutrition Congress 2006.* Verfügbar unter https://www.ivis.org/library/eehnc/eehnc-congress-ghent-2006/bioavailability-of-minerals-horse (Stand: 07.09.2022).

Kienzle, E. & Schramme, S. (2004). „Beurteilung des Ernährungszustandes mittels Body Condition Scores und Gewichtsschätzung bei adulten Warmblutpferden". In: *Pferdeheilkunde, 20(6),* 517-524.

Kingston, J. K.; Mogg, T. D. & Perkins, N. R. (2007). „The prevalence of gastric ulceration in racehorses in New Zealand". In: *New Zealand Veterinary Journal, 55(1),* 13-18. Verfügbar unter https://doi.org/10.1080/00480169.2007.36729 (Stand: 02.01.2023).

Kinnunen, S.; Oksala, N.; Hyyppä, S. et al. (2009). „α-Lipoic acid modulates thiol antioxidant defences and attenuates exercise-induced oxidative stress in standardbred trotters". In: *Free Radical Research, 43(8),* 697-705. Verfügbar unter DOI: 10.1080/10715760903037673 (Stand: 05.02.2023).

Kleven, H. K. (2020). *Biomechanik und Physiotherapie*. 5. Auflage. Warendorf: **FN***verlag*.

Knippers, R. (2016). *Autismus, genetisch betrachtet. Veränderungen der Gene als Ursache und Auslöser*. Stuttgart: Thieme.

Knopfhart, A. (1963). *Beurteilung und Auswahl von Reitpferden*. Singhofen: Parey.

Korolenko, T. A.; Bgatova, N. P. & Vetvicka, V. (2019). „Glucan and mannan-two peas in a pod". In: *International Journal of Molecular Sciences, 20(13),* 3189. Verfügbar unter https://www.ncbi.nlm.nih.gov/pmc/articles/PMC6651133/ (Stand: 21.04.2022).

Kreyenberg, K. (2003). *Zinkserumresponse beim Pferd nach oraler Verabreichung von unterschiedlichen Zinkverbindungen*. Dissertationsschrift. München: Ludwig-Maximilians-Universität. Verfügbar unter urn:nbn:de:bvb:19-18688 (Stand: 18.12.2022).

Krumbiegel, C.N. (2011). Studie zum Protein- und Aminosäurenbedarf bei Warmblutfohlen. München: Tierärztlichen Fakultät der Ludwig-Maximilians-Universität. Verfügbar unter https://edoc.ub.uni-muenchen.de/13737/1/Krumbiegel_Carina_N.pdf (Stand: 28.02.2024).

Kuhnke, S. (2019). *Horse's laterality. Methods of determination, genetic aspects, interaction with human handedness and the influence on horse-rider communication, horse's muscle status, sport success and risk of injury.* Dissertationsschrift. Gießen: Justus-Liebig-Universität. Verfügbar unter http://geb.uni-giessen.de/geb/volltexte/2020/15007/pdf/KuhnkeSandra_2020_01_15.pdf (Stand: 19.05.2022).

Landmann, J.; Richter, F.; Oros-Peusquens, AM. et al. (2018). „Neuroanatomy of pain-deficiency and cross-modal activation in calcium channel subunit (CACN) α2δ3 knockout mice". In: *Brain Structure and Function, 223,* 111-130. Verfügbar unter https://doi.org/10.1007/s00429-017-1473-4 (Stand: 21.12.2022).

Laube, W. (2022). „Muskeldysfunktionen– mit Training gegen Schmerz". In: *Manuelle Medizin, 60,* 84-89. Verfügbar unter https://doi.org/10.1007/s00337-022-00869-z (Stand: 05.04.2022).

Laube, W. (2021). „Muskeltraining – ein universelles Medikament". In: *Manuelle Medizin, 59,* 179-186. Verfügbar unter https://doi.org/10.1007/s00337-021-00801-x (Stand: 05.04.2022).

Laube, W. (2020). *Sensomotorik und Schmerz. Wechselwirkung von Bewegungsreizen und Schmerzempfinden*. Berlin, Heidelberg: Springer.

Lentz, L. R.; Valberg, S. J.; Balog, E. M. et al. (1999). „Abnormal regulation of muscle contraction in horses with recurrent exertional rhabdomyolysis". In: *American Journal of Veterinary Research, 60(8),* 992-999. Verfügbar unter https://pubmed.ncbi.nlm.nih.gov/10451211/ (Stand: 22.05.2022).

Lester, G.D. (2004). „Chapter 48: Gastrointestinal diseases of performance horses". In: Hinchcliff, K.W.; Kaneps, A.J.; Geor, R.J. (Hrsg.): *Equine Sports Medicine and Surgery: Basic and Clinical Sciences of the Equine Athlete.* Philadelphia: Saunders Elsevier, 1037-1043. Verfügbar unter https://doi.org/10.1016/B978-0-7020-2671-3.50051-9 (Stand: 03.01.2022).

Lewis, S.S.; Valberg S.J.; Nicholson A.M. et al. (2017). „Clinical and histopathological features of myofibrillar myopathy in warmblood horses". In: *Equine Veterinary Journal, 49,* 739-745. Verfügbar unter https://www.ncbi.nlm.nih.gov/pmc/articles/PMC5640499/ (Stand: 15.02.2022).

Lewis, S. S.; Nicholson, A. M.; Williams, Z. J. & Valberg, S. J. (2017). „Clinical characteristics and muscle glycogen concentrations in warmblood horses with polysaccharide storage myopathy". In: *American Journal of Veterinary Research, 78(11),* 1305-1312. Verfügbar unter https://doi.org/10.2460/ajvr.78.11.1305 (Stand: 18.02.2022).

LfL (Bayrische Landesanstalt für Landwirtschaft) (2018). *Gruber Tabelle zur Pferdefütterung.* 5. Auflage. Freising-Weihenstephan: Bayerische Landesanstalt für Landwirtschaft. Verfügbar unter https://repository.publisso.de/resource/frl:6409988/data (Stand: 03.04.2022).

Liebscher, B.A. (2017). *Einfluss von Omeprazol und eines hefehaltigen kommerziellen Magenprotektivums auf die Magenschleimhaut von Absetzfohlen*. Dissertationsschrift. Hannover: Stiftung Tierärztliche Hochschule Hannover. Verfügbar unter: https://d-nb.info/1136292624/34 (Stand: 29.11.2022).

Lornage, X.; Schartner, V.; Balbueno, I. et al. (2019). „Clinical, histological, and genetic characterization of PYROXD1-related myopathy”. In: *Acta Neuropathologica Communications, 7(138),* ohne Seiten. Verfügbar unter https://actaneurocomms.biomedcentral.com/track/pdf/10.1186/s40478-019-0781-8.pdf (Stand: 09.04.2022).

Löffler, T. & Gerber, L. (2022). *PSSM – Wenn Gene Muskeln stören*. München: Cadmos.

Luthersson, N. & Nadeau, J.A. (2013). „Gastric ulceration”. In: Geor, R.J.; Harris, P.A.; Coenen, M. (Hrsg.). *Equine Applied and Clinical Nutrition: Importance of Nutrition for Health, Welfare and Performance.* Philadelphia: Saunders Elsevier, 558-567.

Luthersson, N.; Hou Nielson, K.; Harris, P. et al. (2009). „Risk factors associated with equine gastric ulceration syndrome (EGUS) in 201 horses in Denmark”. In: *Equine Veterinary Journal, 41,* 625-630. Verfügbar unter https://doi.org/10.2746/042516409X441929 (Stand: 03.01.2022).

MacLeay, J.M.; Valberg, S.J.; Pagan, J. et al. (2000). „Effect of ration and exercise on plasma creatine kinase activity and lactate concentration in thoroughbred horses with recurrent exertional rhabdomyolysis”. In: *American Journal of Veterinary Research, 61(11),* 1390-1395. Verfügbar unter DOI: 10.2460/ajvr.2000.61.1390 (Stand: 17.04.2022).

MacLeay, J.M.; Sorum, S.A.; Valberg, S.J. et al. (1999). „Epidemiological factors influencing exertional rhabdomyolysis in thoroughbred racehorses”. In: *American Journal of Veterinary Research, 60(12),* 1562-1566.

McGreevy, P.D.; Cripps, P.J.; French, N.P. et al. (1995). „Management factors associated with stereotypic and redirected behaviour in the thoroughbred horse”. In: *Equine Veterinary Journal, 27(2),* 86-91. Verfügbar unter https://pubmed.ncbi.nlm.nih.gov/7607155/ (Stand: 20.12.2022).

Malavasi, R. & Huber, L. (2016). „Evidence of heterospecific referential communication from domestic horses (Equus caballus) to humans”. In: *Animal Cognition, 19(5),* 899-909. Verfügbar unter https://doi.org/10.1007/s10071-016-0987-0 (Stand: 04.01.2023).

Maosen Ye, F.E.; Liutao, H. et al. (2017). „Transcriptomic analysis of chicken Myozenin 3 regulation reveals its potential role in cell proliferation”. In: *PLOS ONE, 12(12),* e0189476 Verfügbar unter https://doi.org/10.1371/journal.pone.0189476 (Stand: 04.01.2023).

Marlin, D. (2020). *„Tapering“.* Podcast vom 10.11.2020. Verfügbar unter https://drdavidmarlin.podbean.com/e/tapering/ (Stand: 05.02.2023).

May, A.; Venner, M.; Cavicchioli, E. & Gehlen, H. (2012). „Magenerkrankungen des Pferdes – Diagnostik und Therapie“. In: *Pferdeheilkunde, 28(4),* 388-405. Verfügbar unter https://www.hippiatrika.com/download.htm?id=20120403 (Stand: 16.04.2022).

Mazzola, S. M.; Colombani, C.; Pizzamiglio, G.; Cannas, S. et al. (2021). „Do You Think I Am Living Well? A Four-Season Hair Cortisol Analysis on Leisure Horses in Different Housing and Management Conditions“. In: *Animals, 11(7),* 2141. Verfügbar unter http://dx.doi.org/10.3390/ani11072141 (Stand: 20.12.2022).

McClure, S.R.; Glickman, L.T. & Glickman N.W. (1999). „Prevalence of gastric ulcers in show horses”. In: *Journal of the American Veterinary Medical Association, 215(8),* 1130-1133.

McCue, M.E.; Ribeiro, W.P. & Valberg, S.J. (2006). „Prevalence of polysaccharide storage myopathy in horses with neuromuscular disorders“. In: *Equine Veterinary Journal, 38(S36),* 340-344. Verfügbar unter https://doi.org/10.1111/j.2042-3306.2006.tb05565.x (Stand: 14.08.2022).

McCue, M.E.; Valberg, S.J.; Lucio, M. et al. (2008). „Glycogen synthase 1 (GYS1) mutation in diverse breeds with polysaccharide storage myopathy”. In: *Journal of Veterinary Internal Medicine, 22(5)*, 1228-1233. Verfügbar unter https://onlinelibrary.wiley.com/doi/10.1111/j.1939-1676.2008.0167.x (Stand: 16.04.2022).

McKenzie, E.M.; Valberg, S.J. & Pagan, J. (2003). „Nutritional management of exertional rhabdomyolysis”. In: Robinson, N.E. (Hrsg.). *Current Therapy in Equine Veterinary Medicine. 5.* Auflage. Philadelphia: Saunders Elsevier, 727-734. Verfügbar unter https://doi.org/10.1016/B978-0-7216-9540-2.50197-3 (Stand: 02.01.2022).

McKenzie, E.C.; Valberg, S.J.; Godden, S.M. & Finno, C.J. (2004). „The effect of oral dantrolene sodium on post-exercise serum creatine kinase activity in thoroughbred horses with recurrent exertional rhabdomyolysis”. In: *American Journal of Veterinary Research, 65(1),* 74-79. Verfügbar unter https://doi.org/10.2460/ajvr.2004.65.74 (Stand: 02.01.2022).

McKenzie, E.C.; Eyrich, L.V.; Payton, M.E. & Valberg, S.J. (2016). „Clinical, histopathological and metabolic responses following exercise in Arabian Horses with a history of exertional rhabdomyolysis”. In: *The Veterinary Journal, 216,* 196-201. Verfügbar unter https://doi.org/10.1016/j.tvjl.2016.08.011 (Stand: 03.01.2022).

Mickelson,J.R. & Valberg, S.J. (2015). The genetics of skeletal muscle disorders in horses. In: The Annual Review of Animal Biosciences, 3, 197-17. Verfügbar unter https://www.annualreviews.org/doi/pdf/10.1146/annurev-animal-022114-110653 (Stand: 29.02.2024).

Morgenstern, C. (1917). *Stufen. Eine Entwicklung in Aphorismen und Tagebuch-Notizen.* München: Piper und Co. Verlag. Zitat verfügbar unter https://www.aphorismen.de/zitat/80630 (Stand: 16.12.2022).

Murray, M.J.; Grodinsky, C.; Anderson, C.W. et al. (1989). „Gastric ulcers in horses: a comprison of endoscopic findings in horses with and without clinical signs“. In: *Equine Veterinary Journal, 21(S7)*, 68-72. Verfügbar unter https://doi.org/10.1111/j.2042-3306.1989.tb05659.x (Stand: 02.04.2022).

Möller, K. & Weingand, C. (2021). *Trainingstherapie*. Stuttgart: Müller-Rüschlikon.

Nathan, P.; Lu, K.; Gray, M. et al. (2006). „The neuropharmacology of L-Theanine (N-Ethyl-L-Glutamine): A possible neuroprotective and cognitive enhancing agent”. In: *Journal of Herbal Pharmacotherapy, 6(2),* 21-30. Verfügbar unter DOI: 10.1080/J157v06n02_02 (Stand: 14.05.2022).

Neustädter, L.-T. (2015). *Untersuchungen zu möglichen Auswirkungen einer unterschiedlichen Mengenelementversorgung auf den Mineralstoffhaushalt von Pferden*. Gießen: Deutsche Veterinärmedizinische Gesellschaft.

Nickel, R.; Schummer, A. & Seiferle, E. (2003). *Lehrbuch der Anatomie der Haustiere, Band II: Organysteme*. Singhofen: Parey Verlag.

Niederhöfer, S. (2009). *Stressbelastung bei Pferden in Abhängigkeit des Haltungssystems*. Dissertationsschrift. Hannover: Stiftung Tierärztliche Hochschule Hannover. Verfügbar unter https://elib.tiho-hannover.de/receive/etd_mods_00001301 (Stand: 29.05.2022).

Niedzwiedz, A.; Kubiak, K. & Nicpon, J. (2013). „Endoscopic findings of the stomach in pleasure horses in Poland". In: *Acta Veterinaria Scandinavica, 55(45),* ohne Seitenangabe. Verfügbar unter https://doi.org/10.1186/1751-0147-55-45 (Stand: 02.01.2022).

Nieto, J.E.; Snyder, J.R.; Beldomenico, P. et al. (2004). „Prevalence of gastric ulcers in endurance horses – a preliminary report". In: *The Veterinary Journal, 167(1),* 33-37. Verfügbar unter https://doi.org/10.1016/j.tvjl.2003.09.005 (Stand: 20.03.2022).

O'Grady et al. (2016). „Variants in the oxidoreductase PYROXD1 cause early-onset myopathy with internalized nuclei and myofibrillar disorganization". In: *The American Journal of Human Genetics, 99(5),* 1-20. Verfügbar unter DOI: 10.1016/j.ajhg.2016.09.005 (Stand: 13.02.2022).

Oldenburger Pferdezuchtverband (ohne Jahr). „Pferdezüchter haben Gesundheit im Blick". Verfügbar unter: https://oldenburger-pferde.com/de/zucht/news/2021/pferdezuecher-haben-gesundheit-im-blick.html) (Stand: 12.12.2022)

Orlando, P.; Silvestri, S.; Galeazzi, R. et al. (2018). „Effect of ubiquinol supplementation on biochemical and oxidative stress indexes after intense exercise in young athletes". In: *Redox Report, 23(1),* 136-145. Verfügbar unter https://doi.org/10.1080/13510002.2018.1472924 (Stand: 02.01.2022).

Orton, R. K.; Hume, I. D. & Leng, R. A. (1985). „Effects of level of dietary protein and exercise on growth rates of horses". In: *Equine Veterinary Journal, 17(5),* 381-385. Verfügbar unter https://doi.org/10.1111/j.2042-3306.1985.tb02529.x (Stand: 27.11.2021).

Paap, P. & Roberti, F. (2014). „Race horses perform better with beta-glucans". In: *All About Feed, 22(6),* 500-502. Verfügbar unter https://cdn2.assets-servd.host/orffa-green/production/publications/paap-roberti-2014-race-horses-perform-better-with-beta-glucans.pdf (Stand: 27.11.2021)

Pagan, J.D. & Valberg, S.J. (2020). „Feeding performance horses with myopathies". In: *American Association of Equine Practitioners Convention, 66,* 66-74. Verfügbar unter https://ker.com/wp-content/uploads/AAEP_2020_Feeding-Performance-Horses-with-Myopathies.pdf (Stand: 27.11.2021).

Pallauf, J. (1991). „Effizienz der Mineralstoffverwertung in der Tierernährung". In: *Umweltaspekte der Tierproduktion*. Kongressband 103., VDLUFA – Kongress Ulm 16.-21.09.1991. Darmstadt: VDLUFA Verlag, 25-40. Verfügbar unter http://geb.uni-giessen.de/geb/volltexte/2015/11669/pdf/Pallauf_Effizienz_1991.pdf (Stand: 27.11.2021).

Pasteur, V.-R. (Hrsg.) (1939). *Euvres de Pasteur. Band 7:* Mélanges *scientifiques et littéraires*. Paris: Masson. Verfügbar unter http://gallica.bnf.fr/ark:/12148/bpt6k62034215/f147.image.r=%C5%92uvres+de+pasteur.langDE (Stand: 15.12.2022).

Pisch, C., Wensch-Dorendorf, M., Schwarzenbolz, U., Henle, T., Michael Greef, J. & Zeyner, A. (2022). „Effect of Hay Steaming on the Estimated Precaecal Digestibility of Crude Protein and Selected Amino Acids in Horses" In: Animals 12(22), 3092. Verfügbar unter https://doi.org/10.3390/ani12223092 (Stand: 28.02.2024).

Prior, M. & Winkler, H. (2010). *MiniMax. 16 Kommunikationsstrategien mit maximaler Wirkung*. Weinheim und Basel: Beltz.

Pusterla, N.; Puschner, B.; Steidl, S. et al. (2010). „Alpha-tocopherol concentrations in equine serum and CSF after vitamin E supplementation". In: *Veterinary Record, 166(12),* 366-368. Verfügbar unter https://doi.org/10.1136/vr.b4802 (Stand: 27.12.2021).

Putz, M. (2014). *Richtig Reiten – eine Herausforderung. Problembezogene Ausbildung für Pferd und Reiter.* 2. Auflage. Warendorf: **FN***verlag*.

Ribeiro, W.P.; Valberg S.J.; Pagan, J.D. et al. (2004). „The effect of varying dietary starch and fat content on serum creatine kinase activity and substrate availability in equine polysaccharide storage myopathy". In: *Journal of Veterinary Internal Medicine, 18(6),* 887-894. Verfügbar unter https://doi.org/10.1111/j.1939-1676.2004.tb02637.x (Stand: 03.01.2022).

Richterich, P. (2020). „PSSM Typ 2 – Eine genetische Myopathie". In: *Reiter & Pferde in Westfalen, 5,* 40-42. Verfügbar unter https://pferdepraxis-boyenstein.de/wp-content/uploads/2021/02/PSSM_RuPWestfalen_Richterich.pdf (Stand: 20.03.2022).

Richterich, P. (2021). „PSSM –zwischen Fakten und Hysterie. Neue Erkenntnisse zu Genvarianten und Prävalenz der Muskelerkrankung". In: *ZüchterForum, Fachmagazin für Pferdezucht, 4,* 38-41.

Richterich, P. (2022). „Myopathische Veränderungen". In: *Zeitschrift Pferd+Sport: Zucht und Sport in Schleswig Holstein und Hamburg, 6,* 1-15.

Riegel, R.J. & Hakola, S. E. (2010). *Bild-Text-Atlas zur Anatomie und Klinik des Pferdes, Band 1: Bewegungsapparat und Lahmheit.* Hannover: Schlütersche Verlagsgesellschaft.

Rivera, E.; Benjamin, S.; Nielson, B. & Zanella, A.J. (2002). „Behavioural and physiological responses of horses to initial training; the comparison between pastured versus stalled horses". In: *Applied Animal Behaviour Science, 78,* 235-252. Verfügbar unter https://doi.org/10.1016/S0168-1591(02)00091-6 (Stand: 20.12.2022).

Ros, K. (ohne Datum). „Was man über ECVM wissen sollte mit Dr. Katharina Ros". Webinar. Verfügbar unter https://elopage.com/s/rehavet/was-man-ueber-ecvm-wissen-sollte-mit-dr-katharina-ros (Stand: 25.12.2022).

Saliu, E.-M.; Ebersbach, L.; Grześkowiak, L. & Zentek, J.(2022). „Deklarierte und analysierte Mineralstoffkonzentrationen in 19 marktüblichen Ergänzungsfuttermitteln für Pferde". In: *Pferdeheilkunde*, 38(1), 45-54. Verfügbar unter https://www.pferdeheilkunde.de/10.21836/PEM20220107 (Stand: 27.12.2022).

Schnieder, S. (2023). „Kritik an der Pferdezucht: Immer langbeiniger, schmaler und schöner, aber immer instabiler". Interview mit Dr. Katharina Ros. In: *Reiter Revue*, 01/2023, 12-14.

Schnieder, S. (2020). „Diskussion: Muss das Genick der höchste Punkt sein?" In: *Reiter Revue*, veröffentlicht am 18.03.2020. Verfügbar unter https://www.reiterrevue.de/ausbildung-und-praxis/ausbildung/diskussion-muss-das-genick-der-hoechste-punkt-sein-12002883.html (Stand: 16.12.2022).

Schramme, C.S. (2003). Body Condition Scores und biometrische Daten zur Abschätzung des Körpergewichtes bei Warmblutpferden. München: Tierärztlichen Fakultät der

Ludwig-Maximilians-Universität München. Verfügbar unter https://d-nb.info/969772599/34 (Stand:02.03.2024).

Seunig, W. (1967). *Von der Koppel bis zur Kapriole. Die Ausbildung des Reitpferdes*. 4. Auflage. Zürich: Fretz und Wasmuth.

Shearman, J. P.; Hamlin, M. J. & Hopkins, W. G. (2002). „Effect of tapered normal and interval training on performance of Stand:ardbred pacers". In: *Equine Veterinary Journal, 34(4),* 395-399. Verfügbar unter https://doi.org/10.2746/042516402776249137 (Stand: 24.05.2022).

Sladky, P. (2018). „Studie warnt: Unnötiges Eindecken kann Pferden schaden". In: *Pferderevue – das österreichische Pferdemagazin*, veröffentlicht am 13.11.2018. Verfügbar unter https://www.pferderevue.at/aktuelles/ausruestung/2018/11/studie-warnt--unnoetiges-eindecken-kann-pferden-schaden.html (Stand: 22.12.2022).

Sladky, P. (2015). „Zu früh, zu viel: Warum Trainer ihren Pferden oft nicht mehr die nötige Zeit geben". In: *Pferderevue – das österreichische Pferdemagazin*, veröffentlicht am 21.05.2015. Verfügbar unter https://www.pferderevue.at/magazin/ausbildung/2015/05/zu_frueh_zu_vielwarumtrainerihrenpferdenoftnicht-mehrdienoetigeze.html (Stand: 22.11.2022).

Stammer, S. (2020). *Das Pferd in positiver Spannung. Biomechanik und Reitlehre in Bewegung*. 3. Auflage. Warendorf: **FN***verlag*.

Stanik, K. (2006). *Tierartlich vergleichende Literatur und experimentelle Arbeiten zu Effekten unterschiedlicher Calcium-Aufnahmen auf die Calcium-Homöostase beim arbeitenden Pferd*. Dissertationsschrift. Hannover: Stiftung Tierärztlichen Hochschule Hannover. Verfügbar unter https://elib.tiho-hannover.de/servlets/MCRFileNodeServlet/etd_derivate_00002008/stanikk_ws06.pdf (Stand: 18.12.2022).

Steinbrecht, G. (1884). *Das Gymnasium des Pferdes.* Veränderte Auflage 2004. Warendorf: **FN***verlag*.

Steinhoff-Wagner, J. (2019). „Coat clipping of horses: A survey". In: *Journal of Applied Animal Welfare Science, 22(2),* 171-187. Verfugbar unter https://doi.org/10.1080/10888705.2018.1454319 (Stand: 20.12.2022).

Steinmann, N. (2020). „Pferdedecken: Gut gemeint, aber oft zu warm". In: *Cavallo Reitsportmagazin*, veröffentlicht am 03.11.2020. Verfügbar unter: https://www.cavallo.de/reitsportausruestung/pferdedecken-gut-gemeint-aber-oft-zu-warm/ (Stand: 03.11.2020).

Stirban, O.A. (2021). „Linderung bei Kribbeln und Schmerz". In: *Info Diabetologie, 15(5*), 6-7. Verfügbar unter https://doi.org/10.1007/s15034-021-3747-4 (Stand: 05.02.2023).

Strick, M. (2001). *Denk-Sport Reiten – Die faszinierende Logik der Ausbildungsskala*. Warendorf: **FN***verlag*.

Svete, A.N.; Vovk, T. et al. (2021). „Effects of vitamin E and coqnzyme Q(10) supplementation on oxidativestress. Parameters in untrained leisure horses subjected to acute moderate exercise". In: *Antioxidants, 10(6),* 908. Verfügbar unter https://doi.org/10.3390/antiox10060908 (Stand: 17.04.2022).

Szauter, P. (2019a). „Negative nitrogen balance". Veröffentlicht am 16.08.2019. Verfügbar unter http://equiseq.com/blog/negative-nitrogen-balance (Stand: 02.01.2020).

Szauter, P. (2019b). „Myotilin". Veröffentlicht am 25.10.2019. Verfügbar unter http://equiseq.com/blog/myotilin (Stand: 02.01.2020).

Szauter, P. (2019c). „Is PSSM 2 genetic?". Veröffentlicht am 13.12.2019. Verfügbar unter http://equiseq.com/blog/is-PSSM 2-genetic (Stand: 02.01.2020).

Szauter, P. (2020a). „Filamin C (FLNC)". Veröffentlicht am 13.01.2020. Verfügbar unter http://equiseq.com/blog/filamin-c (Stand: 16.02.2020).

Szauter, P. (2020b). „Mechanism of muscle damage in filaminopathy". Veröffentlicht am 01.02.2020. Verfügbar unter http://equiseq.com/blog/muscle-damage-in-filaminopathy (Stand: 16.02.2020).

Szauter, P. (2020c). „Genetic linkage of P2 and P4". Veröffentlicht am 20.01.2020. Verfügbar unter http://equiseq.com/blog/p2-p4-linkage (Stand: 16.02.2020).

Szauter, P. (2020d). „The K1 genetic variant affects COL6A3, a gene encoding a collagen". Veröffentlicht am 13.11.2020. Verfügbar unter http://equiseq.com/blog/K1-allele-of-COL6A3 (Stand: 15.12.2020).

Szauter, P. (2020e). „Genetic linkage of P8 and K1". Veröffentlicht am 20.12.2020. Verfügbar unter http://equiseq.com/blog/p8-k1-linkage (Stand: 24.12.2020).

Szauter, P. (2020f). „The P8 genetic variant affects PYROXD1, a gene required for oxidative defense". Veröffentlicht am 05.10.2020. Verfügbar unter http://equiseq.com/blog/P8-allele-of-PYROXD1 (Stand:20.05.2020).

Szauter, P. (2020g). „The Px allele of CACNA2D3 may affect splicing of a component of the voltage-gated calcium channel". Veröffentlicht am 05.02.2020. Verfügbar unter http://equiseq.com/blog/px-allele-of-cacna2d3 (Stand: 16.02.2020).

The Human Protein Atlas (ohne Jahr). Verfügbar unter https://www.proteinatlas.org/search (Stand: 07.01.2023)

Thueson, E.; Leadon, D.P.; Heaton, R.; Hargreaves, I.P. & Bayly, W.M. (2019). „Effect of daily supplementation with ubiquinol on muscle coenzyme Q10 concentrations in thoroughbred racehorses". In: *Comparative Exercise Physiology, 15(3),* 219-226. Verfügbar unter https://www.wageningenacademic.com/doi/epdf/10.3920/CEP190023 (Stand: 20.04.2022).

Uhlén, M.; Fagerberg, L.; Hallström, B. M. et al. (2015). „Proteomics. Tissue-based map of the human proteome". In: *Science, 347(6220).* Verfügbar unter https://doi.org/10.1126/science.1260419 (Stand: 22.04.2020).

University of Minnesota, College of Veterinary Medicine, Leatherdale Equine Center (ohne Jahr). „Genetic Muscle Disease in Horses". Verfügbar unter https://www.equine.umn.edu/research/genetic-muscle-disease-horses (Stand: 21.12.2022).

Valberg, S.L. (ohne Datum). „3. How is a diagnosis of PSSM2 established?" Michigan State University. Verfügbar unter https://cvm.msu.edu/research/faculty-research/comparative-medical-genetics/valberg-laboratory/type-2-polysaccharide-storage-myopathy#3.-how-is-a-diagnosis-of-pssm2-established? (Stand: 22.12.2022).

Valberg, S.L. (ohne Datum). „5. Is shivers related to polysaccharide storage myopathy (PSSM)?" Michigan State University. Verfügbar unter https://cvm.msu.edu/research/faculty-research/comparative-medical-genetics/valberg-laboratory/information-on-shivers#5.-is-shivers-related-to-polysaccharide-storage-myopathy-(pssm)? (Stand: 22.12.2022).

Valberg, S.L. (ohne Datum). „7. How do you treat shivers in horses?" Michigan State University. Verfügbar unter https://cvm.msu.edu/research/faculty-research/comparative-medical-genetics/valberg-laboratory/information-on-shivers#7.-how-do-you-treat-shivers-in-horses? (Stand: 22.12.2022).

Valberg, S.J. (ohne Datum). „Type 2 polysaccharide storage myopathy". Michigan State University. Verfügbar unter https://cvm.msu.edu/research/faculty-research/comparative-medical-genetics/valberg-laboratory/type-2-polysaccharide-storage-myopathy (Stand: 15.12.2022).

Valberg S.J.; Finno C.J. & Henry M.L. et al. (2020). „Commercial genetic testing for type 2 polysaccharide storage myopathy and myofibrillar myopathy does not correspond to a histopathological diagnosis". In: *Equine Veterinary Journal, 53(1419),* 1-11. Verfügbar unter https://www.researchgate.net/publication/344204630_Commercial_genetic_testing_for_type_2_polysaccharide_storage_myopathy_and_myofibrillar_myopathy_does_not_correspond_to_a_histopathological_diagnosis#fullTextFileContent (Stand: 03.01.2022).

Valberg, S.J. (2018). „Muscle conditions affecting sport horses". In: *Veterinary Clinics of North America: Equine Practice, 34(2),* 253-276. Verfügbar unter https://doi.org/10.1016/j.cveq.2018.04.004 (Stand: 02.01.2020).

Valberg, S.J.; Perumbakkam, S.; McKenzie, E.C. et al. (2018). „Proteome and transcriptome profiling of equine myofibrillar myopathy identifies diminished peroxiredoxin 6 and altered cysteine metabolic pathways". In: *Physical Genomics, 50(12),* 1036-1050. Verfügbar unter https://doi.org/10.1152/physiolgenomics.00044.2018 (Stand: 03.01.2020).

Valberg, S.J.; Nicholson, A.M.; Lewis, S.S. et al. (2017). „Clinical and histopathological features of myofibrillar myopathy in Warmblood horses". In: *Equine Veterinary Journal, 49(6),* 739-745. Verfügbar unter https://doi.org/10.1111/evj.12702 (Stand: 03.01.2020).

Valberg S.J.; McKenzie E.C.; Eyrich L.V. et al. (2016). „Suspected myofibrillar myopathy in Arabian horses with a history of exertional rhabdomyolysis". In: *Equine Veterinary Journal, 48(5)*, 548-556. Verfügbar unter https://doi.org/10.1111/evj.12493 (Stand: 03.01.2020).

Valberg, S. J.; Lewis, S. S.; Shivers, J. L. et al. (2015). „The equine movement disorder ‚Shivers' Is associated with selective cerebellar purkinje cell axonal degeneration". In: *Veterinary Pathology, 52(6)*, 1087-1098. Verfügbar unter https://doi.org/10.1177/0300985815571668 (Stand: 22.06.2022).

Valberg S. J.; Cardinet, G. H.; Carlson, G. P. & DiMauro, S. (1992). „Polysaccharide storage myopathy associated with recurrent exertional rhabdomyolysis in horses." In: *Neuromuscular Disorders, 2(5-6),* 351-359. Verfügbar unter https://doi.org/10.1016/S0960-8966(06)80006-4 (Stand: 14.01.2023).

van den Hoven, R. & Schramel, J.P. (2014). „Speed-Gen, Trab-Gen und der Einfluss von Aminosäuren bei intensiver Arbeit". In: *Pferdeheilkunde, 30(4),* 407-412. Verfügbar unter https://www.researchgate.net/publication/263785263_Speed-Gen_Trab-Gen_und_der_Einfluss_von_Aminosauren_bei_intensiver_Arbeit_beim_Vollblut-_und_Trabrennpferd_-_eine_Ubersicht (Stand: 16.07.2022).

van den Hoven, R.; Bauer, A.; Hackl, S. et al. (2011). „A preliminary study on the changes in some potential markers of muscle-cell degradation in sub-maximally exercised horses supplemented with a protein and amino acid mixture". In: *Journal of Animal Physiology and Animal Nutrition, 95(5),* 664-675. Verfügbar unter https://doi.org/10.1111/j.1439-0396.2010.01097.x (Stand: 03.01. 2021).

van den Hoven, R.; Bauer, A.; Hackl, S. et al. (2010). „Changes in intramuscular amino acid levels in submaximally exercised horses – a pilot study". In: *Journal of Animal Physiology and Animal Nutrition, 94(4),* 455-464. Verfügbar unter https://doi.org/10.1111/j.1439-0396.2009.00929.x (Stand: 03.01. 2021).

van Ost, S. (2015). *Eine Feldstudie zu Energiebedarf und Rationsgestaltung bei Hochleistungsspringpferden*. Dissertationsschrift. München: Ludwig-Maximilians-Universität. Verfügbar unter https://edoc.ub.uni-muenchen.de/18441/1/Ost_Saskia_van.pdf (Stand: 18.12.2021).

Vervuert, I. & Coenen, M. (2004). „Nutritive Risiken für das Auftreten von Magengeschwüren beim Pferd". In: *Pferdeheilkunde, 20(4),* 349-352. Verfügbar unter http://www.hippiatrika.com/download.htm?id=20040405 (Stand: 27.12.2020).

Voigt, A. (2015). „Wildpferde aus Nürnberger Zucht erobern die Steppen der Mongolei". In: *Tiergartenzeitung, 11*, 6-7.

Vondran, S.; Venner, M. & Vervuert, I. (2016). „Effects of two alfalfa preparations with different particle sizes on the gastric mucosa in weanlings: alfalfa chaff versus alfalfa pellets". In: *BMC Veterinary Research, 12(110),* 1-8. Verfügbar unter https://doi.org/10.1186/s12917-016-0733-5 (Stand: 18.12.2022).

Vosswinkel, L. (2009). *Einfluss der Bewegungsaktivität auf Wachstums und Ausdauerparameter beim Pferd*. Dissertationsschrift. Kiel: Christian-Albrechts-Universität. Verfügbar unter https://www.tierzucht.uni-kiel.de/de/forschung/dissertationen-1/lena-voswinkel.pdf (Stand: 19.12.2022).

Wackermann, K. (2022). „PSSM 2 beim Pferd – die Trainings-Intoleranz". In: *St. Georg Online,* veröffentlicht am 22.08.2022 .Verfügbar unter https://www.st-georg.de/wissen/PSSM 2-beim-pferd-die-trainings-intoleranz/ (Stand: 22.08.2022).

Wang, Y.; McAllister, T.A. & Acharya, S. (2015). „Condensed tannins in sainfoin: composition, concentration, and effects on nutritive and feeding value of sainfoin forage". In: *Crop Science, 55,* 13-22. Verfügbar unter https://cdnsciencepub.com/doi/10.1139/cjas-2016-0006 (Stand: 18.12.2022).

Werhahn, H. (2011). *Variationen im Auslaufmanagement von Sportpferden in Einzelhaltung: Beurteilung der Auswirkungen auf die Tiergerechtheit an Hand des Tierverhaltens und der Stressbelastung*. Dissertationsschrift. Göttingen: Georg-August-Universität. Verfügbar unter http://dx.doi.org/10.53846/goediss-193 (Stand: 14.04.2020).

Weiss, R. (ohne Jahr). Zitat verfügbar unter https://www.reddit.com/r/Equestrian/comments/t61rdw/dressage_is_the_art_of_teaching_the_horse_to/ (Stand: 15.01.2023)

Vergleiche auch: Weiss, R. & Miesner, S. (2001). „The Posture Does The Riding – Richard Weis: Dressage Technique". Verfügbar unter http://dressagetechnique.com/PostureDTRiding.pdf (Stand: 27.09.2022).

Welter-Böller, B. & Welter, M. (2015). *Faszientherapie und Faszientraining*. Overrath: Verlag Barbara Welter-Böller.

Wey, S. (2015). „L-Carnitin – Porträt einer Aminosäure". In: *Zeitschrift für Orthomolekulare Medizin, 2(03),* 19-22. Verfügbar unter https://www.thieme-connect.de/products/ejournals/html/10.1055/s-0035-1547580 (Stand: 22.04.2022).

Wieland, M.; Schebsdat, C. & Rentsch, J. (2021). *Bewegungsapparat Pferd. Praxisbezogene Anatomie und Biomechanik*. Stuttgart: Thieme Verlag.

Williams, Z. J.; Velez-Irizarry, D.; Petersen, J. L. et al. (2021a). „Candidate gene expression and coding sequence variants in warmblood horses with myofibrillar myopathy". In: *Equine Veterinary Journal, 53(2)*, 306-315.

Williams, C.A. & Carlucci, S.A. (2006). „Oral vitamin E supplementation on oxidative stress, vitamin and antioxidant status in intensely exercised horses". In: *Equine Veterinary Journal, 38(S36)*, 617-621. Verfügbar unter https://doi.org/10.1111/j.2042-3306.2006.tb05614.x (Stand: 04.01.2021).

Winter, D. (2009). *Neue Tendenzen in der Pferdefütterung*. Nürtingen-Geislingen: Hochschule für Wirtschaft und Umwelt. Verfügbar unter https://s04979833c25cf5c7.jimcontent.com/download/version/1582114964/module/7385230881/name/neue_tendenzen_pferdef%C3%BCtterung.pdf (Stand: 18.12.2022).

Woods, J.; Khanlou, N.; Lee, H. et al. (2020). „Myopathy associated with homozygous PYROXD1 pathogenic variants detected by genome sequencing". In: *Neuropathology, 40(3)*, 302-307. Verfügbar unter https://doi.org/10.1111/neup.12641 (Stand: 04.01.2022).

Yarnell, K.; Hall, C.; Royle, C. & Walker, S.L. (2015). „Domesticated horses differ in their behavioural and physiological responses to isolated and group housing". In: *Physiology & Behavior, 143*, 51-57. Verfügbar unter https://doi.org/10.1016/j.physbeh.2015.02.040 (Stand: 20.12.2022).

Zehetmeyer, B. (2015). *Molekulargenetische Analyse der Kandidatengene p97/VCP, Myotilin und Vimentin bei hereditären Myopathien.* Dissertationsschrift. München: Ludwig-Maximilians-Universität. Verfügbar unter https://edoc.ub.uni-muenchen.de/18043/1/Zehetmayer_Barbara.pdf (Stand: 26.07.2022).

Zeitler-Feicht, M.; Pfrantner, V.; Thaller, G. & Fader, C. (1999). „Zum Liegeverhalten von Pferden in Offenlaufställen". In: Kuratorium für Technik und Bauwesen in der Landwirtschaft) (Hrsg.). *Aktuelle Arbeiten zur artgemäßen Tierhaltung*. KTBL-Schrift 328. Darmstadt: Kuratorium für Technik und Bauwesen in der Landwirtschaft, 81-89.

Zierz, S. (2014). *Muskelerkrankungen*. 4. Auflage. Stuttgart: Thieme.

Ziegler, D.; Nowak, H.; Kempler, P. et al. (2004). „Treatment of symptomatic diabetic polyneuropathy with the antioxidant alpha-lipoic acid: a meta-analysis". In: *Diabetic Medicine, 21(2)*, 114-121. Verfügbar unter https://doi.org/10.1111/j.1464-5491.2004.01109.x (Stand: 05.02.2023).

Zollinger, A.; Wyss, C.; Bardou, D. et al. (2016). „Le ‚box social' permet aux étalons d'avoir advantage d'interactions sociales". In: *Agroscope Science, 32*, 34-35. Verfügbar unter https://www.agroscope.admin.ch/dam/agroscope/de/dokumente/themen/nutztiere/Pferde/pferdezucht-und-haltung/le-box-social-permet-aux-etalons-avoir-davantage-interactions-sociales-sng.pdf.download.pdf/Zollinger-et-al_2016_box-social-Franzoesisch.pdf (Stand: 04.01.2023)

Zitate ohne detaillierte Quellenangabe sind dem persönlichen Gespräch mit Experten, Tierärzten, Besitzern, Reitern und Ausbildern entnommen und im Literaturverzeichnis nicht separat aufgeführt.

Glossar

Adenosintriphosphat (ATP): Energieträger →Kraftstoffquelle des Körpers, wird durch aerobe Zellatmung in den Mitochondrien erzeugt

Aerob/anaerob: Energiegewinnung mit Sauerstoff/ohne Sauerstoff, aerobe Zellatmung = Energieherstellung mit Hilfe von Sauerstoff in den Mitochondrien; anaerobe Milchsäuregärung = abhängig vom Belastungsniveau: ungenügender Sauerstofftransport in die Zellen → Milchsäureproduktion nimmt zu → anaerobes Training passend zum Trainingszustand → keine Schädigung von Fasern oder Übersäuerung

Agonist/Antagonist: sorgen für Bewegung; Muskel, der anspannt = Beuger, sorgt für das Bewegen einer Gliedmaße/Strecken des Muskels = Strecker, Gegenspieler, wirkt übermäßiger Beugung entgegen

Aktin/Myosin: Bestandteil der Muskelfaser; ist die Ausrichtung zwischen den Aktin- und Myosin-Strängen nicht mehr funktional, kommt es zu Rissen und Lücken in den Filamenten → Muskelschäden, teilweise umkehrbar

Allel: Variante eines Gens an einer bestimmten Stelle (Genort) auf einem Chromosom

Aminosäuren, essenzielle: 8 unentbehrliche Aminosäuren können Menschen und Pferde nicht selbst bilden, sie müssen zugeführt werden → Grundbedarf steigt bei körperlicher Belastung und Stress deutlich an → Zufütterung beim ausgewachsenen Pferd hat selbst bei leichter Arbeit positiven Effekt auf Muskelentwicklung bzw. Erholung nach der Arbeit; bislang keine Referenzwerte für Aminosäuren im Blut, aber Effekte auf Muskelaufbau und Erholung wissenschaftlich belegt

Aminosäuren: strukturelle Bausteine der Proteine (Eiweiße), je nach Verknüpfung und Anzahl der Aminosäuren entsteht ein bestimmtes Protein → Bausteine des Körpergewebes → viele wichtige Funktionen im Organismus: u.a. wichtig für den Muskelaufbau. Bereits das Fehlen einer einzigen der unentbehrlichen Aminosäuren hemmt die gesamte Proteinsynthese im Organismus! Beim Pferd meist Lysin erstlimitierend!

Anaerobe Schwelle: höchste Belastungsstufe, ohne dass eine große Menge an Milchsäure produziert wird

Anpassungstraining: Anpassung des gesamten Bewegungsapparates an reiterliche Belastung, Kräftigung Sehnen- und Bandansätze an den Knochen, Stärkung der Gelenkkapseln

Antioxidantien: Überbegriff für bestimmte Vitamine, Aminosäuren und Mineralstoffe, die zellschädigende Stoffe unschädlich machen können, z.B. Vitamin E, Q10, Beta-Carotin, Zink, Mangan, Methionin

Ataxie: Symptomkomplex, der verschiedene Ursachen hat; Überbegriff für verschiedene Störungen der Bewegungskoordination; abnormale Bewegungsabläufe, unsicherer, schwankender Gang, Gleichgewichtsstörungen (im Stand und/oder Gang), unkontrollierte Bewegungen, Vor- und oder Hinterhand können betroffen sein, Gangbild kann übersteigert wirken, kann einer Lahmheit ähnlich sein: spinale Ataxie = Schädigung sensibler Nervenbahnen im Rückenmark; zerebrale Ataxie. Schädigung im Groß-, Mittel- oder Zwischenhirn; zerebelläre Ataxie. Schädigung des Kleinhirns

Atypische Weidemyopathie: Störung des Muskelstoffwechsels, ausgelöst durch Giftstoffe (Hypoglycin) → Störung Fettsäureabbau und Energiebereitstellung → Haltemuskulatur betroffen → generalisierte Schwäche, Steifheit, Festliegen,

Koliksymptome, Schwitzen, erhöhte Herz- und Atemfrequenz, rot-brauner Harn

Ausdauertraining: wirkt Muskelabbau und Zelltod von Muskelfasern entgegen, verbessert aerobe Kapazität und die Funktion der Mitochondrien, verbessert Lungenkapazität und Herzleistung, Steigerung der Sauerstoff-Bindungskapazität

Basenpaare: Adenin und Thymin bzw. Guanin und Cytosin liegen jeweils paarig gegenüber; siehe auch DNA.

Baustoff- und Energiestoffzufuhr bzw. Baustoff- und Energiestoffwechsel: Baustoffe = Stoffe, mit denen der Körper Gewebe (z.B. Muskeln) aufbaut und regeneriert; Proteine sind bspw. Baustoffe des Körpers, die nur zu einem geringen Anteil zur Energieherstellung herangezogen werden. Energiestoffe = Stoffe, mit vorrangigem Anteil an Einfach- und Mehrfachzuckern (z.B. Kohlenhydrate) zählen zu den Energielieferanten des Körpers.

Bewegungsmangel: wichtiger Auslöser für verschiedene, oft chronische Erkrankungen; Gesundheits- und Verletzungsrisiko steigt; führt u.a. zu Muskelschwäche, Muskelschwund, Muskelsteifheit; Faszien werden unnachgiebig, mentale Unausgeglichenheit bis hin zu Verhaltensauffälligkeiten; negative Auswirkung auf gesamten Bewegungsapparat, Stoffwechsel und Organe

Botulismus: Vergiftung führt zu Muskellähmung, Muskelzittern, Schwäche bis hin zu Festliegen und Atemnot; Ursache ist eine schwere Futtermittelvergiftung, die lebensbedrohlich sein kann; Aufnahme ist selten, Pferde sind jedoch empfindlich für Botulinumtoxin

Calcium: Kontraktionsbefehl des Nervensystems → Freisetzung von Calcium → Muskelkontraktion; Calcium-Kanal: für Übertragung des Nervenzellsignals in Muskelkontraktionen zuständig, ist an der Entstehung von Bewegung beteiligt, regelt das Zusammenziehen der Muskelfasern

Calcium-Kanäle, verändert bei PX-Variante: gewebespezifisch, spannungsabhängig, steuern zentrale Funktionen in den Zellen → Feinabstimmung für die Balance von hemmenden und erregenden Zuständen → bei Calcium-Dauerfeuer am Kanal → Tiere körperlich übererregbar → Auswirkungen auf viele Körperfunktionen (Kontraktion von Herz- und Skelettmuskulatur, Ausschüttung von Hormonen und Botenstoffen, wie Adrenalin; Auswirkungsorte der überreaktiven Kanäle in den Zellen (in abnehmender Reihenfolge): Gehirn, Zunge, Skelettmuskulatur, Herzmuskulatur, Eierstöcke, Netzhaut, Niere, Lymphknoten, Dickdarm

Codon: immer 3 Basen der DNA werden in der Zelle in eine Aminosäure „übersetzt“

Dauermethode: kontinuierliche Belastung, hauptsächlich aerob, Vorbereitung durch Koordinationsübungen

Distal: weiter von der Körpermitte bzw. vom Herzen entfernt liegend

DNA (Desoxyribonucleic acid = Desoxyribonukleinsäure): setzt sich aus 4 Basen zusammen, die sich paarig anordnen: Adenin, Thymin, Guanin und Cytosin → in einer Doppelhelix angeordnet, trägt die für die Zellfunktion notwendigen Informationen, trägt den genetischen Code, gibt die Erbinformationen der Lebewesen weiter, liefert Informationen zur Herstellung von Proteinen → Struktur des Proteins und dessen genauer „Arbeitsplatz“ → auf der DNA sind indirekt auch Stoffwechselvorgänge gespeichert

Dominant: diese Variante setzt sich gegenüber der rezessiven Variante durch

Dorsale/ventrale Kette: Muskulatur der Oberlinie, die vom Pferdekopf beginnend, die gesamte Wirbelsäule strecken = Streckerkette/Muskulatur der Unterlinie = Beugerkette; beide krümmen oder beugen die Wirbelsäule

Dunkel gefärbter Urin: eine Folge einer ausgeprägten Rhabdomyolyse = Gewebeauflösung der quergestreiften Muskulatur, Untergang von Muskelfasern → sofort Tierarzt rufen!

Eiweißstoffwechsel: Aufbau der Körpergewebe, Wärmeerhaltung

Endomysium: Bindegewebsschicht, die Muskelfasern umgibt → Stabilität, Schutz

Epigenetik: alle Vorgänge, die auf die Bildung der Genprodukte Einfluss nehmen, aber zu keiner direkten Veränderung der DNA-Struktur führen

Epigenetische Mechanismen: übertragen der Umwelteinflüsse (Schadstoffe, Stress, Fütterung, Haltung, Training) in die zellulären Prozesse → chemische Veränderungen → Einfluss auf die Genprodukte. Noch ist nicht erwiesen, ob diese chemischen Anhängsel von Generation zu Generation weitervererbt werden.

Epimysium: verschiebbare Bindegewebsschicht zwischen Faszie und Skelettmuskel, die Muskelfaserbündel verpackt → Stabilität, Schutz

Eustress: im Gegenteil zu negativem, dauerhaftem und schädlichem Disstress bedeutet Eustress biologisch sinnvollen Stress im Sinne von körperlicher und geistiger Anregung, wohltuender Beschäftigung und Training, das den Gesamtorganismus stärkt und zur Gesunderhaltung beiträgt.

Faszien: stabile, helle Struktur z.B. in einem Filet, die sich nur sehr schwer durchschneiden lässt; umschließt Muskeln, Knochen und Gelenke; stabilisieren und können Druck von außen schlucken; benötigen bei der Remonte etwa zwei Jahre, um sich zu stabilisieren; Muskelaufbau kann bei passendem Training bereits innerhalb von wenigen Wochen und Monaten erfolgen → gut bemuskelte Jungpferde → früher Steigerung der Belastung → Sehnen- oder Gelenkschäden, da Faszien noch nicht ausreichend stabilisieren und schützen

Filament, Muskelfilament: Fasern, Muskelfasern; winzigste Strukturen und Akteure der Muskelarbeit

Freie Radikale: reaktionsfreudige Sauerstoff-Verbindungen → Schäden in Zellen oder deren Funktionen

Gen: ein bestimmter Abschnitt der DNA, der für einen bestimmtes Genprodukt steht, z.B. MYOZ3 (P4)

Genexpression: Prozess vom Gen zum Genprodukt → Bildung von einem Proteinprodukt, das aus einem Gen kodiert wird bzw. wie ein Gen in Erscheinung tritt → eineiige, genetisch gleiche Zwillinge (Genotyp) sehen dennoch geringfügig verschieden aus (Phänotyp)

Genmutation: Änderung des Erbgutes in einem Gen; betrifft in der Regel nur eines oder mehrere benachbarte Nucleotide (= DNA-Ausschnitt)

Genort und Proteinprodukt: jeder Genort kodiert ein zugehöriges Proteinprodukt; z.B. PSSM 2/MFM verändertes Genprodukt → Struktur oder Funktion der Grundeinheit des Muskels wird beeinflusst → sind Grundbausteine des Muskels dauerhaft geschädigt, ist der Muskel weniger belastbar

Genotyp, verändert: genetisches Risiko zur Entwicklung bzw. Ausprägung eines Krankheitszustandes, Disposition = Veranlagung

Gliedergürtel-Beckengürtel-Muskeldystrophie (LGMD1A): Muskelschwäche des Menschen, Beginn ab 30 Jahren, abgeschwächte Muskeleigenreflexe; Veränderung des MYOT-Gens, Veränderungen dieses Gens beim Pferd bei P2

Glykogen: Speicherform von Glucose (Zucker)

Herzmuskulatur: unwillkürliche Muskulatur, viele Mitochondrien

Heterozygot: mischerbige Mutation, zwei unterschiedliche Allele (z.B. n/P3), eines verändert, eines gesund, Organismus hat ein gesundes Allel zur Verfügung

Homozygot: reinerbige Mutation, zwei gleiche, veränderte Allele (z.B. P3/P3), Organismus hat kein gesundes Allel zur Verfügung

HYPP (Hyperkaliämische Periodische Paralyse): unheilbare Erbkrankheit, kommt beim Quarter Horse und verwandten Rassen vor, fehlerhafte Signalweiterleitung vom Gehirn zu den Muskeln/ Organen führt zu zeitweiligen Lähmungserscheinungen

Immunvermittelte Myositis (IMM): Immunreaktionen gegen die eigenen Muskelzellen und damit Muskelschwund, können z.B. nach Infekt oder Impfung auftreten

Intervalltraining: wechselnde Phasen mit hoher und geringer Belastung mehrere Male hintereinander innerhalb einer Trainingseinheit; versucht Grenze der aeroben Schwelle zu verschieben; verbessert körperliche Belastbarkeit, anaerobe Leistung und Durchhaltevermögen; Gewichtsverlust durch Fettverbrennung; verbesserte Fähigkeit, Blut in das Herz zu pumpen; erhöht Menge an Blut, das vom Herzen weggepumpt wird → Herzkapazität verbessern; extensives Intervalltraining = Arbeit nahe an der anaeroben Schwelle; intensives Intervalltraining = Verbesserung anaerobe Kapazität

Isometrische Muskelanspannung: Form der Muskelarbeit; Zähne zusammenbeißen (kurze Muskeln), z.B. stabilisieren während Fahrt auf Pferdeanhänger; längeres Reiten in gleicher Kopf-Hals-Position → isometrische Haltearbeit

K1: Alle Allele des betroffenen Genorts COL6A3 kodieren ein Kollagen = Strukturkomponenten des Bindegewebes; wird nicht mit den Krankheitsbildern zu Myofibrillärer Myopathie in Verbindung gebracht; beim Mensch Bethlem-Myopathie, Ullrich-Muskeldystrophie → Schädigung des Bindegewebes, das Muskelzellen stützt → führt zu Muskelschwäche, Muskelarbeit wird erschwert; Pferde scheinen weniger stark betroffen als Menschen, da ein weniger schädlicher Bereich betroffen ist, Kollagen Typ VI ist Bestandteil des Endomysiums, Protein der extrazellulären Matrix → Verbindung zwischen den Muskelzellen; reinerbig K1/K1 sehr selten und im Verlauf stärkere Auswirkungen, n/K1 gemäßigte Auswirkungen; K1 scheint weniger deutlich von der PSSM-2-konformen Fütterung zu profitieren

Kollagene: Elastizität, Zugfestigkeit und Reißfähigkeit von Haut, Bindegewebe, Knorpel, Sehnen und Bändern

Krafttraining: Muskelaufbau, Muskelzuwachs, Kontraktionsgeschwindigkeit und Koordination verbessern; Muskelschwäche ausgleichen; Verhältnis von Belastungs- und Erholungsintervallen beachten → Verletzungsrisiko; Erholungsphase 5- bis 6-mal länger als Belastungsdauer = Pferd kann in einer niedrigen aeroben Intensität gearbeitet werden.

Kreuzverschlag: mittel bis stark schmerzhafte akute Muskelerkrankung mit unterschiedlichem Ausmaß; Auswirkungen erfordern je nach Schweregrad (siehe Tying-up, RER, SER) mehrere Monate bis zur Ausheilung; kann in schweren Fällen tödlich verlaufen. Umgangssprachlich: Feiertagskrankheit, Verschlag; englischsprachiger Raum: Tying-up üblich; Hinweis: kaffeebrauner Urin → Auflösung von Muskelzellen → Tierarzt verständigen!

Laktate: Salze der Milchsäure; steigende Belastungsintensität → höherer Sauerstoffverbrauch als durch Blut zugeführt werden kann → aerobe Milchsäuregärung als Energiegewinnung → Laktatbildung nimmt zu → nicht grundsätzlich negativ, da Laktate zum Abbau von Glukose zur Energiegewinnung erforderlich → wenn mehr Laktat entsteht, als der Körper abbauen kann → zu hohe Laktatbildung: Muskelbrennen, Muskelermüdung → Muskelübersäuerung; Prävention: Abwärmen im aeroben Bereich = unter der individuellen anaeroben Schwelle → Laktat wird schneller abgebaut als in Ruhe

Longissimus dorsi: langer Rückenmuskel, überspannt alle Gelenke der Brust- und Lendenwirbelsäule, längster Muskel im Pferdekörper

Lysin, Threonin, Methionin: wichtige und unersetzliche Aminosäuren; kann auch das gesunde Pferd nicht selbst herstellen → müssen zugeführt werden

Magendialatation: akute Aufblähung des Magens, mögliche Ursachen sind Magengeschwüre und die Fütterung von ballaststoffreichem, schwerverdaulichem Futter

Magnesium: Calcium-Gegenspieler; fehlt Magnesium, wird sich die Muskulatur schlechter entspannen → Krämpfe, Verspannungen

Maligne Hyperthermie: erbliche Fehlfunktion der Skelettmuskulatur, lebensbedrohliche Komplikation bei Narkose oder bestimmten Medikamenten, kann reinerbig (MH/MH) und mischerbig (n/MH) auftreten; ein verändertes Allel reicht aus, damit sich die erbliche Veranlagung als Krankheitsbild ausprägt

Missense Mutation: durch die Veränderung wird bei der körpereigenen Proteinbildung eine andere Aminosäure eingebaut, Bauplanfehler

Mitochondrien: kugel- oder röhrenförmige Gebilde in den Zellen, die viel Energie verbrauchen (vorhanden in Muskelzellen, Nervenzellen, Sinneszellen, Eizellen, knapp 40 % Volumenanteil in Herzmuskelzellen); Kraftwerke der Zellen zur aerobe Zellatmung → Energiebereitstellung aus Sauerstoff → Produzieren den Treibstoff des Körpers = ATP; haben eigene Erbsubstanz (mitochondriale DNA)

Muskelerkrankung, genetisch bedingt: angeborene, nicht heilbare Veränderungen des Erbgutes, die oft einen milden, fortschreitenden Verlauf haben

Muskel-Integritäts-Myopathie (MIM): Begriff eingeführt im März 2023 durch das Labor Generatio (Abk. vormals PSSM2), ist eine Form der Belastungsmyopathie, bei der die Funktion und/oder Struktur der Muskulatur geschädigt ist

Muskelfaser: stellt ein mehrkerniges Zellindividuum dar; eine einzige Muskelfaser kann bis zu 15 Zentimeter lang und ungefähr 0,1 Millimeter dick sein

Muskelfaserbündel: mehrere Muskelfasern werden wie ein Tau gebündelt und in feste Hüllen (= Epimysium) verpackt → spindelförmige Grundeinheiten der quergestreiften Skelettmuskulatur; werden von Schicht aus Bindegewebe umgeben (= Endomysium) → bei K1 Auswirkungen auf ein Kollagen (= Bestandteil des Bindegewebes das Muskelfasern bedeckt)

Muskelfibrille/Myofibrille: winzige Bau- und Funktionseinheit der Muskelfasern; mehrere Myofibrillen bilden eine Muskelfaser

Muskelkater: Schmerzen aufgrund der Überbelastung der Muskelfasern (kleine Risse)

Muskelregenration/Muskelschäden: Organismus kann geschädigte Fasern reparieren oder abgestorbene Fasern ersetzen → Erholung und Wiederherstellung nach einer Verletzung möglich; bei PSSM 2 längere Zeit für Reparaturprozesse erforderlich → erhöhter Bedarf an hochwertigen Proteinen (Aminosäuren), um Muskelschäden zu reparieren

Myalgie: Muskelschmerzen; meist Folge von Überanstrengungen (Muskelkater); → Verletzungen von Muskelfasern z.B. durch Fehlstellungen oder andere Verletzungen des Bewegungsapparates, Training ohne ausreichendes Aufwärmen und Gymnastizieren; auch unspezifisches Begleitsymptom verschiedenster Erkrankungen oder dauerhafter Muskelschmerzzustand möglich; hilfreich sind: Wärme, leichte aerobe Bewegung, Massagen, Zeit geben für Reparaturprozesse

Myofibrilläre Myopathie (MFM): angeborene, erbliche Muskelerkrankungen; verschiedene strukturelle Fehler von Proteinen der Muskelzelle (möglicherweise P-Varianten), führen zur Ansammlung und Verklumpung des fehlcodierten Proteins in der Muskulatur; verursachen eine spezielle Art von

Schaden in den Muskeln, der sich in unterschiedlichen Formen und Schweregraden zeigen kann; mit zunehmendem Alter können, je nach Ausprägung, Mehrfachträger und Umwelteinflüssen, zunehmende Muskelschwäche und Muskelschwund auftreten; Krankheitsbilder unterscheiden sich auch bei Menschen durch höchst unterschiedliche Ausprägungen, Verläufe, Formen und Schweregrade

Myofibrilläre Myopathie 3 (MFM3): distale Muskelschwäche des Menschen mit späterem Krankheitsausbruch zwischen 50 und 77 Jahren; peripheres Nervensystem betroffen; Veränderung des MYOT-Gens, Veränderungen dieses Gens beim Pferd bei P2

Myokine: hormonähnliche, körpereigene Signalstoffe, vermehrte Ausschüttung bei intensiver Muskelarbeit → antientzündlich und hemmen Schmerzwahrnehmung → regulieren die Immunabwehr → beeinflussen Fett- und Zuckerstoffwechsel gesundheitsförderlich → sorgen für den „crosstalk" zwischen den Geweben und Organen (Knochen, Gehirn, Bauchfett, Immunsystem, Blutgefäßen, Nieren, Bauchspeicheldrüse) → regen Stoffwechselprozess an

Myopathie: Überbegriff für alle Erkrankungen der Muskeln (angeboren oder erworben); keine neurologische Ursache, sondern strukturelle Veränderungen in den Muskelfasern; Schwäche des betroffenen Muskels oder Muskelgruppen, funktionelle Beeinträchtigungen der betroffenen Muskeln, zeitweise Muskelschmerzen oder Muskelsteifheit

Myotonie: Sammelbegriff für verschiedene Muskelerkrankungen

Oxidativer Stress: Stoffwechselungleichgewicht zwischen freien Radikalen und Radikalfängern

P2: veränderter Genort MYOT, betrifft das Genprodukt Myotillin (Stabilität der dünnen Filamente während der Muskelkontraktion); das veränderte Genprodukt veranlagt zu einer → Störung der Z-Scheibe im Muskel → unphysiologische Verklumpungen; beim Mensch: Veranlagung zu Myofibrilläre Myopathie 3 (MFM3), frühere Bezeichnung Gliedergürteldystrophie (Typ LGMD1A) → MFM3 beginnt beim Mensch spät in der Lebensspanne (zwischen 50 und 77 Jahren), Auswirkungen langsam fortschreitend; betrifft beim Pferd andere Region des Myotilin-Gens als beim Menschen

P3: veränderter Genort FLNC, kodiert das Protein Filamin C → veränderte Aminosäure wird in den Muskel eingebaut und interagiert mit der Z-Scheibe des Muskels → beim Mensch Veranlagung zu MFM5, Distale Myopathie 4 (DM4) = Beginn bei Menschen während des 3. Lebensjahrzehnts mit Schwäche der Griffkraft → schreitet langsam voran; beim Pferd: Zusammenhang mit verringerter Stabilität der Muskulatur, vorzeitigem Abbau und veränderter Eigenschaften der Muskulatur vermutet

P4: Genort MYOZ3 betrifft das Genprodukt Myozenin 3 → an Bildung der Z-Scheibe des Muskels beteiligt; sorgt dafür, dass sich andere Proteine in den Muskelzellen miteinander verbinden können → Vermutungen: beeinflusst Stabilität und Verbindungsprozesse der Muskulatur, kann Signalübertragung eines Enzyms in den Muskelzellen ungünstig beeinflussen → nachteilige Auswirkung auf Vernetzung der Mitochondrien im Muskel, Schlüsselrolle in der Regulation der Immunantwort; kann zu Muskelverhärtungen mit verminderter Durchblutung führen

P8: veränderter Genort PYROXD1 → beim Mensch Veranlagung zu MFM8 = langsam fortschreitende Muskelschwäche und -schwund, Genprodukt ist nicht gewebespezifisch, in fast allen Körpergeweben außer Auge lokalisiert; → beim Pferd liegt im Vergleich zum Mensch vermutlich eine weniger schädliche Veränderung dieses Gens vor, Pferde scheinen anfällig für oxidativen Stress mitochondriale Schäden → Auswirkungen auf Energiebereitstellung; Mangel an Antioxidantien kann bei P8 zu Verklumpungen im Muskelprotein führen → Antioxidantienbedarf abdecken

Peer-Review-Verfahren: wissenschaftliche Ergebnisse werden von ein oder mehreren anderen Experten begutachtet

Proteine: Eiweiße, Grundbausteine aller Zellen des Körpers; liefern das Baumaterial für Muskeln, Organe, Blut, Enzyme und Hormone und sind an der Immunabwehr beteiligt; Makromoleküle, die aus verschiedenen Aminosäuren aufgebaut sind; verleihen jeder Zelle Struktur; „Triebwerke", die Stoffe transportieren, chemische Reaktionen im Körper herbeiführen oder beeinflussen; Bausteine der Muskeln; nur durch Proteine ist es möglich, die in unserem Erbgut gespeicherten Informationen an die Zellen weiterzugeben!

Proteinsynthese: biochemischer Prozess → aus verschiedenen einfachen Aminosäuren werden Proteine hergestellt; den Bauplan liefern die Informationen, die in der DNA gespeichert sind; Mutationen führen z.B. zu fehlerhaften Struktur-Proteinen, aus denen sich das Muskelgewebe zusammensetzt

PSSM: Polysaccharid-Speicher-Myopathie, Formen degenerativer Muskelerkrankungen

PSSM 1 (= PSSM Typ 1): Glykogen-Speicherstörung, Kohlenhydrat-Speicherform Glykogen wird unvollständig verstoffwechselt und dadurch mit deutlicher Schadwirkung in der Muskelzelle gespeichert; betroffene Pferde können Kohlenhydrate, die vermehrt in Getreide, Weidegras, Melasse oder Äpfeln vorhandeln sind, nicht korrekt speichern; Zusammenhang der GYS1-Mutation zu den Symptomen bei Westernpferderassen nachgewiesen und anerkannt; GYS1-Gen in fossiler DNA von Pferden identifiziert, die vor 2500 Jahren lebten

PSSM 2 (= PSSM Typ 2): Sammelbegriff für genetisch bedingte Defekte im Muskelaufbau und der Muskelfunktion; Risiko für Muskelerkrankungen mit sehr unterschiedlichen Ausprägungen; bisher 6 bekannte Mutationen, die als P2, P3, P4, P8, PX und K1 abgekürzt werden; myopathische Veränderungen = Veränderungen der Muskelfaserstruktur, Anhäufung von abgebauten Muskelfilamenten, Zersetzungen des Membranmaterials des Muskels; Auswirkungen in anderen Geweben = oxidativer Stress in den Zellen, Funktion der Mitochondrien

PSSM 2, Gentest: DNA-Test, nicht invasives Verfahren, Haarwurzeln oder Blut; Europalizenz: Generatio, USA: EquiSeq (Lizenzinhaber); macht eine Aussage über die genetische Veranlagung für die Ausprägung eines Krankheitsbildes zum Symptomkomplex PSSM 2 bzw. MFM → mögliche Ergebnisse: ohne Risiko (n/n) bzw. mit einem Risiko (n/p = mischerbig, heterozygot; p/p = reinerbig, homozygot); Durchführung unabhängig von vorhandenen oder nicht vorhandenen Symptomen möglich; **macht keine Aussage über den tatsächlichen Ausprägungszustand (Phänotyp)**

→ ersetzt keine orthopädische, internistische und neurologische Diagnostik!

PSSM 2, kompensierende Gene: an der Aktivierung der für die Muskelregeneration verantwortlichen Zellen beteiligt; wird beim Mensch bereits erforscht → wichtig, um zu verstehen, warum manche Organsimen nach einer Muskelverletzung länger brauchen, um sich zu erholen; mögliche Ursache für unvollständige Penetranz bei PSSM 2

PSSM 2, multifaktorielles, heterogenes Krankheitsbild: starkes Zusammenspiel zwischen Umwelt und Erbgut und weiteren Faktoren, wie Fundament, Exterieur → Entwicklung von sehr verschiedenen Symptomen und Schweregraden

PSSM 2, Muskelbiopsie: Entnahme von Muskelgewebe möglichst aus betroffenem Muskel, erfolgt in der Regel an standardisierter Entnahmestelle → mögliches Problem: es können unterschiedliche, andere Muskeln/Muskelgruppen betroffen sein, nicht immer ist es die Hinterhandmuskulatur → Pathologe untersucht mikroskopischen Feinbau der entnommenen Muskelzellen und Zellverbände; Wundheilungsstörungen oder Infektionen sehr selten; Entnahme sollte möglichst im floriden "blühenden" Stadium der Erkrankung erfolgen, da der Körper versucht, Muskelschäden zu reparieren; Diagnose eines milden PSSM 2 (z.B. beginnende Krankheitsausprägung) liegt in einem Graubereich; wertvoll um festzustellen, was bei symptomatischen Pferden zum Zeitpunkt der Biopsie im betroffenen Muskel passiert bzw. ob dauerhafte Umbauprozesse im Muskel vorliegen

PSSM 2, polygene Ursache: mehrere veränderte, auslösende Gene beteiligt; kann der Organismus auf ausgleichende Gene zurückgreifen oder weitere ungünstige Faktoren vorhanden? → sehr verschiedene Krankheitsbilder

PSSM 2, unvollständige Penetranz: Wahrscheinlichkeit, mit der ein veränderter Genotyp (Veranlagung) zur Ausbildung eines Phänotyps führt → Krankheitssymptome werden nicht in jedem Fall ausgeprägt; Grund: kompensierende Gene oder auch günstige Umwelteinflüsse

PX: weit verbreitete Variante, zählt nicht als Myofibrilläre Myopathie; ist ein Kandidatengen, das zum Krankheitsbild RER (Kreuzverschlag) führen kann; Störung des Calcium-Kanals = stört die Calcium-Regulierung in der Zelle und Bindung des Calciums in der Skelettmuskulatur → Calcium-Konzentration im Muskelgewebe kann um das 8-fache erhöht sein; auch reinerbige PX/PX können asymptomatisch sein = es wird kein Phänotyp ausgeprägt; reine n/PX- und PX/PX-Träger, die keine anderen Varianten (P2, P3, P4, P8 und K1) haben, werden auch als erregbare, reaktive Pferdetypen beschrieben; PX wird als Verstärker anderer Varianten angesehen

Recurrent Exertional Rhabdomyolysis (RER): schwere Form von Kreuzverschlag; tritt z.B. nach Trainingsbelastung oder nach schwerer Geburt auf; mögliche Symptome: plötzliches Stehenbleiben, kolikartige Schmerzen, kaffeebrauner Harn, hoher Muskeltonus der Kruppen- und Rückenmuskulatur, hochgradig schmerzhafte Muskulatur, Sägebockhaltung, erhöhte innere Körpertemperatur, gerötete Schleimhäute, gesteigerte Herz- und Atemfrequenz, fehlende Darmgeräusche

Rezessives Allel: werden wirksam, wenn zwei veränderte vorliegen

Sarkomer: kleinste, strukturelle Einheit in den Myofibrillen; können sich zusammenziehen

Schub: auch Erstschub, möglichst Verschlimmerung oder erstes Auftreten einer Krankheit; Dauer: ein bis mehrere Tage, selten länger anhaltende akute Phase mit neuen oder stärker werdenden Symptomen; plötzliche oder sich über Tage hinweg aufbauende Verschlechterung; dauert mindestens 24 Stunden; verschwindet meist nach wenigen Tagen, seltener erst nach Wochen oder Monaten teilweise oder vollständig

Semidominant/Semidominaz: eine mischerbige Variante (nur eines der beiden Allele betroffen), kann einen erkennbaren Phänotyp verursachen, bei einer reinerbigen (beide Allele betroffen) tritt ein stärker ausgeprägter Phänotyp auf

Spheroid-Körper-Myopathie: langsam fortschreitende symmetrische Muskelschwäche des Menschen im Bereich des Becken- und Schultergürtels; häufig sind auch distale Muskeln betroffen, auch Sprechstörungen und Ateminsuffizienz beschrieben; Veränderung des MYOT-Gens, Veränderungen dieses Gens beim Pferd bei P2

Sporadic Exertional Rhabsomyolysis (SER): Form des Kreuzverschlags; Übertraining, zu hohe Muskelbelastung, fütterungsbedingte Mängel, sportliche Belastung in Verbindung mit Herpes- oder Influenzavirusinfektionen

Stickstoffbilanz, negativ: Laborwert, der den Eiweißstoffwechsel beurteilt; in der Muskulatur werden mehr Eiweiße ab- als aufgebaut (z.B. Hungerzeiten durch Fütterungsfehler oder Krankheit) → Stickstoffbilanz negativ → körpereigene Gewebeproteine (auch Muskelgewebe) und Aminosäuren werden abgebaut

Stumme Mutation: das mutierte Lesemuster codiert die gleiche Aminosäure, haben keine Auswirkung auf die Zusammensetzung eines Proteins

Superkompensation: durch regelmäßiges Training mit Erholungsphase → Anpassung über das Ausgangsniveau hinaus → auf zukünftige Belastungen besser vorbereitet; unregelmäßiges Training → das superkompensierte Leistungsniveau nimmt wieder ab

Tapering: Trainingsreduktion vor Wettkämpfen, Elastizität der Muskulatur nimmt zu, mentale Erholung

Tying-up: milde Form des Kreuzverschlags, erste Symptome nach 5 bis 10 Minuten Belastung: Unruhe, milde kolikartige Schmerzen, steifer Gang, gekrümmter Rücken, übermäßige Streckung des Sprunggelenks = Sägebockstellung, Harn kann strohgelb sein

Übersäuerung: Trainingsreiz unpassend zum Trainingszustand, Muskelübersäuerung, kann durch Abwärmen mit aerober Muskelarbeit entgegengewirkt werden → Laktatabbau → siehe **Laktate** und **Myalgie**

Übertraining: nächster Trainingsreiz zu früh gesetzt = zu kurze Erholungsphase oder zu hohe Trainingsintensität → Abwärtsspirale → Bewegungsapparat überlastet → Verletzungsrisiko steigt

Validierung: Qualitätssicherung einer wissenschaftlichen Untersuchung: Messe ich das, was ich messen will? Validierung eines Gentestes bei einer polygenen Ursache, wie bei PSSM 2, liegt weder in der Human- noch in der Veterinärmedizin vor; im Unterschied dazu PSSM 1: betrifft nur ein Gen

ventral: siehe dorsale Muskelkette

Warmblood Fragile Foal Syndrome (WFFS): vererbbare Bindegewebserkrankung bei Warmblütern, die zu Hautablösungen führt, sodass betroffene Fohlen sterben oder eingeschläfert werden müssen

Wildtyp (n/n): Normalsequenz = gesund, kein Risiko

Z-Scheibe: Zwischen-Scheiben, Muskel-Strukturproteine, unter dem Mikroskop als Querstreifen sichtbar → quergestreifte Muskulatur; PSSM-2-Varianten: verändertes Gen bei P2 , P3, P4 → fehlerhaftes Genprodukt → Instabilität der Z-Scheibe → Instabilität der Muskeln